"十二五"职业教育国家规划教材

经全国职业教育教材审定委员会审定

机床电气控制与PLC

第2版

主　编：李向东　张广红

副主编：周晓旭　梁廷魁　原云峰

参　编：马　然　武慧廷　吕　杰

本书分为7个项目，每个项目由若干个任务构成，涵盖了“电气控制技术”和“可编程序控制器应用技术”两门课程的主要内容，特色鲜明。项目一~项目三介绍了以低压电器、典型控制电路、常用机床生产设备的电气控制电路为主要内容的电气控制技术。项目四~项目七以西门子S7-1200系列PLC为对象，系统地阐述了可编程序控制器的功能、架构与应用技术，其中项目七是通过对常用机床的电气安装调试与PLC控制改造等任务来训练学生的综合能力。

本书的特点是讲解透彻、深入浅出、通俗易懂、便于教学，可作为高等职业院校电气自动化技术、机电一体化技术、机械制造及自动化、工业机器人技术等专业的教材，也可作为相关领域工程技术人员的参考书。

本书提供的配套资源有电子课件、习题库、应用案例、课程学习步骤等，选用本书作为授课教材的教师可登录网址 http：//www. cmpedu. com，注册、免费下载。

图书在版编目（CIP）数据

机床电气控制与PLC/李向东，张广红主编．—2版．—北京：机械工业出版社，2022.9（2023.8重印）

“十二五”职业教育国家规划教材　经全国职业教育教材审定委员会审定：修订版

ISBN 978-7-111-71515-3

Ⅰ.①机…　Ⅱ.①李…②张…　Ⅲ.①机床-电气控制-高等职业教育-教材②PLC技术-高等职业教育-教材　Ⅳ.①TG502.35②TM571.61

中国版本图书馆CIP数据核字（2022）第158966号

机械工业出版社（北京市百万庄大街22号　邮政编码100037）
策划编辑：汪光灿　　责任编辑：汪光灿
责任校对：陈　越　刘雅娜　封面设计：张　静
责任印制：李　昂
唐山三艺印务有限公司印刷
2023年8月第2版第2次印刷
184mm×260mm·17印张·417千字
标准书号：ISBN 978-7-111-71515-3
定价：53.00元

电话服务　　网络服务
客服电话：010-88361066　　机　工　官　网：www. cmpbook. com
010-88379833　　机　工　官　博：weibo. com/cmp1952
010-68326294　　金　　书　　网：www. golden-book. com
封底无防伪标均为盗版　　机工教育服务网：www. cmpedu. com

第2版前言

本书第1版是“十二五”职业教育国家规划教材，自出版以来受到许多读者的好评。随着技术的进步与教学改革的发展，第1版的内容已略显陈旧，为此我们组织多位一线教师和企业工程师对本书进行了修订。

本书第2版结合编者多年的教学和实践经验，充分考虑自动化类相关专业对电气控制以及PLC课程的定位，按照专业教学改革的思想，参照维修电工、可编程序控制器1+X职业技能等级标准编写而成，力求做到紧密贴合工程实际、通俗易懂、循序渐进、突出实用性。

根据课程本身的特点以及教学改革的要求，为实现教、学、做一体化的教学模式，本书以项目导向、任务驱动的方式构建课程内容，将电气控制与PLC的工作原理、系统设计、指令系统、典型应用等内容分别融入到7个项目中，每个项目根据知识点划分为多个任务，这样就将学生应知应会的知识融入到具体任务中。

本书层次分明，通俗易懂，理论联系实际，具有以下特点：

1. 每个任务由“学习目标”“任务描述”“知识准备”“任务实施”构成。任务中涉及的内容重点讲解，部分无直接关系的内容安排在拓展练习中，学生可通过各种方式自学。这样，通过完成任务不仅可以使学生学有所用、学以致用，还能保证电气控制与PLC的知识体系的完整。

2. 配套丰富的教学资源，如：微视频以二维码的形式在教材的相关知识点旁列示，方便学生利用移动设备随扫随学；其他资源通过列于封底的联系方式获取。本书还配套了在线课程，通过扫描封面的二维码，或登录网址 https://www.xueyinonline.com/detail/218977943 进入课程学习。

3. PLC部分介绍了西门子公司的新一代小型PLC（S7-1200），其指令与S7-1500 PLC兼容，编程平台是TIA Portal V14 SP1，该平台在企业中的应用广泛。

4. 本书以党的二十大精神为指导，全面推动党的二十大精神进教材、讲课堂、进头脑，全面贯彻党的教育方针，落实立德树人根本任务，突出职业教育的类型特点，在项目中，结合教学内容，设置了“阅读课堂”板块，通过一些小故事展示职业精神、工匠精神及中华文化优秀传统，体现了时代对教育的新要求。

本书具有很强的实用性，可作为高等职业院校电气自动化技术、机电一体化技术、机械制造及自动化、工业机器人技术及其他相关专业的教材，也可供广大工程技术人员参考。

本书由山西机电职业技术学院李向东和张广红担任主编，周晓旭、梁廷魁、原云峰担任副主编。具体编写分工如下：李向东编写项目一中任务一；马然编写项目一中任务二和任务三及项目二；张广红编写项目三；周晓旭编写项目四；原云峰编写项目五；武慧廷编写项目六；梁廷魁编写项目七。

在本书编写过程中，中车永济电机有限公司高级工程师吕杰提供了部分项目内容，在此深表感谢！另外，在本书的编写过程中，参考了兄弟院校的有关教材及相关资料，在此一并表示由衷的感谢！

由于编者水平有限，书中难免存在不妥之处，恳请读者批评指正，并将意见和建议及时反馈给我们，以便修订时完善。

编　者

第1版前言

本书是按照教育部《关于开展“十二五”职业教育国家规划教材选题立项工作的通知》，经过出版社初评、申报，由教育部专家组评审确定的“十二五”职业教育国家规划教材，是根据《教育部关于“十二五”职业教育教材建设的若干意见》及教育部新颁布的《高等职业学校专业教学标准（试行)》，同时参考维修电工等相关职业资格标准编写的。

本书在编写过程中，遵循实用的原则，凸现“教、学、做”一体化的现代职教特色，从注重对高职学生进行高素质和高技能培养与提高的实用角度出发，将内容分为四个模块。模块一介绍常用低压电器的结构及检测等；模块二介绍三相异步电动机的全电压起动、减压起动、制动控制电路，以及生产机械电气控制系统的设计；模块三以FP-X系列可编程序控制器为载体，介绍可编程序控制器应用技术；模块四安排了几种常用机床的电气安装调试与PLC控制改造实训。每个模块又分为若干个有针对性的课题或任务，通过课题或任务的完成，经过教师启发式教学和强化实践训练，达到能够分析、维修、设计机床电气与PLC控制系统的目的。

本书建议教学时数为60学时，实训教学为3周。

本书由山西机电职业技术学院李向东任主编，原云峰、周晓旭、梁廷魁任副主编。编写人员及具体分工如下：李向东编写模块一；周晓旭编写模块二的课题一、课题二；原云峰编写模块二的课题三、课题四；淮海集团公司李亮编写模块三的课题一及附录；魏瑾编写模块三的课题二、课题三；师素文编写模块三的课题四、课题五；唐婧壹编写模块四的任务一、任务二、任务三；梁廷魁编写模块四的任务四；本书由张广红教授主审。

本书经全国职业教育教材审定委员会审定，评审专家对本书提出了宝贵的建议，在此对他们表示衷心的感谢！本书编写过程中参考了大量文献和书籍，在此对相关作者表示衷心的感谢！

由于编者水平有限，书中难免存在一些错误和不妥之处，恳请广大读者和同行专家提出宝贵意见。

编　者

二维码索引

（续）

名称	图形	页码	名称	图形	页码
4-5　S7-1200 硬件的拆装		88	5-6　计数器指令及其应用		121
4-6　TIA Portal 编程软件的安装和使用		89	6-1　移动指令及其应用		132
5-1　S7-1200 的存储器及寻址		104	6-2　移位指令及其应用		135
5-2　位逻辑指令及其应用		105	6-3　循环移位指令及其应用		136
5-3　置位复位指令及其应用		106	6-4　比较指令及其应用		141
5-4　边沿脉冲指令及其应用		108	6-5　组织块概述		165
5-5　定时器指令及其应用		113	6-6　高速计数器(HSC)		175

目 录

项目一　三相异步电动机的单向起动控制电路的安装与调试

电动机是利用电磁感应原理工作的机械，它应用广泛，种类繁多。在工农业生产中，使用着大量的生产机械，如车床、钻床、水泵、空气压缩机等，这些设备的运转都需要原动力来拖动。由于电力在生产、传输、分配、使用和控制等方面具有优越性，所以用电动机拖动已被广泛的应用。用电动机来拖动生产机械就称为电力拖动。为了让电动机能按生产需要进行工作状态的变换，需要对电动机进行控制，如电动机的起动、制动、反转及调速等，完成这些功能的设备就称为控制设备。将控制设备如低压电器、主令电器等按一定规律连接起来的电路称为电气控制电路。电气控制电路主要是完成对电动机的电气控制。

本项目中，我们通过学习单向起动控制电路来了解电气控制电路中的一些常见低压电器元器件。

任务一　单向手动控制电路的安装与调试

学习目标

知识目标

1）正确辨认刀开关、熔断器的外形与结构，熟记其电气符号。

2）根据电气控制原理图分析出刀开关、熔断器在单向手动控制电路中的作用。

3）熟练掌握三相异步电动机的结构及运动特点。

4）熟练掌握三相异步电动机单向手动控制电路的电路原理。

技能目标

1）能够根据控制电路要求，对刀开关、熔断器进行正确选型与安装。

2）能够正确识读、绘制单向手动控制电路电气控制原理图，并根据电路原理图进行安装接线。

3）完成安装接线后，上电前，能够对单向手动控制电路进行目测检查，再进行万用表检测。

4）能够根据单向手动控制通电后出现的故障现象，利用万用表、试电笔等设备，确定故障位置，并安全无误地排除故障。

素质目标

1）积极参与小组的各项学习活动。

2）正确穿戴工作服、绝缘胶鞋，正确使用万用表、试电笔等电工仪器，按要求取用本任务需要的各电器元器件，根据电工操作要求安全、有序地进行各项操作。

3）认真地进行电气控制原理图绘制与识读、电气控制电路安装接线、电气控制电路的通电试车与故障排查，遇到困难不气馁，多提问。

任务描述

单向手动控制电路是利用电源开关直接控制三相异步电动机的起动与停止的控制电路。电源开关可以使用刀开关、组合开关或低压断路器。该电路常被用来控制砂轮机、冷却泵等设备。图1-1所示为用刀开关实现电动机的单向手动控制电路。

本任务要求识读单向手动控制电路，并掌握其工作原理，能对电路进行正确的安装接线和通电试车。

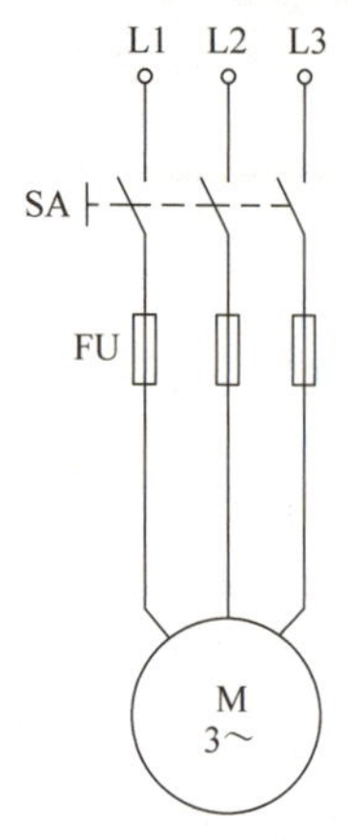

图1-1 单向手动控制电路

知识准备

一、刀开关

刀开关是手动电器中结构最简单的一种，主要用作隔离电源，也可用来非频繁地接通和分断容量较小的低压配电电路。在安装刀开关时，手柄不得朝下或平装，以避免重力自动下落，引起误动合闸。接线时，应将电源线接在上端，负载线接在下端，这样合闸后刀片与电源隔离，既便于更换熔丝，又可防止可能发生的意外事故。

常用的HD系列和HS系列刀开关的外形如图1-2所示。刀开关的图形符号和文字符号如图1-3所示。

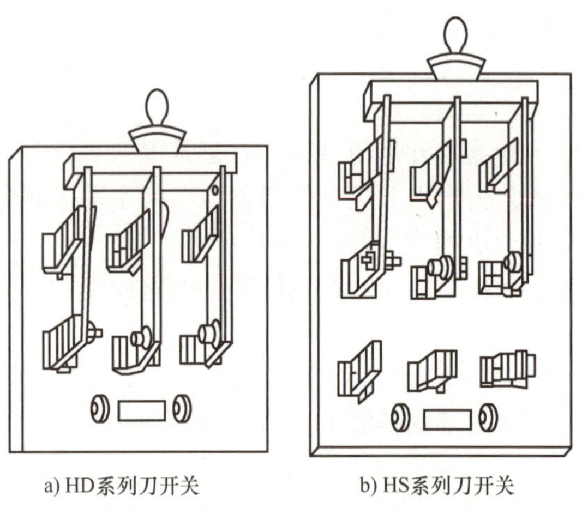

图1-2 HD系列和HS系列刀开关外形

刀开关的种类很多，按刀的极数分可分为单极、双极和三极；按刀的转换方向可分为单掷和双掷；按灭弧情况可分为带灭弧罩和不带灭弧罩；按接线方式可分为板前接线式和板后接线式。常用的产品有HD11～HD14和HS11～HS13系列刀开关。

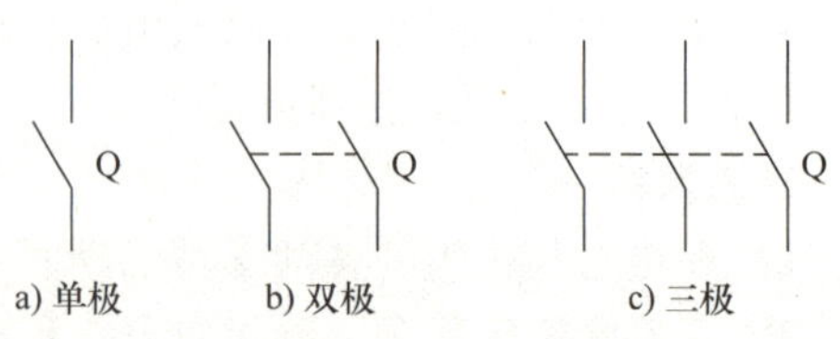

图1-3 刀开关的图形符号和文字符号

选择刀开关时应考虑以下两个方面：

（1）刀开关结构形式的选择　应根据刀开关的作用和装置的安装形式来选择是否带灭弧装置，若分断负载电流时，应选择带灭弧装置的刀开关。根据装置的安装形式来选择，是否是正面、背面或侧面操作形式，是直接操作还是杠杆传动，是板前接线还是板后接线的结构形式。

（2）刀开关的额定电流的选择　一般应等于或大于所分断电路中各个负载额定电流的总和。对于电动机负载，应考虑其起动电流，所以应选用额定电流大一级的刀开关。若再考虑电路出现的短路电流，还应选用额定电流更大一级的刀开关。

QA 系列、QF 系列、QSA（HH15）系列隔离开关用在低压配电中，HY122 带有明显断口的数模化隔离开关广泛用于楼层配电、计量箱、终端组电器中。

HR3 熔断器式刀开关，具有刀开关和熔断器的双重功能，采用这种组合开关电器可以简化配电装置结构，经济实用，因此其被越来越广泛地用在低压配电上。

HK1、HK2 系列开启式负荷开关（开启式开关熔断器组），用作电源开关和小容量电动机非频繁起动的操作开关。

HH3、HH4 系列封闭式负荷开关（封闭式开关熔断器组），操作机构具有速断弹簧与机械联锁，用于非频繁起动 28kW 以下的三相异步电动机。

常见刀开关如图 1-4 所示。

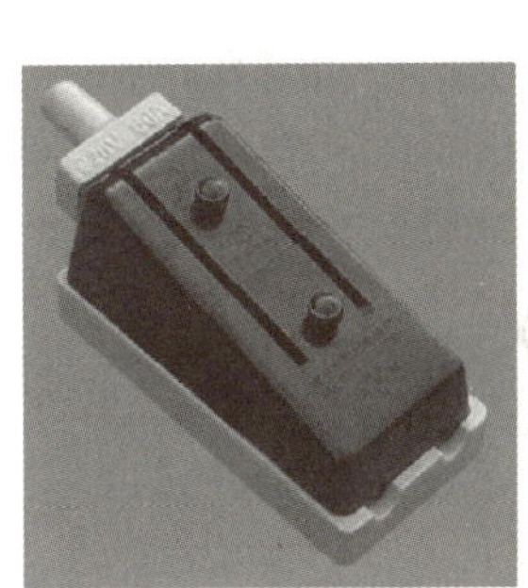

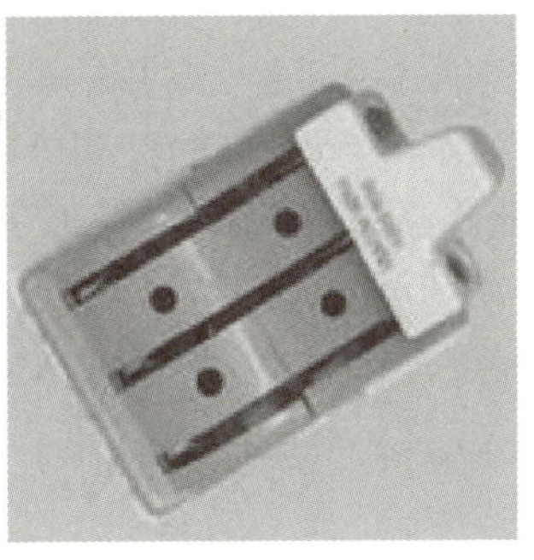

图 1-4　常见刀开关实物图

二、熔断器

熔断器是一种广泛应用的，简单、有效的保护电器，在电路中主要用于短路保护。它具有结构简单、体积小、重量轻、使用维护方便、价格低廉等优点。熔断器的熔体是由低熔点金属丝或金属薄片制成的，串联在被保护的电路中。在正常情况下，熔体相当于一根导线，当发生短路或过载时，电流很大，熔体因过热熔化而切断电路。

1. 熔断器的结构和工作原理

熔断器主要由熔体（俗称保险丝）和安装熔体的熔管（或熔座）组成。熔体是熔断器的主要部分，其材料一般由熔点较低、电阻率较高的金属材料，如铝锑合金丝、铅锡合金丝和铜丝等制成。熔管是装熔体的外壳，由陶瓷、绝缘钢纸或玻璃纤维制成，在熔体熔断时兼有灭弧作用。

熔断器的熔体与被保护的电路串联，当电路正常工作时，熔体允许通过一定大小的电流而不熔断。当电路发生短路或严重过载时，熔体中流过很大的故障电流，当电流产生的热量达到熔体的熔点时，熔体熔断，切断电路，从而达到保护电路的目的。

电流流过熔体时产生的热量与电流的二次方和电流通过的时间成正比，因此，电流越大，则熔体熔断的时间越短。这一特性称为熔断器的保护特性（或安秒特性），如图 1-5 所示。

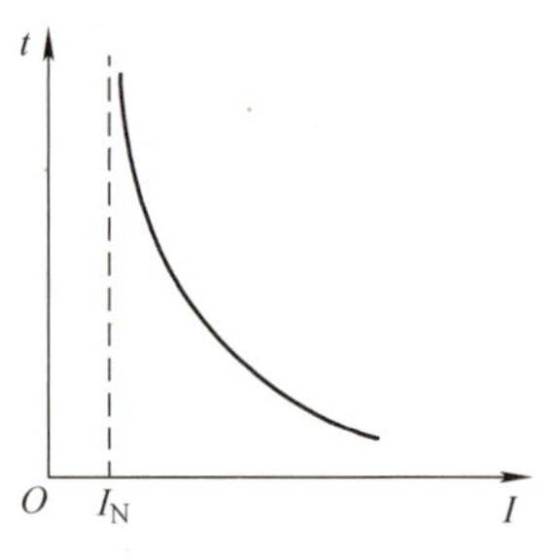

图 1-5　熔断器的保护特性

熔断器的保护特性为反时限特性，即短路电流越大，熔断时间越短，这样就能满足短路保护的要求。由于熔断器对过载反应不灵敏，不宜用于过载保护，主要用于短路保护。

常用熔体保护特性数值关系见表 1-1。

表 1-1　常用熔体的保护特性数值关系

熔断电流	$(1.25\sim1.3)I_N$	$1.6I_N$	$2I_N$	$2.5I_N$	$3I_N$	$4I_N$
熔断时间	∞	1h	40s	8s	4.5s	2.5s

注：I_N 指的是熔断器额定电流值，单位为 A。

2. 熔断器的分类

熔断器的类型很多，按结构形式可分为瓷插式熔断器、螺旋式熔断器、封闭管式熔断器、快速熔断器和自复式熔断器等。熔断器的图形及文字符号如图 1-6 所示。

（1）瓷插式熔断器　常用的瓷插式熔断器有 RC1A 系列，其结构如图 1-7 所示。它由瓷底座、动触点、熔丝、瓷插件和静触点 5 部分组成。由于其结构简单、价格便宜、更换熔体方便，因此广泛应用于 380V 及以下的配电电路末端作为电力、照明负载的短路保护。

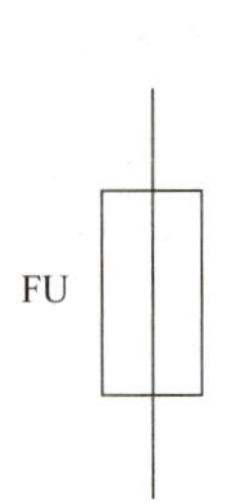

图 1-6　熔断器的图形及文字符号

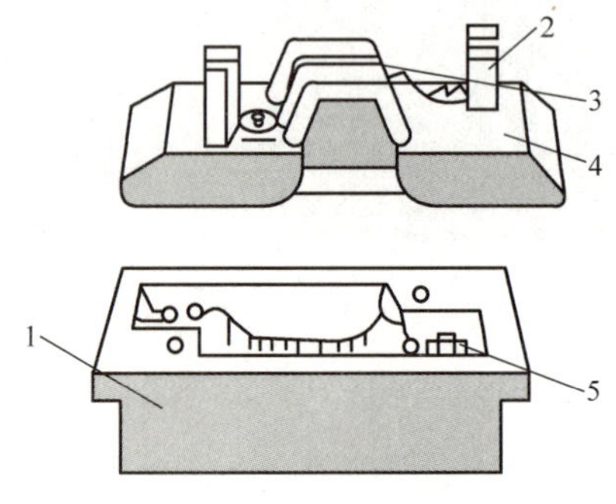

图 1-7　瓷插式熔断器
1—瓷底座　2—动触点　3—熔丝
4—瓷插件　5—静触点

（2）螺旋式熔断器　常用的螺旋式熔断器是 RL1 系列，其外形与结构如图 1-8 所示，由瓷帽、熔芯和底座组成。熔芯中有熔断管，熔断管上有一个标有颜色的熔断指示器，当熔体熔断时熔断指示器会自动脱落，显示熔丝已熔断。

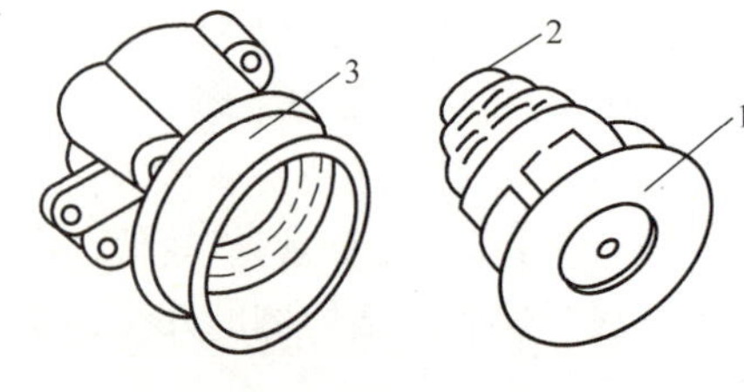

图 1-8　螺旋式熔断器
1—瓷帽　2—熔芯　3—底座

在装接使用时，电源线应接在下接线座，负载线应接在上接线座，这样在更换熔断管时

（旋出瓷帽），金属螺纹壳的上接线座便不会带电，保证维修安全。它多用于机床配线中作短路保护。

（3）封闭管式熔断器　封闭管式熔断器主要用于负载电流较大的电力网络或配电系统中，熔体采用封闭式结构，一是可防止电弧的飞出和熔化金属的滴出；二是在熔断过程中，封闭管内将产生大量的气体，使管内压力升高，从而使电弧因受到剧烈压缩而很快熄灭。封闭式熔断器有无填料式和有填料式两种，常用的型号有 RM10 系列、RT0 系列。

（4）快速熔断器　快速熔断器是在 RL1 系列螺旋式熔断器的基础上，为保护晶闸管半导体器件而设计的，其结构与 RL1 完全相同。常用的型号有 RLS 系列、RS0 系列等，RLS 系列主要用于小容量晶闸管及其成套装置的短路保护；RS0 系列主要用于大容量晶闸管器件的短路保护。

（5）自复式熔断器　RZ1 型自复式熔断器是一种新型熔断器，如图 1-9 所示。它采用金属钠作熔体。在常温下，钠的电阻很小，当电路发生短路时，短路电流产生高温使钠迅速汽化，气态钠电阻变得很高，从而限制了短路电流。当故障消除时，温度下降，气态钠又变为固态钠，恢复其良好的导电性。其优点是动作快，能重复使用，无须备用熔体。它的缺点是不能真正分断电路，只能利用高阻闭塞电路，故常与断路器串联使用，以提高组合分断性能。

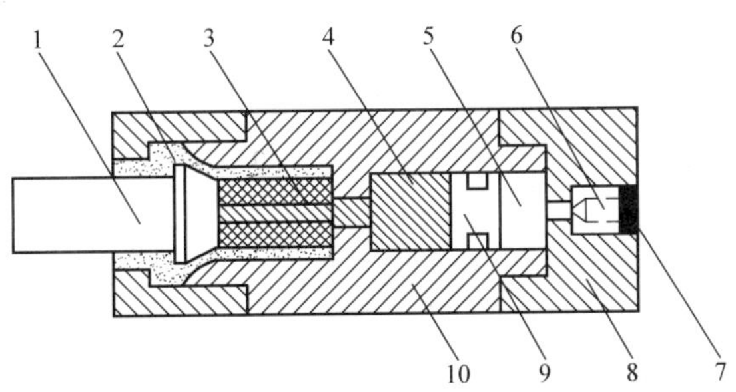

图 1-9　自复式熔断器结构图

1—进线端子　2—特殊玻璃　3—瓷芯　4—熔体　5—氩气
6—螺钉　7—软铅　8—出线端子　9—活塞　10—套管

3. 熔断器的选择

对熔断器的要求是：在电气设备正常运行时，熔断器不应熔断；当出现短路时，熔断器应立即熔断；当电流发生正常变动（如电动机起动过程）时，熔断器不应熔断；在用电设备持续过载时，熔断器应延时熔断。对熔断器的选用主要包括其类型的选择和熔体额定电流的确定。

选择熔断器的类型时，主要根据负载的保护特性和短路电流的大小来确定。用于保护照明电路和电动机电路的熔断器，一般考虑它们的过载保护，这时，希望熔断器的熔化系数（最小熔断电流与熔体额定电流之比）适当小些，所以容量较小的照明电路和电动机电路宜采用熔体为铅锌合金的熔断器。当短路电流较大时，宜采用高分断能力的熔断器；当短路电流相当大时，宜采用有限电流作用的熔断器。

熔断器的额定电压要大于或等于被保护电路的额定电压。熔断器的额定电流应不小于熔体的额定电流。熔体的额定电流要根据负载的情况来选择。

1）对于电阻性负载或照明电路，由于这类负载的起动过程很短，运行电流较平稳，一般按负载额定电流的1～1.1倍选择熔体的额定电流，进而选定熔断器的额定电流。

2）对于电动机等负载，由于这类负载的起动电流为额定电流的4～7倍，一般选择熔体的额定电流时要求有如下几点：

① 对于单台电动机，选择熔体额定电流为电动机额定电流的1.5～2.5倍。

② 对于频繁起动的单台电动机，选择熔体额定电流为电动机额定电流的3～3.5倍。

③ 对于多台电动机，则要求

$$I_{NF} \geqslant (1.5 \sim 2.5) I_{NMmax} + \sum I_{NM}$$

式中，I_{NF}为熔体的额定电流；I_{NMmax}是容量最大的一台电动机的额定电流；$\sum I_{NM}$是其余各台电动机的额定电流之和。

常见熔断器实物图如图1-10所示。

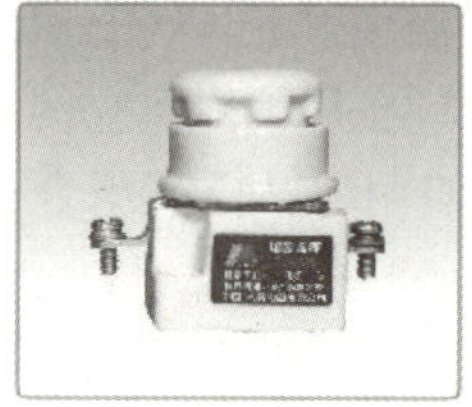
a) RL1系列螺旋式熔断器

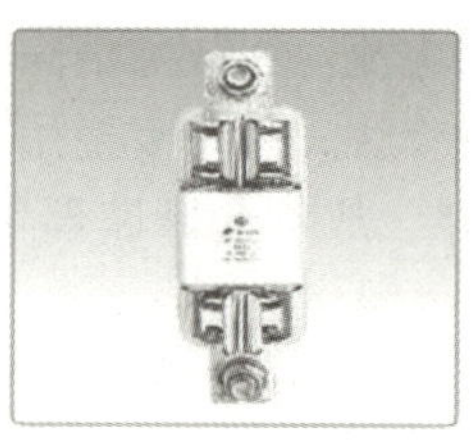
b) 封闭管式熔断器

c) 瓷插式熔断器

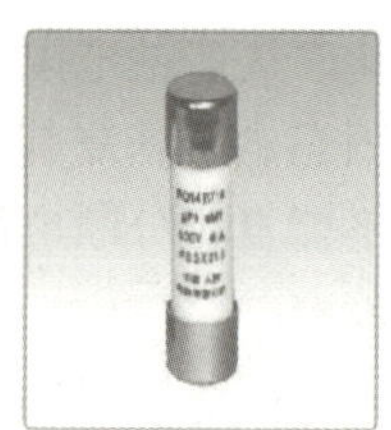
d) RO、RT系列熔断芯

图1-10　常见熔断器实物图

三、电气控制系统图的分类及绘制

1. 电气控制电路的绘图原则及标准

电气控制电路是由各种有触点电器，如继电器、接触器、行程开关、按钮等组成的具有一定功能的控制电路。为了表示电气控制电路的组成、工作原理及安装、调试、维修等技术要求，需要用统一的工程语言，即用工程图的形式来表示，这种图就是电气控制系统图。

2. 电气控制系统图的分类

电气控制系统图一般有三种：电气原理图、电气布置图、电气安装接线图。电气控制系统图的绘制必须按照规定和标准进行，下面就各种电气控制系统图的作用、绘图原则和标准做简单介绍。

（1）电气原理图　电气原理图是根据工作原理而绘制的。其特点是简单、清晰、层次分明，便于研究和分析电路工作原理的特性。在电气原理图中指包括所有电气元件的导电部件和接线端点之间的相互关系，不按各电气元件的实际布置位置和实际接线情况来绘制，也不反映电气元件的大小，现以图1-11为例来说明电气原理图绘制的基本规则和应注意的事项。

绘制电气原理图有如下基本原则：

1）电气控制电路根据电路通过的电流大小可分为主电路和控制电路。主电路包括从电源到电动机的电路，是强电流通过的部分，一般画在原理图的左边（或上部）。控制电路是通过弱电流的电路，一般由按钮、电气元件的线圈、接触器的辅助触点、继电器的触点等组

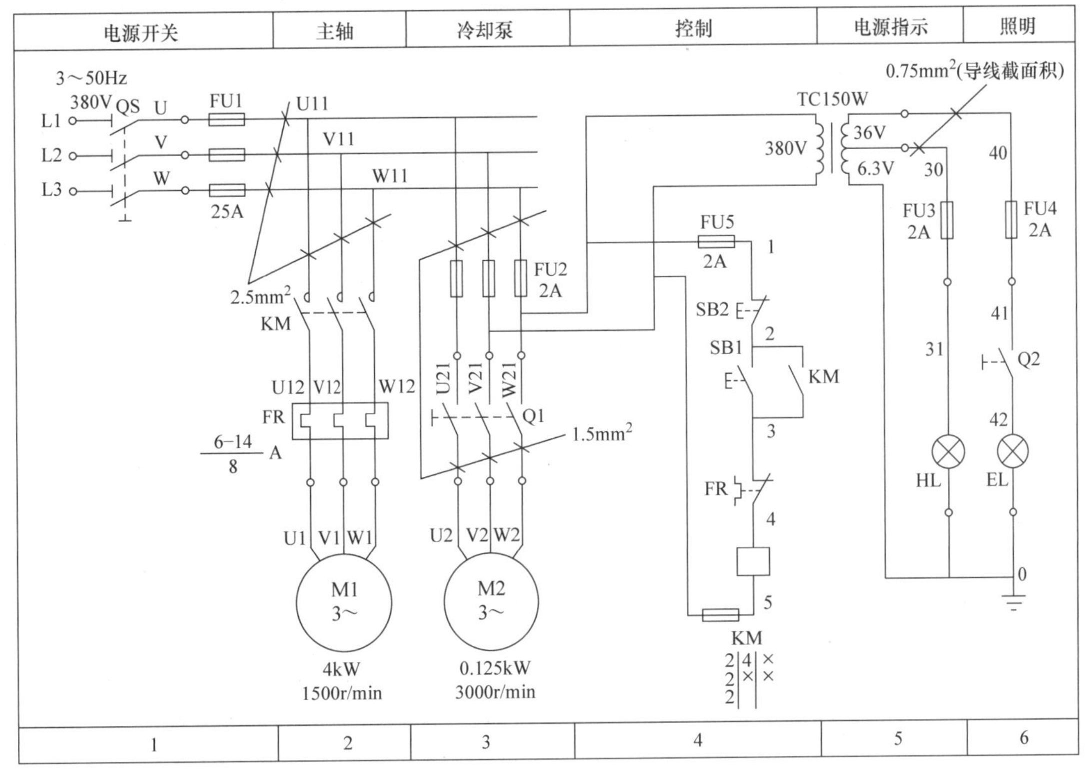

图 1-11　CW6132 型车床电气原理图

成，一般画在原理图的右边（或下部）。

2）电气原理图中，所有电气元件的图形符号、文字符号必须采用国家统一标准。

3）所有电气元件和部件在控制电路中的位置，采用电气元件展开图的画法。同一电气元件的各部分可以不画在一起，但需用同一文字符号标出。若有多个同一种类的电气元件。可在文字符号后加上数字序号，如 SB1、SB2、KA1、KA2 等。

4）所有按钮、触点均按没有外力作用和没有通电时的原始状态画出。例如，接触器、继电器的触点按吸引线圈不通电时的状态画出；控制器按手柄处于零位时的状态画出；按钮、行程开关触点按不受外力作用时的状态画出等。

5）无论是主电路还是控制电路，各电气元件一般按动作顺序从上到下，从左至右排列，可以水平布置，也可以垂直布置。

6）有直接电联系的交叉导线的连接点，要用黑圆点表示，无直接电联系的交叉处不能画黑圆点。

7）电气原理图下方的数字是图区编号（图区编号也可以设置在图的下方），是为了便于检索电气电路、方便阅读分析、避免遗漏而设置的。

图区编号上方的“电源开关……”等字样，表明对应区域下方元器件或电路的功能，使读者能清楚地了解某个元器件或某部分电路的功能，以利于理解整个电路的工作原理。

8）符号位置的索引用图号、页次和图区号的组合索引法，索引代号的组成如下：

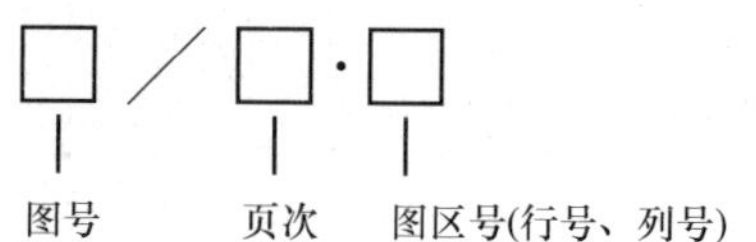

当某图仅有一页图样时，只写图号和图区的行、列号；在只有一个图号多页图样时，则图号可省略，而元器件的相关触点只出现在一张图样上时，只标出图区号（无行号时，只写列号）即可。

电气原理图中，接触器和继电器线圈与触点的从属关系应用附图表示，即在原理图中相应线圈的下方，给出触点的图形符号，并在其下面注明相应触点的索引代号，对未使用的触点用“×”表明，有时也可用省去触点图形符号的表示法。如图 1-11 图区 4 中 KM 的线圈与触点的从属关系表示如下：

KM		
2	4	×
2	×	×
2		

这是接触器 KM 相应触点的位置索引。

在接触器的位置索引中，右栏为主触点所在的图区号（三个触点都在图区 2），中栏为辅助常开触点（一个在图区 4 中，另外一个没有使用），右栏为辅助常闭触点（两个均没有使用）。

（2）电气布置图　电气布置图主要用来表明各种电气设备在机械设备和电气控制柜中的实际安装位置，为机械电气控制设备的制造、安装、维修提供必要的资料。各电气元件的安装位置是由机床的结构和工作要求决定的，如电动机要和被拖动的机械部件在一起，行程开关要放在取得信号的地方，操作元件要放在操纵箱等操作方便的地方，一般元件要放在控制柜中。

机床电气元件布置主要由机床电气设备布置图、控制柜及控制板电气设备布置图、操作台及悬挂操纵箱电气设备布置图等组成。图 1-12 所示为 CW6132 型车床电气布置图。

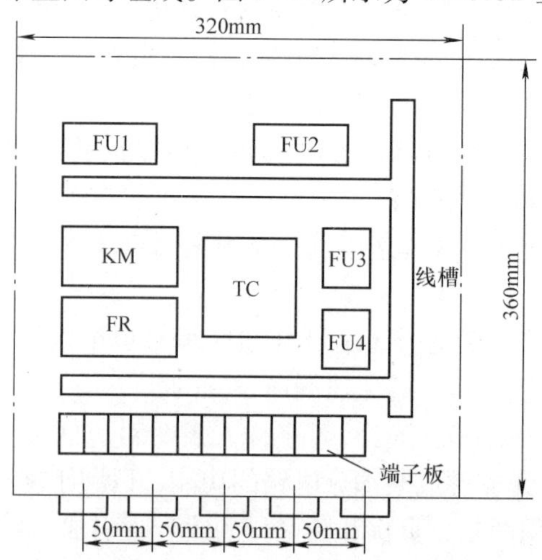

图 1-12　CW6132 型车床电气布置图

(3) 电气安装接线图　电气安装接线图是按照电气元件的实际位置和实际接线绘制的，根据电气元件布置最合理、连接导线最经济等原则来安排。它为安装电气设备、电气元件之间进行配线及检修电气故障等提供了必要的依据。

在绘制安装接线图时一般应遵循以下原则。

1）各电气元件用规定的图形符号、文字符号绘制，同一电气元件各部件必须画在一起。各电气元件的位置应与实际安装位置一致。

2）不在同一控制柜或操作台上的电气元件的电气连接必须通过端子排进行连接。各电气元件的文字符号及端子编号应与原理图一致，并按原理图的接线进行连接。

3）走向相同的多根导线可用单线表示，但线径不同的导线例外。

4）画连接导线时，应标明导线的规格、型号、根数等规格要求，以便施工人员顺利施工。图 1-13 所示为 CW6132 型车床电气互连接线图。

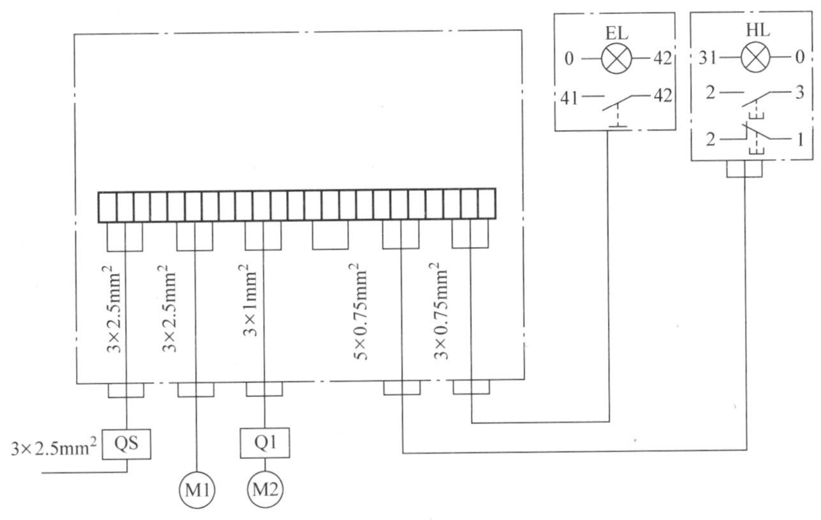

图 1-13　CW6132 型车床电气互连接线图

任务实施

本任务实施流程如图 1-14 所示。将任务逐一分解、实施，逐点学习和训练，最终完成整个任务。

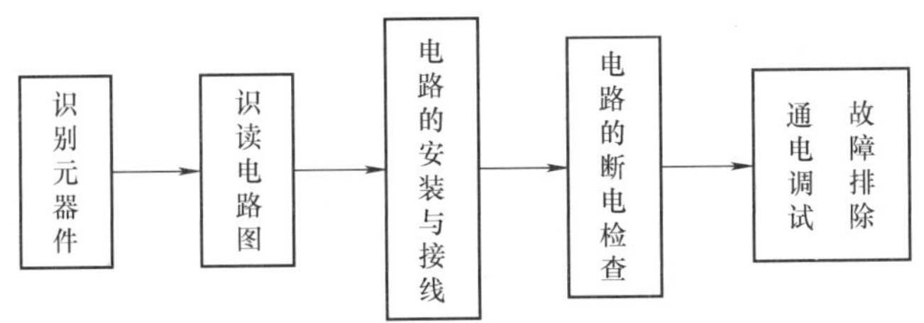

图 1-14　任务实施流程

1. 识别元器件

根据图 1-1 中所涉及的元器件可知，学习者应正确识别出刀开关、熔断器以及三相异步电动机。

2. 识读电路图

通过开关 QS 直接控制电动机的起动和停止。闭合 QS，电动机得电运转；断开 QS，电动机断电停止。

3. 电路的安装与接线

电气布置图标明电气设备及元器件的安装位置，电气安装接线图则是把同一个电器的各个部件画在一起，而且各个部件的布置要尽可能符合这个电器的实际情况，但对尺寸和比例没有严格要求。各电器元器件的图形符号、文字符号和电路标号均应以电气原理图为准，保持一致，便于查对。

4. 电路的断电检查

使用万用表的欧姆挡，将量程选为“×100”或“×1k”，L1、L2、L3 先不通电，闭合电源开关 QS，分别测量 L1、L2、L3 到三相异步电动机入线端子间的三个电阻值，若显示组织为零，则表明电路连接正确。

5. 通电调试和故障排除

在电路安装完成并经检查确定电路连接正确后，将 L1、L2、L3 接通三相电源，闭合开关 QS，电动机立即通电运行，断开 QS，电动机应断电停止。

操作过程中，如果出现不正常现象，应立即断开电源，分析故障原因，用万用表仔细检查电路。在指导教师认可的情况下才能再次通电调试。

知识拓展

电气安装接线图是表示设备电气电路连接关系的一种简图。它是根据电气原理图和电气布置图编制而成的，主要用于设备的电气电路的安装接线、检查、维修和故障处理。在实际应用中，电气安装接线图通常需要与电气原理图和电气布置图一起使用。

1. 绘制电气安装接线图的原则

电气安装接线图能反应元器件的实际位置和尺寸比例等。在绘制电气安装接线图时，各电气元件要按照安装底板中的实际位置绘出；元器件所占的面积按它的实际尺寸依统一笔记绘制；统一元器件的所有部件应画在一起，并用点线框起来。电气元件的位置关系要根据安装底板的面积、长宽比例及连接线的顺序来决定，不得违反安装规程。另外，还需要注意以下几点：

1）电气安装接线图中的电路标号是电气设备之间、电气元件之间及导线与导线之间的连接标记，它的文字符号和数字符号应与电气原理图中的标号一致。

2）各电气元件上凡是需要接线的部件端子都应绘出，并标上端子编号，且应与电气原理图上相应的线号一致；同一根导线上连接的所有端子的编号应相同。

3）安装底板的电气元件与外部电气元件之间的连线，应通过接线端子排进行连接。

4）走向相同的相邻导线可以绘成一股线。

2. 绘制电气安装接线图的简要步骤

绘制电气安装接线图时一般按如下几个步骤进行。

（1）标线号　在电气原理图上定义并标注每一根导线的线号。主电路线号的标注通常采用字母加数字的方法标注，控制电路线号的标注采用数字标注。对控制电路标注线号时，

可以用由上到下、由左到右的顺序标注。线号标注的原则是每经过一个电气元件，变换一次线号（不含接线端子）。

（2）画元器件框及符号　依照安装位置，在电气安装接线图上画出元器件的图形符号及外框。

（3）填充连线的去向和线号　在元器件连接导线的线侧和线端标注线号。

绘制好电气安装接线图后，应对照电气原理图仔细核对，防止错画、漏画，避免给制作电路和试车造成麻烦。

3. 电气控制电路的制作

掌握电动机控制电路的制作方式，是实现电动机控制电路从电气原理图到电动机实际控制运行的关键。

（1）分析电气原理图　在制作电动机电气控制电路前，必须明确电气元器件的数目、种类及规格；根据控制要求，弄清各电气元器件间的控制关系及连接顺序；分析控制动作，确定检查电路的方法等。对于复杂的控制电路，应弄清它由哪些控制环节组成，分析各环节之间的逻辑关系。

（2）绘制电气安装接线图　根据电气原理图，按 2 中的步骤绘制电气安装接线图。

（3）安装接线

1）检查电气元件。为了避免电气元器件自身的故障对电路造成的影响，安装接线前应对所有的电气元件逐个检查。核对各元器件的规格与图样要求是否一致。

2）固定电气元件。按照电气安装接线图规定的位置将电气元器件固定在安装底板上。相邻电气元器件之间的距离要适当，既要节省面板，又要便于走线和投入运行后的检修。

3）定位。用尖锥在安装孔中心做好记号。元器件应排列整齐，以保证连接导线做得横平竖直、整齐美观，同时应尽量减少弯折。

4）打孔固定。用手钻在记号处打孔，孔径应略大于固定螺钉的直径。用螺钉将电气元器件固定在安装底板上。

5）按电气安装接线图接线。接线一般从电源端开始按线号顺序接线，先接主电路，后接控制电路。

（4）检查电路和通电试车

1）检查电路。制作好的控制电路必须经过认真检查后才能通电试，以防止错接、漏接及电气故障引起的电路动作不正常，甚至造成短路事故检查时，先核对接线，然后检查端子接线是否牢固，最后用万用表的欧姆挡来检查电路的连接情况。

2）通电试车与调整。

① 试车前的准备。清点工具；清除线头杂物；装好接触器的灭弧罩；检查各组熔断器的熔体；分断各开关，使按钮、开关处于未操作状态；检查三相电源的对称性等。

② 空载试车。先切断主电路（断开主电路熔断器），装好控制电路熔断器，接通三相电源，使电路不带负载通电操作，检查控制电路工作是否正常。操作各按钮检查它们对接触器、继电器的控制作用；检查线圈有无过热现象等。

③ 带负载试车。空载试车动作无误后，即可切断电源，接通主电路，然后再通电，带负载试车。起动后要注意它的运行情况，如发现过热等异常现象，应立即停车，切断电源后进行检查。

任务二　点动控制电路的安装与调试

学习目标

知识目标

1）正确辨认组合开关、接触器和按钮的外形与结构，熟记其图形符号。

2）能够分析出组合开关、接触器和按钮在点动控制电路中的作用。

技能目标

1）能够根据控制电路要求，对组合开关、接触器和按钮进行正确选型与安装。

2）能够正确识读、绘制点动控制电路电气控制原理图，并根据电路原理图进行安装接线。

3）完成安装接线后、上电前，能够对点动控制电路进行目测检查，再进行万用表检测。

4）能够根据点动控制通电后出现的故障现象，利用万用表、试电笔等设备，确定故障位置，并安全无误地排除故障。

素质目标

1）积极参与小组的各项学习活动，敢于在小组、班级内分享课程学习所得，积极参与本课程组织的各项活动。

2）开始实操前，正确穿戴工作服、绝缘胶鞋，正确使用万用表、试电笔等电工仪器，按要求取用本次课需要的各电气元件，根据电工操作要求安全、有序地进行各项操作。

3）细致认真地进行电气控制原理图绘制与识读、电气控制电路安装接线、电气控制电路的通电试车与故障排除，遇到困难，要勤动脑、多提问，做到精益求精。

任务描述

点动控制电路常用于地面操作的小型起重机及某些机床辅助运动的电气控制。在这些控制电路中，要求电动机具有点动控制功能，即按下起动按钮，电动机运转；松开起动按钮，电动机停转。

本任务要求识读图1-15所示的点动控制电路，并掌握其工作原理，按工作要求完成电路的连接，并能进行电路的检查和故障排除。

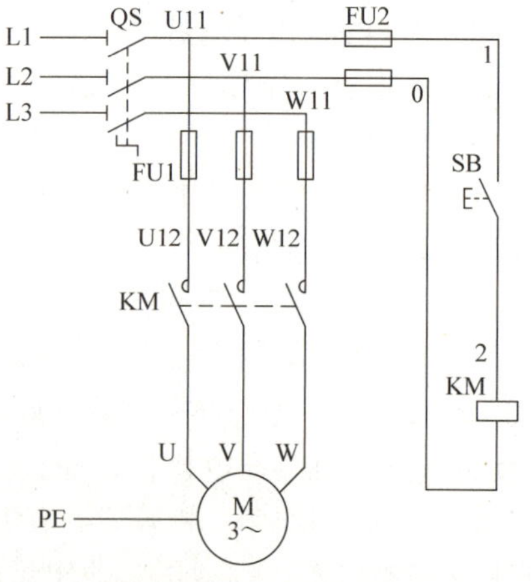

图1-15　点动控制电路

知识准备

要对图1-15所示的电路进行安装接线并通电试验，首先要认识图中所用到的元器件。本任务中用到的元器件有组合开关、熔断器、接触器和

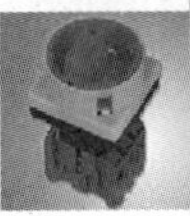

按钮。通过引导学生对元器件进行外形观察、参数识读及测试等相关活动，使学生掌握这些元器件的功能和使用方法。下面就来学习电路中所涉及的元器件。

一、组合开关

组合开关是一种刀开关。HZ10 系列组合开关的刀片（动触片）是转动式的，比刀开关轻巧而且组合性强。组合开关常用于机床电气控制电路中作为电源的引入开关，也可用作不频繁接通和断开电路、切换电源和负载以及控制 5kW 以下小容量电动机的正反转和星形 - 三角形减压起动等。图 1-16 是 HZ10 系列组合开关的外形、结构以及图形符号。

1-1　组合开关

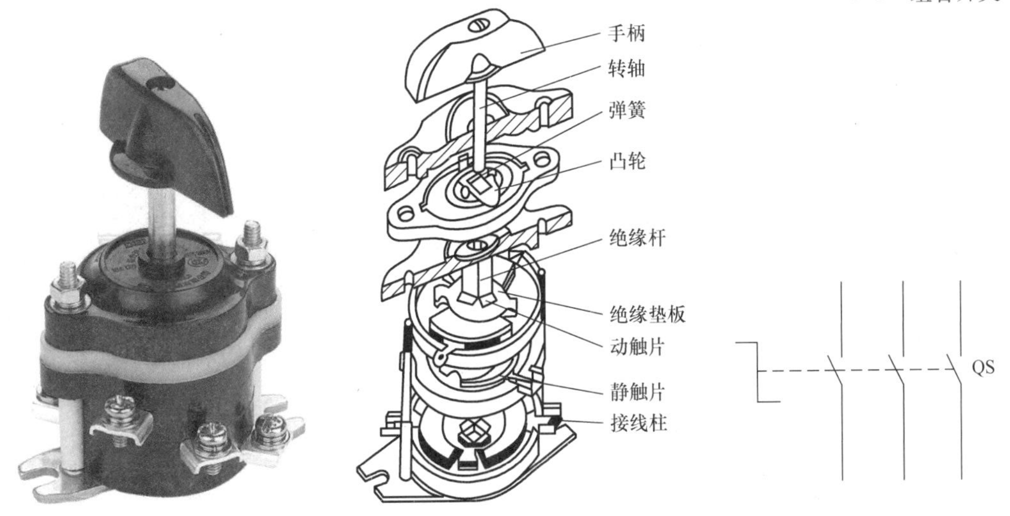

图 1-16　HZ10 系列组合开关外形、结构与图形符号

组合开关有单极、双极和三极之分，由若干个动触头及静触头分别装在数层绝缘件内组成，动触头随手柄旋转而变更其通断位置。顶盖部分是由滑板、凸轮、扭簧及手柄等零件构成操作机构。由于该机构采用了扭簧储能结构从而能快速闭合及分断开关，使开关闭合和分断的速度与手动操作无关，提高了产品的通断能力。

组合开关型号含义如下：

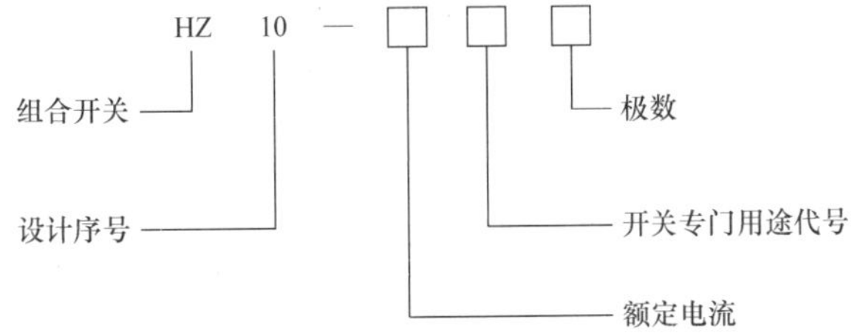

组合开关本身不带过载和短路保护装置，在它所控制的电路中必须另外加装保护装置。组合开关的选用应根据电源种类、电压等级、所需触头数和额定电流来确定。用于照明电路或电热电路时，组合开关的额定电流应大于或等于负载电流；用于电动机控制电路时，组合开关的额定电流一般取电动机额定电流的 1.5 ~ 2.5 倍。

常见组合开关如图 1-17 所示。

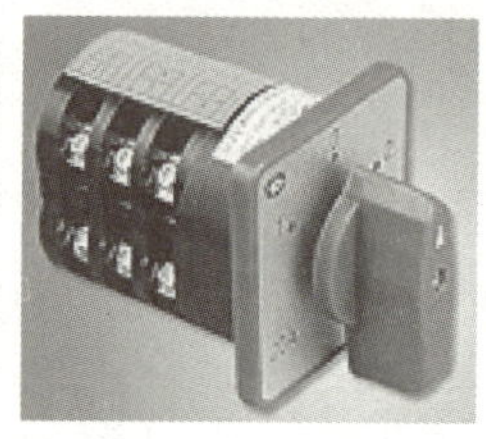

图 1-17　常见组合开关实物图

二、接触器

接触器是一种用来自动接通或断开大电流电路的电器。它可以频繁地接通或分断交直流电路，并可实现远距离控制。其主要控制对象是电动机，也可用于电热设备、电焊机、电容器组等其他负载。它还具有低电压释放保护功能。接触器具有控制容量大、过载能力强、寿命长、设备简单经济等特点，是电力拖动中使用最广泛的电气元件。

1-2　接触器

按照所控制电路的种类，接触器可分为交流接触器和直流接触器两大类。在机床电气控制电路中，主要采用的是交流接触器。

1. 交流接触器

（1）交流接触器的结构与工作原理　图 1-18 所示为交流接触器的结构示意图。交流接触器由四部分组成：

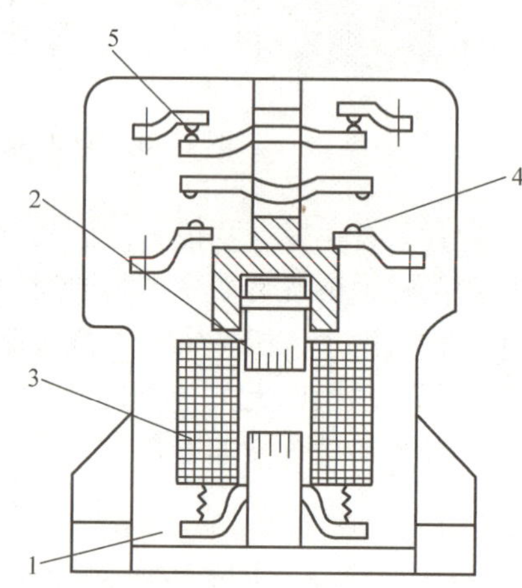

图 1-18　交流接触器的结构示意图

1—铁心　2—衔铁　3—线圈
4—常开触点　5—常闭触点

1）电磁机构。电磁机构由线圈、衔铁和铁心等组成，其作用是将电磁能转换成机械能，产生电磁吸力带动触点动作。

为了减少工作中交变磁场在铁心中产生的涡流损耗和磁滞损耗，避免铁心过热，交流接触器的铁心和衔铁一般用 E 形硅钢片叠压而成。尽管如此，铁心仍是交流接触器发热的主要部件。为增大铁心的散热面积，避免线圈与铁心直接接触而受热烧损，交流接触器的线圈一般做成粗而短的圆筒形，并且绕在绝缘骨架上，使铁心与线圈之间有一定间隙。

2）触点系统。它包括主触点和辅助触点。主触点用于通断大电流的主电路，通常为三对常开触点。辅助触点一般允许通过的电流较小，用于控制电路，起电气联锁作用，故又称联锁触点，一般有动合、动断各两对。为了消除触点在接触时的振动，减小接触电阻，在接触器的触头上装有接触弹簧。

3）灭弧装置。接触器在断开大电流电路时，在动、静触点之间会产生很强的电弧。电弧的产生，一方面会灼伤触点，缩短触点的使用寿命；另一方面会使电路的切断时间延长，

甚至造成弧光短路或引起火灾事故。因此，容量在 10A 以上的接触器都有灭弧装置，对于小容量的接触器，常采用双断口触点灭弧、电动力灭弧、相间弧板隔弧及陶土灭弧罩灭弧。对于大容量的接触器，采用纵缝灭弧罩及栅片灭弧。

4）其他部件。它包括反作用弹簧、缓冲弹簧、触点压力弹簧、传动机构及外壳等。反作用弹簧的作用是：线圈断电后，推动衔铁释放，使各触头恢复原始状态。缓冲弹簧的作用是：缓冲衔铁在吸合时对铁心和接触器外壳的冲击力。触点压力弹簧的作用是：增加动、静触点间的压力，从而增大触点接触面积，减小接触电阻。传动机构的作用是：在衔铁和反作用弹簧的作用下，带动动触点实现与静触点的接通或分断。

交流接触器的工作原理如下：线圈通电后，在铁心中产生磁通及电磁吸力。此电磁吸力克服弹簧反力使得衔铁吸合，带动触点机构动作，动断触点打开，动合触点闭合。线圈失电或线圈两端电压显著降低时，电磁吸力小于弹簧反力，使得衔铁释放，触点机构复位。

（2）交流接触器的基本参数

1）额定电压。它指主触点额定工作电压，应大于等于负载的额定电压。一只接触器常规定几个额定电压，同时列出相应的额定电流或控制功率。通常，最大工作电压为额定电压。交流的常用的额定电压值为 220V、380V、660V 等。

2）额定电流。它指接触器触点在额定工作条件下的电流值。它是在一定的条件（额定电压、使用类别和操作频率等）下规定的，目前常用的电流等级为 10～800A。

3）通断能力。它可分为最大接通电流和最大分断电流。最大接通电流是指触点闭合时不会造成触点熔焊时的最大电流值；最大分断电流是指触点断开时能可靠灭弧的最大电流。一般通断能力是额定电流的 5～10 倍。当然，这一数值与通断电路的电压等级有关，电压越高，通断能力越小。

4）动作值。它可分为吸合电压和释放电压。接触器吸合前，会缓慢增加吸合线圈两端的电压，吸合电压是指接触器可以吸合时的最小电压。接触器吸合后，会缓慢降低吸合线圈的电压，释放电压是指接触器释放时的最大电压。一般吸合电压不低于线圈额定电压的 85%，释放电压不高于线圈额定电压的 70%。

5）吸引线圈额定电压。它指接触器正常工作时，吸引线圈上所加的电压值。一般该电压数值以及线圈的匝数、线径等数据均标于线包上，而不是标于接触器外壳铭牌上，使用时应加以注意。交流吸引线圈额定电压有 36V、220V、380V。

6）额定操作频率。由于交流线圈在通电瞬间有很大的起动电流，如果通断次数过多，就会引起线圈过热，所以限制了交流接触器每小时的通断次数，即额定操作频率。一般交、直流接触器的额定操作频率最高分别为 600 次/h 和 1200 次/h。

（3）接触器型号含义如下

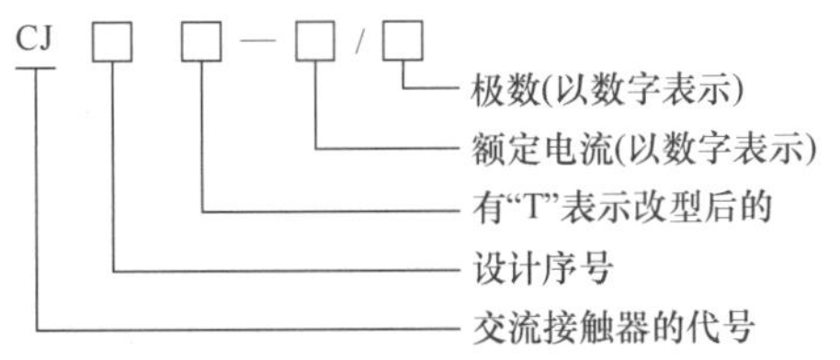

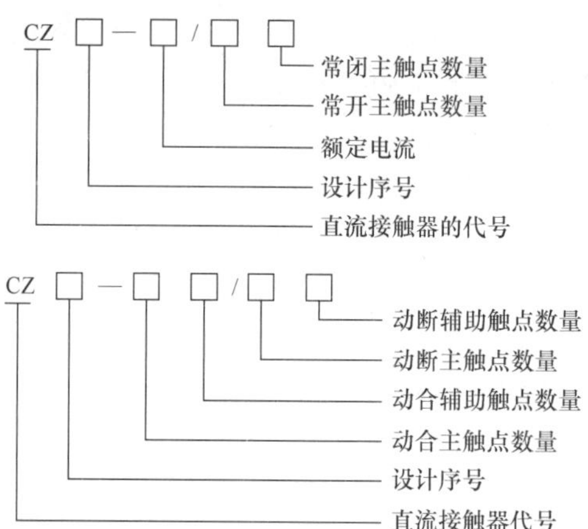

常见交流接触器实物如图 1-19 所示。

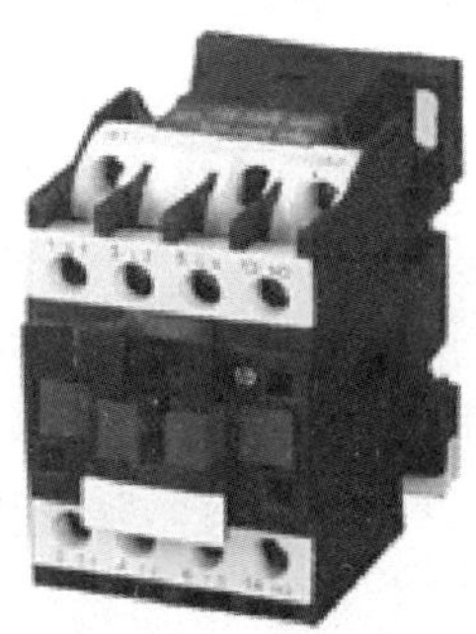

图 1-19　常见交流接触器实物图

2. 直流接触器

直流接触器的结构和工作原理基本上与交流接触器相同。在结构上也是由电磁机构、触点系统和灭弧装置等部分组成。由于直流电弧比交流电弧难以熄灭，因此直流接触器常采用磁吹式灭弧装置灭弧。

常见直流接触器实物如图 1-20 所示。

图 1-20　常见直流接触器实物图

3. 接触器的符号与型号

（1）接触器的符号　接触器的图形符号如图 1-21 所示，文字符号为 KM。

（2）接触器的型号　我国生产的交流接触器常用的有 CJ10、CJ12、CJX1、CJ20 等系列及其派生系列产品，CJ0 系列及其改型产品已逐步被 CJ20、CJX 系列产品取代。上述系列产

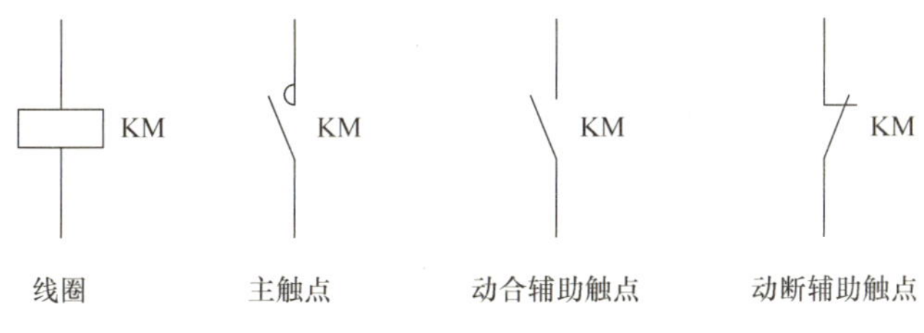

图 1-21　接触器的图形符号

品一般具有三对常开主触点，动合、动断辅助触点各两对。直流接触器常用的有 CZ0 系列，分单极和双极两大类，动合、动断辅助触点各不超过两对。

（3）接触器的选择　接触器是控制功能较强，应用广泛的自动切换电器，其额定工作电流或额定功率是随使用条件及控制对象的不同而变化的。为尽可能经济地、正确地使用接触器，必须对控制对象的工作情况及接触器的性能有较全面的了解，选用应根据具体使用条件正确选择。接触器的选择主要考虑以下几方面。

1）根据负载性质选择接触器类型。

2）额定电压应不小于主电路工作电压。

3）额定电流应不小于被控电路的额定电流。对于电动机负载还应根据其运行方式适当增减。

4）吸引线圈的额定电压、频率与所控制电路的选用电压、频率相一致。

三、按钮

按钮是一种短时接通或断开小电流电路的电器。它一般不直接控制主电路的通断，而在控制电路中发出“指令”去控制接触器、继电器等电器，再由它们去实现对电动机的自动控制。

1-3　按钮

按钮由按钮帽、复位弹簧、桥式触点和外壳等组成，通常做成复合式，即具有动合触点和动断触点，其结构示意图如图 1-22 所示。按下按钮时，先断开动断触点，后接通动合触点；按钮释放后，在复位弹簧的作用下，按钮触点自动复位，且触点动作顺序与按下时相反。通常，在无特殊说明的情况下，有触点电器的触点动作顺序均为“先断后合”。

按用途和结构的不同，按钮分为起动按钮，停止按钮和复合按钮。在电器控制线路中，动合按钮常用来起动电动机，也称起动按钮；动断按钮常用于控制电动机停车，也称停车按钮；复合按钮用于联锁控制电路中。

按使用场合、作用不同，通常将按钮帽做成红、绿、黑、黄、蓝、白、灰等颜色，并有如下规定：

1）“停止”和“急停”按钮必须是红色。

2）“起动”按钮必须是绿色。

3）“起动”与“停止”交替动作的按钮必须是黑白、白色或灰色。

4）“点动”按钮必须是黑色。

5）“复位”按钮必须是蓝色（如继电器的复位按钮）。

常用的控制按钮有 LA2、LA18、LA19、LA20、LAY1 和 SFAN－1 型/系列按钮。其中 SFAN－1 型为消防打碎玻璃按钮。LA2 系列为仍在使用的旧产品，新产品有 LA18、LA19、LA20 等系列。其中 LA18 系列采用积木式结构，触点数目可按需要拼装至六动合六动断，一般装成二动合二动断。LA19、LA20 系列有带指示灯和不带指示灯两种，前者按钮帽用透明塑料制成，兼作指示灯罩。

按钮的选用原则有如下几个方面：

1）根据使用场合选择按钮的种类，如开启式、防水式或防腐式等。

2）根据用途选择按钮的结构形式，如钥匙式、紧急式或带灯式等。

3）根据控制电路的需求确定按钮数，如单钮、双钮、三钮或多钮等。

4）根据工作状态指示和工作情况的要求选择按钮及指示灯的颜色。

常见的按钮实物如图 1-23 所示。

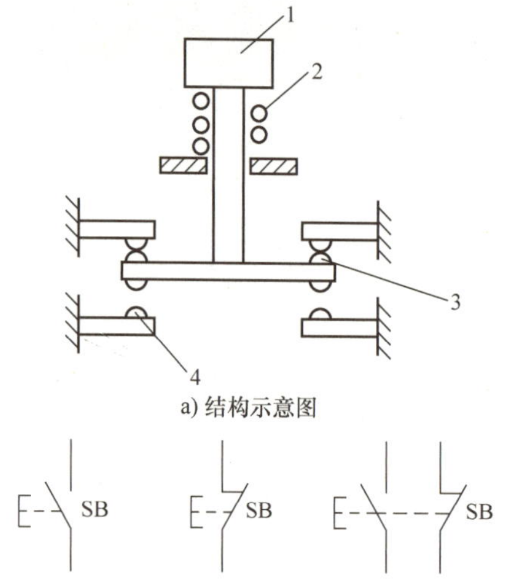

图 1-22 按钮

1—按钮帽 2—复位弹簧

3—动断触点动触点 4—动合触点静触点

图 1-23 常见按钮实物图

任务实施

点动控制电路如图 1-15 所示，它由主电路和控制电路两部分组成。主电路在电源开关 S 的出线端按相序依次编号为 U11、V11、W11，然后按从上至下的顺序递增；控制电路的编号按“等电位”原则从上至下、从左到右依次从 1 开始递增编号。

1. 识读电路图

点动控制电路的识读过程见表 1-2。

表 1-2　点动控制电路的识读过程

序 号	识读任务	电路组成	元器件名称	功能
1	识读主电路	QS	组合开关	引入三相电源
2		FU1	熔断器	主电路的短路保护
3		KM 主触点	接触器主触点	控制电动机的运转与停止
4		M	三相异步电动机	被控对象
5	识读控制电路	FU2	熔断器	控制电路的短路保护
6		SB	按钮	发布起动与停止信号
7		KM 线圈	接触器线圈	控制接触器触点动作

2. 识读电路的工作过程

识读电路的工作过程，就是描述电路中各电器的动作过程，可以采用叙述法或流程法。流程法就是电路正常工作时各电器的动作顺序，用电器动作及触点的通断表示。应用流程法便于理解和分析电路，在实际中比较常用。

（1）叙述法　起动时，闭合电源开关 QS。按下按钮 SB，接触器 KM 的线圈通电，接触器的三对主触点闭合，电动机接通三相交流电源直接起动运转。松开按钮 SB，接触器 KM 的线圈断电，接触器的主触头断开，电动机断开三相交流电源而停止运转。

（2）流程法　闭合电源开关 QS。

起动过程：按下 SB→KM 线圈得电→KM 主触点闭合→电动机得电运转。

停止过程：松开 SB→KM 线圈失电→KM 主触点断开→电动机断电停转。

3. 电路安装接线

（1）绘制电气安装接线图　对照图 1-15 所示的电动机点动控制电路，在电气原理图上标注线号，绘制出电动机点动控制电路的电气安装接线图。电气安装接线板上的元器件与外部元器件的连接必须通过接线端子板进行连接，如按钮和电动机定子绕组的接线。

（2）安装接线

1）检查。检查内容主要是利用万用表检查电源开关的接通情况、接触器主触点的接通情况、按钮的接通情况以及接触器的线圈电阻。

2）固定电气元器件。按照电气安装接线图规定的位置将电气元件固定摆放在电气安装底板上，注意使 FU1 中间一相熔断器和 KM 中间一对主触点的接线端子呈一条直线，以保证主电路的美观整齐。

3）接线。接线时先接主电路，再接控制电路。主电路从组合开关 S 的下接线端子开始，所用导线的横截面积应根据电动机的额定电流来适当选取。接线时应做到横平竖直、分布对称。接线过程中避免导线交叉、架空和重叠；导线变换走向要弯成直角，并做到高低一致或前后一致；严禁损伤线芯和导线绝缘层，接点上不能露铜丝太长；每个接线端子上连接的导线根数一般以不超过两根为宜，并保证接线牢固；进出线应合理汇集在接线端子板上。

对于螺旋式接点，如螺旋式熔断器的接线，在导线连接时，应打羊眼圈，并按顺时针旋转。对于瓦片式接点，如接触器的触点、热继电器的热元件和触点，在进行导线连接时，直接插入节点固定即可。

4. 电路断电检查

按电气原理图或电气安装接线图从电源端开始，逐段核对线号及接线端子处是否正确，有无漏接、错接之处。检查导线接点是否符合要求，压接是否牢固。用万用表检查电路的通断情况。检查时应选用倍率适当的欧姆挡，并进行校零。

对控制电路进行检查时，可先断开主电路（使S处于断开位置），再将万用表的两表笔分别搭在FU2的两个出线端子上，此时读数应为“∞”。按下按钮SB时，读数应为接触器线圈的电阻值；按下接触器KM衔铁时，读数也应为无穷大。

对主电路进行检查时，电源线L1、L2、L3先不接通，闭合S，按下接触器KM的衔铁来代替接触器线圈吸合时的情况进行检查，依次测量从电源端（L1、L2、L3）到电动机出线端子（U、V、W）的每一相线路的电阻值，检查是否存在开路或接触不良的现象。

5. 通电试车及故障排除

通电试车，操作相应按钮，观察各电器的动作情况。

闭合开关QS，引入三相电源，按下按钮SB，接触器KM的线圈通电，衔铁吸合，接触器的主触点闭合，电动机接通电源直接起动运转。

操作过程中，如果出现不正常现象，应立即断开电源，分析故障原因，用万用表仔细检查电路。在指导教师认可的情况下才能再次通电调试。

知识拓展

在点动控制电路中，初次接触了组合开关、接触器以及按钮三种低压电器。这三种低压电器在点动控制电路中均起到了通断相应电路的作用。那么低压电器的触点系统是如何工作的呢？让我们一起来学习一下吧。

当三相异步电动机带负载运行时，不宜使用刀开关来直接起/停电动机。因为这种方法既不方便也不安全，操作劳动强度大，并且不能进行远距离的自动控制。这就需要采用按钮和接触器来控制电动机的起动和停止，刀开关在电路中仅起隔离电源的作用。而为了保证电动机安全可靠地工作，还必须对其加保护类继电器，必要时还需要进行减压起动和停车制动。

一、低压电器的电磁系统

低压电器一般由两个基本部分组成，即感受机构和执行机构。感受机构感受外界信号的变化，做出有规律的反应；而执行机构则是根据指令信号，执行电路的通、断控制。

在各种低压电器中，根据电磁感应原理来实现通、断控制的电器很多，它们的结构相似、原理相同，感受机构是电磁系统，执行机构则是触点系统及灭弧系统。

电磁系统是电磁式电器的感受机构，其作用是将电磁能量转换成机械能量，带动触点动作，实现对电路的通、断控制。

电磁系统由铁心、衔铁和线圈等部分组成。其作用原理是：当线圈中有电流通过时，产生电磁吸力，电磁吸力克服弹簧的反作用力，使衔铁与铁心闭合，衔铁带动连接机构运动，从而带动相应触点动作，完成通、断电路的控制作用。接触器常用的电磁系统结构如图1-24所示。

图1-24a所示为衔铁绕棱角转动的拍合式结构，适用于直流接触器。图1-24b所示为衔

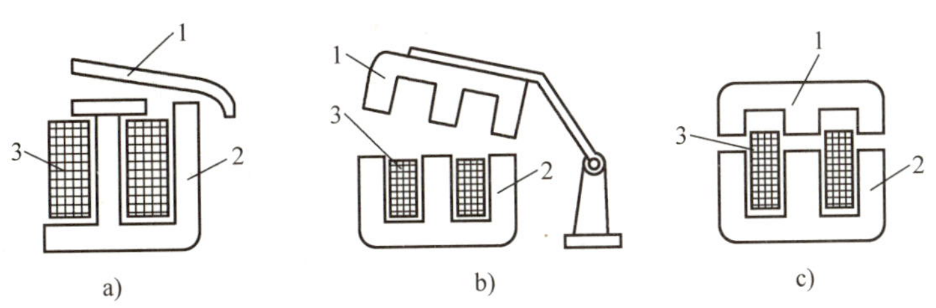

图 1-24　接触器常用的电磁系统结构

1—衔铁　2—铁心　3—线圈

铁绕轴转动的拍合式结构，适用于容量较大的交流接触器。图 1-24c 所示为衔铁直线运动的螺管式结构，适用于交流接触器、继电器等。

电磁式电器分为直流与交流两大类。直流电磁铁铁心由整块铸铁铸成，而交流电磁铁的铁心则用硅钢片叠成，以减小铁损（磁滞损耗及涡流损耗）。

图 1-24 中线圈的作用是将电能转化为磁场能。按通过线圈电流性质的不同，分为直流线圈和交流线圈两种。

实际应用中，由于直流电磁铁仅有线圈发热，所以其线圈匝数多、导线细，制成细长型，且不设线圈骨架，线圈与铁心直接接触，这利于线圈的散热。而交流电磁铁由于铁心和线圈均发热，所以其线圈匝数少、导线粗，制成短粗型，吸引线圈设有骨架，且铁心与线圈隔离，这利于铁心和线圈的散热。

二、低压电器的触点系统

1. 触点系统材料

触点是电器的执行机构，起接通和断开电路的作用。若要使触点具有良好的接触性能，通常采用铜质材料制成。由于在使用中，铜的表面容易氧化而生成一层氧化铜，使触点接触电阻增大，容易引起触点过热，影响电器的使用寿命，因此，对于电流容量较小的电器（如接触器、继电器等），常采用银质材料作为触点材料，因为银的氧化膜电阻率与纯银相似，从而避免触点表面氧化膜电阻率增加而造成触点接触不良。

2. 触点系统结构形式

触点系统主要有以下几种结构形式：

（1）桥式触点　图 1-25a、b 所示为桥式触点，其中图 1-25a 为点接触的桥式触点，而图 1-25b 为面接触的桥式触点。点接触的桥式触点适用于电流不大且触点压力小的场合；面接触的桥式触点适用于电流较大的场合。

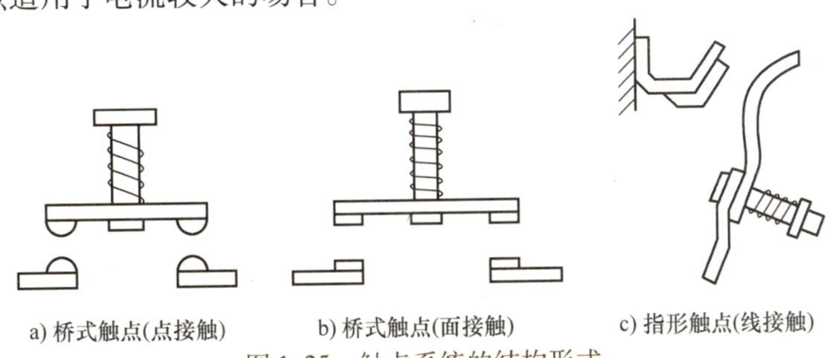

a) 桥式触点(点接触)　b) 桥式触点(面接触)　c) 指形触点(线接触)

图 1-25　触点系统的结构形式

（2）指形触点　图 1-25c 所示为指形触点，其接触区为一直线，触点在接通与分断时产生滚动摩擦，可以去掉氧化膜，故其触点可以用纯铜制造，特别适合于触点分合次数多、电流大的场合。

任务三　具有自锁的单向起动控制电路的安装与调试

学习目标

知识目标

1）正确辨认低压断路器、热继电器的外形与结构，熟记其图形符号。

2）能够分析出低压断路器、热继电器在具有自锁的单向起动控制电路中的作用。

技能目标

1）能够根据控制电路要求，对低压断路器、热继电器进行正确选型、检测与安装。

2）能够正确识读、绘制具有自锁的单向起动控制电路电气原理图，并根据电路原理图绘制电气安装接线图，进行安装接线。

3）完成安装接线后、上电前，能够对单向起动控制电路进行目测检查，再进行万用表检测。

4）能够根据单向起动控制通电后出现的故障现象，利用万用表、试电笔等设备，确定故障位置，并安全无误地排除故障。

素质目标

1）积极参与小组的各项学习活动，敢于分享任务学习成果，能够总结学习中的得失，并吸取教训，增长经验。

2）开始实操前，正确穿戴工作服、绝缘胶鞋，正确使用万用表、试电笔等电工仪器，按要求取用本任务需要的各电气元件，根据电工操作要求安全、有序地进行各项操作。

3）细致认真地进行电气控制原理图绘制与识读、电气控制电路安装接线、电气控制电路的通电试车与故障排除，遇到困难勤动脑、多提问，做到精益求精。

任务描述

电动机单向起动控制电路用于单方向运转的小功率电动机的控制，如小型通风机、水泵及传送带运输机等机械设备。在这些控制中，要求电路具有电动机连续运行的控制功能，即按下起动按钮，电动机运转；松开起动按钮，电动机保持运转，只有按下停止按钮时，电动机才停转。

本任务要求识读图 1-26 所示的具有自锁的单向起动控制电路，掌握其工作原理，按工艺要求完成电路的连接，并能进行电路的检查和故障排除。

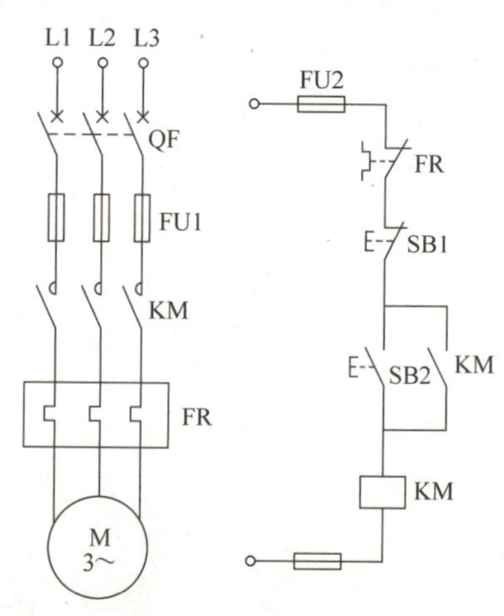

图 1-26　具有自锁的单向起动控制电路

知识准备

1-4　具有自锁的单向起动控制电路

要对图 1-26 所示的电路进行安装接线并通电试车，首先要认识图中所用到的新元器件：低压断路器和热继电器。通过对元器件进行外形观察、参数识读及测试等相关活动，掌握元器件的功能和使用方法。

一、低压断路器

低压断路器俗称自动空气开关。它是一种既能作为开关，又具有电路自动保护功能的低压电器。当电路发生过载、短路及失电压或欠电压等故障时，低压断路器能自动切断故障电路，有效地保护串接在它后面的电气设备。在正常情况下，低压断路器也可用于不频繁接通和断开电路及控制电动机，是低压配电网中一类重要的保护电器。

1. 低压断路器的结构和工作原理

低压断路器由操作机构、触点、保护装置（各种脱扣器）、灭弧系统等组成。低压断路器的主触点是靠手动或电动合闸操作的。主触点闭合后，自由脱扣机构将主触点锁在合闸位置上。过电流脱扣器的线圈和热脱扣器的热元件与主电路串联，欠电压脱扣器的线圈和电源并联。当电路发生短路或严重过载时，过电流脱扣器的衔铁吸合，使自由脱扣机构动作，主触点断开主电路。当电路过载时，热脱扣器的热元件发热使双金属片上弯曲，推动自由脱扣机构动作。当电路欠电压时，欠电压脱扣器的衔铁释放，使自由脱扣机构动作。分励脱扣器则作为远距离控制用，在正常工作时，其线圈是断电的，在需要远距离控制时，按下停止按钮，使线圈通电，衔铁带动自由脱扣机构动作，使主触点断开。低压断路器工作原理如图 1-27所示，图形符号如图 1-28 所示，文字符号为 QF。

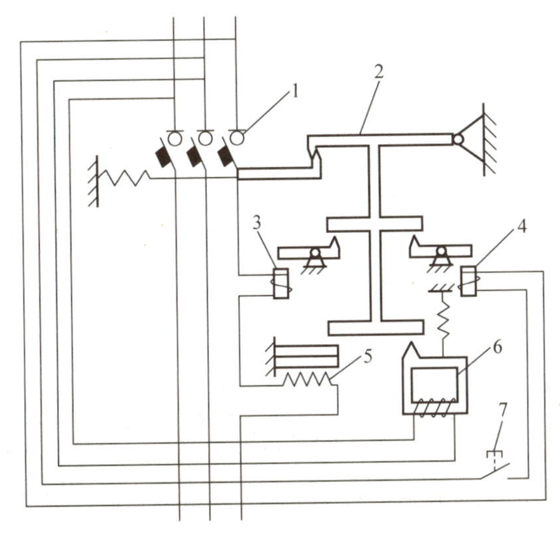

图 1-27　低压断路器工作原理示意图

1—主触点　2—自由脱扣机构　3—过电流脱扣器

4—分励脱扣器　5—热脱扣器　6—欠电压脱扣器　7—停止按钮

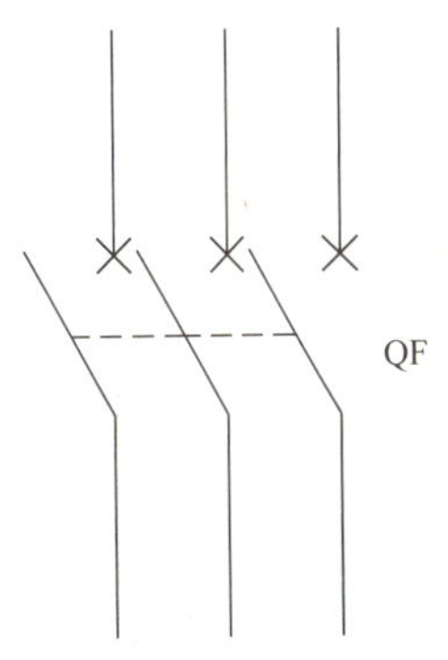

图 1-28　低压断路器的图形符号

2. 低压断路器的分类

按用途和结构特点可分为框架式断路器、塑料外壳式断路器、直流快速式断路器和限流式断路器等。

1）框架式断路器（万能式断路器）。具有绝缘衬底的框架结构底座将所有的构件组装在一起，用于配电电网的保护。它的主要型号有 DW10 和 DW15 系列。

2）塑料外壳式断路器常作为电源引入开关，用于宾馆、机场、车站等大型建筑的照明电路，或作为控制和保护不频繁起动、停止的电动机开关。其操作方式多为手动，主要有扳动式和按钮式两种。具有用模压绝缘材料制成的封闭型外壳将所有构件组装在一起，用作配电电网的保护和电动机、照明电路及电热器等的开关控制。它的主要型号有 DZ5、DZ10、DZ20 等系列。

3）直流快速式断路器。它具有快速电磁铁和强有力的灭弧装置，最快动作时间小于 0.02s，用于半导体整流元件和整流装置的保护。其主要系列有 DS 系列。

4）限流式断路器。其利用短路电流所产生的电动力使触点在 8～10ms 内迅速断开，限制了电路中可能出现的最大短路电流。它适用于要求分断能力较高的场合（可分断高达 70kA短路电流的电路）。它的主要型号有 DWX15、DZX10 系列等。

5）漏电保护式断路器。它是在电路或设备出现对地漏电或人身触电时，迅速自动断开电路，从而有效地保证人身和线路安全。漏电保护断路器是一种安全保护电器，在电路中作为触电和漏电保护之用。漏电保护断路器有单相式和三相式两种，单相式主要产品有 DZL18－20 型；三相式有 DZ15L、DZ47L、DS250M 等。漏电保护断路器的额定漏电动作电流为 30～100mA，漏电脱扣动作时间小于 0.1s。

此外，我国引进的国外产品有德国的 ME、日本的 AE、AH、TG 系列，法国的 C45、S060 系列，美国的 H 系列等。

低压断路器的主要技术参数有：额定电压、额定电流、极数、脱扣器类型、整定电流范围、分断能力、动作时间等。低压断路器型号示意如下：

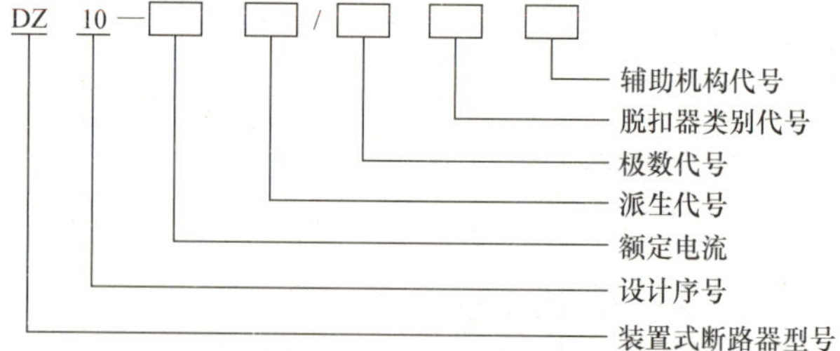

低压断路器的脱扣方式和附件代号见表 1-3。

表 1-3 低压断路器的脱扣方式和附件代号

脱扣方式	附件代号							
	不带附件	分励	辅助触点	失电压	分励辅助触点	分励失电压	两组辅助触点	失电压辅助触点
无脱扣	00		02				06	
热脱扣	10	11	12	13	14	15	16	17
电磁脱扣	20	21	22	23	24	25	26	27
复式脱扣	30	31	32	33	34	35	36	37

3. 低压断路器的选用

低压断路器的选用原则如下：

1）根据电路对保护的要求确定断路器的类型和保护形式，即确定选用框架式、装置式或限流式等。

2）断路器的额定电压 U_N应等于或大于被保护电路的额定电压。

3）断路器欠电压脱扣器额定电压应等于被保护电路的额定电压。

4）断路器的额定电流及过电流脱扣器的额定电流应大于或等于被保护电路的计算电流。

5）断路器的极限分断能力应大于电路的最大短路电流的有效值。

6）配电电路中的上、下级断路器的保护特性应协调配合，下级的保护特性应位于上级保护特性的下方且不相交。

7）断路器的长延时脱扣电流应小于导线允许的持续电流。

常见低压断路器实物如图 1-29 所示。

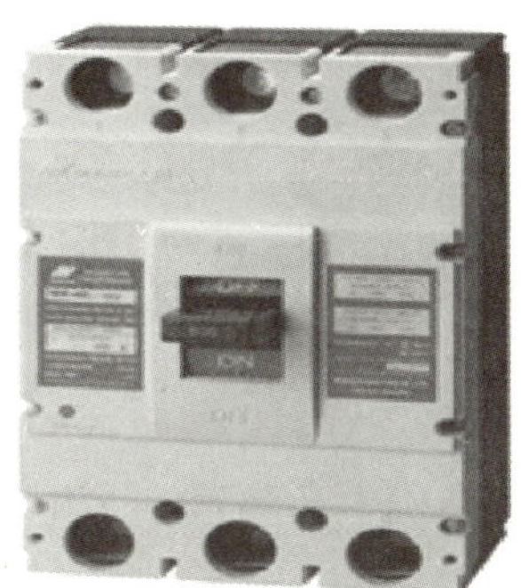

图 1-29　常见低压断路器实物图

二、热继电器

热继电器是一种利用电流的热效应原理工作的保护电器，在电路中用作电动机的长期过载保护。电动机在实际运行中，当负载过大、电压过低或发生一相断路故障时，流过电动机的电流要增大，其值往往超过额定电流。若过载不大、时间较短及绕组温升不超过允许范围，是允许的。但若过载时间较长，绕组温升超过允许值，电路中熔断器的熔体又不会熔断，这将会加剧绕组老化，影响电动机的寿命，严重时甚至烧毁电动机。因此，凡是长期运行的电动机必须设置过载保护。

1. 热继电器的主要结构

热继电器种类较多，双金属片式热继电器由于结构简单、体积较小而且成本较低，所以应用最为广泛。其结构如图 1-30 所示。双金属片是热继电器的感测元件，由两种膨胀系数不同的金属片碾压而成。当串联在电动机定子绕组中的热元件有电流流过时，热元件产生的热量使双金属片伸长，由于膨胀系数不同，使双金属片发生弯曲。电动机正常运行时，双金属片的弯曲程度不足以使热继电器动作。当电动机过载时，流过热元件的电流增大，加上时间效应，从而使双金属片的弯曲程度加大，最终使双金属片推动导板使热继电器的触点动作，切断电动机的控制电路。

热继电器由于热惯性，当电路短路时不能立即动作使电路断开，因此不能用作短路保护。同理，在电动机起动或短时过载时，热继电器也不会立即动作，从而避免电动机不必要的停车。

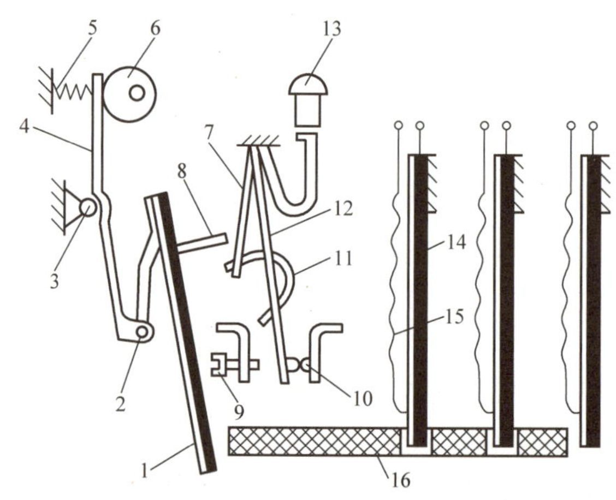

图 1-30　热继电器的结构

1—补偿双金属片　2—销　3—支撑　4—杠杆　5—弹簧　6—凸轮　7、12—片簧
8—推杆　9—调节螺钉　10—触头　11—弓簧　13—复位按钮　14—双金属片　15—发热元件　16—导板

2. 热继电器的分类及常见规格

热继电器按热元件数分为两相和三相结构。三相结构中又分为带断相保护和不带断相保护装置两种。

目前国内生产的热继电器品种很多，常用的有 JR20、JRS1、JRS2、JRS5、JR16B 和 T 系列等。其中 JRS1 为引进法国 TE 公司的 LR1 – D 系列，JRS2 为引进德国西门子公司的 3UA 系列，JRS5 为引进日本三菱公司的 TH – K 系列，T 系列为引进德国 ABB 公司的产品。

JR20 系列热继电器采用立体布置式结构，除具有过载保护、断相保护、温度补偿以及手动和自动复位功能外，还具有动作脱扣灵活、动作脱扣指示以及断开检验按钮等功能装置。

热继电器的型号含义及图形符号如图 1-31 所示。

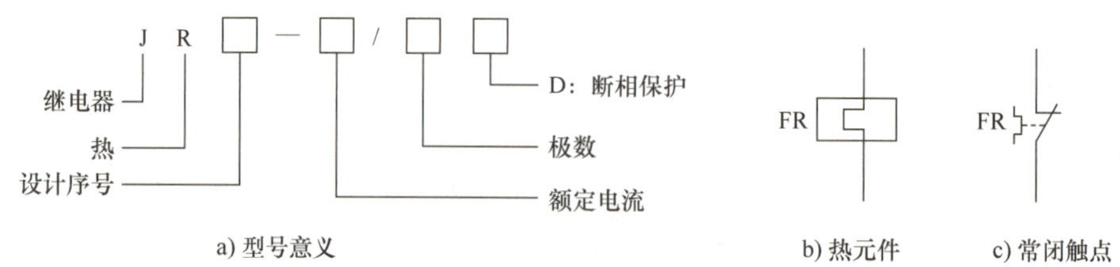

图 1-31　热继电器的型号含义及图形符号

常见热继电器实物如图 1-32 所示。

3. 热继电器的选择

选用热继电器时，必须了解被保护对象的工作环境、起动情况、负载性质、工作制及电

图 1-32　常见热继电器实物图

动机允许的过载能力。原则是热继电器的保护特性位于电动机过载特性之下，并尽可能接近。

（1）热继电器的类型选择　若用热继电器作电动机断相保护，应考虑电动机的接法。对于星形联结的电动机，当某相断路时，其余未断相绕组的电流与流过热继电器电流的增加比例相同。一般的三相式热继电器，只要整定电流调节合理，是可以对星形联结的电动机实现断相保护的；对于三角形联结的电动机，某相断路时，流过未断相绕组的电流与流过热继电器的电流增加比例则不同，也就是说，流过热继电器的电流不能反映断相后绕组的过载电流，因此，一般的热继电器，即使是三相式也不能为三角形联结的三相异步电动机的断相运行提供充分保护。此时，应选用三相带断相保护的热继电器。带断相保护的热继电器的型号后面有 D、T 或 3UA 字样。

（2）热元件的额定电流选择　应按照被保护电动机额定电流的 1.1～1.15 倍选取热元件的额定电流。

（3）热元件的整定电流选择　一般将热继电器的整定电流调整到等于电动机的额定电流；对过载能力差的电动机，可将热元件的整定值调整到电动机额定电流的 0.6～0.8 倍；对起动时间较长、拖动冲击性负载或不允许停车的电动机，热元件的整定电流应调整到电动机额定电流的 1.1～1.15 倍。

任务实施

1. 识读电路图

如图 1-26 所示，主电路由电源开关 QF、熔断器 FU1、接触器 KM 的三对主触点、热继电器 FR 的三组热元件和电动机组成。其中，QF 用于引入三相交流电源，FU1 作为主电路短路保护，KM 的三对主触点控制电动机的运转与停止，FR 的三组热元件用于检测流过电动机定子绕组中的电流。

控制电路由熔断器 FU2、热继电器 FR 的动断触点、停止按钮 SB1、起动按钮 SB2 及接触器 KM 的线圈和辅助动合触点组成。其中 FU2 用于控制电路的短路保护，SB2 是电动机的起动按钮，SB1 是电动机的停止按钮，KM 线圈控制 KM 触点的吸合和释放，KM 辅助动合触点起自锁的所用。

2. 识读电路的工作过程

（1）叙述法　起动时，闭合开关 QF。按下起动按钮 SB2，接触器 KM 线圈通电，其主触点闭合，电动机接通电源直接起动运转。同时，与 SB2 并联的 KM 的辅助常开触点也闭合，使接触器线圈经两路通电，这样，当 SB2 松开复位时，KM 的线圈仍然可通过 KM 辅助触点继续通电，从而保持电动机的连续运行。这种依靠接触器自身辅助常开触点而使其线圈保持通电的现象称为自锁或自保，这一对起自锁作用的触点称为自锁触点。

要使电动机停止运转，只要按下停止按钮 SB1，将控制电路断开，接触器线圈 KM 断电释放，KM 的主触点断开，将通入电动机定子绕组的三相电源切断，从而使电动机停止运转。当松开按钮 SB1 后，接触器线圈已不能再依靠其自锁触点通电了，因为原来闭合的自锁触点已在接触器线圈断电时断开了。

具有自锁的控制电路还可以依靠接触器本身的电磁机构实现电路的欠电压和失电压保护。当电源电压由于某种原因而严重降低或为零时，接触器的衔铁自行释放，电动机停止运转。而当电源电压恢复正常时，接触器线圈不能自动通电，只有在操作人员再次按下起动按钮 SB2 后，电动机才会起动。由此可见，欠电压与失电压保护是为了避免电动机在电源恢复时自行起动。

（2）流程法　主电路的工作过程如下：

闭合开关 QF，当 KM 主触点闭合时，电动机起动运行。

控制电路的工作过程如下：

1）起动过程。按下 SB2→KM 线圈得电→KM 主触点闭合，电动机起动运行；同时 KM 辅助常开触点闭合，自锁。

2）停止过程。按下 SB1→KM 线圈断电→所有触点复位→电动机断电停止。

3. 电路安装接线

1）根据图 1-26 绘制出具有自锁的电动机单向起动控制电路的电气安装接线图。其电气元件的布置与点动控制电路基本相同，仅在接触器 KM 与接线端子板 XT 之间增加了热继电器 FR。注意：所有接线端子标注的编号应与电气原理图一致，不能有误。

2）按工艺要求完成具有自锁的电动机单向起动控制电路的安装接线。

4. 电路断电检查

1）按电气原理图或电气安装接线图从电源端开始，逐段核对接线及接线端子处是否正确，有无漏接、错接之处。检查导线是否符合要求，连接是否牢固。

2）用万用表检查所接电路的通断情况。检查时，应选用倍率适当的欧姆挡，并进行校零。

对控制电路进行检查时，可先断开主电路，使 QF 处于断开位置，将万用表两表笔分别搭在 FU2 的两个出线端上（V12 和 W12），此时读数应为“∞”。按下起动按钮 SB2 时，读数应为接触器线圈的电阻值；按下接触器 KM 衔铁时，读数也应为接触器线圈的电阻值。

对主电路进行检查时，电源线 L1、L2、L3 先不要通电，闭合开关 QF，用手按下接触器的衔铁来代替接触器线圈得电吸合时的情况进行检查，一次测量从电源端（L1、L2、L3）到电动机出线端子（U、V、W）的每一相电路的电阻值，检查是否存在开路或接触不良的现象。

5. 通电试车及故障排除

通电试车，操作相应按钮，观察各电气的动作情况。

把 L1、L2、L3 三端连接上电源，闭合开关 QF，引入三相电源，按下起动按钮 SB2，接触器 KM 的线圈通电，衔铁吸合，主触点闭合，电动机接通电源直接起动运转。断开 SB2 时，KM 线圈仍可通过 KM 动合辅助触点继续通电，从而保持电动机的连续运行。按下停止

按钮 SB1 时，KM 线圈断电释放，电动机停止运行。

操作过程中，如果出现不正常现象，应立即断开电源，分析故障原因，用万用表仔细检查电路，在指导教师认可的情况下才能再通电调试。

知识拓展

1. 点动与连续运转混合控制

机床设备控制中有很多需要使用连续运转与点动混合的正转控制电路，如机床设备在正常工作时，一般需要电动机连续运转，但在试车或调整刀具与工件的相对位置时又需要电动机点动，实现这种工艺要求的电路就是连续运转与点动混合的正转控制电路。点动与连续运转的区别在于有无自锁电路。图 1-33 所示为可实现点动也可实现连续运转的控制电路。主电路与具有自锁的电动机正转控制电路的主电路相同。其中，图 1-33a 是用 SA 断开与接通自锁电路，闭合开关 SA 时，实现连续运转；断开 SA 时，可实现点动控制。图 1-33b 是用复合按钮 SB3 实现点动控制，按钮 SB2 实现连续运转控制。

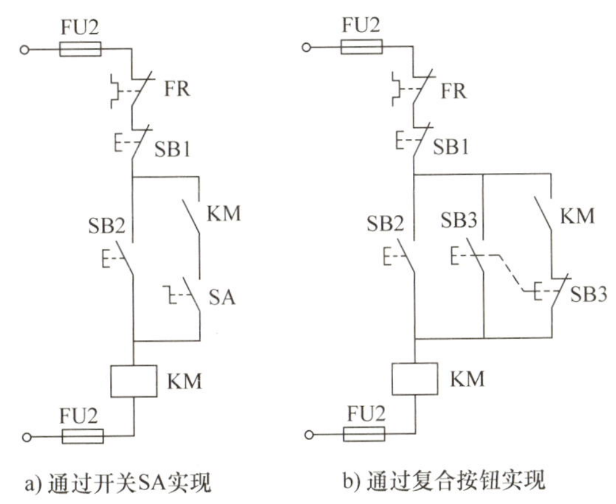

图 1-33 电动机点动与连续运转混合控制电路

1-5 电动机点动与连续运转混合控制电路

2. 多地控制

在一些大型生产机械和设备上，要求操作人员在不同地方都能进行操作和控制，即实现多地控制。多地控制是用多组起动按钮、停止按钮来实现的，这些按钮连接的原则是：所有起动按钮的动合触点要并联，即逻辑或的关系；所有停止按钮的动断触点要串联，即逻辑与的关系。图 1-34 所示为三相异步电动机两地控制电路，其中 SB1、SB3 是安装在不同地方的停止按钮，SB2、SB4 是安装在不同地方的起动按钮。

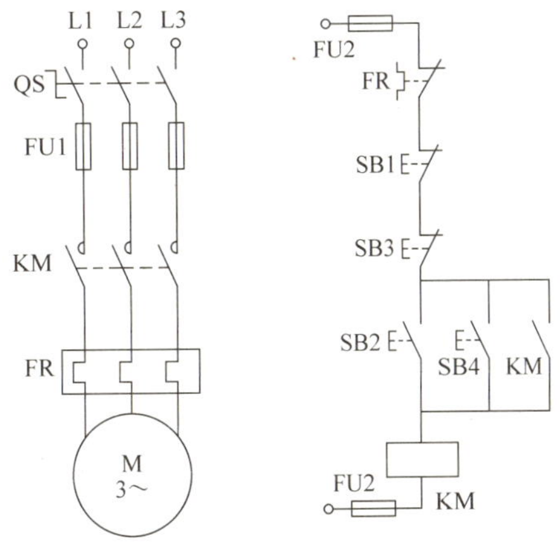

图 1-34 三相异步电动机两地控制电路

思考与练习

1-1　按钮和行程开关有何异同点？

1-2　刀开关在安装过程中应注意什么？

1-3　低压断路器具有哪些脱扣装置？分别具有什么功能？

1-4　在电动机的控制电路中，热继电器和熔断器各起什么作用？

1-5　交流接触器和直流接触器有何异同点。简述交流接触器的结构，在电路中的作用和工作原理。

1-6　热继电器型号的含义是什么？如何进行热继电器类型及参数的选择？

1-7　简述速度继电器的工作原理。

1-8　熔断器由哪几部分组成？各有什么作用？

阅读课堂

事故案例：规范操作的重要性

2016年4月6日下午2时许，南方某私营钢铁公司动力厂检修车间主任李某，安排班组检修3号风机电动机控制设备和2号锅炉供电电缆工作，班长冯某安排雷某和黄某（某校顶岗实习学生）去检修3号风机，另外安排3人去检修电缆。由于电缆检修工作量大，下午3时许，冯某通知雷某和黄某去支援电缆检修工地。下午4时许，支援电缆检修工作结束，雷某和黄某回到3号风机继续工作。下午4时30分左右，李某通知电工钟某送3号风机电源，李某在没有确认线路上是否有人工作的情况下，直接闭合3号风机电源开关，造成正进行检修的黄某触电，在场的雷某大声喊叫有人触电，钟某才重新将电源开关断开。期间，雷某马上对黄某进行触电急救并通知医院前来抢救，但下午6时30分，黄某经抢救无效死亡。

事故原因分析

1. 没有填用工作票，违反《电力安全工作规程发电厂和变电站电气部分》（GB 26860—2011）中的关于“在电气设备上工作，应填用工作票”。

2. 没有挂接地线和在电源开关上悬挂“有人工作禁止合闸”警示牌，违反《电力安全工作规程发电厂和变电站》（GB 26860—2011）中的关于在电气设备上工作，须做好“（1）停电；（2）验电；（3）装设接地线；（4）悬挂标示牌和装设遮栏”等安全技术措施。

3. 没有进行送电前的安全检查，违反《电力安全工作规程发电厂和变电站电气部分》（GB 26860—2011）中的关于“送电前，将所有参与检修人员全部集中，并核对无误后，方可拆除接地装置，并进行送电”。

每个事故的背后，总有令人警醒的“故事”，这是我们要认真学习和反思事故的原因。

就上述事故来看，类似停机检修等工作，是要制定作业方案并要经过审批的，并且作业过程中要做好安全防护工作。这次事故，所有的程序都被简化和松懈的“放行”了，于是一步错步步错，一个环节失效，个个环节难以管控，终究酿成悲剧，实在可怕。

在电气工程操作中，一个操作顺序的颠倒或漏掉其中一个操作项目，都可能会导致人员伤亡、设备损毁、大面积停电等严重的事故，造成严重的不良后果，甚至是严重的社会影响。所以，无论在实习实训、还是在日后进入企业工作中，都应当牢记安全工作无小事，不能抱有侥幸心理，要严格按照企业规章制度、工作流程规范作业，才能保证我们自己以及他人的安全。

项目二　三相异步电动机控制电路的安装与调试

生产实践中，各种生产机械的工作性质和加工工艺的不同，使得它们对控制要求、数量、类型、线路的组成等都不尽相同，但不管什么样的控制电路都是由一些基本控制电路组成的。在分析电路原理和判断其故障时，一般都是从这些基本控制环节入手。因此，掌握基本电气控制电路，对生产机械整个电气控制电路的工作原理分析及维修有着重要的意义。

任务一　电气互锁的正、反转控制电路的安装与调试

学习目标

知识目标

1）了解电路中所用电气元件的作用。

2）理解电气互锁的原理、实现方法及其在正反转控制电路的作用。

技能目标

1）会根据电气原理图绘制电气安装接线图，并按工艺要求完成安装接线。

2）能够对安装好的电路进行检测和通电试车，并能用万用表检测电路和排除常见的电气故障。

素质目标

1）确定小组分工，积极参与小组的各项学习活动。

2）正确穿戴工作服、绝缘胶鞋，正确使用万用表、试电笔等电工仪器，按要求取用本任务需要的各电气元件，根据电工操作要求安全、有序地进行各项操作。

3）细致认真地进行电气控制原理图绘制与识读、电气控制电路安装接线、电气控制电路的通电试车与故障排除，遇到困难不气馁、多提问。

任务描述

生产实践中，许多生产机械要求电动机能正、反转，从而实现可逆运行。如机床中主轴的正向和反向运动，工作台的前、后运动，起重机吊钩的上升和下降，电梯的向上、向下运行等。从电动机原理中得知，改变电动机定子绕组的电源相序，就可实现电动机方向的改变。实际应用中，常常通过两个接触器改变电源相序来实现电动机正、反转控制。

当改变通入三相异步电动机定子绕组三相电源的相序时，即把接入电动机的三相电源进线中的任意两相对调接线，就可使三相异步电动机反转。图 2-1 所示电路是利用两个接触器的主触点来实现改变通入电动机定子绕组的电源相序的。

本任务要求识读图2-1所示的电气互锁正、反转控制电路，并掌握其工作原理，按工艺要求完成电路的连接，并能进行电路的检查和故障排除。

任务实施

1. 识读电路图组成

图2-1所示为电气互锁的正、反转控制电路。主电路中，KM1、KM2分别为实现正、反转接触器的主触点。为防止两个接触器同时得电而导致电源短路，利用两个接触器的动断触点，KM1、KM2分别串接在对方的工作线圈电路中，构成相互制约关系，以保证电路安全可靠的工作，这种相互制约的关系称为“联锁”，实现联锁的动断辅助触点称为联锁触点。

正转控制时，按下正转按钮SB2，接触器KM1线圈得电吸合，其主触点闭合，电动机M起动正转。同时，KM1的自锁触点闭合，联锁触点断开。反转控制时，必须先按停止按钮SB1使接触器KM1线圈失电释放，其触点复位，电动机M断电。然后按下反转按钮SB3，接触器KM2线圈得电吸合，其主触点闭合，电动机M起动反转。同时，KM2自锁触点闭合，联锁触点断开。

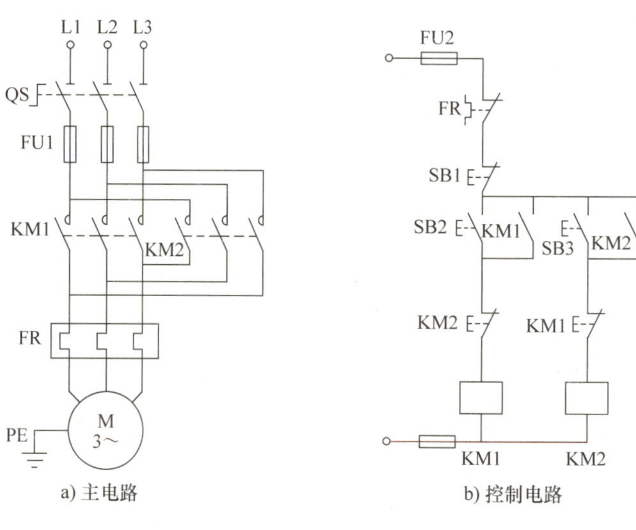

图2-1 电气互锁的正、反转控制电路

2-1 电气互锁的正、反转控制电路

2. 识读电路的工作过程

闭合电源开关QS。按下正转起动按钮SB2，此时KM2的辅助动断触点没有动作，因此KM1线圈得电吸合并自锁，其辅助动断触点断开，起到互锁作用。同时，KM1主触点接通主电路，输入电源的相序为L1－L2－L3，使电动机正转。要使电动机反转，则应先按下停止按钮SB1，使接触器KM1线圈断电，其主触点断开，电动机停转，KM1辅助动断触点复位，为反转起动做准备；然后按下反转起动按钮SB3，此时KM2线圈得电，触点的相应动作同样起自锁、互锁和接通主电路的作用，输入电源的相序变成了L3－L2－L1，使电动机实现反转。

3. 电路安装接线

（1）绘制电气安装接线图　根据图2-1绘制出具有电气互锁的正、反转控制电路的电气安装接线图，如图2-2所示。

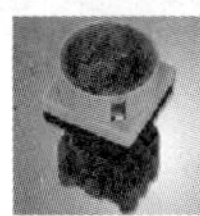

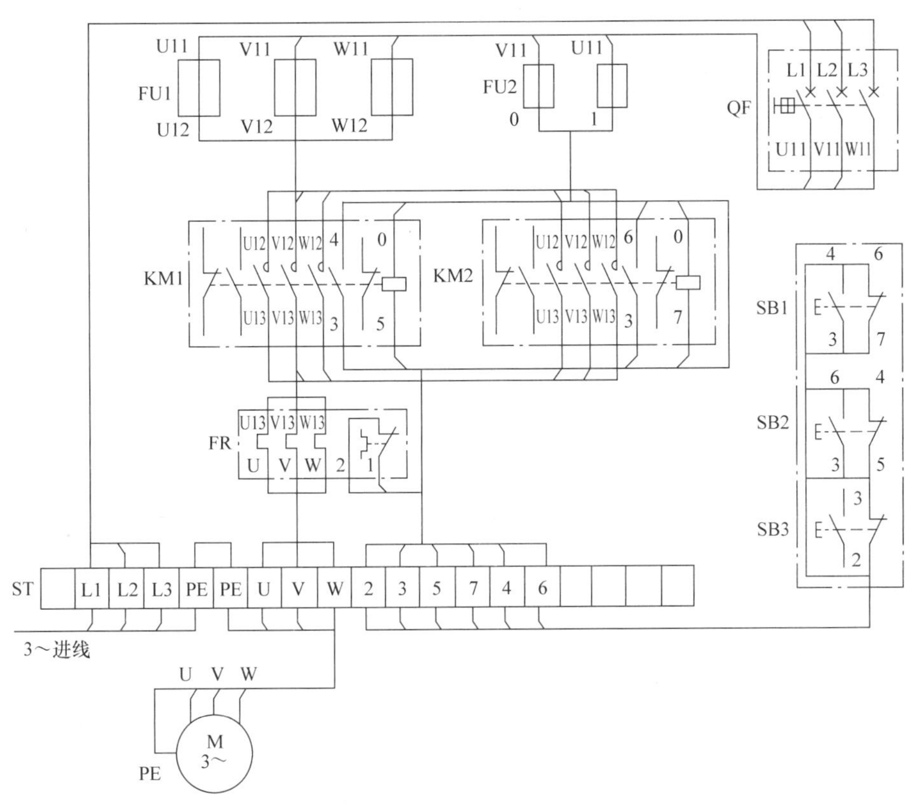

图 2-2 具有电气互锁的正、反转控制电路的电气安装接线图

其电气元件的布局与具有自锁的电动机单向起动控制电路基本相同，只是多了一个反接触器和反转起动按钮。

注意：所有接线端子标注的编号应与电气原理图一致，不能有误。

(2) 接线 按工艺要求完成具有电气互锁的正、反转控制电路的安装接线。

4. 电路断电检查

1) 按电气原理图或电气安装接线图从电源开始，逐段核对接线及接线端子处是否正确，有无漏接、错接之处。检查导线接点是否符合要求、压接是否正确。

2) 用万用表检查电路的通断情况。检查时，应选用倍率适当的欧姆挡，并进行校零，以防短路故障的发生。

对控制电路进行检查时（可断开主电路），可将万用表两表笔分别搭在 FU2 的两个出线端上（V12 和 W12），此时读数应为“∞”。按下正转起动按钮 SB2 或反转起动按钮 SB3 时，读数应为接触器 KM1 或 KM2 线圈的电阻值；用手压下 KM1 或 KM2 的衔铁，使 KM1 或 KM2 的动合触点闭合，读数也应为接触器 KM1 或 KM2 线圈的电阻值。同时按下 SB2 和 SB3 或同时压下 KM1 和 KM2 的衔铁，万用表读数应为“∞”。

对主电路进行检查时，电源线 L1、L2、L3 先不要通电，闭合 Q，用手压下接触器 KM1 或 KM2 的衔铁来代替接触器得电吸合时的情况进行检查，依次测量从电源端到电动机线端子上的每一组电路的电阻值，检查是否存在开路现象。

5. 通电试车，操作相应按钮，观察各电器的动作情况

把 L1、L2、L3 三端接上电源，闭合开关 Q，引入三相电源，按下按钮 SB2，KM1 线圈得电吸合，电动机正向起动运转；接着按下按钮 SB3，KM2 线圈不能得电吸合，必须先按停止按钮 SB1，使 KM1 线圈断电，再按下反向起动按钮 SB3，KM2 线圈才能得电吸合，电动机才能反向起动运转；同时按下 SB2 和 SB3，KM1 和 KM2 线圈都不吸合，电动机不转。按下停止按钮 SB1，电动机停止。

操作过程中，如果出现不正常现象，应立即断开电源，分析故障原因，用万用表仔细检查电路，在指导教师认可的情况下才能再次通电调试。

技能考核——电气互锁的正、反转控制电路的安装接线。

知识拓展

1. 万能转换开关

万能转换开关是一种多挡式、控制多回路的主令电器。万能转换开关主要用于各种控制电路的转换，电压表、电流表的换相测量控制，配电装置电路的转换和遥控等。万能转换开关还可以用于直接控制小容量电动机的起动、调速和换向。

图 2-3 所示为万能转换开关单层的结构示意图。

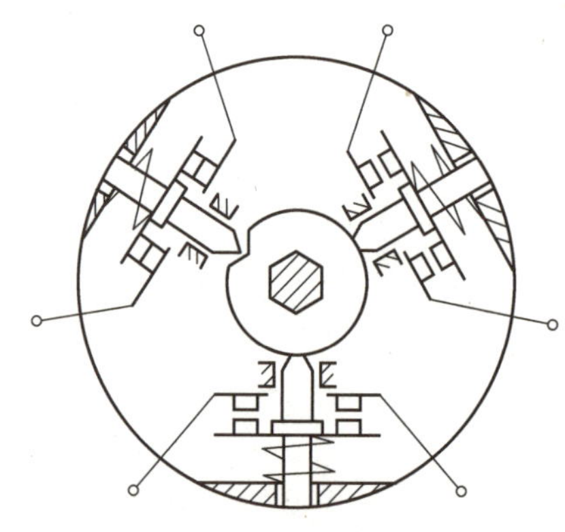

图 2-3 万能转换开关单层的结构示意图

万能转换开关的常用产品有 LW5 和 LW6 系列。LW5 系列可控制 5.5kW 及以下的小容量电动机；LW6 系列只能控制 2.2kW 及以下的小容量电动机。万能转换开关用于可逆运行控制时，只有在电动机停车后才允许反向起动。LW5 系列万能转换开关按手柄的操作方式可分为自复式和自定位式两种。所谓自复式是指用手拨动手柄于某一挡位时，手松开后，手柄自动返回原位；定位式则是指手柄被置于某挡位时，不能自动返回原位而停在该挡位。

万能转换开关的手柄操作位置是以角度表示的。不同型号的万能转换开关的手柄有不同万能转换开关的触点，万能转换开关的图形符号如图 2-4a 所示。但由于其触点的分合状态与操作手柄的位置有关，所以，除在电路图中画出触点图形符号外，还应画出操作手柄与触点

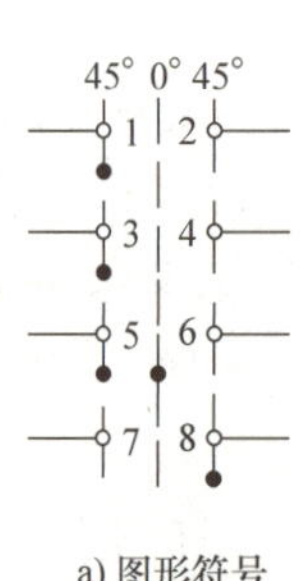

a) 图形符号

LW5-15D0403/2				
触头编号		45°	0°	45°
—⁄—	1-2			
—⁄—	3-4			
—⁄—	5-6			
—⁄—	7-8			

b) 点闭合表

图 2-4 万能转换开关的图形符号及点闭合表

分合状态的关系。图 2-4b 中当万能转换开关打向左 45°时，触点 1 – 2、3 – 4、5 – 6 闭合，触点7 – 8 断开；打向 0°时，只有触点 5 – 6 闭合；打向右 45°时，触点 7 – 8 闭合，其余断开。

常见万能转换开关如图 2-5 所示。

图 2-5　常见万能转换开关实物图

2. 万能转换开关实现的正、反转控制电路

电动机由接触器 KM 控制起、停运行，万能转换开关通过手动切换，实现电源相序的改变，进而来实现电动机的正、反转控制。其控制电路如图 2-6 所示。

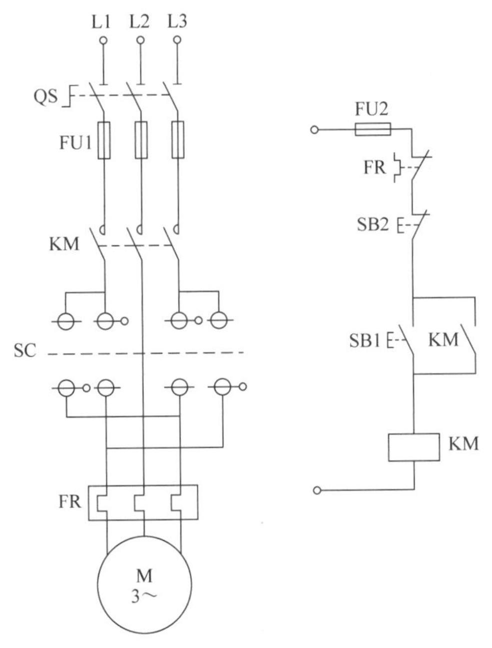

图 2-6　万能转换开关控制的正、反转控制电路

该电路的特点是电路简单，但是只适用于控制小容量电动机，对于较大容量（5.5kW 以上）的电动机则不适用。

任务二　双重互锁的正、反转控制电路的安装与调试

学习目标

知识目标

1）了解双重互锁的正、反转控制电路中所用电气元件的作用。

2）理解按钮互锁的原理、实现方法和在正、反转控制电路中的作用。

技能目标

1）会根据电气原理图绘制电气安装接线图，并按工艺要求完成安装接线。

2）能够对安装好的电路进行检测和通电试车，并能用万用表检测电路和排除常见的电气故障。

素质目标

1）确定小组分工，积极参与小组的各项学习活动。

2）正确穿戴工作服、绝缘胶鞋，正确使用万用表、试电笔等电工仪器，按要求取用本任务需要的各电气元件，根据电工操作要求安全，有序地进行各项操作。

3）细致认真地进行电气控制原理图绘制与识读、电气控制电路安装接线、电气控制电路的通电试车与故障排除，遇到困难不气馁、多提问。

任务描述

在实际应用中，为提高工作效率，减少工时，要求直接实现正、反转的控制。按钮、接触器双重联锁的正、反转控制电路就是与电气互锁的正、反转电路的优点结合起来，即可以直接实现正转、反转的切换，又能保证当接触器器件故障时不会发生主电路短路的故障。

本任务要求识读图 2-7 所示的双重互锁的正、反转控制电路，并掌握其工作原理，按工艺要求完成电路的连接，并能进行电路的检查和故障排除。

任务实施

1. 识读电路图组成

图 2-7 所示，双重互锁的正、反转控制主电路与电气互锁的正、反转控制电路相同，采用了 KM1 和 KM2 两只接触器，当 KM1 主触点闭合时，三相电源按 L1 – 12 – L3 的相序接入电动机；而当 KM2 主触点闭合时，三相电源按 L3 – L2 – L1 的相序接入电动机；所以当两只接触器分别工作时，电动机的旋转方向相反。

控制电路中仍然要求接触器 KM1 和 KM2 线圈不能同时通电，否则它们的主触点会同时闭合，将造成 L1、L3 两相电源短路，为此除了采用接触器互锁，即在 KM1 和 KM2 线圈各自回路中相互串接了对方的一对辅助动断触点，以保证 KM1 和 KM2 线圈不会同时得电外，还设置了按钮互锁，即将正、反向起动按钮的动断触点串接在反、正转接触器线圈的回路中，也起互锁作用。这种利用两个按钮的常闭触点互串在对方线圈回路中实现互锁的控制方法称为按钮互锁，按钮互锁的目的是正、反转可以直接操作。

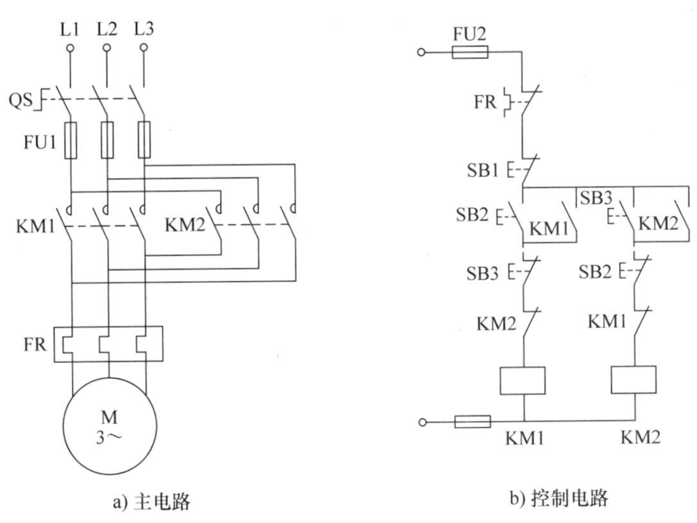

a) 主电路　　b) 控制电路

图 2-7　双重互锁的三相异步电动机正、反转控制电路

2. 识读电路的工作过程

闭合电源开关 QS。按下 SB2，KM1 线圈得电，KM1 辅助常开触点闭合，实现自锁，KM1 主触点闭合，电动机正向起动运行。当需要改变电动机的转向时，按下复合按钮 SB3。由于复合按钮的动作特点是常闭触点先断开、常开触点后闭合，当按下 SB3 时，其常闭触点先断开，使 KM1 线圈失电，KM1 所有触点复位，电动机断开正向电源，SB3 常开触点后闭合，使 KM2 线圈得电，KM2 辅助常开触点闭合，实现自锁，KM2 主触点闭合，电动机实现反转。这就确保了正、反转接触器主触点不会因同时闭合而发生两相电源短路的事故了。

3. 电路安装接线

（1）绘制电气安装接线图　根据图 2-7 绘制出双重互锁的电动机正、反转控制电路的电气安装接线图。其电气元件的布局与电气互锁的电动机正、反转控制电路基本相同，只是正、反转起动按钮的动合、动断触点都要接在控制电路中。注意：所有接线端子标注的编号应与电气原理图一致，不能有误。

（2）接线　按工艺要求完成双重互锁的正、反转控制电路的安装接线。

4. 电路断电检查

1）按电气原理图或电气安装接线图从电源端开始，逐段核对接线及接线端子处是否正确，有无漏接、错接之处。检查导线接点是否符合要求，压接是否牢固。

2）用万用表检查电路的通断情况。检查时，应选用倍率适当的欧姆挡，并进行校零，以防短路故障的发生。

对控制电路进行检查时（应断开主电路），可将万用表两表笔分别搭在控制电路熔断器的两个出线端上，此时读数应为“∞”。按下正转起动按钮 SB2 或反转起动按钮 SB3 时，读数应为接触器 KM1 或 KM2 线圈的电阻值；用手压下 KM1 或 KM2 的衔铁，使 KM1 或 KM2 的常开触点闭合时，读数也应为接触器 KM1 或 KM2 线圈的电阻值。同时按下 SB2 和 SB3 或者同时压下 KM1 和 KM2 的衔铁时，万用表读数应为“∞”。

对主电路检查时，电源线先不要通电，闭合 QF，用手压下接触器 KM1 或 KM2 的衔铁来代替接触器得电吸合时的情况进行检查，依次测量从电源端到电动机出线端子上每一相电路的电阻值，检查是否存在开路现象。

5. 通电试车及故障排除

通电试车，操作相应按钮，观察各电器的动作情况。

主电路接入电源，闭合电源开关Q，引入三相电源，按下按钮SB2，KM1线圈得电吸合并自锁，电动机正向起动运转：按下按钮SB3，KM2线圈得电吸合并自锁，电动机反向起动运转；同时按下SB2和SB3，KM1和KM2线圈都不吸合，电动机不转。按下停止按钮SB1，电动机停止。

操作过程中，如果出现不正常现象，应立即断开电源，分析故障原因，仔细检查电路（用万用表），在指导教师认可的情况下才能再次通电调试。

知识拓展

1. 行程开关

行程开关又称限位开关，用于控制机械设备的行程及限位保护。行程开关的作用原理与按钮相同，区别在于它不是手动按压，而是利用生产机械某些运动部件上的挡铁碰撞其滚轮使触点动作来实现接通或分断电路。

在实际生产中，将行程开关安装在预先安排的位置，当装于生产机械运动部件上的挡铁撞击行程开关时，行程开关的触点动作，实现电路的切换。因此，行程开关是一种根据运动部件的行程位置而切换电路的电器。行程开关广泛用于各类机床和起重机械，用以控制其行程、进行终端限位保护。在电梯的控制电路中，还利用行程开关来控制开关轿门的速度、自动开关门的限位，轿厢的上、下限位保护。

图2-8所示为行程开关的结构示意图及图形符号，主要由操作机构、触点系统和外壳等组成。

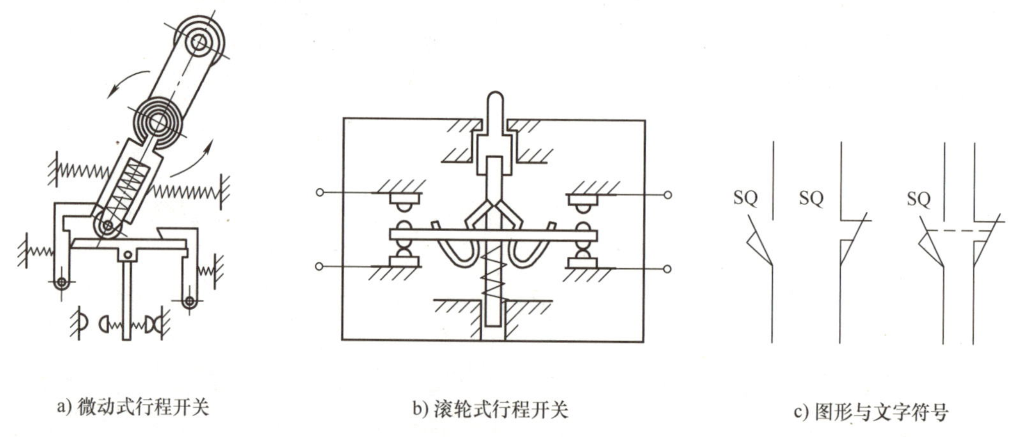

图2-8　行程开关的结构示意图及图形符号

常见的行程开关有LX19系列、LX22系列、JLXK1系列和JLXW5系列。其额定电压为交流500V、380V，直流440V、220V，额定电流为20A、5A和3A。

在选用行程开关时，主要根据机械位置对开关形式的要求，控制电路对触点数量和触点性质的要求，闭合类型（限位保护或行程控制）和可靠性以及电压、电流等级确定其型号。

JLK1 系列行程开关实物图如图 2-9 所示。

图 2-9　JLK1 系列行程开关实物图

2. 具有自动往返的正、反转控制电路

在实际应用中，有些生产机械的工作台需要自动往复运动，如龙门刨床、导轨磨床等。自动往返的可逆运行通常是利用行程开关来检测往返运动的相对位置，进而控制电动机的正、反转来实现生产机械的往复运动。

图 2-10 所示为机床工作台自动往复运动示意图及电路。行程开关 SQ1、SQ2 分别固定安装在机床上，反映运动的原位与终点。SQ3、SQ4 为正、反向极限保护用行程开关。

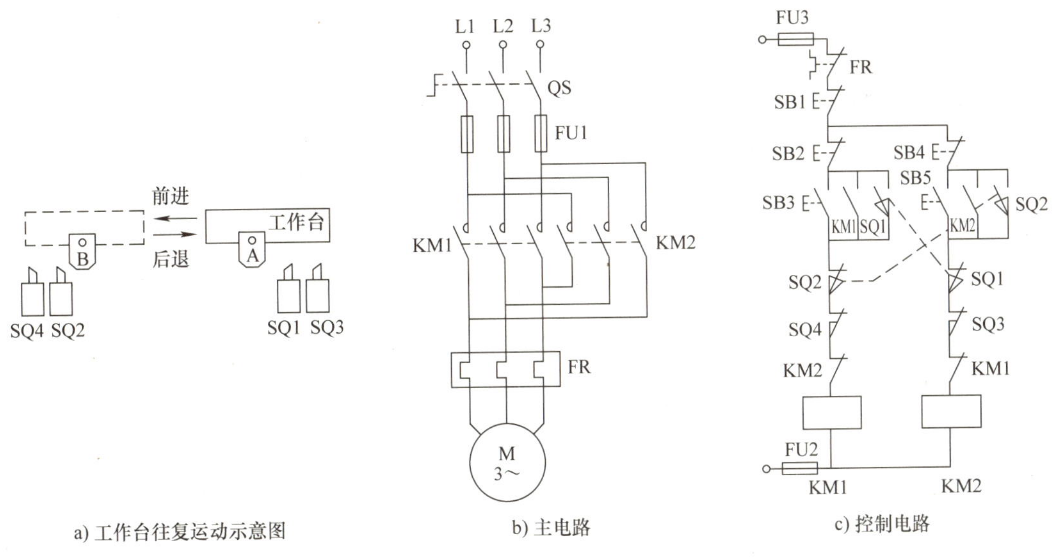

a) 工作台往复运动示意图　　b) 主电路　　c) 控制电路

图 2-10　机床工作台自动往复运动示意图及电路

若换向因行程开关失灵而无法实现，则由极限开关 SQ3、SQ4 实现极限保护，避免运动部件因超出极限位置而发生事故。

上述用行程开关来控制运动部件的行程位置的方法，称为行程控制原则。行程控制原则是机械设备自动化和生产过程自动化中应用最广泛的控制方法之一。

3. 其他控制电路

在多机拖动系统中，各电动机所起的作用是不同的，有时需按一定的顺序起动，才能保证操作过程的合理性和工作的安全可靠。例如 X62W 型万能铣床上要求主轴电动机起动后，进给电动机才能起动。这种要求一台电动机起动后另一台电动机才能起动的控制方式称为电动机的顺序控制。

图 2-11 为几种电动机顺序控制电路。

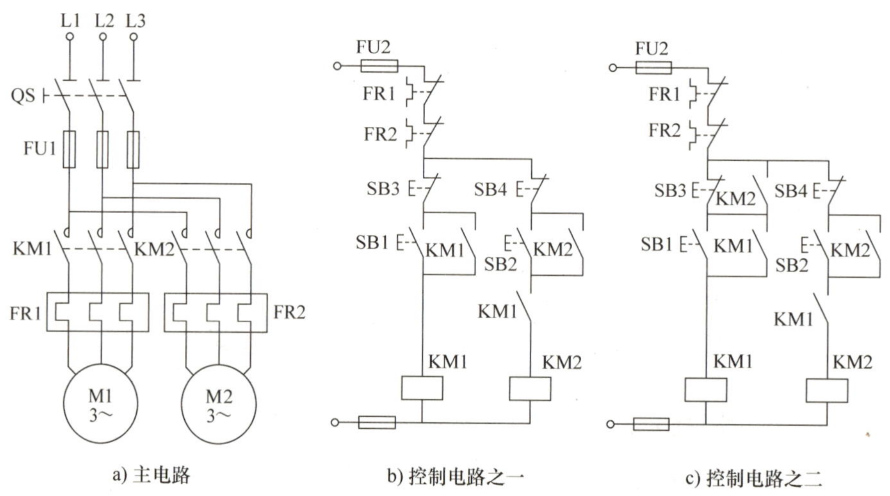

图 2-11　电动机的顺序控制电路

图 2-11b 所示控制电路特点：在电动机 M2 的控制电路中串接了接触器 KM1 的动合辅助触点。只要 KM1 线圈不得电，M1 不起动，即使按下 SB2，由于 KM1 的动合辅助触点未闭合，KM2 线圈不能得电，从而保证 M1 起动后，M2 才能起动的控制要求。停机无顺序要求，按下 SB3 为同时停机，按下 SB4 为 M2 单独停机。

图 2-11c 所示控制电路特点：在 SB3 的两端并接了接触器 KM2 的动合辅助触点，从而实现 M1 起动后，M2 才能起动；M2 停转后，M1 才能停转的控制，即 M1、M2 是顺序起动，逆序停机。

阅读课堂

6S 管理，是指对实验、实训、办公、生产现场各运用要素（主要是物的要素）所处的状态不断进行整理、整顿、清扫、清洁、提高素养、安全的活动。

1950 年，日本劳动安全协会提出“安全始于整理整顿，而终于整理整顿”的宣传口号，当时只推行了 5S 中的“整理、整顿”，目的在于确保生产安全和作业空间，后来因生产管理的需求及水准的提升，才继续增加了其余 3 个 S，即“清扫、清洁、素养”，从而使应用空间及适用范围进一步拓展，也使其重点由环境品质扩及至人的行为品质，在安全、卫生、效率、品质及成本方面得到较大改善。

5S 引进中国后，由于企业发展的需要，部分知名企业在 5S 的基础上增加了一个 S，即安全，目的是突出安全管理的重要性。与 5S 比较，6S 实现了三大创新，即由活动演变为管理体系的创新、方法的创新、与本土企业相结合的创新。6S 管理的核心和精髓是素养，如

果没有员工队伍素养的相应提高，6S管理就难以开展和坚持下去。经过企业管理者多年的实践和探索，6S已成为一套符合中国国情的工厂现场管理方法。

任务三　星—三角形减压起动控制电路的安装与调试

学习目标

知识目标

1）了解电路中所用电气元件的作用。

2）理解电动机星—三角形减压起动的原理和电动机定子绕组星形、三角形联结方式。

技能目标

1）会根据电气原理图绘制电气安装接线图，并按工艺要求完成安装接线。

2）能够对安装好的电路进行检测和通电试车，并能用万用表检测电路和排除常见的电气故障。

素质目标

1）积极参与小组的各项学习活动，敢于在小组、班级内分享课程学习所得，能够总结工作中的得失，并吸取教训，增长经验。

2）开始实操前，正确穿戴工作服、绝缘胶鞋，正确使用万用表、试电笔等电工仪器，按要求取用本任务需要的各电气元件，根据电工操作要求安全、有序地进行各项操作。

3）细致认真地进行电气控制原理图绘制与识读、电气控制电路安装接线、电气控制电路的通电试车与故障排除，遇到困难勤动脑、多提问，做到精益求精。

任务描述

容量小的三相异步电动机才允许直接起动，容量较大的电动机因起动电流较大，一般都采用减压起动方式起动。减压起动指利用起动设备将电压适当降低后加到电动机的定子绕组上进行起动，待电动机起动完成后，再使其电压恢复到额定值正常运转。由于电流随电压的降低而减小，所以减压起动达到了减小起动电流的目的。

星—三角形减压起动是指电动机起动时，把定子绕组接成星形，以降低电动机的起动电压、限制起动电流，待电动机起动后，再把定子绕组改接成三角形，使电动机在全压下运行。只有正常运行时定子绕组接成三角形的笼型异步电动机才可以采用星—三角形减压起动的方法来达到限制起动电流的目的。Y系列笼型异步电动机功率在4.0kW以上的定子绕组均为三角形联结，它们均可以采用星—三角形减压起动的方法。

本任务要求识读星—三角形减压起动控制电路，并掌握其工作原理，对图2-12所示按钮切换的星—三角形减压起动控制电路进行电路连接、电路检查和故障排除。

任务实施

1. 识读电路图组成

三相异步电动机定子绕组有星形联结和三角形联结两种接法。我国电网供电电压为380V，正常运行时定子绕组三角形联结的笼型异步电动机，若在起动时接成星形，起动电压就会从380V降至220V，加在每相定子绕组上的起动电压只有三角形联结时的$1/\sqrt{3}$，从而限制了起动电流。待电动机转速上升后，再将定子绕组改成三角形联结，从而投入正常运行。

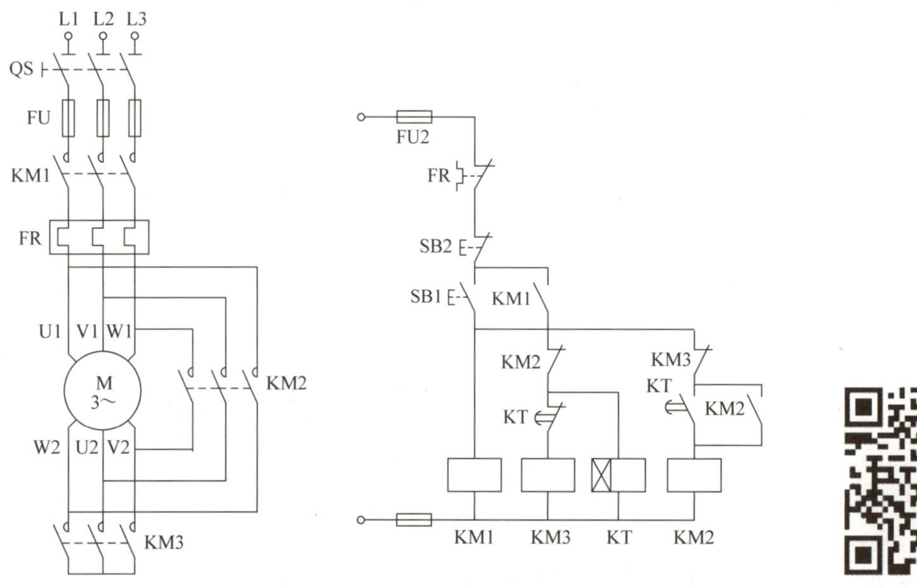

图2-12　星—三角形减压起动控制电路

2-2　星—三角形减压起动

采用星—三角形减压起动的方法，起动时定子绕组承受的电压是三角形联结时的$1/\sqrt{3}$，起动电流是三角形联结时的1/3，起动转矩也是三角形联结时的1/3。

电路中采用KM1、KM2和KM3三只接触器，当KM1主触点闭合时，接入三相交流电源，当KM3主触点闭合时，电动机定子绕组接成星形；当KM2主触点闭合时，电动机定子绕组接成三角形。

电路要求接触器KM2和KM3线圈不能同时得电，如果它们的主触点同时闭合，将造成主电路电源短路，为此，在KM2和KM3线圈各自回路中相互串接了对方的一对辅助动断触点，以保证KM2和KM3线圈不会同时得电。KM2和KM3这两对辅助动断触点在电路中所起的作用也称为电气互锁。

2. 识读电路的工作过程

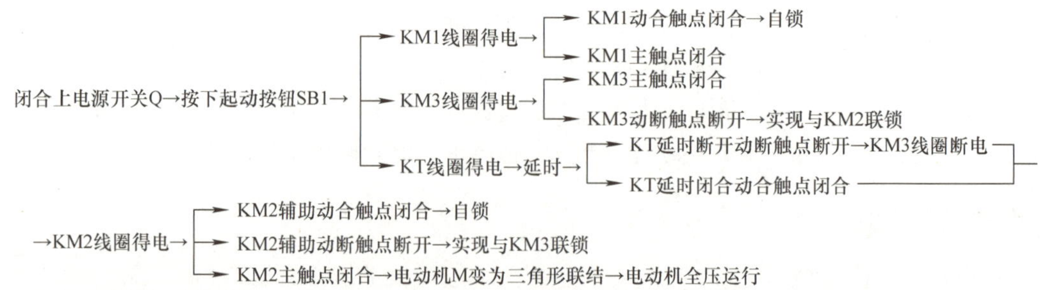

3. 电路安装接线

1）根据图2-12绘制出按钮切换的星—三角形减压起动控制电路的电气安装接线图。其

电气元件的布局与具有接触器互锁的电动机正、反转控制电路基本相同，只多了一个接触器。注意：所有接线端子标注的编号应与电气原理图一致，不能有误。

2）按工艺要求完成按钮切换的星—三角形减压起动控制电路的安装接线。安装接线时应注意如下几点：

① 按钮内部的接线不要接错，起动按钮必须接常开触点（用万用表的欧姆挡判别）。注意：SB3 要接成复合按钮的形式。

② 采用星—三角形减压起动的电动机，必须有 6 个出线端子（即接线盒内的连接片要拆开），并且定子绕组在三角形联结时的额定电压应等于 380V。

③ 接线时要保证电动机三角形联结的正确性。

④ 接触器 KM3 的进线必须从三相定子绕组的末端引入，若误将其首端引入，则在 KM3 线圈吸合时将会产生三相电源短路的事故。

4. 电路断电检查

1）按电气原理图从电源端开始，逐段核对接线及接线端子处是否正确，有无漏接、错接之处。检查导线接点是否符合要求，压接是否牢固。

2）用万用表检查电路的通断情况。检查时，应选用倍率适当的欧姆挡，并进行校零，以防短路故障的发生。

对控制电路进行检查时（应断开主电路），可将万用表两表笔分别搭在控制电路熔断器的两个出线端上，此时读数应为“∞”。按下起动按钮 SB1 时，读数应为接触器 KM1 和 KM3 线圈电阻的并联值；同时按下压下 KM1 和 KM2 的衔铁，万用表读数应为 KM1 和 KM2 线圈电阻的并联值。

对主电路进行检查时，电源进线先不要通电，闭合 QS，用手压下接触器 KM1、KM2 的衔铁来代替接触器得电吸合时的情况进行检查，依次测量从电源端到电动机出线端子上的每一相电路的电阻值，检查是否存在开路现象。用手压下 KM3 衔铁，测量对应电阻值，检查定子绕组星形联结是否正确。

5. 通电试车及故障排除

通电试车，操作相应按钮，观察各电器的动作情况。

接上电源，闭合电源开关 Q，引入三相电源，按下按钮 SB1，KM1 和 KM3 线圈得电吸合，电动机减压起动；KM3 线圈断电释放，KM2 线圈得电吸合，电动机全压运行；按下停止按钮 SB2，KM1 和 KM2 线圈断电释放，电动机停止运行。

操作过程中，如果出现不正常现象，应立即断开电源，分析故障原因、用万用表仔细检查电路，在指导教师认可的情况下才能再次通电调试。

 知识拓展

1. 定子绕组串接电阻（电抗）减压起动控制电路

图 2-13 为定子绕组串接电阻减压起动控制电路。电动机起动时在定子绕组中串接电阻，使定子绕组电压降低，从而限制了起动电流。待电动机转速接近额定转速时，再将串接电阻短接，使电动机在额定电压下正常运行。这种起动方式由于不受电动机接线形式的限制，设备简单、经济，故获得广泛应用。在机床控制中，作点动调整控制的电动机，常用串接电阻减压方式来限制电动机起动电流。

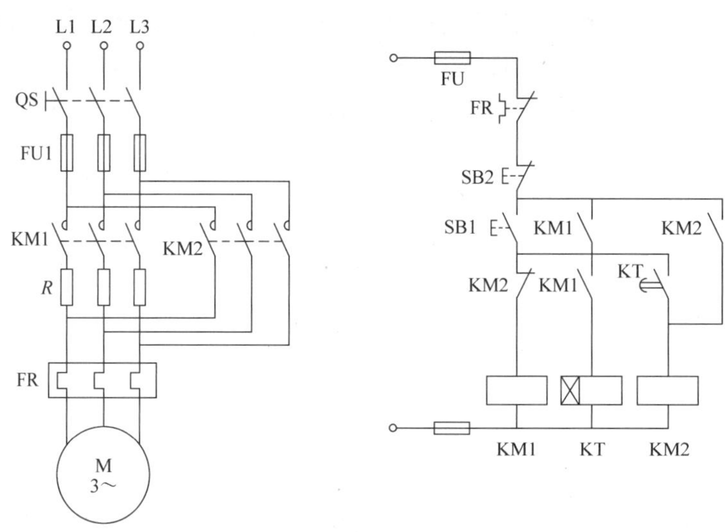

图 2-13　定子绕组串接电阻减压起动控制电路

此种起动方法中的起动电阻一般采用由电阻丝绕制的板式电阻或铸铁电阻，电阻功率大、通电流能力强，但由于起动过程中能量损耗较大，如果起动频繁，则电阻温升很高，对于精密的机床会产生一定的影响，因此往往将电阻改成电抗，只是电抗器价格较高，使成本变高。

2. 自耦变压器减压起动控制电路

电动机在起动时，先经自耦变压器减压，限制起动电流，当转速接近额定转速时，切除自耦变压器转入全压运行。

自耦变压器减压起动控制电路如图 2-14 所示，它主要由主电路和控制电路构成。电路中自耦变压器 T 和接触器 KM1 的主触点构成自耦变压器起动器，接触器 KM2 主触点用于实现全压运行。

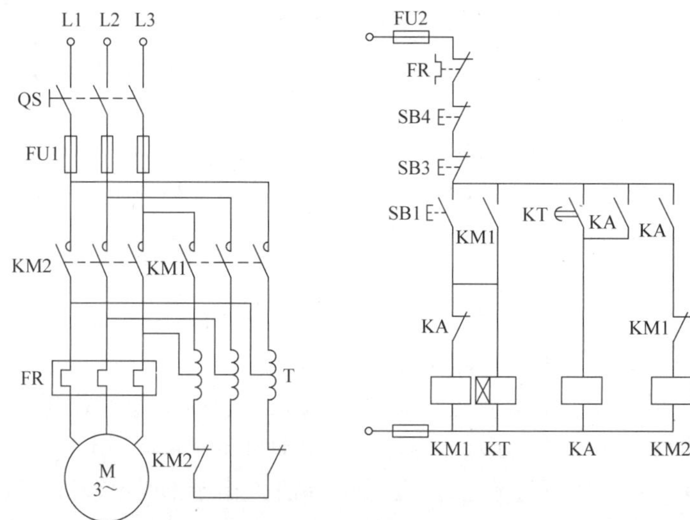

图 2-14　两个接触器控制的自耦变压器减压起动控制电路

该电路是根据时间原则来实现的自动控制电路，由于在电动机起动过程中会出现二次涌流冲击，仅适用于不频繁起动，且电动机容量在 30kW 以下的设备中。电动机减压起动时，定子绕组得到的电压是自耦变压器的二次电压 U_2，自耦变压器电压比 $K=U_1/U_2>1$，由电动机原理可知：当利用自耦变压器将起动时电压降为额定电压的 $1/K$ 时，电网供给的起动电流减小到 $1/K^2$，当然，起动转矩也降为直接起动的 $1/K^2$。所以自耦变压器减压起动常用于空载或轻载起动。

3. 三相绕线转子异步电动机转子绕组串电阻起动控制电路

转子回路外接一定的电阻既可减小起动电流又可以提高转子回路功率因数和起动转矩。在起动要求转矩较高的场合（如卷扬机、起重机等设备中），绕线转子异步电动机得到广泛的应用。

串接于三相转子回路的电阻，一般都连接成星形。在起动前，起动电阻全部接入电路中，在起动过程中，起动电阻被逐级地短接切除，正常运行时所有外接起动电阻全部切除。

图 2-15 所示为时间原则控制绕线转子异步电动机转子绕组串电阻起动控制电路。KM1、KM2、KM3 为短接转子电阻接触器，KM4 为电源接触器，KT1、KT2、KT3 为时间继电器。起动完毕正常运行时，电路仅 KM3、KM4 通电工作，其他电器全部停止工作，这样既节省电能又能延长电器使用寿命，提高电路工作的可靠性。为防止由于机械卡阻等原因使 KM1、KM2、KM3 不能正常工作，使得起动时带部分电阻或不带电阻，造成冲击电流过大，损坏电动机，采用 KM1、KM2、KM3 三个辅助动断触点串接于起动回路来消除这种故障的影响。

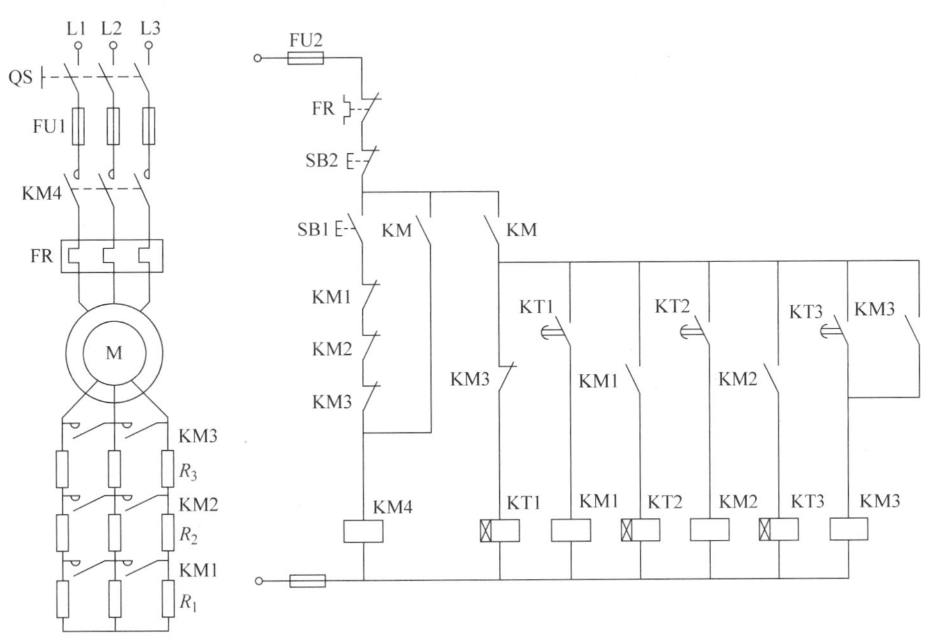

图 2-15　时间原则控制绕线转子异步电动机转子绕组串电阻起动控制电路

KT1、KT2、KT3 分别控制三个接触器 KM1、KM2、KM3 按顺序依次吸合，自动切除转子绕组中的三级电阻。

任务四　制动控制电路的安装与调试

学习目标

知识目标

1）掌握三相异步电动机制动控制电路的组成及制动方法。

2）掌握三相异步电动机制动控制电路的分析方法，并能够正确分析制动控制电路的工作原理。

技能目标

1）会根据电气原理图绘制电气安装接线图，并按工艺要求完成安装接线。

2）能够对安装好的电路进行检测和通电试车，并能用万用表检测电路和排除常见的电气故障。

素质目标

1）积极参与小组的各项学习活动，敢于在小组、班级内分享课程学习所得，能够总结工作中的得失，并吸取教训，增长经验。

2）开始实操前，正确穿戴工作服、绝缘胶鞋，正确使用万用表、试电笔等电工仪器，按要求取用本任务需要的各电气元件，根据电工操作要求安全、有序地进行各项操作。

3）细致认真地进行电气控制原理图绘制与识读、电气控制电路安装接线、电气控制电路的通电试车与故障排除，遇到困难勤动脑、多提问，做到精益求精。

任务描述

由于机械惯性的影响，高速旋转的电动机从切除电源到停止转动要经过一定的时间。这样往往满足不了某些机械的工艺要求，也影响生产效率的提高，并造成运动部件停位不准，工作不安全，因此应对拖动电动机采取有效的制动措施。

所谓制动就是指使电动机脱离正常工作电源后迅速停转的措施。交流异步电动机的制动方法有机械制动和电气制动两种。机械制动是利用机械装置使电动机迅速停转。常用的机械制动装置是电磁抱闸，抱闸装置由制动电磁铁和闸瓦制动器组成，又分断电制动型和通电制动型两种。机械制动动作时，将制动电磁铁的线圈切断或接通电源，通过机械抱闸制动电动机。电气制动是在电动机上产生一个与原转子转动方向相反的制动转矩，迫使电动机迅速停转。电气制动方法有反接制动、能耗制动、电容制动、双流制动、发电制动等。

当电动机断开三相交流电源后，因机械惯性不能迅速停止，此时如果立即在电动机定子绕组中接入反相序的交流电源，将使其产生与转动方向相反的制动转矩，从而使电动机受到制动面迅速停转。这就是电动机的反接制动法。图 2-16 所示为三相异步电动机单向反接制动的控制电路。

本任务要求能识读三相异步电动机反接制动的控制电路，会分析电路的工作原理，并可根据单向反接制动控制电路的电气原理图绘制其电气安装接线图，能完成电路的安装接线及通电调试。

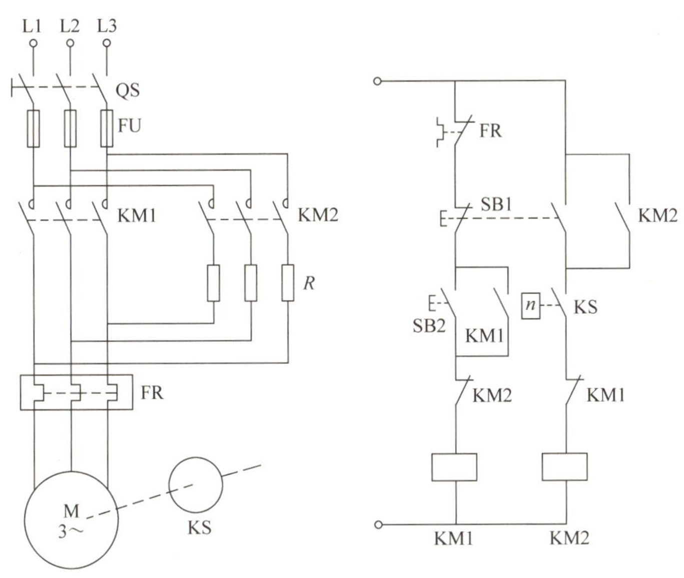

图 2-16　三相异步电动机单向反接制动的控制电路

知识准备

1. 速度继电器

速度继电器是利用转轴的一定转速来切换电路的自动电器。它主要用作笼型异步电动机的反接制动控制中，故称为反接制动继电器。

速度继电器的结构主要由转子、定子和触点三部分组成。

转子是一个圆柱形永久磁铁，定子是一个笼型空心圆环，由硅钢片叠成，并装有笼型的绕组。速度继电器与电动机同轴相连，当电动机旋转时，速度继电器的转子随之转动。在空间产生旋转磁场，切割定子绕组，在定子绕组中感应出电流。此电流又在旋转的转子磁场作用下产生转矩，使定子随转子转动方向而旋转，和定子装在一起的摆锤推动动触点动作，使动合触点闭合，动断触点断开。当电动机速度低于某一值时，动作产生的转矩减小，动触点复位。

常用的速度继电器有 JY1 和 JFZ0 －2 型，JY1 型速度继电器的实物及原理示意图如图 2-17所示。速度继电器的图形符号如图 2-18 所示。

2. 机械制动

机械制动是利用机械装置使电动机迅速停转的方法，经常采用的机械制动设备是电磁抱闸。电磁抱闸的外形结构如图 2-19 所示。电磁抱闸断电制动控制电路如图 2-20 所示。

电磁抱闸主要由两部分构成：制动电磁铁和闸瓦制动器。制动电磁铁由铁心和线圈组成。线圈有的采用三相电源，有的采用单向电源。闸瓦制动器包括闸瓦、闸轮、杠杆和弹簧等。闸轮与电动机装在同一根转轴上，制动强度可通过调整弹簧力来改变。

电磁抱闸断电制动控制电路工作原理：闭合电源开关 QS，按下起动按钮 SB2 后，接触器 KM 线圈得电自锁，主触点闭合，电磁铁线圈 YB 通电，衔铁吸合，使制动器的闸瓦和闸轮分开，电动机 M 起动运转。停车时，按下停止按钮 SB1 后，接触器 KM 线圈断电，自锁

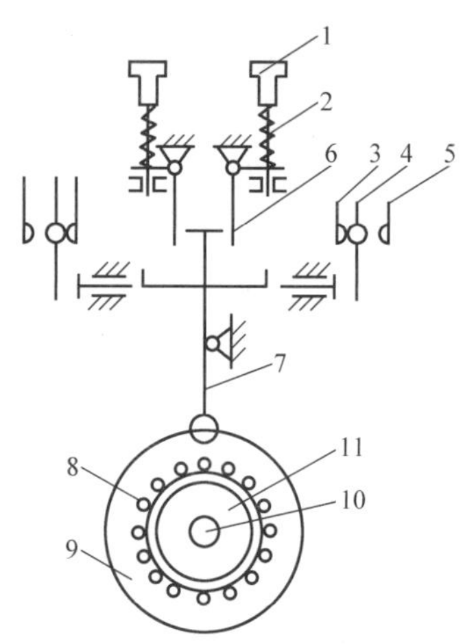

图 2-17　JY1 型速度继电器的实物及原理示意图

1—螺钉　2—反力弹簧　3—动断触点　4—动触点　5—动合触点　6—返回杠杆　7—杠杆　8—定子导体　9—定子　10—转轴　11—转子

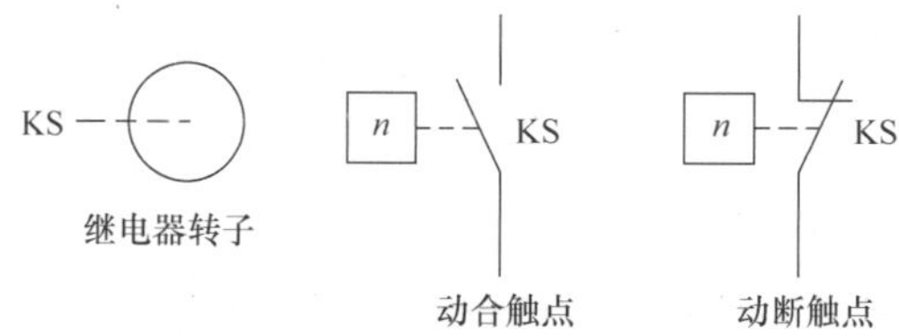

图 2-18　速度继电器的图形符号

触点和主触点分断，使电动机和电磁铁线圈 YB 同时断电，衔铁与铁心分开，在弹簧拉力的作用下闸瓦紧紧抱住闸轮，电动机迅速停转。这种制动方式普遍应用于起重机械上，当重物吊到一定高度时，电源突然断掉，闸瓦可以立即抱紧闸轮使电动机迅速制动停转，从而可以防止重物掉下。同时也可以利用这一点，使重物停留在高空某个位置。

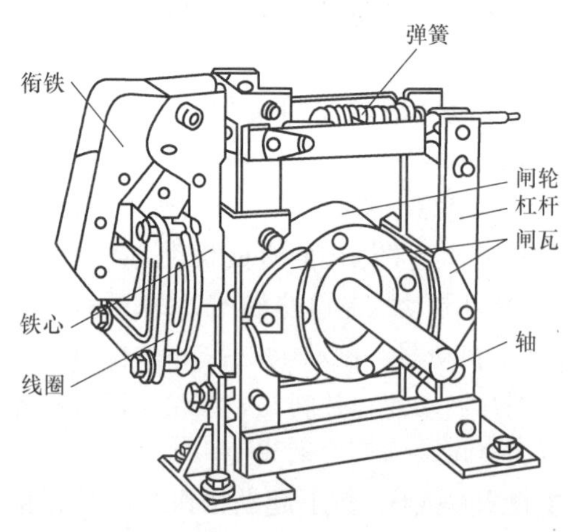

图 2-19　电磁抱闸的外形结构

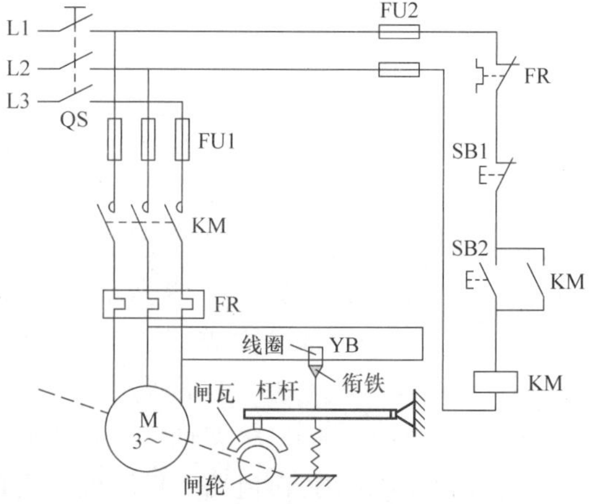

图 2-20　电磁抱闸断电制动控制电路

3. 电气制动

常用的电气制动方式有：反接制动和能耗制动。

（1）单向反接制动控制电路　反接制动是改变异步电动机定子绕组中三相电源的相序，产生一个与转子惯性转动方向相反的反向起动转矩，进行制动。

反接制动时，由于转子与旋转磁场的相对速度接近两倍的同步转速，所以定子绕组中流过的反接制动电流相当于全压起动时起动电流的两倍，冲击电流很大。为减小冲击电流，需要在电动机主电路中串接一定的电阻以限制反接制动电流，这个电阻称为反接制动电阻。另外，当反接制动使电动机转速下降至接近零时，要及时切断反相序电源，以防电动机反向起动。

反接制动的关键在于电动机电源相序的改变，且当转速下降至接近零时，能自动将电源切除。为此，在反接制动控制中采用速度继电器来检测电动机的速度变化。在转速为 120 ~ 3000r/min 范围内时，速度继电器触点动作，当转速低于 100r/min 时，其触点恢复原位。

图 2-16 所示为单向反接制动控制电路。图中 KM1 为单向旋转接触器，KM2 为反接制动接触器，KS 为速度继电器，R 为反接制动电阻。

反接制动控制电路工作原理分析如下：电动机正常运转时，KM1 通电吸合，KS 的动合触点闭合，为反接制动做准备。按下停止按钮 SB1，KM1 断电，电动机定子绕组脱离三相电源，电动机因惯性仍以很高速度旋转，KS 动合触点仍保持闭合，将 SB1 按到底，使 SB1 动合触点闭合，KM2 通电并自锁，电动机定子串接电阻接上反相序电源，进入反接制动状态。电动机转速迅速下降，当电动机转速接近 100r/min 时，KS 动合触点复位，KM2 断电，电动机断电，反接制动结束。

（2）能耗制动控制电路　能耗制动是在三相异步电动机脱离三相交流电源后，迅速给定子绕组通入直流电流，产生恒定磁场，利用转子感应电流与恒定磁场的相互作用达到制动的目的。此制动方法是将电动机旋转的动能转变为电能，消耗在制动电阻上，故称为能耗制动。能耗制动的控制既可以按时间原则，由时间继电器来控制；也可以按速度原则，由速度继电器进行控制。

1）单向运行能耗制动控制电路。图 2-21 所示为按时间原则进行的单向运行能耗制动控制电路。图中 KM1 为单向运行接触器，KM2 为能耗制动接触器，KT 为时间继电器，TC 为整流变压器，VC 为桥式整流电路，R_P 为能耗制动电阻。

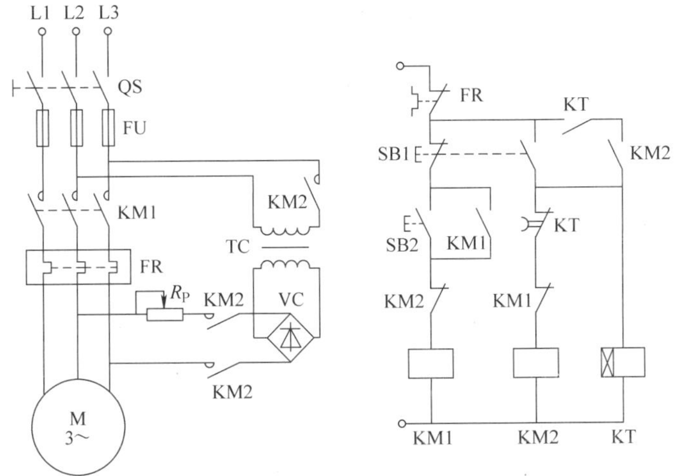

图 2-21　按时间原则进行的单向运行能耗制动控制电路

该电路中，将KT动合瞬动触点与KM2辅助动合触点串联组成联合自锁，是考虑时间继电器线圈断线或机械卡阻时，电动机在按下按钮SB1后能迅速制动，两相的定子绕组不致长期接入直流电源。

图2-22所示为按速度原则控制的单向运行能耗制动控制电路。该电路由速度继电器KS来控制能耗制动过程，只是在停机制动时，按一下SB1即可。

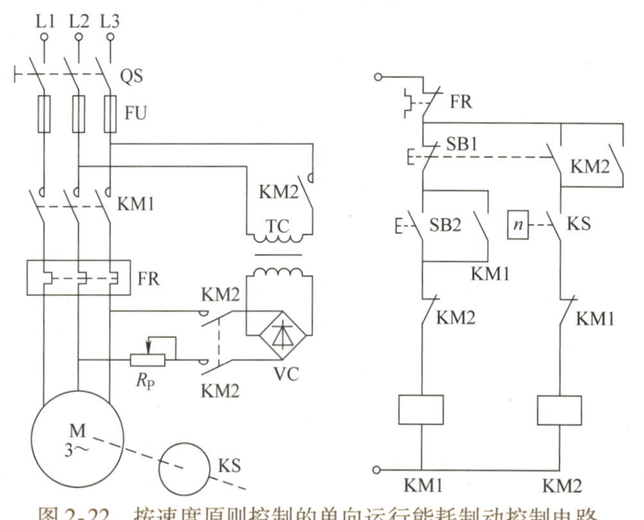

图2-22 按速度原则控制的单向运行能耗制动控制电路

2-3 单向反接制动

虽然能耗制动有两种原则实现控制，但按时间原则控制的能耗制动，一般适用于负载转速比较稳定的生产设备上；而对于负载转速经常因生产加工需要变化的生产机械，采用速度原则控制能耗制动更加合适。

能耗制动的优点是制动准确、平稳，且能量消耗较小。缺点是需附加直流电源装置，设备费用较高，制动力较弱，在低速时制动转矩小。所以能耗制动一般用于要求制动准确、平稳的起/制动频繁的场合，如磨床、立式铣床等控制电路中。

2）时间原则控制的可逆运转能耗制动控制电路。图2-23所示为时间原则控制的可逆运转能耗制动控制电路，图中KM1、KM2为正、反转接触器，KM3为能耗制动接触器，KT为时间继电器。

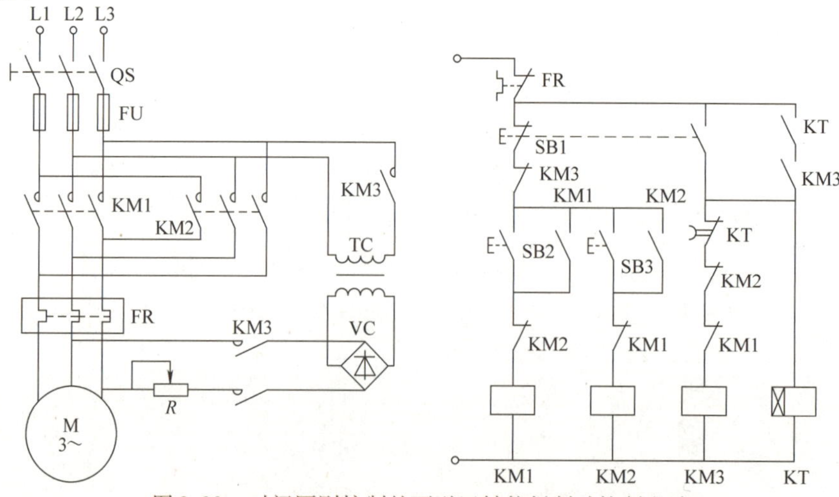

图2-23 时间原则控制的可逆运转能耗制动控制电路

任务实施

1. 识读电路图

图2-16中，主电路由两部分构成，其中电源开关QS、熔断器FU、接触器KM1的三对主触点，热继电器FR的热元件和电动机组成了单向直接起动电路，而接触器KM2的三对主触点、制动电阻*R*和速度继电器KS组成反接制动电路，接触器KM2的三对主触点用于引入反相序交流电源，制动电阻*R*起限制制动电流的作用，速度继电器KS的转子与电动机的轴相连接，用来检测电动机的转速。

控制电路中，用两只接触器KM1和KM2分别控制电动机的起动运行与制动。SB1为停止按钮；SB2为起动按钮；KM1和KM2线圈回路互串了对方的动断触点，起电气互锁作用，避免KM1和KM2线圈同时得电而造成主电路中电源短路事故。

2. 识读电路的工作过程

1）主电路的工作过程：闭合Q，当KM1主触点闭合时，电动机直接起动运行；当KM2主触点闭合时，电动机串接制动电阻*R*反接制动。

2）控制电路的工作过程：起动时，按下按钮SB2，KM1线圈得电，则KM1动断辅助触点断开，对KM2互锁；KM1动合辅助触点闭合，实现自锁；KM1主触点闭合，电动机直接起动运行。随着转速上升，当转速大于120r/min时，KS动合触点闭合，为反接制动做准备。

制动时，按下SB1时，SB1动断触头断开，KM1线圈失电，KM1所有触点复位。同时SB1动合触点闭合，KM2线圈得电，KM2动断辅助触点断开，对KM1互锁；KM2动合辅助触点闭合，实现自锁；KM2主触点闭合，电动机接入反相序的交流电，串入制动电阻*R*开始反接制动。当转速小于100r/min时，KS动合触点复位，KM2线圈失电，所有触点复位。

3. 单向反接制动控制电路的安装接线

根据图2-16绘制出单向反接制动控制电路的电气安装接线图。注意：所有接线端子标注的编号应与电气原理图一致，不能有误。

安装接线时应注意以下两点：

1）安装速度继电器前，要弄清其结构，分辨出动合触点的接线端。

2）在安装速度继电器时，采用速度继电器的连接头与电动机转轴直接连接的方法，并使两轴中心线重合。

4. 电路断电检查

按电气原理图或电气安装接线图从电源端开始，逐段核对接线及接线端子处是否正确，有无漏接、错接之处。检查导线接点是否符合要求，压接是否牢固。

对控制电路进行检查时（可断开主电路），可将万用表表笔分别搭在FU2的两个出线端上（V12和W12），此时读数应为∞。按下起动按钮SB2时，读数应为接触器KM1线圈的电阻值；压下接触器KM1的衔铁时，读数也应为接触器KM1线圈的电阻值。用导线短接速度继电器KS的常开触点，按下停止按钮SB1时，读数应为接触器KM2线圈的电阻值；压下接触器KM2的衔铁时，读数也应为接触器KM2线圈的电阻值。

对主电路进行检查时，电源线L1、L2、L3先不要通电，闭合QS，压下接触器KM1的衔铁来代替接触器得电吸合时的情况进行检查，依次测量从电源端到电动机出线端子上每一相电路的电阻值，检查是否存在开路现象。

5. 通电试车及故障排除

通电试车，操作相应按钮，观察各电器的动作情况。

连接上电源，闭合电源开关 Q，引入三相电源，按下起动按钮 SB2，接触器 KM1 线圈通电，KM1 的主触头闭合，电动机接通电源直接起动运转。

按下停止按钮 SB1，接触器 KM1 线圈断电释放，因电动机已运转一段时间，KS 动合触点已闭合，故此时 KM2 的主触点闭合，电动机接通反相序的电源进入制动过程，电动机经制动迅速停止。

通电试车时，若制动不正常，则可检查速度继电器是否连接正确。若制动效果不好，则需调节速度继电器的调整螺钉，调整时，必须切断电源，以避免引起事故。

操作过程中，如果出现不正常现象，应立即断开电源，分析故障原因，仔细检查电路（用万用表），在指导教师认可的情况下才能再次通电测试，同时应做到安全文明生产。

知识拓展

1. 无变压器半波整流能耗制动

（1）无变压器半波整流能耗制动的自动控制电路之一　无变压器半波整流能耗制动的自动控制电路之一，如图 2-24 所示。

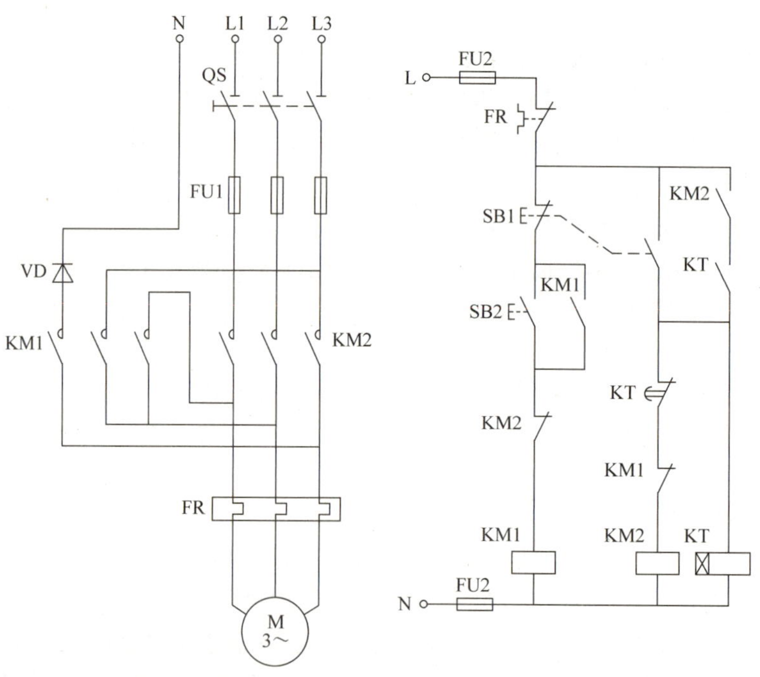

图 2-24　无变压器半波整流能耗制动的自动控制电路一

闭合电源开关 QS，按起动按钮 SB2，接触器 KM1 线圈得电吸合并自锁，电动机起动运行。

停止时，将停止按钮 SB1 按到底，使其动合触点可靠闭合，其动断触点断开，使 KM1 断电释放，电动机断电做惯性旋转。其动合触点闭合，使时间继电器 KT 和接触器 KM2 得电

吸合并自锁。电动机进入半波整流能耗制动，待到预先整定的时间后（此时电动机已停转），KT 的延时断开动断触点断开，切断 KM2 线圈回路，使 KM2 断电释放，KM2 断电后其动合触点 KM2 断开，使 KT 也失电释放，整个电路恢复至原始状态。

（2）无变压器半波整流能耗制动自动控制电路之二　无变压器半波整流能耗制动自动控制电路之二，如图 2-25 所示。

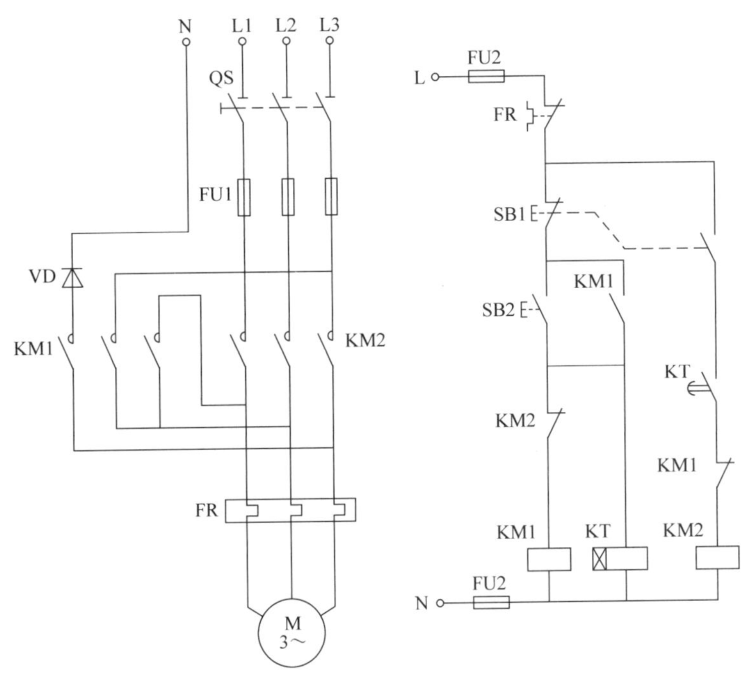

图 2-25　无变压器半波整流能耗制动的自动控制电路二

图 2-25 中的 KM1 是电动机运行用接触器；KM2 为电动机制动用接触器；KT 为断电延时型时间继电器，用来控制制动时间。

起动时按 SB2，KM1 与 KT 同时得电吸合并自锁，KM1 主触点得电吸合，使电动机得电运转；KT 得电吸合，其常开延时释放触点瞬间闭合，为 KM2 得电做好准备。

停止时，按 SB1，KM1、KT 同时断电释放，KM1 释放使电动机失电，电动机凭惯性而继续旋转，KT 断电使其动合触点 KT 进入延时释放时刻，待到预定时间后（此时电动机已停转），KT 动合触点断开，切断 KM2 线圈回路，KM2 失电释放，制动过程结束，整个电路恢复至原始状态。

（3）无变压器半波整流能耗制动手动控制电路　无变压器半波整流能耗制动手动控制电路如图 2-26 所示。

图中 KM1 为运行用接触器，KM2 为制动用接触器，SB2 为起动按钮，SB1 为停止兼制动按钮。

起动时，按起动按钮 SB2，KM1 得电吸合并自锁，电动机起动运行。须停止时，将停止按钮 SB1 按到底，且暂不松手，这时 KM1 断电，而 KM2 得电，电动机进入制动状态，当电动机停转后，立即松开停止按钮 SB1，制动结束。

该制动电路简单，所用电气元件少，但功能较差而且不能准确定位。

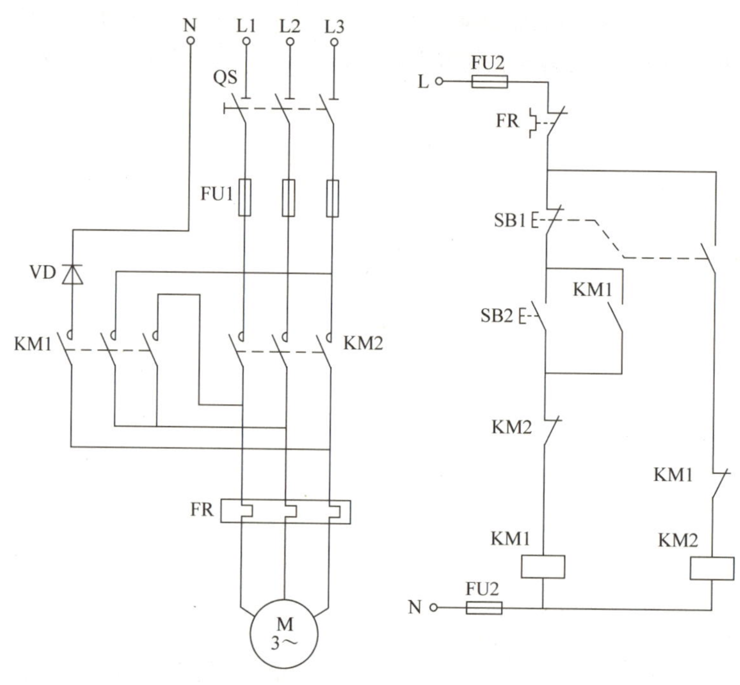

图2-26 无变压器半波整流能耗制动手动控制电路

（4）半波整流能耗制动准确定位控制电路 半波整流能耗制动准确定位控制电路如图2-27所示。

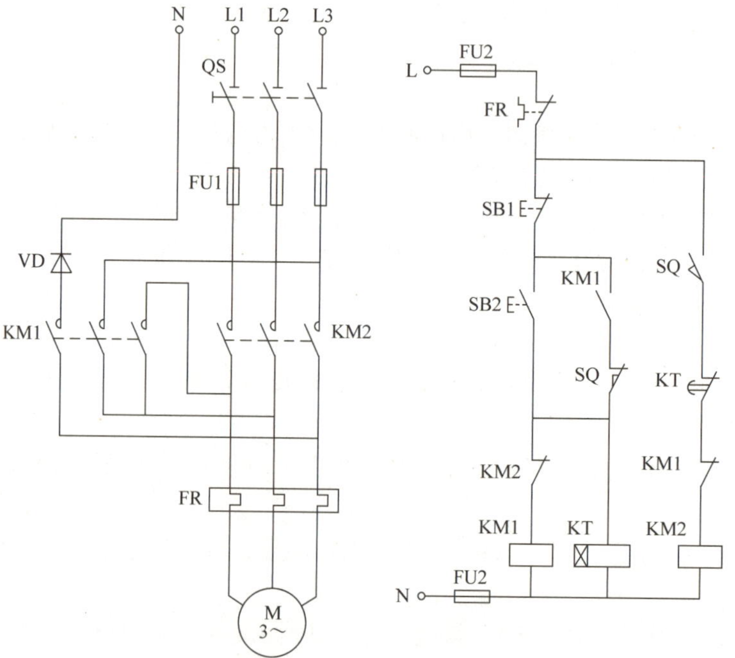

图2-27 半波整流能耗制动准确定位控制电路

图 2-27 中，KM1 控制电动机的运行；KM2 控制电动机的制动；断电延时型时间继电器 KT 控制制动时间；SQ 为限位开关，控制运动部件的行程。

起动时，按起动按钮 SB2，接触器 KM1 得电吸合后，电动机转动，拖动机床的运动部件（如进刀机构）运动，到达预定位置时，触及限位开关 SQ，使其动断触点断开，接触器 KM1 和时间继电器 KT 均断电释放，同时限位开关 SQ 的动合触点闭合（此时 KM1 的动断触点已恢复闭合），接通了 KM2 的线圈回路，使 KM2 得电吸合，电动机进行能耗制动。当 KT 到达预先整定的时间时，其延时动合触点断开，切断 KM2 的线圈回路，使 KM2 失电释放，电动机制动结束，整个电路恢复至原始状态。

这种控制电路适用于机床进给机构或其他要求准确定位的场所。

2. 短接制动控制电路

短接制动是在电动机定子绕组上的供电电源断开的同时，将定子绕组自行短接，这时电动机转子因惯性仍在旋转。由于转子存在剩磁，形成了转子旋转磁场，此磁场切割定子绕组，在定子绕组中产生感应电动势。因定子绕组此时已被 KM2（或 KM1 动断触点）短接，所以在定子绕组中产生感应电流，该电流与旋转磁场相互作用，产生制动转矩，迫使电动机停转。短接制动控制电路如图 2-28 所示。

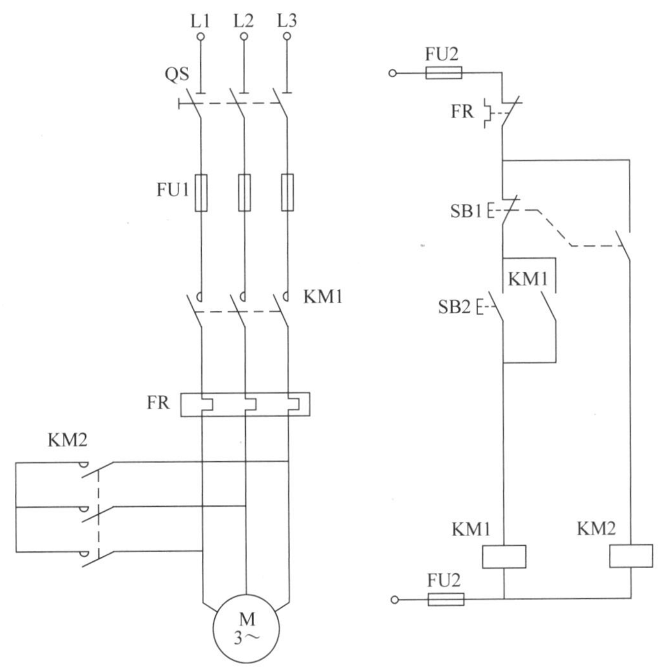

图 2-28　短接制动控制电路

在制动过程中，由于定子绕组短接，所以绕组端电压为零。在短接的瞬间产生瞬间短路电流。短路电流的大小取决于剩磁电动势和短路回路的阻抗。虽然瞬间短路电流很大，但电流呈感性，对转子剩磁起去磁作用，使剩磁电动势迅速下降，所以短路电流持续时间很短。另外，瞬时短路电流的有功分量很小，故制动作用不太强。所以，这种制动方法只限于小容量的高速异步电动机以及制动要求不高的场所。

3. 电容制动

电容制动是将工作着的异步电动机在切断电源后，立即在定子绕组的端线上，接入电容器而实现制动的一种方法。电容制动控制电路如图 2-29 所示。

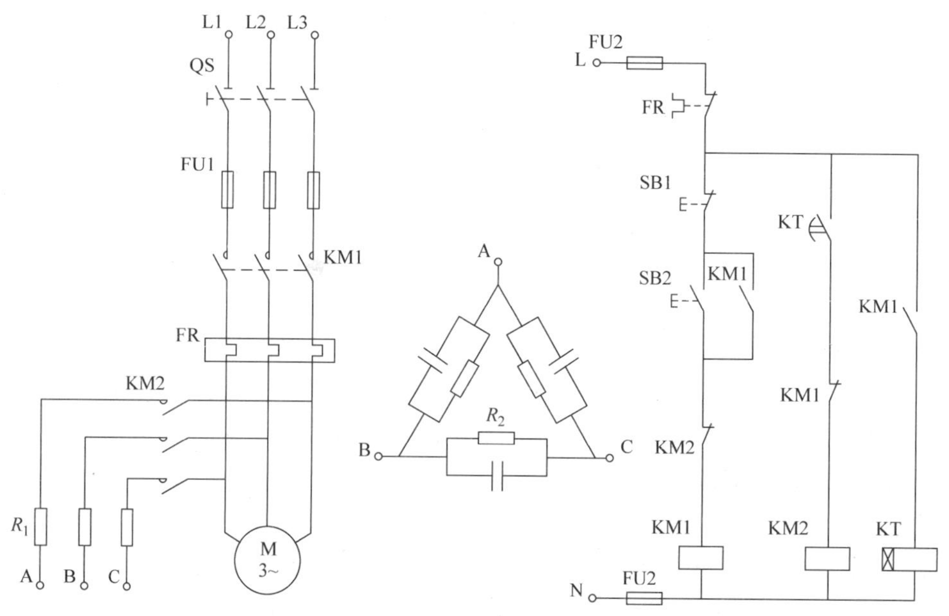

图 2-29　电容制动控制电路

三组电容器可以接成星形或三角形，与电动机定子出线端形成闭合回路。当运行的电动机断开电源时，转子内的剩磁切割定子绕组产生感应电动势，并向电容充电，其充电电流在定子绕组中形成励磁电流，建立一个磁场，这个磁场与转子剩磁相互作用，产生一个与旋转方向相反的制动力矩，使电动机迅速停转，完成制动。

电容制动控制电路的工作原理如下：

起动过程，闭合电源开关 QS 并按下起动按钮 SB2，接触器 KM1 得电吸合并经 KM1 动合触点自锁，KM1 动断触点断开，联锁了接触器 KM2 的线圈；接触器 KM1 的主触点闭合，电动机得电运转；KM1 动合触点闭合使时间继电器 KT 得电吸合，KT 的延时断开动合触点瞬间闭合，为 KM2 得电做准备。需要停车时，按下停止按钮 SB1 使接触器 KM1 断电释放，KM1 主触点、动合触点、动断触点均恢复至原始状态。其中 KM1 动断联锁触点恢复闭合时，接触器 KM2 得电吸合，KM2 主触点闭合，将三相制动电容器及电阻 R_1、R_2 接入定子绕组，电动机被制动，直至停转；同时，KM1 动合触点的断开使时间继电器 KT 失电释放，其延时断开动合触点延时至电动机停止后，自动断开，切断接触器 KM2 线圈回路，使接触器 KM2 失电释放。至此，全部电器均恢复至原始状态。

控制电路中的电阻 R_1 是调节电阻，用以调节制动转矩的大小，电阻 R_2 为放电电阻。对于 380V、50Hz 的笼型异步电动机，根据经验，每千瓦每相大约需 150μF 的制动电容，电容的工作电压应不小于电动机的额定电压。

电容制动的方法对高速、低速运转的电动机均能迅速制动，能量损耗小，设备简单，一般用于 10kW 以下的小容量电动机，并且可用于制动较频繁的场所。

4. 发电制动

发电制动又称为再生制动或回馈制动。

在电动机工作过程中，由于外力的作用，如起重机在高处下降重物时，可使电动机的旋转速度 n_2 超过定子绕组旋转磁场的同步转速 n_1。现假定旋转磁场不动，则转子导体将以 n_2-n_1 的转速切割磁力线，使电动机转变成发电机运行。将重物的位能转变为电能反馈给电网，所以这种制动方法称为发电制动。

发电制动的经济效益好，可将负载的机械能量变换成电能反送到电网上，发电制动的不足之处是应用范围窄，仅当电动机实际转速大于同步转速时才能实现制动。发电制动常用于起重机械和多速异步电动机。如使电动机转速由二级变为四级时，定子旋转磁场的同步转速由 3000r/min 变为 1500r/min，而转子由于惯性，仍以原来的大约 2900r/min 的速度旋转，此时 $n>n_1$，电动机起发电制动作用。

思考与练习

2-1　电气控制电路图主要有哪几种？各有什么作用和特点？

2-2　电气原理图中 QS、FU、KM、KA、KT、KS、FR、SB、SQ 分别代表什么电气元件的文字符号？

2-3　什么是失电压、欠电压保护？采用什么电气元件来实现失电压、欠电压保护？

2-4　点动、长动在控制电路上的区别是什么？试用按钮、转换开关分别设计出既能长动又能点动的控制电路。

2-5　在电动机可逆运行的控制电路中，为什么必须采用联锁环节控制？有的控制电路中已采用了机械联锁，为什么还要采用电气联锁？若出现两种联锁触点接错，线路会产生什么现象？

2-6　某机床的主轴和液压泵分别由两台笼型异步电动机 M1、M2 来拖动。试设计控制电路，其要求如下：①液压泵电动机 M2 起动后主轴电动机 M1 才能起动；②主轴电动机能正、反转，且能单独停车；③该控制电路具有短路、过载、失电压、欠电压保护。

2-7　什么叫减压起动？有哪几种方式？设计可逆运行的星/三角形减压起动控制电路。

2-8　试设计一个用速度原则来实现的电动机可逆运行能耗制动控制电路。

2-9　设计一个控制电路，三台笼型异步电动机工作情况如下：M1 先起动，经 15s 后 M2 自行起动，运行 25s 后 M1 停机并同时使 M3 自起动，再运行 20s 后全部停机。

阅读课堂

新时代的“工匠精神”的基本内涵，主要包括爱岗敬业的职业精神、精益求精的品质精神、协作共进的团队精神、追求卓越的创新精神。

中国航天二院二八三厂曹彦生就是我们的一位榜样。

曹彦生中国航天二院二八三厂高级技师，2010 年获“全国技术能手”荣誉称号；2011 年获科工集团“十大杰出青年”荣誉称号；2012 年获北京市“金牌教练”荣誉称号；2014 年、2016 年第六、七届全国数控技能大赛五轴组专家成员。2020 年 11 月 18 日，在第十四届航空航天月桂奖颁奖典礼上，曹彦生被授予该奖。

曹彦生可以用数控机床“精雕细琢”空气舵，据了解，空气舵是导弹的重要构件，犹如导弹的翅膀，直接影响着导弹的发射及飞行。

在学生时代，曹彦生就对数控加工技术产生了浓厚的兴趣，并自学了相关知识。在课余时间、暑假期间，曹彦生在学校的数控实训中心主动帮老师做杂活，借机学习数控加工技术。在老师的指导下，他掌握了独立操作设备编程加工的能力。

2005 年，曹彦生进入中国航天二院二八三厂工作。

有一年临近春节，某型号空气舵试制出现了问题，型号研制节点将受到影响。当时，大多数同事已经回家过年了，虽然曹彦生已经买了回家的火车票，但为了能解决问题，使研制节点不受影响。曹彦生主动接下了任务。在空旷的厂房里，他一个人静静推敲加工方案，反复试验，不断完善工艺方案和加工参数。经过几个通宵的努力，曹彦生最终将舵面加工精度提高到了 0.02mm，相当于头发丝的 1/4，实际精度达到了指标要求的几十倍。干完这项任务，已是万家灯火的除夕夜。

曹彦生先后承担了中国航天二院多个型号产品零部件数控加工任务，掌握了目前国内外主流先进数控设备操作系统，攻克了多个复杂产品零部件加工难题，第一个将高速加工技术和多轴加工技术复合应用于零部件生产。他发明的“高效圆弧面加工法”“用于非金属零件加工的对刀装置”等绝技，获国家发明专利和实用新型专利，为企业节省成本上百万元。

项目三　生产机械电气控制系统的设计

在生产实际中，除了已经定型的机床和机械设备外，往往还需要自己设计、制造一些专用的生产设备或对原有的设备进行技术改造。因此，在掌握了电动机控制电路的基本环节，并了解常用生产机械设备电气控制系统的构成和原理之后，还需要掌握继电器—接触器控制电路的一般设计方法。

学习目标

知识目标

掌握继电器—接触器控制电路的一般设计方法。

技能目标

会用经验设计法设计典型环节的电气控制系统，并进行安装调试。

素质目标

1）确定小组分工，积极参与小组的各项学习活动。

2）正确穿戴工作服、绝缘胶鞋，正确使用万用表、试电笔等电工仪器，按要求取用本项目需要的各电气元件，根据电工操作要求安全、有序地进行各项操作。

3）细致认真地进行电气控制原理图绘制与识读、电气控制电路安装接线、电气控制电路的通电试车与故障排除，遇到困难不气馁、多提问。

任务描述

C534J1 型立式车床如图 3-1 所示。设计 C534J1 型立式车床横梁升降电气控制原理电路。工艺要求如下：

1）为适应不同高度工件加工时对刀具的需要，要求安装有左、右立刀架的横梁能通过丝杠传动快速做上升、下降的调整运动。丝杠的正、反转由一台 2JH61 －4 型三相交流异步电动机拖动，同时，为了保证零件的加工精度，当横梁移动到需要的高度后应立即通过夹紧机构将横梁夹紧在立柱上。

图 3-1　C534J1 型立式车床

2）采用短时工作的点动控制。

3）横梁上升控制动作过程。按上升按钮→横梁放松（夹紧电动机反转）→压下放松位置开关→停止放松→横梁自动上升（升/降电动机正转）→到位松开上升按钮→横梁停止上升→横梁自动夹紧（夹紧电动机正转）→已放松位置开关松开，已夹紧位置开关压下，达到一定夹紧紧度→上升过程结束。

4）横梁下降控制动作过程。按下降按钮→横梁放松→压下已放松位置开关→停止放松，横梁自动下降→到位松开下降按钮→横梁停止下降并自动短时回升（升/降电动机短时正转）→横梁自动夹紧→已放松位置开关松开，已夹紧位置开关压下并夹紧至一定紧度→下降过程结束。

5）横梁升、降动作应设置上、下极限位置保护。

知识准备

1. 电气控制系统设计的基本原则

1）应能够最大限度地满足生产机械和工艺对电气控制的要求。

2）在满足要求的前提下，控制电路应力求简单、经济、可靠，且便于操作、调整和维修。

3）应具有必要的保护环节，保证在使用中安全可靠。

2. 电气控制系统设计的基本依据

1）用户供电电网的种类、电压、频率和容量。

2）生产机械的主要技术性能，即机械、液压和气动系统的特征。

3）电气拖动方面的主要技术指标，如生产机械运动部件的特征、负载特征，对电动机起动、反转、调速和制动的要求等。

4）电气控制的特性，如电气控制的基本方法和自动控制的动作顺序要求，电气保护及联锁条件等。

5）有关操作方面的要求，如控制台、控制面板的布置，操作按钮的设置，测量仪表的设置以及信号指示、报警、照明等方面的具体要求。

3. 电气控制系统的设计内容和步骤

电气控制系统的设计内容和步骤如图3-2所示。

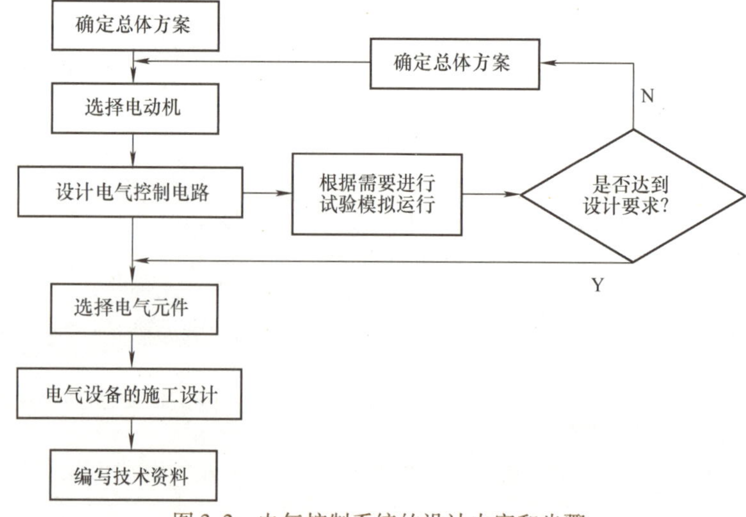

图3-2　电气控制系统的设计内容和步骤

（1）确定总体方案　确定电气控制系统总体方案的主要内容是：根据生产工艺和设备对电力拖动和电气控制的要求。确定设备电气系统的性能指标、电力拖动方案、控制方案和操作功能。

在现在的机械设备中，机—电—液—气系统的配合关系越来越密切，因此在确定电气控制系统的总体方案时，应充分了解设备的用途、基本结构、原理、加工工艺、技术性能和工作条件，明确设备运行的各个阶段及其特点，控制要求以及各阶段的转换条件，如有需要可画出状态流程图。电气系统的设计如果与机械、液压、气动系统的设计同步进行，则在设计工作中要与有关技术人员密切合作，制定出最佳方案。应按照设计的基本原则，树立正确的设计思想和工程实践的观点，保证设计方案的实用性、经济性和安全可靠性。

（2）选择电动机　根据电力拖动方案所确定的电动机数量、用途、负载特性和运行方式（起动、反转、调速、制动方案及要求），选择电动机的类型和容量，确定型号和结构方式。

（3）设计电气控制电路　根据控制方案的要求，设计控制电路。如果电路比较复杂。可以分解为若干个单元电路，分别进行设计，再整合成一个整体；如果需要可安装模拟电路进行试验，如果达不到总体方案设计的性能指标则对电路进行修改、设计完成后再按照标准绘制电气控制电路原理图。

电路的设计一般有经验设计法和逻辑设计法两种，将在下面具体介绍。

（4）选择电气元件　根据控制电路的要求，选择所使用的低压电器，并列出电气元件明细表。

（5）电气设备的施工设计　电气设备的施工设计包括：设计电气设备的总体布置；绘制电气布置图和电气安装接线图；设计或选用电气柜与操作台；进行电气控制系统的安装、配线，最后进行调试。

（6）编写技术资料　在完成以上的工作后，最后编写设备的电气说明书和设计计算说明书。

4. 电气控制电路的设计方法

（1）经验设计法　所谓经验设计法，就是根据总体方案中的设计指标要求，将控制系统分解为若干控制环节（单元电路），然后参考成熟的、典型的控制电路，逐个进行单元电路的设计，最后整合成一个完整的电路。

设计工作应从主电路开始，按照电力拖动方案的要求画出电动机控制的主电路，确定控制电器，然后设计控制电路。完成各单元电路的设计之后，再考虑各单元电路之间的联锁关系，整合成一个完整的控制电路，在整合过程中根据实际情况不断进行修改和补充。最后设置必要的保护、信号指示、照明、通风等辅助电路。

经验设计法的特点是无固定的设计程序，设计方法简单，容易被初学者所掌握，对于具有一定工作经验的电气人员来说，也能较快地完成设计任务，因此在电气设计中被普遍采用。其缺点是设计方案不一定是最佳方案，当经验不足或考虑不周时会影响电路工作的可靠性。

（2）逻辑设计法　逻辑设计法是利用逻辑代数这一数学工具来进行电路设计，即根据生产机械的拖动要求及工艺要求，将执行元器件需要的工作信号以及主令电器的接通与断开状态看成逻辑变量，并根据控制要求将它们之间的关系用逻辑函数关系式来表达，然后再运用逻辑函数基本公式和运算规律进行简化，使之成为需要的与或关系式，根据最简式画出相应的电路结构图，最后再做进一步检查和完善，即能获得需要的控制电路。

采用逻辑设计法能获得理想、经济的方案，所用元器件数量少，各元器件能充分发挥作用，当给定条件变化时，能指出电路相应变化的内在规律，在设计复杂控制电路时，更能显示出它的优点。

任何控制电路，控制对象与控制条件之间都可以用逻辑函数式来表示，所以逻辑法不仅能用于电路设计，也可以用于电路简化和读图分析。逻辑代数读图法的优点是各控制元器件的关系能一目了然，不会读错和遗漏。

继电器—接触器组成的控制电路，分析其工作状况常以线圈通电或断电来判定。构成线圈通断条件是供电电源及与线圈相连接的动合、动断触点所处的状态。若认为供电电源不变，则触点的通断是决定因素。电器触点只存在接通或断开两种状态，分别用“1”“0”表示。

对于继电器、接触器、电磁铁、电磁阀、电磁离合器等元器件，线圈通电状态规定为“1”状态，失电则规定为“0”状态。有时也以线圈通电或失电作为该元器件是处于“1”状态或是“0”状态。继电器、接触器的触点闭合状态规定为“1”状态；触点断开状态规定为“0”状态。控制按钮、触点闭合状态规定为“1”状态；触点断开状态规定为“0”状态。并且用“—”表示逻辑非（如用 KM1、KM2……代表器件的动合触点，则$\overline{\text{KM1}}$、$\overline{\text{KM2}}$……代表动断触点）。用逻辑乘（与）代表触点串联，用逻辑加（或）表示触点并联。

逻辑设计法的具体方法和步骤是：

1）根据给出的条件列出真值表，并写出相应的逻辑代数式。

2）运用逻辑代数的基本公式和定律进行化简。

3）根据化简后的逻辑代数式画出对应的电路图。

4）对电路做进一步地完善并进行必要的校验。

【应用举例】下面以某台电动机由三个继电器 KA1、KA2、KA3 控制为例来说明逻辑设计法的具体方法和步骤。控制要求如下：只有当任何一个或者两个继电器动作时电动机才运转，在其他任何条件下均不运转。

1）设电动机的运行由接触器 KM 控制，根据控制要求列出真值表，见表 3-1。

表 3-1 KM 动作真值表

KA1	KA2	KA3	KM
0	0	0	0
0	0	1	1
0	1	0	1
0	1	1	1
1	0	0	1
1	0	1	1
1	1	0	1
1	1	1	0

2）根据给定条件和真值表写出逻辑代数式进行化简：

当任意一个继电器动作时，KM 动作，即

$$KM = KA1 \cdot \overline{KA2 \cdot KA3} + \overline{KA1} \cdot KA2 \cdot \overline{KA3} + \overline{KA1 \cdot KA2} \cdot KA3$$

当任意两个继电器动作时，KM 动作，即

$$KM = KA1 \cdot KA2 \cdot \overline{KA3} + KA1 \cdot \overline{KA2} \cdot KA3 + \overline{KA1} \cdot KA2 \cdot KA3$$

综合两个条件的逻辑代数式

$$\begin{aligned} KM &= KA1 \cdot \overline{KA2 \cdot KA3} + \overline{KA1} \cdot KA2 \cdot \overline{KA3} + \overline{KA1 \cdot KA2} \cdot KA3 + \\ &\quad KA1 \cdot KA2 \cdot \overline{KA3} + KA1 \cdot \overline{KA2} \cdot KA3 + \overline{KA1} \cdot KA2 \cdot KA3 \\ &= KA1 \cdot (\overline{KA3} + \overline{KA2}) + \overline{KA1} \cdot (KA3 + KA2) \end{aligned}$$

3）根据所化简的逻辑代数式画出电路图如图 3-3 所示。

以上只是一个很简单的例子。逻辑代数法的使用相对较复杂，有一定的难度，但是容易实现对电路的化简，设计出来的电路比较合理。

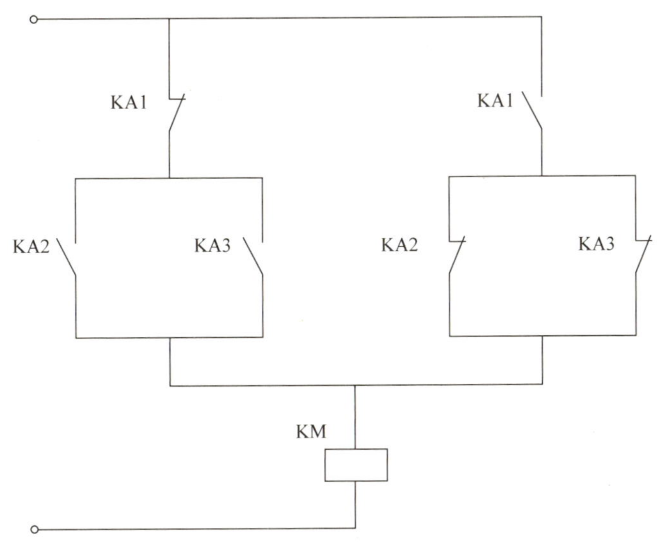

图 3-3　表 3-1 所对应的控制电路

任务实施

下面完成 C534J1 型立式车床横梁升降电气控制原理电路的设计实例程。

1. 根据拖动要求设计主电路

由于升、降电动机 M1 与夹紧放松电动机 M2 都要求正、反转，所以采用 KM1、KM2 及 KM3、KM4 接触器主触点变换相序控制。

考虑到横梁夹紧时有一定的紧度要求，故在 M2 正转即 KM3 动作时，其中一相串接电流继电器 K1 检测电流信号，当 M2 处于堵转状态，电流增长至动作值时，过电流继电器 K1 动作，使夹紧动作结束，以保证每次夹紧紧度相同。据此便可设计出如图 3-4a 所示的 C534J1 型立式车床横梁升降系统主电路设计草图。

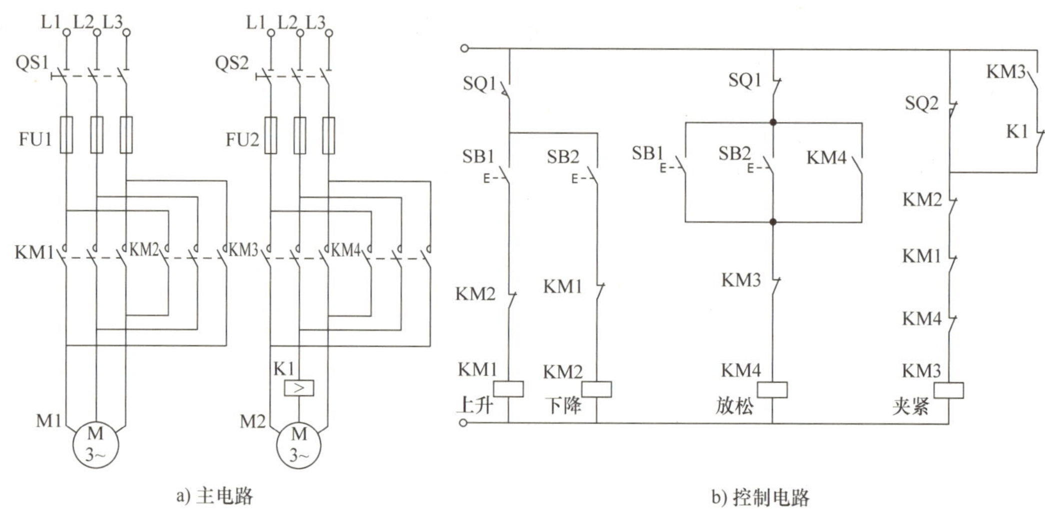

a) 主电路　　　　b) 控制电路

图 3-4　C534J1 型立式车床横梁升降系统主电路及控制电路设计草图

2. 设计控制电路草图

如果暂不考虑横梁下降控制的短时回升，则上升与下降控制过程完全相同。当发出"上升"或"下降"指令时，首先是夹紧放松电动机 M2 反转（KM4 吸合），由于平时横梁总是处于夹紧状态，行程开关 SQ1（检测已放松信号）不受压，SQ2（检测已夹紧信号）处于受压状态，将 SQ1 动合触点串接在横梁升降控制电路中，动断触点串于放松控制电路中（SQ2 动合触点串接在立车工作台转动控制回路中，用于联锁控制），因此在发出上升或下降指令时（按 SB1 或 SB2），先放松，KM4 吸合（SQ2 立即复位），当放松动作完成时 SQ1 受压，KM4 释放，KM1（或 KM2）自动吸合，实现横梁自动上升（或下降）。上升（或下降）到位，放开 SB1（或 SB2）停止上升（或下降），由于此时 SQ1 受压，SQ2 不受压，所以 KM3 自动吸合，夹紧动作自动发出，直到 SQ2 压下，再通过 K1 动断触点与 KM3 的动合触点串联的自锁回路，继续夹紧至过电流继电器动作（达到一定的夹紧紧度），控制过程自动结束。按此思路设计 C534J1 型立式车床横梁升降系统控制电路设计草图如图 3-4b 所示。

3. 完善设计草图

图 3-4 设计草图功能不完善，主要是未考虑下降的短时回升。下降到位的短时回升，是满足一定条件下的结果，此条件与上升指令是"或"的逻辑关系，因此它应与 SB1 并联，应该是下降动作结束即用 KM2 动断触点与一个短时延时断开的时间继电器 KT 触点的串联组成，回升时间由时间继电器控制。于是便可设计出如图 3-5 所示的设计草图一。

4. 检查并改进设计草图

检查设计草图一，在控制功能上已达到上述控制要求，但仔细检查会发现 KM2 的辅助触点使用已超出接触器拥有数量，同时考虑到一般情况下不采用二动合二动断的复合式按钮，因此可以采用一个中间继电器 KA 来完善设计。设计草图二如图 3-6 所示。其中 R－M、L－M 为工作台驱动电动机 M 正、反转联锁触点，即保证机床进入加工状态，不允许横梁移动。反之，横梁放松时就不允许工作台转动，是通过行程开关 SQ1 的动断触点串联在 R－M、L－M 的控制电路中来实现。另一方面，在完善控制电路设计过程中，进一步考虑横梁的上、下极限位置保护，采用限位开关 SQ3（上限位）与 SQ4（下限位）的动断触点串接

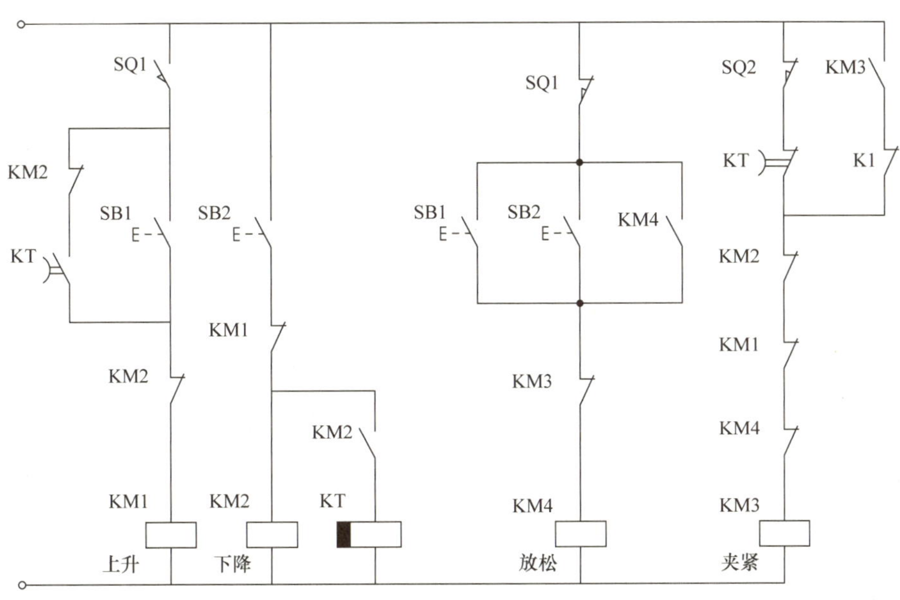

图 3-5　C534J1 型立式车床横梁升降系统控制电路设计草图一

在上升与下降控制电路中。

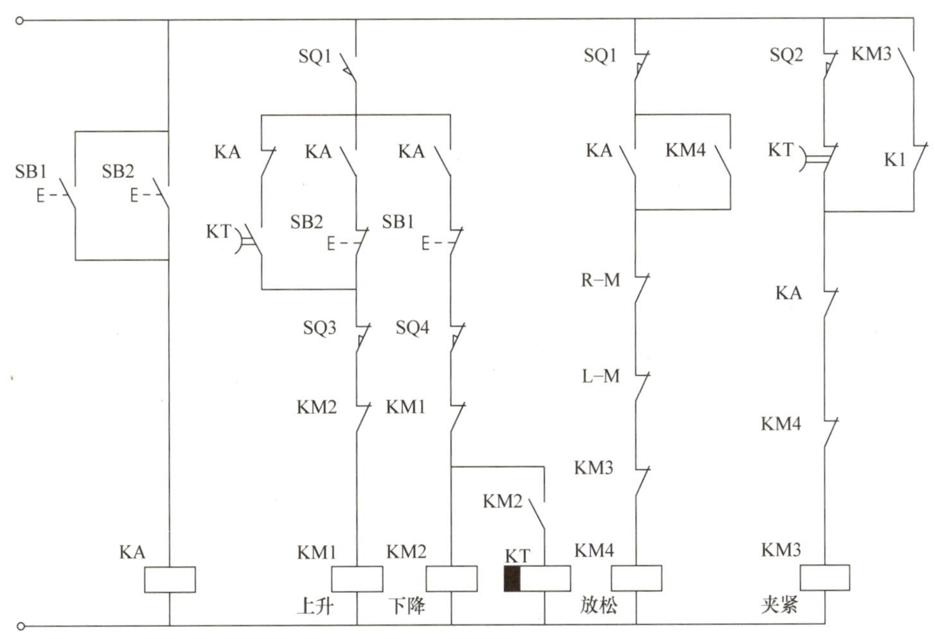

图 3-6　C534J1 型立式车床横梁升降系统控制电路设计草图二

5. 总体检查设计电路

控制电路设计完毕，最后必须经过总体检查，因为分析设计往往会考虑不周而存在不合理之处或有进一步简化的可能。主要检查内容有：是否满足拖动要求与控制要求；触点使用是否超出允许范围；电路工作是否安全可靠；联锁保护是否考虑周到；是否有进一步简化的可能等。

阅读课堂

电气控制与 PLC 技术是一门逻辑性、实践性较强的课程，学习本课程时要克服畏难情绪。树立克服困难的勇气与决心。

钱伟长，著名力学家、应用数学家、教育家和社会活动家，是我国近代力学的奠基人之一，兼长应用数学、物理学、中文信息学，著述甚丰。

钱伟长 1931 年中学毕业被清华大学、交通大学、浙江大学、武汉大学、中央大学 5 所名牌大学同时录取，就成绩和兴趣而言，钱伟长是应该读文史的。但同年的“九一八”炮声点燃了他的一腔青春热血，钱伟长毅然决然地改学物理专业，以振兴中国的国防军事工业，要知道钱伟长是典型的偏科生，物理只考了 5 分，数学、化学两科成绩加起来也不过 20 分，而英文则是 0 分。上学期间，钱伟长将全部时间和精力都扑在物理和数学上。四年后，他成为 8 名顺利毕业的学生之一，并且成绩优异。

1942 年至 1946 年，他在美国加州理工学院的喷气推进实验室学习，在 T. 冯·卡门教授的指导下从事航空航天领域的研究工作，成为固体力学和流体力学大师。科研事业如日中天之时，传来了国内抗日战争胜利的消息，此时他选择了回国。1946 年 5 月 6 日，钱伟长只带了简单的行李和几本必要的书籍，从洛杉矶乘船回国，当时他 34 岁。他被聘为清华大学教授，兼北京大学、燕京大学教授。

项目四 搭建一个PLC系统

PLC 控制系统是在传统的电气控制的基础上引入了微电子技术、计算机技术、自动控制技术和通信技术而形成的一代新型工业控制装置，目的是用来取代继电器、执行逻辑、定时、计数等顺序控制功能，建立柔性的远程控制系统。PLC 控制系统具有通用性强、使用方便、适应面广、可靠性高、抗干扰能力强、编程简单等特点。

本项目主要以西门子 S7 - 1200 PLC 为实例，介绍 PLC 的基本组成、工作原理以及发展与应用等情况。通过本项目的学习，让读者初步了解 PLC 并掌握实际接线和简单操作；理解 PLC 的工作过程、学会 TIA Portal（博途）编程软件的安装及使用方法。

任务一 认识 PLC 以及 S7 - 1200 PLC

学习目标

知识目标

1）了解 PLC 的产生、发展及特点。

2）了解 PLC 的构成及工作原理。

3）了解 S7 - 1200 PLC 及其特点。

技能目标

1）能准确说出 PLC 各部件的名称和功能。

2）能根据工程需求选择合适的 PLC。

素质目标

1）提高沟通能力和团队协作精神。

2）培养文献检索能力。

3）树立安全意识。

任务描述

S7 - 1200 PLC 是西门子公司推出的新一代小型 PLC。S7 - 1200 PLC 设计紧凑，组态灵活且具有功能强大的指令集，这些特点的组合使它成为控制各种应用的完美解决方案。本次任务就是对该型号的 PLC 进行认知训练。

知识准备

1. PLC 基础知识

4-1　PLC 的硬件结构及特点

可编程逻辑控制器，即可编程序控制器。英文全称为 Programmable Logical Controller，简称为 PLC。PLC 是一种以微型计算机为基础发展起来的新型自动控制装置。它将传统的继电器—接触器控制技术、计算机技术和通信技术融为一体，具有性价比高、可靠性高、编程简单、使用方便等优点。近年来它发展很快，功能也越来越完善，已成为现代工业自动化三大支柱之一。

（1）PLC 的历史　PLC 问世于 1969 年，是美国汽车制造工业激烈竞争的结果。更新汽车型号必然要求加工生产线改变，正是从汽车制造业开始了对传统继电器控制的挑战。1968 年美国 General Motors 公司，要求制造商为其装配线提供一种新型的通用程序控制器，并提出 10 项招标指标，这就是著名的 GM 10 条。

1）编程简单，可在现场修改程序。

2）可靠性高于继电器控制柜。

3）体积小于继电器控制柜。

4）维护方便，最好是插件式。

5）可将数据直接送入管理计算机。

6）在成本上可与继电器控制柜竞争。

7）输入可以是交流 115V。

8）输出为交流 115V、2A 以上，能直接驱动电磁阀等。

9）在扩展时，原系统只需很小变更。

10）用户程序存储器容量至少能扩展到 4KB。

1969 年，美国数字设备（DEC）公司首先研制成功第一台可编程序控制器，并在通用汽车公司的自动装配线上试用成功，从而开创了工业控制的新局面。接着，美国 MODICON 公司也开发出可编程序控制器 084。这一时期它主要用于顺序控制，只能进行逻辑运算，故称为可编程逻辑控制器。1971 年，日本引进这项技术并开始生产 PLC；1973 年，德国和法国也研制出 PLC；1977 年，我国研制成功第一台 PLC。

随着微电子技术和计算机技术的迅猛发展，使 PLC 从开关量的逻辑控制扩展到数字控制及生产过程控制领域，真正成为一种电子计算机工业控制装置，故称为可编程序控制器（Programmable Controller，PC）。但由于 PC 容易和个人计算机（Personal Computer）相混淆，故人们仍习惯地用 PLC 作为可编程序控制器的缩写。

国际电工委员会（IEC）于 1987 年颁布了可编程控制器标准草案第三稿。在草案中对可编程控制器定义如下：可编程控制器是一种数字运算操作的电子系统，专为在工业环境下应用而设计。它采用可编程序的存储器，用来在其内部存储执行逻辑运算、顺序控制、定时、计数和算术运算等操作的指令，并通过数字式和模拟式的输入和输出，控制各种类型的机械或生产过程。可编程控制器及其有关外围设备，都应按易于与工业系统联成一个整体，易于扩充其功能的原则设计。

目前，全世界生产 PLC 的公司约 200 家，生产 300 多种产品。主要有：美国 ROCK-

WELL 所属的 A－B 公司，美国通用电气（GE）公司，德国西门子（SIEMENS）公司，法国施耐德（Schneider）所属的美国 MODICON 公司和法国 TE 公司，日本三菱（MITSUBISHI）公司、欧姆龙（OMRON）和松下（Panasonic）公司等。

（2）PLC 的基本组成　PLC 两种结构：整体式和模块组合式。整体式 PLC 的组成：由输入单元、电源、CPU、输出单元、通信接口、存储器、I/O 扩展端口等组成。模块组合式 PLC 的基本组成：由系统总线（电源及框架）、通信单元、智能 I/O 单元、输出单元、输入单元、CPU 单元等组成，如图 4-1 所示。

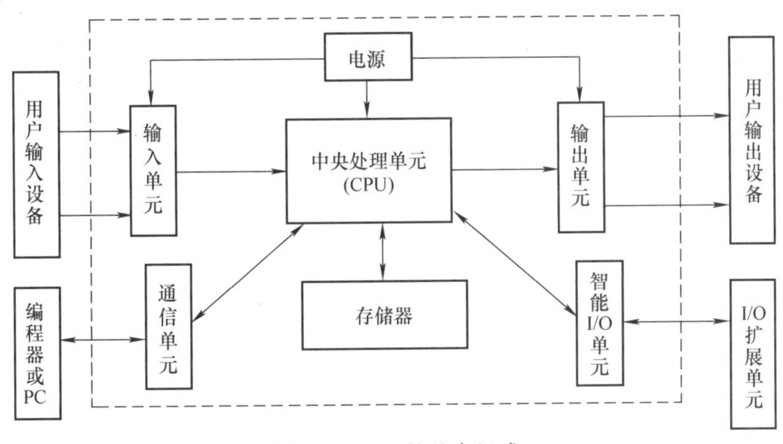

图 4-1　PLC 的基本组成

1）中央处理单元（CPU）。中央处理单元（CPU）是 PLC 的控制中枢。它按照 PLC 系统程序赋予的功能接收并存储从编程器键入的用户程序和数据，检查电源、存储器、I/O 以及警戒定时器的状态，并能诊断用户程序中的语法错误。当 PLC 投入运行时，首先它以扫描的方式接收现场各输入装置的状态和数据，并分别存入 I/O 映象区，然后从用户程序存储器中逐条读取用户程序，经过命令解释后按指令的规定执行逻辑或算术运算的结果送入 I/O 映象区或数据寄存器内。等所有的用户程序执行完毕之后，最后将 I/O 映象区的各输出状态或输出寄存器内的数据传送到相应的输出装置，如此循环运行，直到停止运行。

CPU 主要完成以下功能：

① 接收并存储用户程序和数据。

② 用扫描的方式接收现场输入设备的状态和数据。

③ 诊断电源、PLC 内部电路工作状态和编程过程中的语法错误。

④ 完成用户程序中规定的逻辑运算和算术运算任务。

2）存储器。存储器是具有记忆功能的半导体电路，用来存放系统程序、用户程序、逻辑变量和其他信息。所谓系统程序，是指控制和完成 PLC 各种功能的程序。这些程序是由 PLC 的生产厂家编写的，并固化到只读存储器中。所谓用户程序，是指使用者根据工程现场的生产过程和工艺要求编写的控制程序。用户程序由使用者通过编程器输入到 PLC 的随机存储器中，允许修改，并由用户起动运行。不同类型的 PLC，其存储容量各不相同，但根据其工作原理，其存储空间一般包括以下 3 个区域：

① 系统程序存储区。系统程序存储区用来存放系统程序。它包括监视程序、管理程序、命令解释程序、功能子程序、系统诊断子程序等。由制造厂商将其固化在 ROM 中，用户不

能直接存取。它和硬件一起决定了该 PLC 的性能。

② 系统 RAM 存储区。系统 RAM 存储区包括 I/O 映象区以及各类软设备，主要用于存储中间计算结果和数据、系统管理等。

③ 用户程序存储区。用户程序存储区存放用户编制的用户程序。目前大多数 PLC 采用可随时读写的快闪存储器（Flash）作为用户程序存储器，它不需要后备电池，断电时数据也不会丢失。

3）输入/输出（I/O）接口。I/O 接口是 CPU 与现场 I/O 装置或其他外部设备之间的连接部件。PLC 提供了具有各种操作电平与输出驱动能力的 I/O 接口和各种用途的 I/O 组件供用户选用，如输入/输出电平转换、电气隔离、串/并行转换、A/D 或 D/A 转换等。

① 输入电平转换是用来将输入端不同电压或电流信号转换成 CPU 能接受的低电平信号。

② 输出电平转换是用来将 CPU 控制的低电平信号转换为控制设备所需的电压或电流信号。

③ 电气隔离是在 CPU 与 I/O 回路之间采用的防干扰措施。

I/O 接口就是将外部输入信号变换成 CPU 能接受的信号或将 CPU 的输出信号变换成需要的控制信号去驱动控制对象（包括开关量和模拟量），以保证整个系统正常工作。

PLC 输入接口一般采用光电隔离，有交流输入和直流输入。交流输入也就是继电器输入，直流输入分为 PNP 输入和 NPN 输入，如图 4-2 所示。PLC 输入接口电路将限位开关、手动开关、编码器等现场输入设备的控制信号转换成 CPU 所能接受和处理的数字信号。

输出接口有三种输出方式，即继电器输出方式、晶体管输出方式和晶闸管输出方式。

① 继电器输出方式为有触点输出方式，用于接通或断开开关频率较低的直流负载或交流负载回路，如图 4-3 所示。

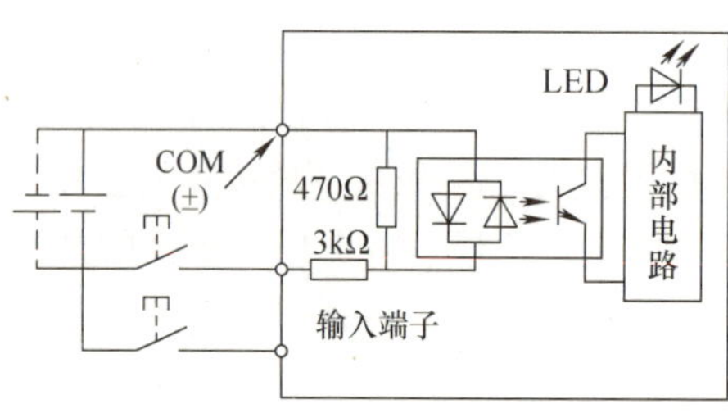

图 4-2　PLC 的输入接口电路（直流输入型）

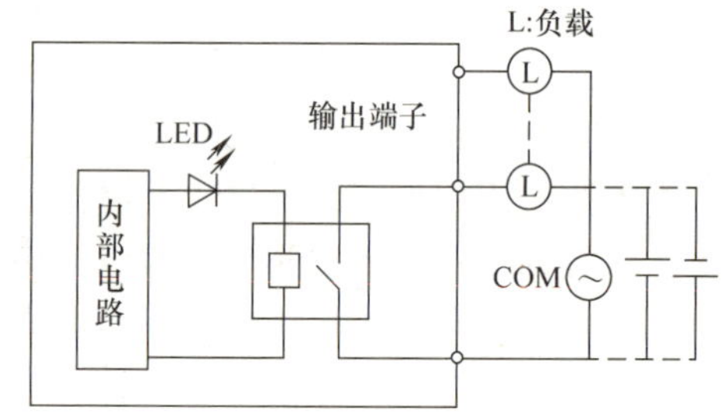

图 4-3　继电器输出方式

② 晶闸管输出方式为无触点输出方式，用于接通或断开开关频率较高的交流电源负载，如图 4-4 所示。

③ 晶体管输出方式为无触点输出方式，用于接通或断开开关频率较高的直流电源负载，如图 4-5 所示。

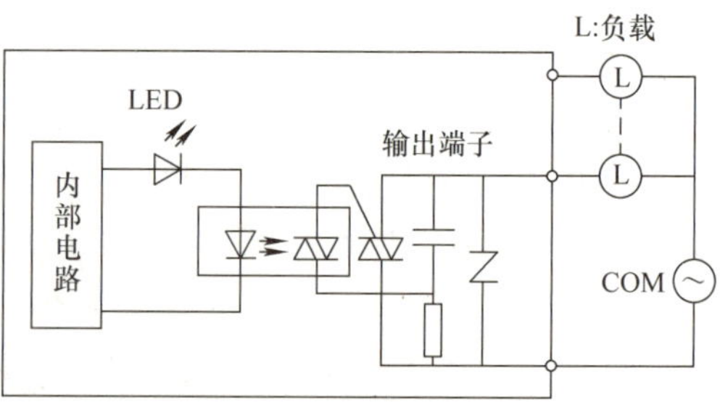

图 4-4　晶闸管输出方式

4）电源。PLC 中不同的电路单元需要不同的工作电源，如 CPU 和 I/O 电路要采用不同的工作电源。因此，电源在整个 PLC 系统中起着非常重要的作用。如果没有一个良好的、可靠的电源，系统是无法正常工作的。所以，PLC 的制造厂商对电源的设计和制造十分重视。

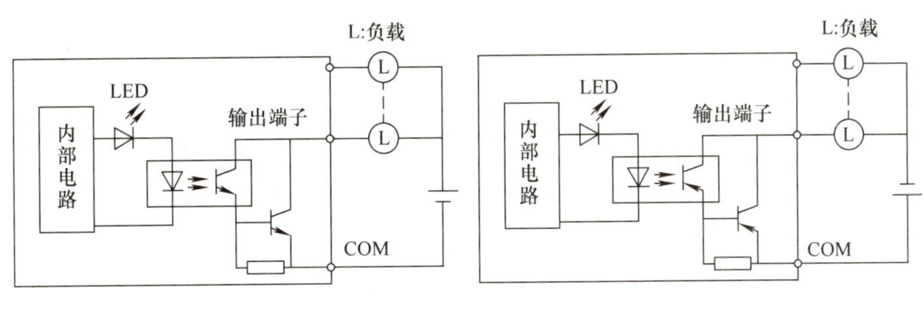

图 4-5　晶体管输出方式

PLC 一般都配有开关式稳压电源，用于给 PLC 的内部电路和各个模块集成电路提供工作电源。有些机型还向外提供 24V 的直流电源，用于给外部输入信号和传感器供电，避免了由于电源污染或电源不合格而引起的问题，同时也减少了外部连线，方便了用户。有些 PLC 中的电源与 CPU 模块合而为一，有些是分开的。输入类型上有 220V 或 110V 的交流输入，也有 24V 的直流输入。

5）PLC 的外部设备。外部设备是 PLC 系统不可分割的一部分，分为编程设备、监控设备、存储设备和输入/输出设备四类。编程设备分为简易编程器和智能图形编程器，用于编程、设定系统功能和参数，还能监控 PLC 及 PLC 所控制的系统的工作状况。监控设备分为数据监视器和图形监视器，用于直接监视数据或通过画面监视数据。存储设备常见存储设备有存储卡、存储磁带、软磁盘或只读存储器，用于永久性地存储用户数据，使用户数据不丢失。输入/输出设备用于接收信号或输出信号，常用的有条码读入器、输入模拟量的电位器、打印机等。

6）拓展接口和通信联网模块。PLC 扩展接口的作用是将扩展单元和功能模块与基本单元相连，使 PLC 的配置更加灵活，以满足不同控制系统的需要。PLC 具有通信联网的功能，它使 PLC 与 PLC 之间、PLC 与上位计算机以及其他智能设备之间能够交换信息，形成一个统一的整体，实现分散 - 集中控制。现在几乎所有的 PLC 新产品都有通信联网功能，可通过双绞线、同轴电缆或光纤在几千米甚至几十千米的范围内与其他设备交换信息。

（3）PLC 的编程语言　PLC 的用户程序是设计人员根据控制系统的工艺控制要求，通过 PLC 编程语言编制设计的。根据国际电工委员会制定的工业控制编程语言标准（IEC 31131 －3），PLC 的编程语言包括梯形图语言（LAD）、功能块图语言（FBD）、指令表语言（IL）、顺序功能图语言（SFC）及结构化文本语言（ST）。

4-2　PLC 工作过程及编程语言

1）梯形图语言（LAD）。梯形图语言是 PLC 程序设计中最常用的编程语言，它是与继电器电路类似的一种语言。由于电气设计人员对继电器—接触器控制系统较为熟悉，因此梯形图语言得到了广泛应用。

梯形图语言的特点是：与电气操作原理图对应，具有直观性和对应性；与原有继电器—接触器控制系统相一致，电气设计人员易于掌握。

2）功能块图语言（FBD）。功能块图语言是与数字逻辑电路类似的一种 PLC 编程语言。它采用功能模块图的形式来表示模块所具有的功能，不同的功能模块有不同的功能。

功能块图语言的特点是：以功能模块为单位，分析理解控制方案简单容易；功能模块是以图形的形式表达功能的，直观性强，具有数字逻辑电路基础的设计人员容易掌握；对规模大、控制逻辑关系辅助的控制系统，由于功能模块图语言能够清楚表达功能关系，使编程调试时间大大减少。

3）指令表语言（IL）。指令表语言是与汇编语言类似的一种助记符编程语言，和汇编语言一样由操作码和操作数组成。适合采用手执编程器对用户程序进行编制。与梯形图语言一一对应，在编程软件下可以相互转换。

指令表语言的特点是：容易记忆，便于掌握，在手执编程器的键盘上采用助记符表示，可在无计算机的场合下进行编程设计。

4）顺序功能图语言（SFC）。顺序功能图语言是为了满足顺序逻辑控制而设计的 PLC 编程语言。它将顺序流程动作的过程分成步和转换条件，根据转换条件对控制系统的功能流程顺序进行分配，一步一步地按照顺序动作。每一步代表一个控制功能任务，用方框表示。

顺序功能图语言的特点是：以功能为主线，按照功能流程的顺序分配，条例清楚，便于理解。

5）结构化文本语言（ST）。结构化文本语言是用结构化的文本来描述程序的一种编程语言。它是类似于高级语言的一种编程语言。主要用于编制其他编程语言较难实现的用户程序。

结构化文本语言特点是：可以完成较复杂的逻辑运算，对工程设计人员要求较高，程序直观性和操作性较差。

（4）PLC 的工作方式　PLC 对用户程序的执行过程是通过 CPU 的周期循环扫描并采用集中采样、集中输出的工作方式来完成的。当 PLC 开始运行时，首先清除输入/输出寄存器状态表的原有内容，然后进行自诊断，自检 CPU 及 I/O 组件，确认其工作正常后，开始循环扫描。

当 PLC 投入运行后，其工作过程一般分为三个阶段，即输入采样、用户程序执行和输出刷新。完成上述三个阶段称作一个扫描周期。在整个运行期间，PLC 的 CPU 以一定的扫描速度重复执行上述三个阶段。影响扫描周期的主要因素：一是 CPU 执行指令的速度；二是 CPU 执行每条指令所占用的时间；三是程序中指令的条数，如图 4-6、图 4-7 所示。

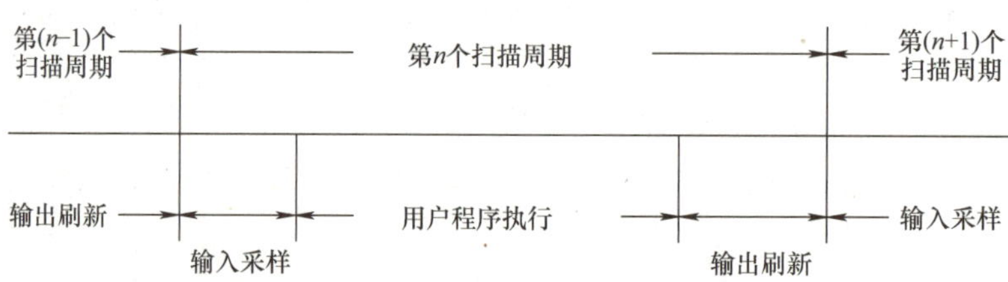

图 4-6　CPU 重复扫描过程

1）输入采样阶段。在输入采样阶段，PLC 以扫描方式依次读入所有输入状态和数据，并将它们存入输入映象寄存器中的相应的单元内。输入采样结束后，转入用户程序执行和输出刷新阶段。在这两个阶段中，即使输入状态和数据发生变化，输入映象寄存器中的相应单元的状态和数据也不会改变。

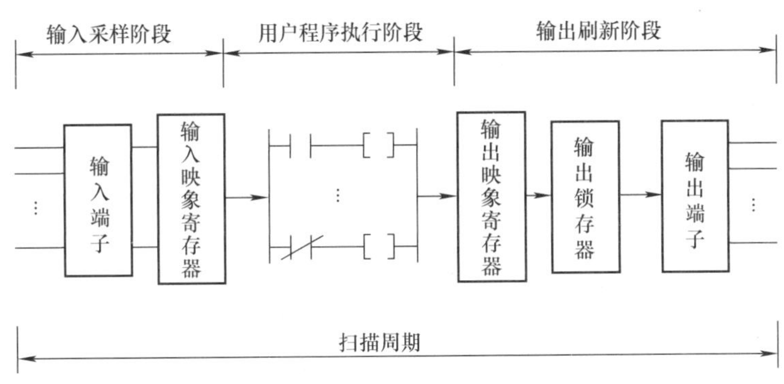

图 4-7 PLC 扫描工作过程

2）用户程序执行阶段。在用户程序执行阶段，PLC 总是按由上而下的顺序依次地扫描用户程序（下面以梯形图为例说明）。在扫描每一条梯形图时，又总是先扫描梯形图左边的由各触点构成的控制电路，并按先左后右、先上后下的顺序对由触点构成的控制电路进行逻辑运算，然后根据逻辑运算的结果，刷新该逻辑线圈在系统 RAM 存储区中对应位的状态；或者刷新该输出线圈在输出映象寄存器中对应位的状态；或者确定是否要执行该梯形图所规定的特殊功能指令。即在用户程序执行过程中，只有输入点在输入映象寄存器内的状态和数据不会发生变化，而其他输出点和软设备在输出映象寄存器或系统 RAM 存储区内的状态和数据都有可能发生变化，而且排在上面的程序，其程序执行结果会对排在下面的程序（凡是用到这些线圈或数据的程序）起作用；相反，排在下面的程序，其被刷新的逻辑线圈的状态或数据只能到下一个扫描周期才能对排在其上面的程序起作用。

3）输出刷新阶段。当扫描用户程序结束后，PLC 就进入输出刷新阶段。在此期间，CPU 按照输出映象寄存器内对应的状态和数据刷新输出锁存器的状态，再经输出电路驱动相应的外设。这时，才是 PLC 的真正输出。

根据上述工作特点，还可以归纳出 PLC 在输入/输出处理方面的原则：

① 输入映象寄存器的数据，取决于输入端子板上各输入点在上一个刷新期间的接通/断开状态。

② 程序如何执行取决于用户所编程序和输入/输出映像寄存器的内容及其他各元器件映像寄存器的内容。

③ 输出映像寄存器的数据取决于输出指令的执行结果。

④ 输出锁存器中的数据，由上一次输出刷新期间的输出映象寄存器中数据决定。

⑤ 输出端子的接通/断开状态，由输出锁存器决定。

（5）PLC 的主要性能指标及分类

1）PLC 的技术性能指标。PLC 的技术性能包括一般性能、功能特性（基本单元）、输入性能、输出性能及其他性能。

描述一般性能的指标有电源、电源波动、环境温度、环境湿度、抗振动、抗冲击、抗噪声、绝缘耐压、绝缘电阻、接地等。

描述功能特性的指标有执行方法、执行速度、程序语言、程序容量等。

描述输入性能的指标有输入类型、输入隔离方式、输入电压、输入阻抗、工作电流、响应时间等。

描述输出性能的指标有输出类型、输出负荷、响应时间等。

描述其他性能指标有输入/输出点数、功耗等。

2）PLC 的分类。从组成结构形式上可以将 PLC 分为两类：一类是一体化整体式 PLC，其特点是电源、中央处理单元、I/O 接口都集成在一个机壳内；另一类是标准模板式结构化的 PLC，其特点是电源模板、中央处理单元模板、I/O 模板等在结构上是相互独立的，可根据具体的应用要求，选择合适的模板，安装在固定的机架或导轨上，构成一个完整的 PLC 应用系统。

按 I/O 点数可以将 PLC 分为以下几类：

① 小型 PLC。小型 PLC 的 I/O 点数一般在 0 ~ 256 点，其特点是体积小，结构紧凑，与整个硬件融为一体，除了开关量 I/O 以外，还可以连接模拟量 I/O 以及其他各种特殊功能模块。它能执行包括逻辑运算、计时、计数、算术运算、数据处理和传送、通信联网以及各种应用指令。有时候也把 I/O 点数在 64 点以下的 PLC 称为微型 PLC。

② 中型 PLC。中型 PLC 采用模块化结构，其 I/O 点数一般在 256 ~ 1024 点。I/O 的处理方式除了采用一般 PLC 通用的扫描处理方式外，还能采用直接处理方式，即在扫描用户程序的过程中，直接读输入，刷新输出。它能连接各种特殊功能模块，通信联网功能更强，指令系统更丰富，内存容量更大，扫描速度更快。

③大型 PLC。一般 I/O 点数在 1024 点以上的称为大型 PLC。大型 PLC 的软、硬件功能极强，并具有极强的自诊断功能。其通信联网功能强，有各种通信联网的模块，可以构成三级通信网，实现工厂生产管理自动化。大型 PLC 还可以采用三 CPU 构成表决式系统，使机器的可靠性更高。

（6）PLC 的特点、应用领域和发展趋势

4-3　PLC 分类及应用领域

1）功能完善，组合灵活，扩展方便，实用性强。现代 PLC 所具有的功能及各种扩展单元、智能单元和特殊功能模块，可以方便、灵活地组成不同规模和要求的控制系统，以适应各种工业控制的需要。PLC 以开关量控制为其特长；也能进行连续过程的 PID 回路控制；并能与上位机构成复杂的控制系统，如 DDC 和 DCS 等，实现生产过程的综合自动化。

2）使用方便，编程简单。PLC 采用简明的梯形图、功能块图或指令表等编程语言，而无需计算机知识，因此系统开发周期短，现场调试容易。PLC 的运用能够做到在线修改程序，改变控制的方案而无须拆开机器设备。它能在不同环境下运行，可靠性很高。

3）安装简单，容易维修。PLC 可以在各种工业环境下直接运行，只需将现场的各种设备与 PLC 相应的 I/O 端相连接，写入程序即可运行。各种模块上均有运行和故障指示装置，便于用户了解运行情况和查找故障。PLC 还有强大的自检功能，这为它的维修提供了方便。

4）抗干扰能力和可靠性能力强。隔离和滤波是 PLC 抗干扰的两大主要措施。对 PLC 的内部电源还采取了屏蔽、稳压、保护等措施，以减少外界干扰，保证供电质量。另外 PLC 使输入/输出接口电路的电源彼此独立，以免电源之间的干扰。为适应工作现场的恶劣环境，PLC 还采用密封、防尘、抗振的外壳封装结构。通过以上措施，保证了 PLC 能在恶劣环境中可靠工作，使平均故障间隔时间长，故障修复时间短。

5）环境要求低。以 PLC 的技术条件能在一般高温、振动、冲击和粉尘等恶劣环境下工作，也能在强电磁干扰环境下可靠工作。这是 PLC 产品的市场生存价值。

6）易学易用。PLC 是面向工矿企业的工控设备，接口容易，编程语言易于为工程技术人员接受。PLC 编程大多采用类似继电器控制电路的梯形图形式，对使用者来说，不需要具备计算机的专门知识，因此，很容易被一般工程技术人员所理解和掌握。

（7）PLC 的应用　目前，PLC 在国内外已广泛应用于钢铁、石油、化工、电力、建材、机械制造、汽车、轻纺、交通运输、环保以及文化娱乐等行业。随着 PLC 性能价格比的不断提高，其应用范围还将不断扩大。它大致可归纳为如下几类：

1）顺序控制。这是 PLC 最基本、最广泛应用的控制技术，它取代传统的继电器顺序控制，可用于单机控制、多机群控制、自动化生产线的控制，如注塑机、印刷机械、电梯控制等。

2）位置控制。大多数的 PLC 制造商目前都提供拖动步进电动机或伺服电动机的单轴或多轴位置控制模板。这一功能可广泛用于各种机械，如金属切削机床、装配机械等。

3）过程控制。PLC 通过模拟量的输入/输出模板，实现模拟量与数字量的转换，并对模拟量进行闭环 PID 控制。

4）数据处理。现代的 PLC 具有算术运算、数据传递、转换、排序和查表等功能，也能完成数据的采集、分析和处理。

5）通信联网。PLC 的通信包括 PLC 之间、PLC 与上位计算机之间、PLC 和其他智能设备之间的通信。PLC 系统与通用计算机可以直接或通过通信处理单元、通信转接器相连构成网络，以实现信息的交换，并可构成“集中管理、分散控制”的分布式控制系统，满足工厂自动化系统的需要。

（8）PLC 的发展趋势　长期以来，PLC 始终处于工业自动化控制领域的主战场，为各种各样的自动化控制设备提供非常可靠的控制应用。其主要原因，一方面，它能够为自动化控制应用提供安全可靠和比较完善的解决方案，适合于当前工业企业对自动化的需要。另一方面，PLC 还必须依靠其他新技术来面对市场份额逐渐缩小所带来的冲击，尤其是工业 PC 所带来的冲击。PLC 需要解决的问题依然是新技术的采用、系统开放性和价格。其发展趋势大致如下：

1）大型化。强化通信能力和网络化，向下将多个可编程控制站、多个 I/O 框架相连；向上与工业计算机、以太网等相连构成整个工厂的自动化控制系统。

2）高可靠性。在工业控制领域，每年对具有更高可靠性系统产品的需求都在逐年增加，其中绝大多数是受经济利益的驱动所产生的。工厂停机损失所带来的代价是极其昂贵的，而且所造成的生产成本也会随之增加。

3）适合 PLC 应用的新模板。随着科技的发展，对工业控制领域将提出更高、更特殊的要求，因此需要开发 PLC 新的特殊功能模板来满足这些要求。

4）小型化，低成本，简单易用。重视小型化、低成本、简单易用的 PLC 的开发，将会进一步扩大 PLC 的应用领域。

5）语言向高层次发展。不断丰富和向更高层次发展 PLC 的编程语言，以适应更广泛的需求。同时编程工具也应向小型化、通用化和多功能化方向发展。

2. S7－1200 PLC

（1）S7－1200 PLC 的产品定位　S7－1200 PLC 是西门子公司的新一代小型 PLC，它将微处理器、集成电源、输入和输出电路组合到一个设计紧凑的外壳中，以形成功能强大的 PLC。它具有集成的 PROFINET 接口、强大的集成工艺功能和灵活的扩展性，为各种小型设备提供简单的通信和有效的解决方案。

S7－1200 PLC 的定位在原有的 S7－200 SMART PLC 和 S7－300 PLC 产品之间。S7－1200 PLC 涵盖了 S7－200 SMART PLC 的原有功能并且新增了许多功能，可以满足更广泛领域的应用。

（2）S7－1200 PLC 的主要特点

1）高度集成的工程组态系统。SIMATIC S7－1200 PLC 系统采用 TIA Portal 工程组态软件进行组态和编程。TIA Portal 又称为“博途”，寓意全集成自动化的入口，是西门子重新定义自动化的概念、平台以及标准的自动化工具平台，分为 2 部分：Step7 与 WinCC。其典型应用如图 4-8 所示。从而可实现过程可视化，可以在同一个工程组态软件中组态 SIMATIC S7－1200 PLC 和精简系列面板，统一编程、统一配置硬件和网络、统一管理项目数据以及对已组态系统测试、试运行和维护等，并且所有项目数据均存储在一个公共的项目文件中，修改后的应用程序数据会在整个项目内自动更新。

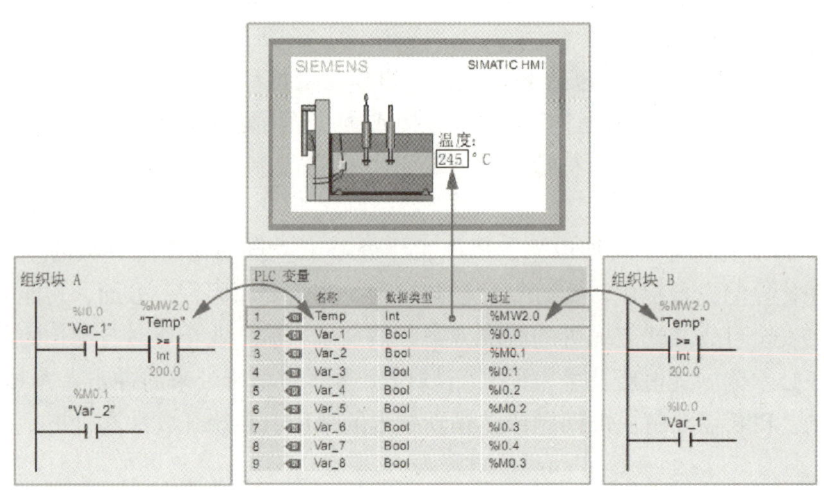

图 4-8　TIA Portal 软件典型应用

2）集成化用户环境。TIA Portal 通过两种不同的视图（图 4-9 所示 Portal 视图和项目视图）营造了友好的集成化用户环境。Portal 视图是面向任务的工具箱视图。项目视图是由项目中所有组件组成面向对象的结构化视图，其中包含了各种编辑器，可以用来创建和编辑相应的项目组件。操作时，可以随时切换 Portal 视图和项目视图。保存项目时，无论打开了哪个视图和编辑器，始终会保存整个项目，这样，可以快速高效地完成工程组态任务。

3）集成可视化控制。SIMATIC S7－1200 系列 PLC 通过 PROFINET 接口与 SIMATIC HMI 精简系列面板无缝集成，两者间通过集成的 PROFINET 接口进行物理连接，两者间的通信连接可以集中定义。在同一个项目中组态和编程，人机界面可以直接使用 S7－1200 系列 PLC 的变量。变量的交叉引用确保了项目各个部分及各种设备中变量的一致性，可以统一在 PLC

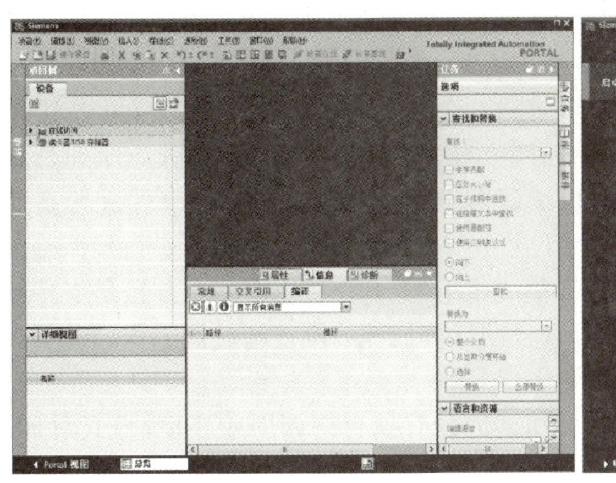

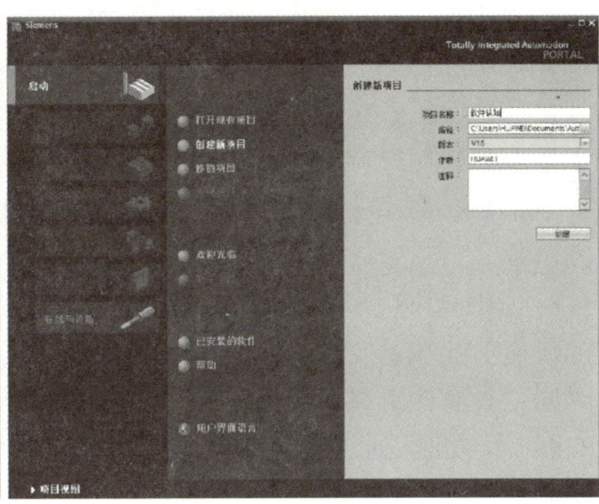

图 4-9　TIA Portal 软件两种视图

变量表中查看或更新。

4）集成 PROFINET 接口。图 4-10 所示，SIMATIC S7－1200 系列 PLC 的一个显著特点是在 CPU 模块上集成了一个工业以太网 PROFINET 接口，使得编程过程、调试过程、PLC 和人机界面的操作、运行及与第三方设备的通信均可采用工业以太网进行。PROFINET 的物理接口支持（10/100）MB/s 的 RJ45 端口，数据传输速率（10/100）MB/s。这使得编程过程、调试过程、PLC 和人机界面的操作、运行均可采用工业以太网进行。

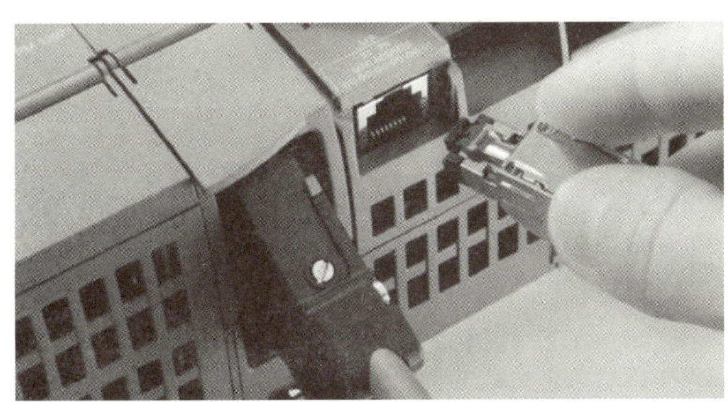

图 4-10　S7－1200 集成 PROFINET 接口

5）嵌入 CPU 模块本体的信号板。SIMATIC S7－1200 系列 PLC 的一个显著特点是在 CPU 模块上嵌入一个信号板（SB），这也是 S7－1200 系列 PLC 的一大创新。信号板嵌入在 CPU 模块的前端，可在不增加 CPU 模块占用空间的前提下扩展 CPU 的控制能力。信号板嵌入在 CPU 模块的前端，具有两个数字量输入/输出接口或者一个模拟量输出。S7－1200 信号板如图 4-11 所示。

图 4-11　S7－1200 信号板

6）存储器。SIMATIC S7－1200 CPU 内置 50KB 工作存储器、1～2MB 装载存储器和 2KB 保持性存储器，用户程序和用户数据的存储空间可变。

7）高速输入/输出。SIMATIC S7－1200 系列 PLC 集成了 6 个高速计数器（3 个 100kHz 和 3 个 30kHz）、两个脉宽调制输出（PWM）和两个脉冲串（PTO），输出脉冲序列最高频率为 100kHz。高速计数器可用于精确监视增量编码器、频率计数或对过程事件进行高速计数和测量。

8）PID 功能。SIMATIC S7－1200 系列 PLC 集成了 16 个 PID 控制电路，并且是支持自适应的快速功能块、支持 PID 自动调节功能，可以自动计算最佳的调整增益值、积分时间和微分时间，具有图形显示结果和错误或报警显示。

9）库功能。通过库功能可以在同一个项目和其他已有项目中调用或移植使用项目的组成部分，如硬件配置、变量及程序等。设备和定义的功能可以重复使用，也可以将已有项目移植到库中，以便重复使用。

任务实施

阅读 S7－1200 系统手册，学会性能指标的对比和查阅，掌握 PLC 选型的基本知识。

熟悉实验室中 PLC 具体型号，了解型号的含义；了解 PLC 各模块的名称及作用；熟悉 PLC 控制系统的各个部件并描述具体作用。

任务二　S7－1200 PLC 部件与接线

学习目标

知识目标

1）了解 S7－1200 PLC 结构及各模块性能。
2）了解 S7－1200 PLC 各拆装注意事项。
3）掌握 S7－1200 PLC 各模块接线规则。

技能目标

1）掌握 S7－1200 PLC 各种负载的接线方式。
2）掌握 S7－1200 PLC 各模块的安装与拆卸步骤。

素质目标

树立安全意识。

任务描述

本项目介绍 S7－1200 PLC 系统的组成，包括 CPU 模块、通信模块（CM）、信号模块（SM）和信号板（SB）及各种附件。根据任务的控制要求选择合适的 S7－1200 PLC 模块，并将选择的模块组成 S7－1200 PLC 硬件系统，为后续学习 PLC 编程打下硬件基础。

知识准备

1. S7－1200 PLC 的硬件

SIMATIC S7－1200 系列 PLC 系统主要由 S7－1200 可编程序控制器、精简系列面板 HMI

和 TIA Portal 工程组态软件组成。S7－1200 可编程序控制器主要由 CPU 模块、通信模块（CM）、信号模块（SM）和信号板（SB）及各种附件组成。通过 S7－1200 可编程序控制器集成的 PROFINET 接口可直接与编程器 PG、精简系列面板或其他第三方设备相连，还可使用 RS485 或 RS232 通信模块进行点对点通信。S7－1200 PLC 系统的硬件结构如图 4-12 所示。

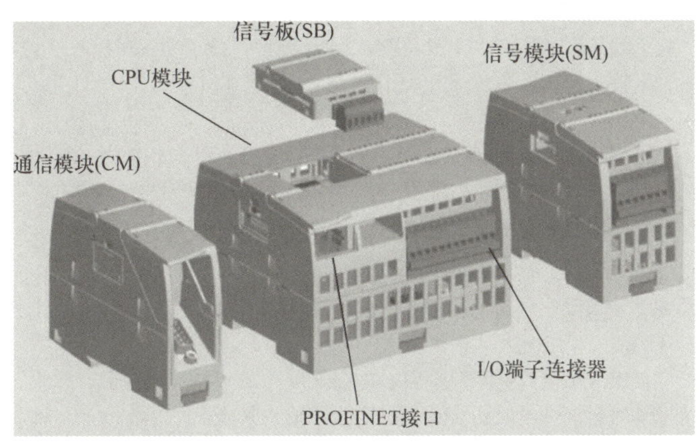

图 4-12　S7－1200 PLC 系统的硬件结构

（1）CPU 模块　CPU 将微处理器、集成电源、输入和输出电路、内置 PROFINET、高速运动控制 I/O 以及板载模拟量输入组合到一个设计紧凑的外壳中来形成功能强大的控制器。在用户程序下载后，CPU 将包含监控应用中的设备所需的逻辑。CPU 根据用户程序逻辑监视输入并更改输出，用户程序可以包含布尔逻辑、计数、定时、复杂数学运算以及与其他智能设备的通信。S7－1200 CPU 模块如图 4-13 所示。

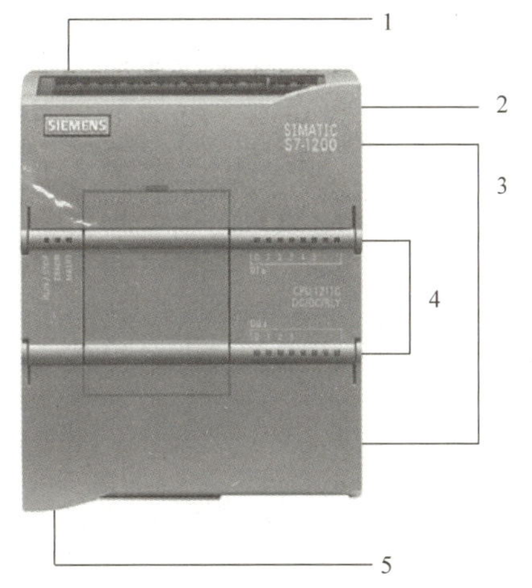

图 4-13　S7－1200 CPU 模块

1—电源接口　2—存储卡插槽（上部保护盖下面）
3—可拆卸用户接线连接器（保护盖下面）
4—板载 I/O 的状态 LED
5—PROFINET 连接器（CPU 的底部）

SIMATIC S7－1200 系列 PLC 目前有 5 款 CPU：CPU 1211C、CPU 1212C、CPU 1214C、CPU 1215C、CPU 1217C。根据电源信号和输入/输出信号的类型，除了 CPU 1217C 只有 1 种类型以外，其余 4 款 CPU 各有 3 种型号，见表 4-1。5 款 CPU 本机自带数字量、模拟量输入/输出点数有所差异。S7－1200 PLC 的 CPU 模块基本情况见表 4-2。

表 4-1　S7－1200 电源信号与输入/输出信号类型

版本	电源电压	DI 输入电压	DO 输出电压	DO 输出电流
DC/DC/DC	DC 24V	DC 24V	DC 24V	0.5A
DC/DC/RLY	DC 24V	DC 24V	DC 5～30V AC 5～250V	2A
AC/DC/RLY	AC 85～264V	DC 24V	DC 5～30V AC 5～250V	2A

表 4-2 S7-1200 PLC 的 CPU 模块基本情况

CPU 型号	基本情况
CPU 1211C	(1) 50KB 集成程序/数据存储器、1MB 装载存储器 (2) 布尔操作执行时间：0.08μs (3) 板载集成 I/O (4) 6 个数字量输入漏型/源型（IEC 类型 1 漏型）、4 个数字量输出（继电器干触点或 MOSFET）、两个模拟量输入 (5) 可扩展 3 个通信模块和 1 个信号板 (6) 数字量输入可用作 100kHz HSC、24DC 数字量输出可用作 100kHz PTO 或 PWM
CPU 1212C	(1) 75KB 集成程序/数据存储器、1MB 装载存储器 (2) 布尔操作执行时间：0.08μs (3) 板载集成 I/O：8 个数字量输入漏型/源型（IEC 类型 1 漏型）、6 个数字量输出（继电器干触点或 MOSFET）、两个模拟量输入 (4) 可扩展 3 个通信模块、两个信号模块和 1 个信号板 (5) 数字量输入可用作 100kHz HSC、24DC 数字量输出可用作 100kHz PTO 或 PWM
CPU 1214C	(1) 100KB 集成程序/数据存储器、4MB 装载存储器 (2) 布尔操作执行时间：0.08μs (3) 板载集成 I/O：14 个数字量输入漏型/源型（IEC 类型 1 漏型）、10 个数字量输出（继电器干触点或 MOSFET）、两个模拟量输入 (4) 可扩展 3 个通信模块、8 个信号模块和 1 个信号板 (5) 数字量输入可用作 100kHz HSC、24DC 数字量输出可用作 100kHz PTO 或 PWM
CPU 1215C	(1) 125KB 集成程序/数据存储器、4MB 装载存储器 (2) 布尔操作执行时间：0.08μs (3) 板载集成 I/O：14 个数字量输入漏型/源型（IEC 类型 1 漏型）、10 个数字量输出（继电器干触点或 MOSFET）、两个模拟量输入、两个模拟量输出 (4) 可扩展 3 个通信模块、8 个信号模块和 1 个信号板 (5) 数字量输入可用作 100kHz HSC、24DC 数字量输出可用作 100kHz PTO 或 PWM
CPU 1217C	(1) 150KB 集成程序/数据存储器、4MB 装载存储器 (2) 布尔操作执行时间：0.08μs (3) 板载集成 I/O：14 个数字量输入漏型/源型（IEC 类型 1 漏型）、10 个数字量输出（继电器干触点或 MOSFET）、两个模拟量输入、两个模拟量输出 (4) 可扩展 3 个通信模块、8 个信号模块和 1 个信号板 (5) 数字量输入可用作 100kHz HSC、24DC 数字量输出可用作 100kHz PTO 或 PWM

（2）通信模块（CM） SIMATIC S7-1200 CPU 最多可以添加 3 个通信模块，支持 PROFIBUS 主从站通信，RS485 和 RS232 通信模块为点对点的串行通信提供连接及 I/O 连接主站。S7-1200 PLC 各通信模块通信方式与基本情况见表 4-3。对该通信的组态和编程采用了扩展指令或库功能、USS 驱动协议、MODBUS RTU 主站和从站协议，它们都包含在 TIA Portal 工程组态系统中。S7-1200 的 RS485、以太网、PROFIBUS 通信模块如图 4-14 所示。

表 4-3　S7－1200 PLC 通信模块通信方式与基本情况

型号	通信方式	基本情况
CM1241	RS485/422	用于 RS485 点对点通信模块，电缆最长 1000m
CM1241	RS232	用于 RS232 点对点通信模块，电缆最长 10m
CP 1243－1	以太网	作为额外的以太网接口连接 S7－1200，可借助远程通信系统协议连接到控制中心
CSM1277	紧凑型交换机模块	用于以线型、树型或星型拓扑结构，将 SIMATIC S7－1200 连接到工业以太网
CM1243－5	PROFIBUS DP 主站模块	通过使用 PROFIBUS DP 主站通信模块 CM1243－5，可以和下列设备通信：其他 CPU、编程设备、人机界面、PROFIBUS DP 从站设备
	PROFIBUS DP 从站模块	可以作为一个智能 DP 从站设备与任何 PROFIBUS DP 主站设备通信
CP1242－7	GPRS 模块	通过使用 GPRS 通信处理器 CP 1242－7，可以与下列设备远程通信：中央控制站、其他的远程站、移动设备（SMS 短消息）、编程设备（远程服务）、使用开放用户通信（UDP）的其他通信设备

a) CM1241

b) CP 1243–1

c) CM 1243–5

图 4-14　S7－1200 通信模块（CM）

（3）信号模块（SM）和信号板（SB）　信号模块（SM）和信号板（SB）也称输入/输出（I/O）模块，是 CPU 模块与信号相连的接口，可根据现场生产过程检测信号选择各种用途的 I/O 模块，如图 4-15 所示。

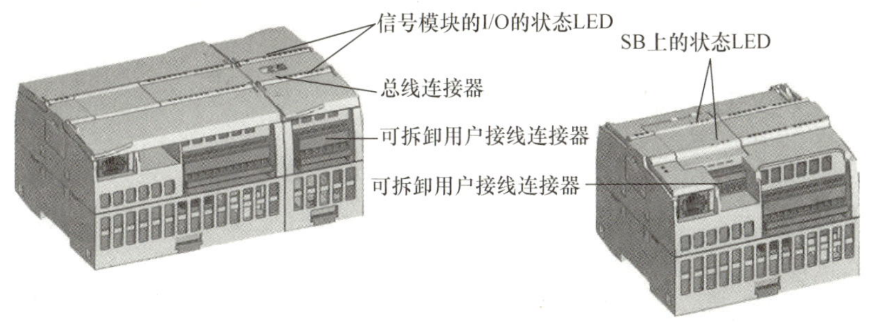

图 4-15　信号模块（SM）与信号板（SB）

根据具体需要选用带有 8 个、16 个和 32 个 I/O 通道的模块。模块安装在 DIN 标准导轨上，通过总线连接器与相邻的 CPU 和其他模块连接。如果只需少数输入/输出的情况下，可以使用信号板（SB）。通过信号板可以对 S7－1200 PLC 进行扩展，而不增加所需安装空间。需要时，信号模块（SM）安装在 CPU 模块的右侧，使信号模块的总线连接器伸到 CPU 中，即为 SM 建立了机械和电气连接。

2. S7－1200 模块的参数和接线方式

S7－1200 PLC 的 CPU 有一个 DC 24V 内部电源，用于为 CPU、信号模块、信号板、通信模块及其他需要使用 DC 24V 的器件供电。CPU 对外提供一个 DC 24V 传感器电源，可作为输入点、信号模块上的继电器线圈电源或为其他需要使用 DC 24V 的器件供电。如果负载的功率超出电源功率，则必须给系统增加外部 DC 24V 电源，同时必须确保该电源不与 CPU 的传感器电源并联。为提高电磁干扰防护能力，应把负载连接到不同电源的公共端（M）。另外 S7－1200 PLC 系统中的一些 DC 24V 电源输入端口是互连的，并且通过一个公共逻辑电路连接多个公共端。如在技术数据表中指定为"非隔离"时，则 CPU 的 DC 24V 电源、信号模块继电器线圈的电源输入或非隔离模拟量输入的电源是互连的。所有非隔离的公共端必须连接到同一个外部参考电位，除上述外，应遵循以下接线原则。

1）作为布置系统中各种设备的基本规则，必须将产生高电压和高电磁干扰的设备与 S7－1200 PLC 等低压控制设备隔离开。S7－1200 PLC 采用自然对流冷却，为保证冷却效果，在 S7－1200 PLC 上方和下方必须留出至少 25mm 的空隙。此外，S7－1200 PLC 模块前端与机柜内壁间至少应留出 25mm 的深度。

2）应在 S7－1200 PLC 回路上安装一个可同时切断 S7－1200 PLC 的 CPU 电源、所有输入电路和所有输出电路的电源（隔离）开关。电源应具有过电流保护措施（如熔断器或断路器）以限制电源线中的故障电流。为所有可能遭雷电冲击的电路安装合适的浪涌抑制器，并可考虑在各输出电路中安装熔断器或其他电流限制器进行保护。在通过外部电源供电的输入电路中安装过电流保护装置。由 S7－1200 PLC 的 DC 24V 传感器电源供电的电路不需要外部保护，因为它本身已有保护。

3）避免将低压信号线和通信电缆敷设在具有交流线和高能量快速开关信号线的线槽中，并始终使中性线或公共线与相线或信号线形成对布线。使用屏蔽线可最大限度地防止噪声，通常需要在 PLC 端将屏蔽层接地，并确保 S7－1200 PLC 和相关设备的所有公共端和接地端连接在同一个接地点上，该接地点应该直接连接到系统的接地端。所有接地线应尽可能短且应使用 $2mm^2$ 以上的导线。确定接地点时，应考虑安全接地要求和保护性中断装置的正常运行。

4）应尽可能使连接线最短，并确保连接线能承载所需的电流。模块可连接 $0.3 \sim 2mm^2$ 导线。

5）所有 S7－1200 PLC 模块都有供用户接线的可拆卸连接器。要防止连接器松动，确保连接器固定牢靠并且导线被牢固地安装到连接器中。为避免损坏连接器，不要将连接器螺钉拧得过紧，连接器螺钉允许的最大扭矩为 0.56N·m。

6）应当为感性负载安装浪涌抑制电路，限制瞬态电压上升。浪涌抑制电路可保护输出，防止断开感性负载时产生的过电压。此外，抑制电路还能限制导通和断开感性负载时产生的噪声。浪涌抑制电路跨接在负载两端，并且在位置上接近负载，这样对降低电气噪声最有效。S7－1200 PLC 的 DC 型输出已包括抑制电路，足以抑制大多数应用的感性负载，而继电器型输出没有内部保护。在大多数应用中，在感性负载两端并联一个二极管（如 1N4001

或同等元件）即可，但如果要求达到更快的响应时间，则可再增加一个稳压二极管与前述二极管串联。

7）S7－1200 PLC 的 CPU 的接线。以 CPU 1214C 为例，S7－1200 PLC 的 CPU 的接线图如图 4-16～图 4-18 所示。

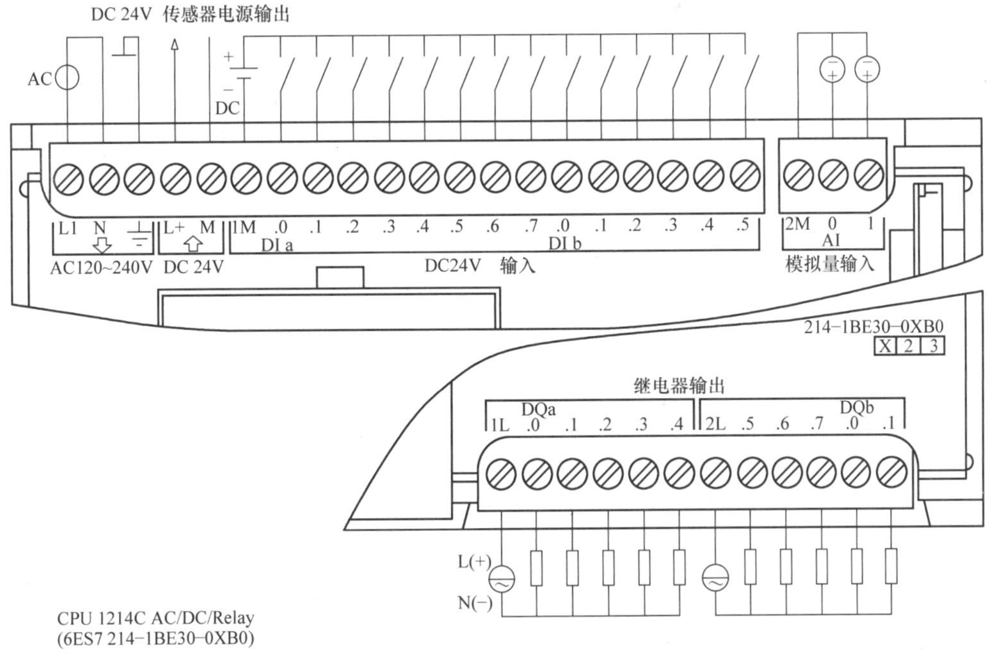

图 4-16　CPU 1214C AC/DC/Relay 接线图

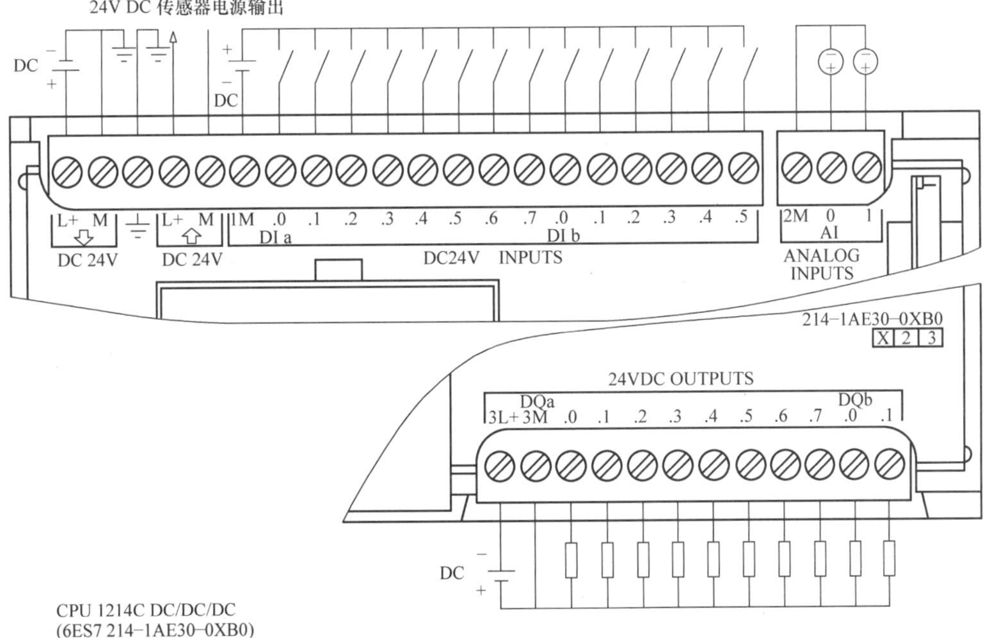

图 4-17　CPU 1214C DC/DC/DC 的外部接线图

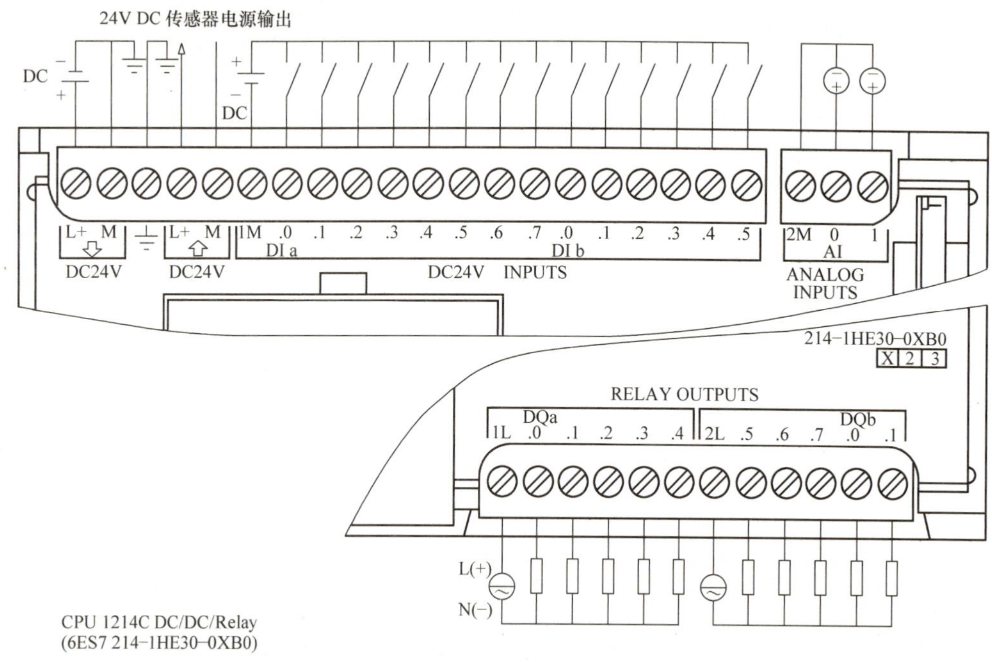

图 4-18 CPU 1214C DC/DC/Relay 的外部接线图

8）S7 – 1200 信号板的接线。以 SB 1222、SB 1223、SB 1232 信号板为例，S7 – 1200 信号板的接线图如图 4-19 所示。

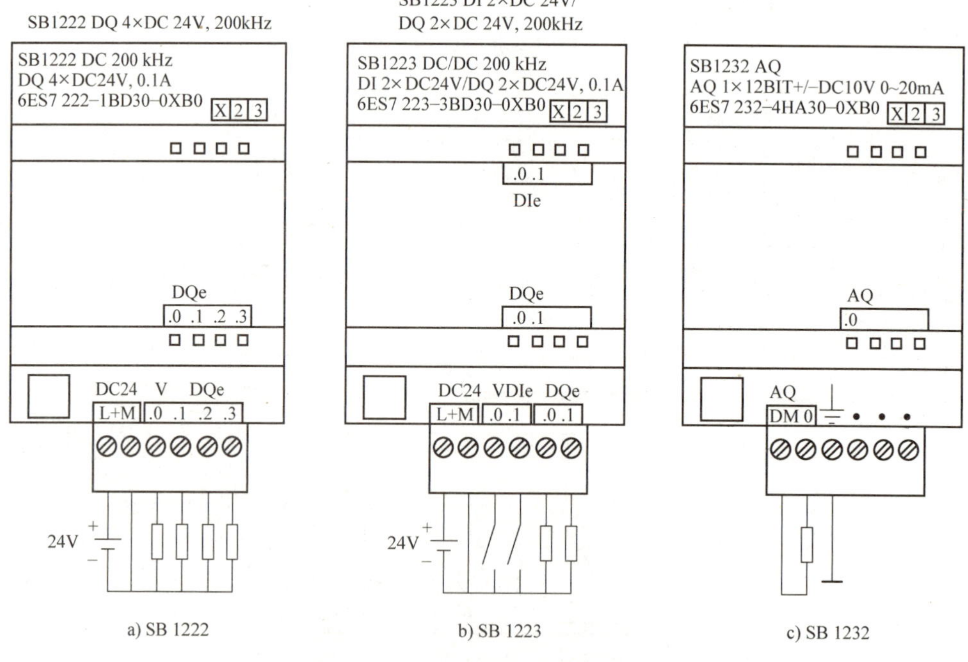

a) SB 1222　b) SB 1223　c) SB 1232

图 4-19 S7 – 1200 信号板的接线

9）等电位连接。不同的组件之间可能会产生电位差，这将导致数据电缆上出现高均衡电流，从而毁坏接口。如果组件的连接线两端都采用了电缆屏蔽，并在不同的部件处接地，

可能会产生均衡电流。当系统连接到其他电源时，电位差可能更明显，因此，必须通过等电位连接消除电位差，以确保电气系统的相关组件在运行时不会出现故障。

注意：①端子块允许的线径为 0.3 ~ 2mm^2（此处线径实际指导线的截面积）。②端子块允许的最大力矩为 0.56N·m。

任务实施

S7 – 1200 PLC 安装与拆卸。

1. 任务要求

1）了解 S7 – 1200 PLC 安装与拆卸的注意事项。

2）掌握 S7 – 1200 PLC 模块的安装与拆卸步骤。

3）会根据具体控制要求安装一个 S7 – 1200 PLC 系统。

2. 安装与拆卸前的准备

（1）拆卸步骤　SIMATIC S7 – 1200 采用了简易的安装形式，用户能够直接在面板上或标准导轨上安装 S7 – 1200，如图 4-20 所示，并可垂直或水平安装。

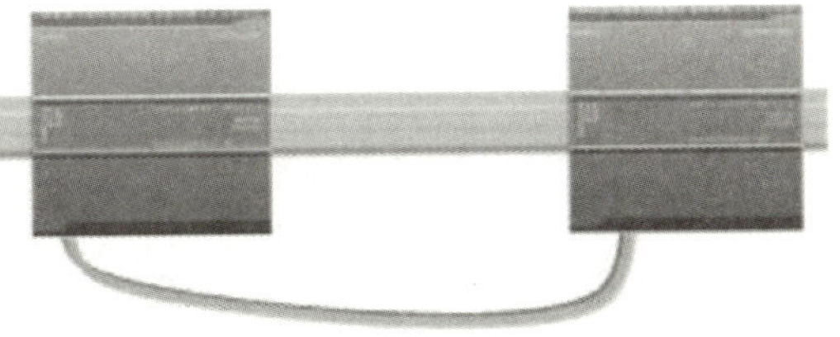

图 4-20　装在导轨上的 S7 – 1200

（2）S7 – 1200 安装时的注意事项

1）S7 – 1200 硬件属于开放式系统，必须安装在控制柜、控制箱或者室内，只有经过授权的人员才可对其进行调试。

2）S7 – 1200 硬件系统安装时，要与高压、高热、强电磁干扰设备隔离。

3）S7 – 1200 采用自然冷却方式，因此要确保其安装位置的上、下部分与邻近设备之间至少留出 25mm 的空间，并且 S7 – 1200 与控制柜外壳之间的距离至少为 25mm（安装深度）。S7 – 1200 PLC 安装空间需求如图 4-21 所示。有关 S7 – 1200 PLC 安装的具体要求和指导原则，请参考《S7 – 1200 系统手册》。

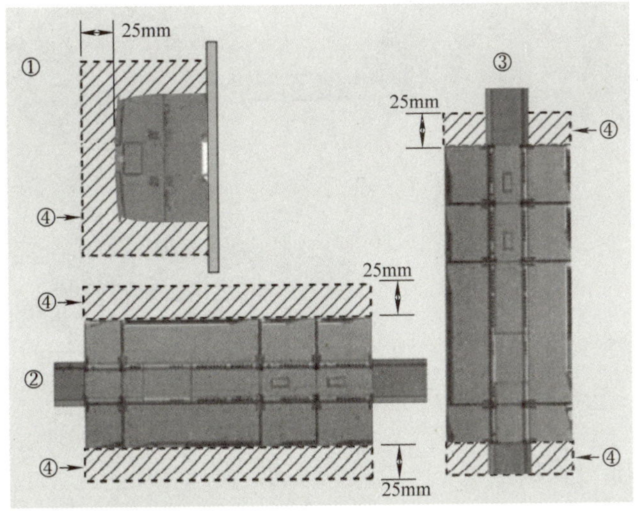

图 4-21　S7 – 1200 PLC 安装空间需求图

① 侧视图　② 水平安装　③ 垂直安装　④ 空隙区域

规划安装时，务必注意以下指导原则：

- 将设备与热辐射、高压和电噪声隔离开。
- 留出足够的空隙以便冷却和接线。必须在设备的上方和下方留出 25mm 的发热区以便空气自由流通。

4）当采用垂直安装方式时，其允许的最大环境温度要比水平安装方式降低 10℃，此时要确保 CPU 被安装在最下面。

5）电源的处理。S7－1200 CPU 有一个内部电源，为 CPU、信号模块、信号扩展板、通信模块提供电源，并且也为用户提供 24V 电源。

（3）安装和拆卸 CPU

1）S7－1200 CPU 硬件。S7－1200 CPU 由微处理器，集成的电源模块、输入电路、输出电路组成。S7－1200 CPU 集成了一个 PROFINET 网络通信接口。

2）DIN 导轨式安装 CPU 的步骤。DIN 导轨式安装 CPU 的具体操作步骤如下所述：

① 安装标准 35mm 导轨。

② 把 CPU 顶部挂到导轨的上端。

③ 拔出 CPU 底部的 DIN 导轨夹具。

④ 旋转 CPU 到导轨的合适位置。

⑤ 把 CPU 底部的 DIN 导轨夹具推回到合适位置。

3）拆卸 CPU 的步骤。拆卸 CPU 的具体操作步骤如下所述：

① 拆除 CPU，确保 CPU 上没有连接任何设备或者电源。

② 如果有信号模块连接到 CPU，首先断开总线连接，把螺钉旋具放在信号模块的顶端滑块上，然后往下按并向右滑动，这样就完全断开信号模块与 CPU 总线的连接了。步骤如图 4-22 所示。

③ 拉出 CPU 上的导轨夹具，使 CPU 到合适位置，即可使 CPU 与其他硬件设备断开。

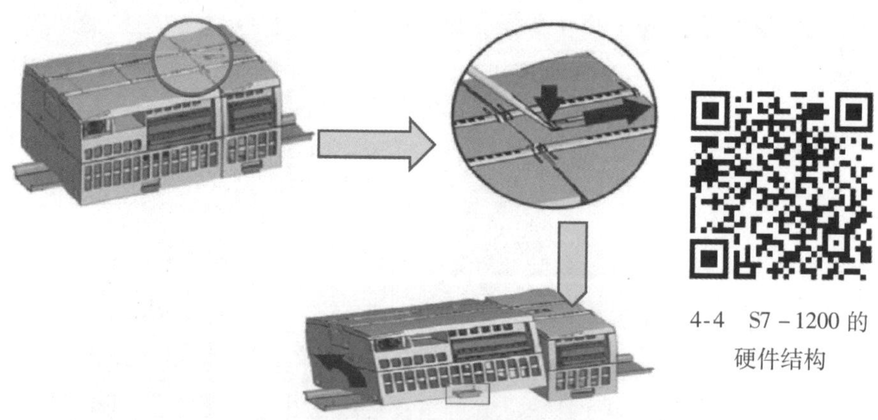

4-4　S7－1200 的硬件结构

图 4-22　拆卸 S7－1200 CPU 与信号模块的连接步骤图

（4）安装和拆卸信号模块

1）信号模块的硬件。

可以使用信号模块增加 CPU 的功能，信号模块连接在 CPU 的右侧，如图 4-23 所示。

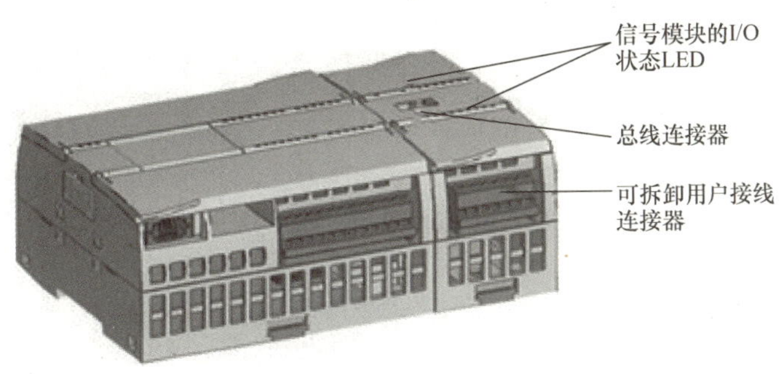

图 4-23　信号模块与 S7－1200 CPU 位置图

2）安装信号模块。

① 螺钉旋具插入 CPU 右侧盖子的槽中，拆掉盖子。

② 使用模块上的卡子把信号模块固定到导轨上。

③ 用螺钉旋具按住信号模块上的总线滑块并向左滑动连接到 CPU 上。

④ 所有信号模块的连接可重复上述步骤，依次连接信号模块。

3）拆卸信号模块。拆卸信号模块的具体操作步骤如下所述：

① 使用螺钉旋具往下按住信号模块的总线滑块，向右滑动，断开总线滑块的连接。

② 往外拉出信号模块上的卡子，然后向上转动，即可拆掉信号模块。

（5）安装和拆卸通信模块（CM）

1）通信模块硬件。S7－1200 提供了具备 RS485 和 RS232 两种接口的通信模块。每个 S7－1200 CPU 最多可以支持 3 个通信模块，通信模块都必须被安装在 CPU 的左侧（或者通信模块的左侧），如图 4-24所示。

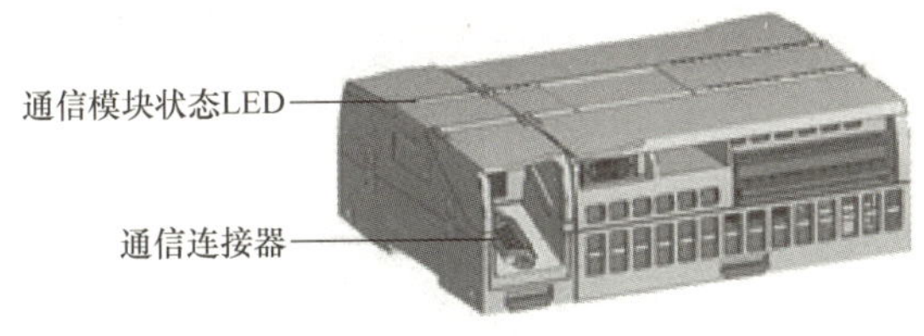

图 4-24　通信模块与 S7－1200 CPU 位置图

2）安装通信模块。安装通信模块的具体操作步骤如下所述：

① 用螺钉旋具拆卸 CPU 左侧的总线盖子。

② 通信模块的总线接口对准 CPU 左侧的总线接口。

③ 向右移动通信模块，使之与 CPU 连接到一起。

3）拆卸通信模块。拆卸通信模块的具体操作步骤如下所述：

① 拆除通信块之前，断开所有与之相连的电源和接线。

② 左移动通信模块，使之与 CPU 模块分开。

（6）安装和拆卸信号板（SB）

1）信号扩展板的硬件。S7－1200 CPU 本体上可以安装模拟量信号扩展板（1 个模拟量输出点）或者数字量信号扩展板（2 个直流输入点和 2 个直流输出点）。

2）安装信号扩展板。

① 用螺钉旋具把 CPU 的上下两个端子盖拆掉。

② 用螺钉旋具把 CPU 信号扩展板安装位置上的空模板拆掉。

③ 把信号扩展板正对 CPU 的插口，如图 4-25 所示。

④ 把信号扩展板向下按到合适的位置。

⑤ 重新装上端子盖。

3）拆卸信号扩展板。拆卸信号扩展板的具体操作步骤如下所述：

① 用螺钉旋具把 CPU 的上下两个端子盖拆掉。

② 用螺钉旋具把 CPU 信号扩展板拆掉。

③ 重新装上信号扩展板盖、端子盖。

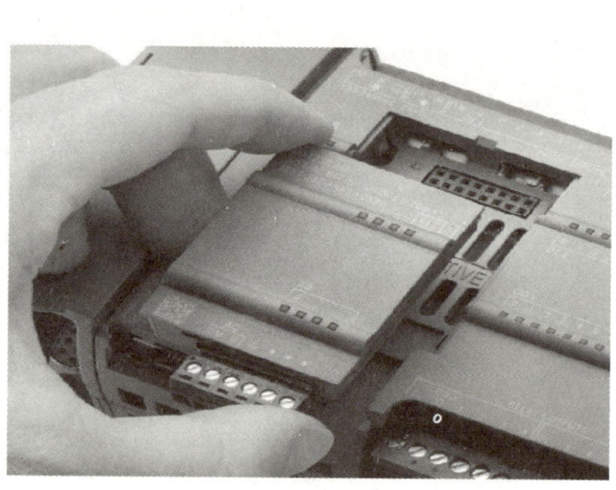

图 4-25　S7－1200 插入信号扩展板

（7）安装和拆卸端子板

1）安装端子板。安装端子板的具体操作步骤如下所述：

① 打开模块的端子盖。

② 准备好相应的模块端子板。

③ 将端子板的接口与模块上的连接头相连，如图 4-26 所示。

④ 用手压紧端子板。

⑤ 重新装上端子盖。

图 4-26　安装端子板连接器示意图

2）拆卸端子板。拆卸端子板的具体步骤如下所述：

① 打开模块的端子盖。

② 把螺钉旋具插到端子与模块的插槽中，如图 4-27 所示。

图 4-27　拆卸端子板示意图

4-5　S7－1200 硬件的拆装

③ 把螺钉旋具向外轻轻撬动。

④ 使端子与模块分离。

任务三　TIA Portal 软件的安装使用

学习目标

知识目标

了解 TIA Portal 软件的安装环境。

技能目标

1）掌握 TIA Portal 编程软件的安装步骤及方法。

2）掌握 S7－1200 项目的创建步骤和方法。

3）掌握硬件组态和参数设置。

素质目标

1）确定小组分工，积极参与小组的各项学习活动。

2）具有精益求精的精神。

3）树立安全意识。

任务描述

博途是全集成自动化软件 TIA Portal 的简称，是西门子工业自动化集团发布的一款全新的全集成自动化软件。可对西门子全集成自动化中所涉及的所有自动化和驱动产品进行组态、编程和调试。本任务通过对 TIA Portal V16 软件的安装、项目建立等任务，使学生初步掌握软件的使用方法。

4-6　TIA Portal 编程软件的安装和使用

知识准备

STEP 7 Professional 是西门子公司开发的高集成度工程组态系统，而 SIMATIC WinCC Basic 是面向任务的 HMI 智能组态软件。TIA Portal 将上述两个软件集成在一起，是西门子公司发布的新一代全集成自动化软件。它提供了直观易用的编辑器，用于对 S7－1200 PLC 和 SIMATIC HMI 精简系列面板进行高效组态。TIA Portal 软件还为硬件和网络组态、诊断等提供通用的工程组态框架。在 TIA Portal 软件中，所有数据都存储在一个项目中。STEP 7 和 WinCC 不再是孤立的程序，它们的数据库是可以共享的。修改后的应用程序数据（如变量）会在整个项目内（甚至跨越多台设备）自动更新。

与传统组态方法相比，TIA Portal 软件无须花费大量时间集成各个软件包，显著地节省了时间，提高了设计效率。安装软件过程采用版本为 TIA Portal V16 SPI。

在使用 TIA Portal 软件时，以下功能可为自动化解决方案提供高效支持。

1）使用统一操作概念的集成工程组态。这样可使过程自动化和过程可视化“齐头并进”。

2）通过功能强大的编辑器和通用符号实现一致的集中数据管理。数据一旦创建，所有的编辑器都可使用。更改的内容将自动应用并更新到整个项目中。

3）多种编程语言。可以使用五种不同的编程语言来实现自动化控制。

1. 安装 TIA Portal 编程软件

（1）TIA Portal 的安装环境　安装 TIA Portal V16 对计算机软硬件的要求如下：

① 处理器：Intel Core i5 – 6440EQ。

② 内存：至少 8G。

③ 系统驱动器 C 盘上的 50GB 空间。

④ 图形分辨率：最小 1024×768px。

⑤ 显示器：15.6″宽屏显示（1920×1080px）。

⑥ 网络：STEP 7 和 CPU 之间的通信采用 1Gbit/s 以太网或更快网速，安装 TIA Portal V16 必须需要管理员权限。

⑦ 操作系统：Windows 7（64 位），Windows 10（64 位），Windows Server（64 位）。

在安装过程中自动安装自动化许可证。卸载 TIA Portal 时，自动化许可证也被自动卸载。

（2）TIA Portal V16 SP1 软件的安装　安装前关闭杀毒软件和防火墙，只要不是系统自带的软件都应退出。然后用鼠标右键单击安装文件夹中的 Start. exe 文件，选择“用管理员操作权限打开”选项，弹出如图 4-28 所示的欢迎对话框，单击“下一步（N）”按钮。

图 4-29 为安装语言选择对话框，选择安装语言为“简体中文”，单击“下一步（N）”按钮。

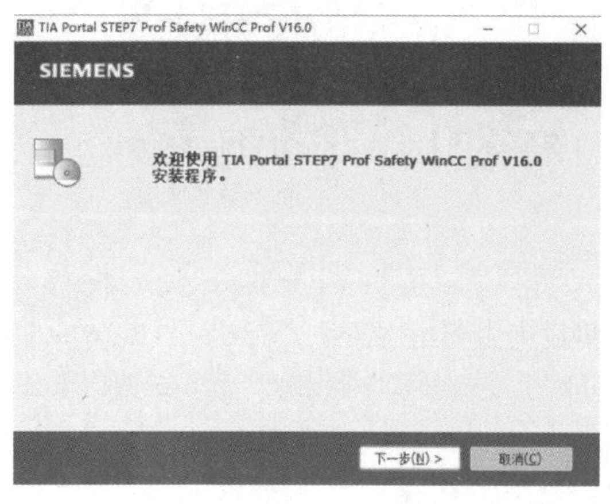

图 4-28　欢迎对话框

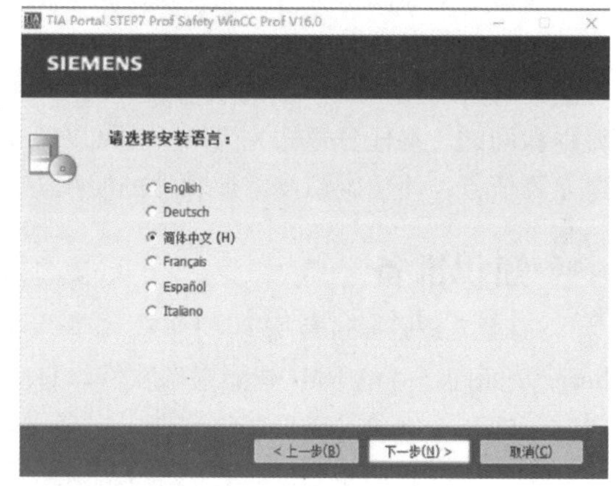

图 4-29　安装语言选择对话框

进入如图 4-30 所示的解压缩路径对话框，选择解压缩路径，由于文件需要解压缩后再安装，所以需要记住解压缩路径，以便安装结束后删除解压缩文件，选择完成后单击“下一步（N）”按钮。

进入如图 4-31 所示的解压缩过程对话框，等待文件解压。

文件解压缩后进入重启页面，单击“是（Y）”按钮。系统重启后会自动进行软件安装。进入安装语言页面，选择安装语言为中文，单击“下一步（N）”按钮。进入产品语言页面，如图 4-32 所示，勾选“中文（H）”复选框，单击“下一步（N）”按钮。

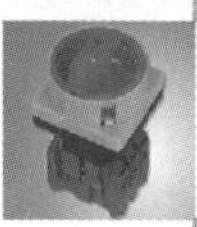

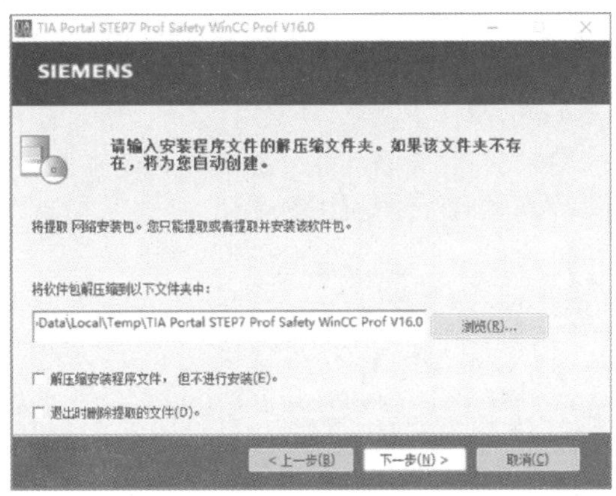

图 4-30　解压缩路径对话框

图 4-31　解压缩过程对话框

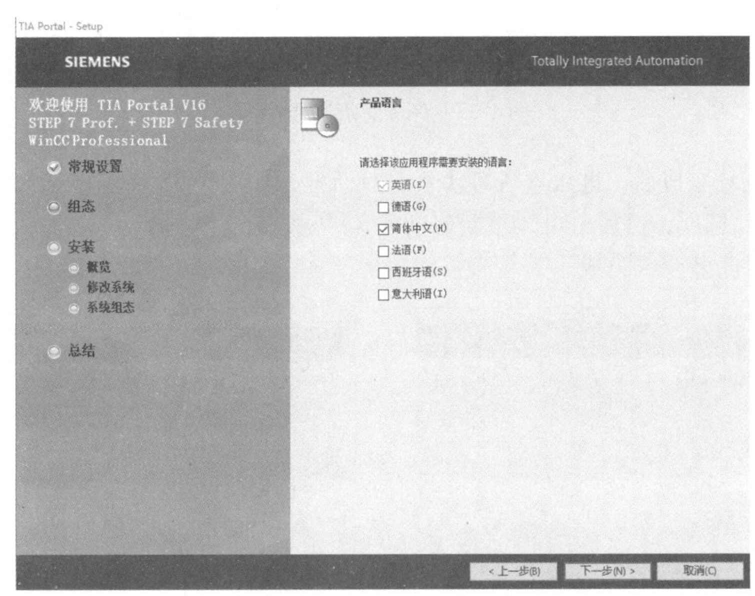

图 4-32　产品语言对话框

进入产品配置对话框，选择产品配置为典型，单击“浏览（R）…”按钮，选择安装的目标目录，完成后单击“下一步（N）”按钮。

进入许可证条款对话框，如图 4-33 所示，选中“本人接受所列出的许可协议中的所有条款（A）”和“本人特此确认，已阅读并理解了有关产品安全操作的安全信息（S）”复选框，单击“下一步（N）”按钮。

进入安全控制对话框，选中“我接受此计算机上的安全和权限设置（A）”复选框，单击“下一步（N）”按钮。

进入概览对话框，查看安装的产品配置、语言和安装目标目录，检查无误后，单击“安装（D）”按钮。

进入安装等待对话框，如图 4-34 所示。

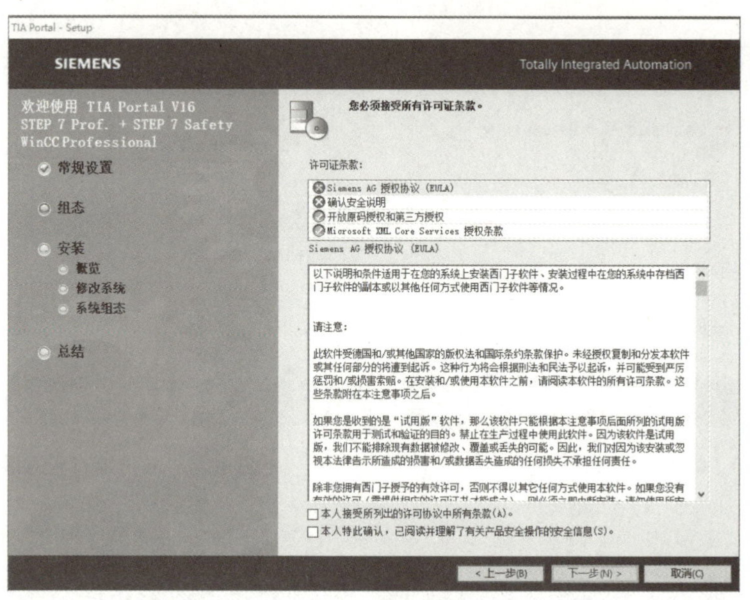

图 4-33　许可证条款对话框

此阶段的安装完成后，进入重新启动系统对话框，如图 4-35 所示，选择“是，立即重启计算机（T）”选项，然后单击“重新启动（R）”按钮。

至此，软件安装全部完成。

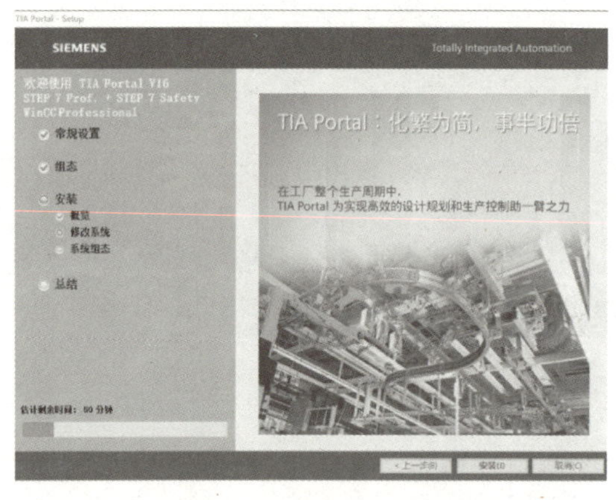

图 4-34　安装等待对话框

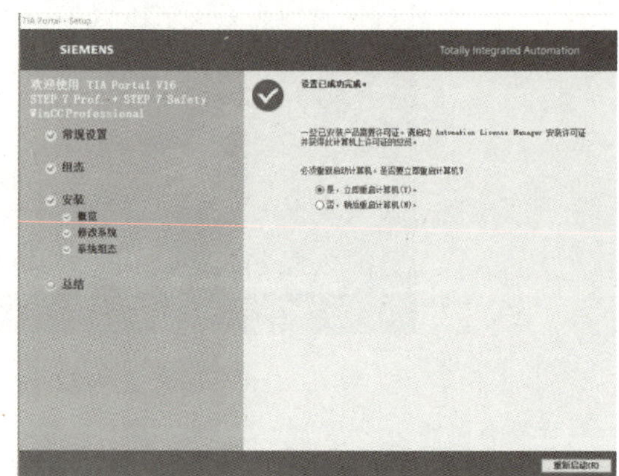

图 4-35　重新启动系统对话框

2. TIA Portal 的使用（创建新项目）

（1）项目树　图 4-36 为 TIA Portal 软件操作界面布局图，图中标有“①”的区域为项目树（又称项目浏览器），可以用项目树访问所有的设备和项目数据、添加新的设备、编辑已有的设备、打开处理项目数据的编辑器。

单击项目树右上角的“折叠”按钮◀，项目树和下面的详细视图将被折叠，同时在最左边垂直条的上端出现“展开”按钮▶，如图 4-37 所示，单击它将展开项目树和详细视图。可以用类似的方法折叠和展开对话框右边的任务卡。

图 4-36 TIA Portal 软件操作界面布局图

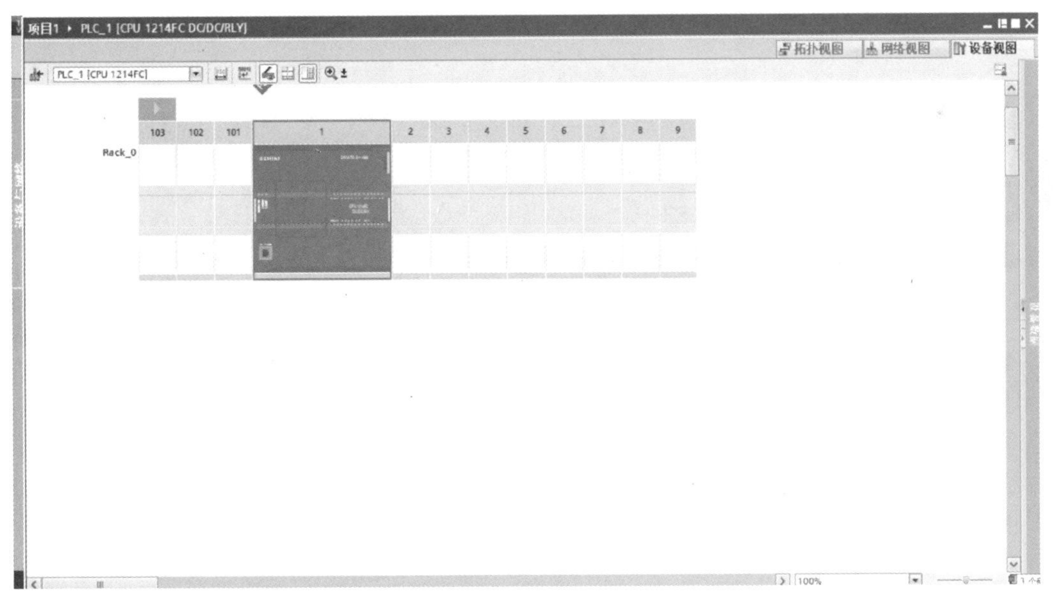

图 4-37 设备视图

（2）详细视图 图 4-36 中标有“②”的区域是详细视图，详细视图用于显示项目树被选中的对象下一级的内容。

单击详细视图左上角的“折叠”按钮，详细视图将被折叠，如图 4-38 所示，只剩下详细视图的标题，标题左边出现“展开”按钮，单击该按钮，将展开详细视图。可以用类似的方法折叠和展开巡视窗口和信息窗口。

（3）工作区　图4-36中标有“③”的区域为工作区。在TIA Portal软件中可以同时打开几个编辑器，但是一般只能在工作区中显示一个当前打开的编辑器。

单击工作区右上角的“最大化”按钮，将工作区最大化，同时将关闭其他所有的窗口。工作区最大化后，单击工作区右上角的“嵌入”按钮，工作区将恢复原状。单击工作区右上角的“浮动”按钮，将工作区窗口浮动，然后按“全尺寸”按钮可以将工作区窗口全尺寸显示。

（4）概览区　图4-36中标有“④”的区域为概览区。单击概览区的“展开”按钮，出现被折叠的概览区，再单击“展开”按钮，概览区最大化显示，如图4-39所示。单击“折叠”按钮，概览区正常尺寸显示，再单击“折叠”按钮，概览区被折叠。

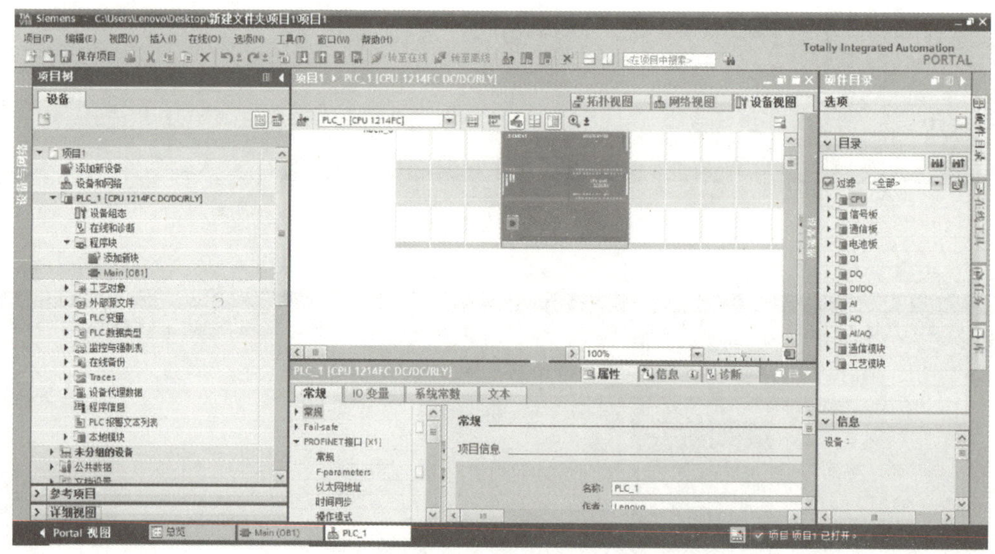

图4-38　折叠后的详细视图

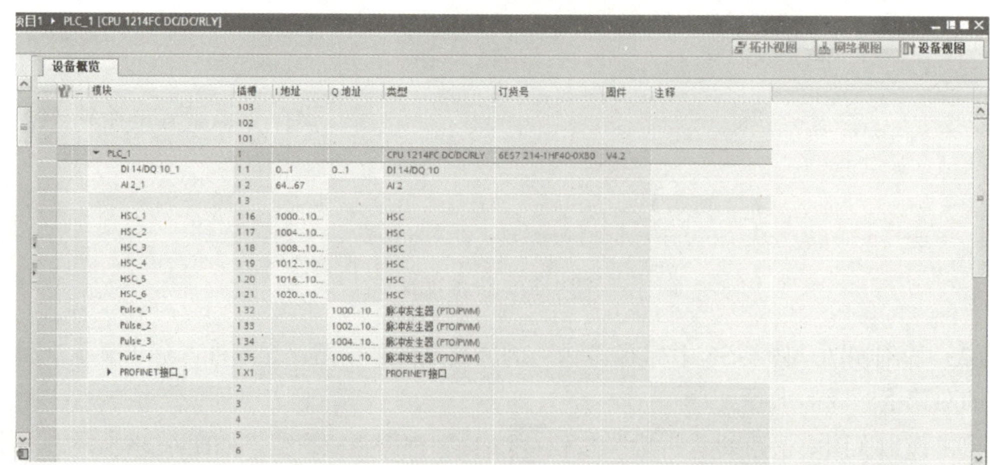

图4-39　最大化显示的概览区

单击“拓扑视图”“网络视图”或者“设备视图”按钮，概览区将在“拓扑概览”“网络概览”和“设备概览”选项卡之间切换。

(5) 巡视窗口　图4-36中标有“⑤”的区域为巡视窗口，它用来显示选中的工作区中的对象附加的信息，还可以用来设置对象的属性。巡视窗口有3个选项卡，如图4-40所示，它们的功能如下。

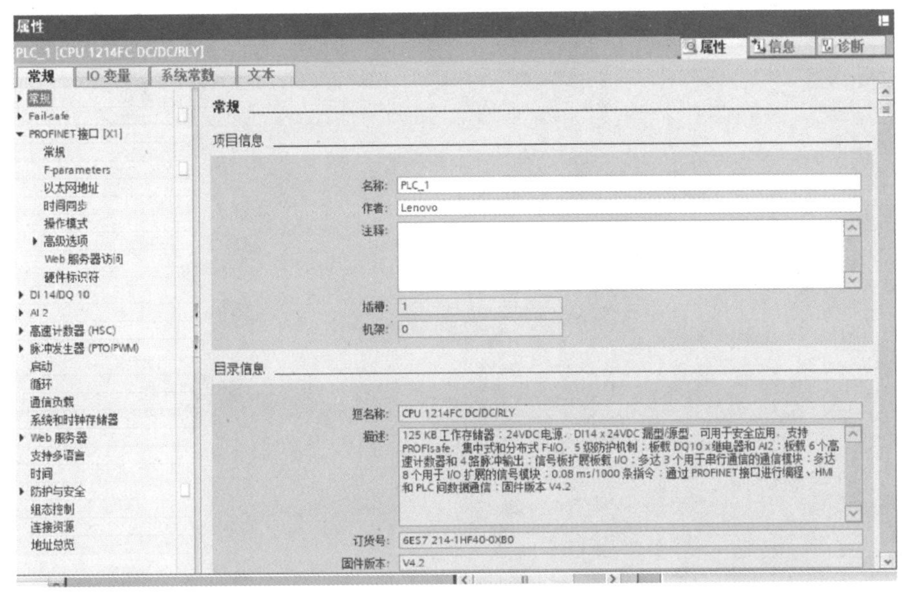

图4-40　巡视窗口

1)“属性”选项卡用于显示和修改工作区中被选中的对象的属性。“属性”选项卡左边窗口是浏览窗口，选中其中的某个参数组，可在右边窗口显示和编辑相应的信息或参数。

2)“信息”选项卡用于显示所选对象和操作的详细信息，以及编译的报警信息。

3)“诊断”选项卡用于显示系统诊断事件和组态的报警事件。

(6) 任务卡　图4-36中标有“⑥”的区域为任务卡。任务卡的功能与编辑器有关。可以通过任务卡对编辑器进行进一步的或附加的操作。例如，在“硬件目录”任务卡下，选择对象可以搜索与替代项目中的对象，将预定义的对象拖放到工作区，如图4-41所示。

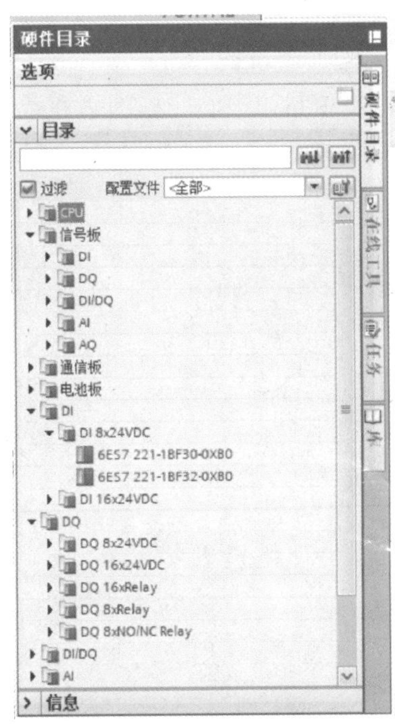

图4-41　“硬件目录”任务卡

(7) 信息窗口　图4-36中标有“⑦”的区域是被选中硬件对象的信息窗口。在此可查看对象的图形、名称、版本号、订货号和简要的描述。

任务实施

1. 新建项目

在桌面中双击“TIA Portal V16”图标，启动软件，软件界面包括 Portal 视图和项目视图，两个界面中都可以新建项目。在 Portal 视图中，单击“创建新项目”，并输入项目名称、路径和作者等信息，然后单击“创建”按钮即可生成新项目，如图 4-42 所示。

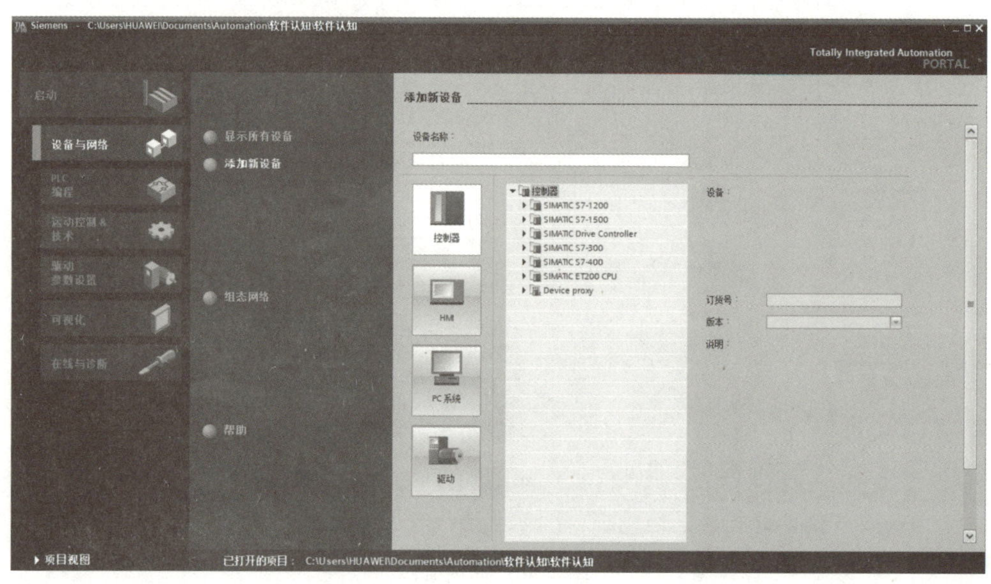

图 4-42 Portal 视图

2. 添加新设备

双击项目树中的“添加新设备”命令，出现“添加新设备”列表框（见图 4-43）。单

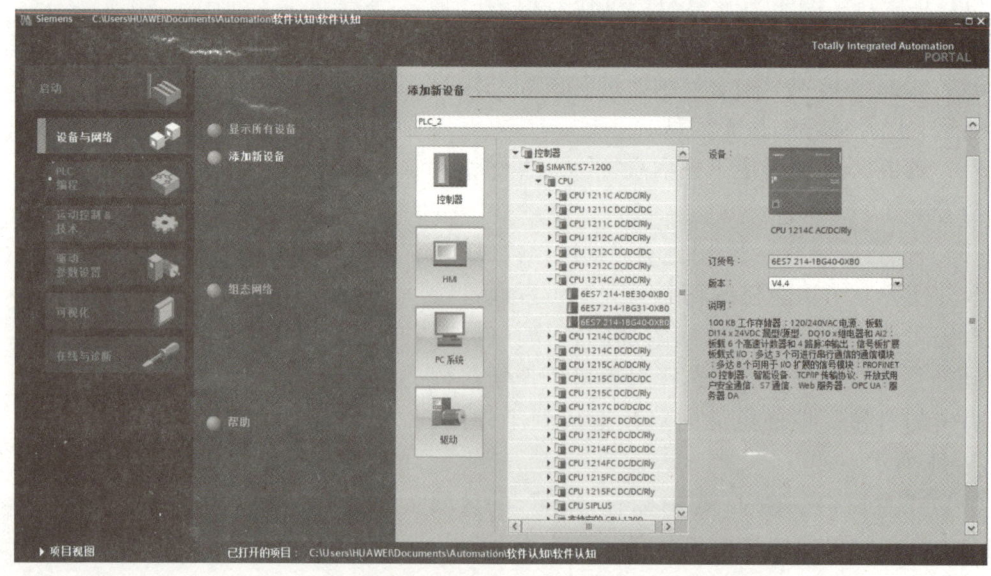

图 4-43 添加新设备

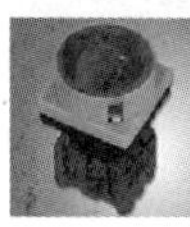

击其中的“控制器”按钮，双击要添加的 CPU 的订货号，可以添加一个 PLC。在项目树、设备视图和网络视图中可以看到添加的 CPU。

3. 硬件组态的任务

英语单词“Configuring”一般被翻译为“组态”。设备组态的任务就是在设备视图和网络视图中，生成一个与实际的硬件系统对应的虚拟系统，PLC 和 HMI、PLC 各模块的型号、订货号和版本号，模块的安装位置和设备之间的通信连接，都应与实际的硬件系统完全相同。此外还应设置模块的参数，即给参数赋值。

4. 在设备视图中添加模块

打开项目树中的“PLC_1”文件夹，如图 4-44 所示，双击其中的“设备组态”命令，打开设备视图，可以看到 1 号插槽中的 CPU 模块。在硬件组态时，需要将 I/O 模块或通信模块放置到工作区的机架的插槽内，有如下两种放置硬件对象的方法。

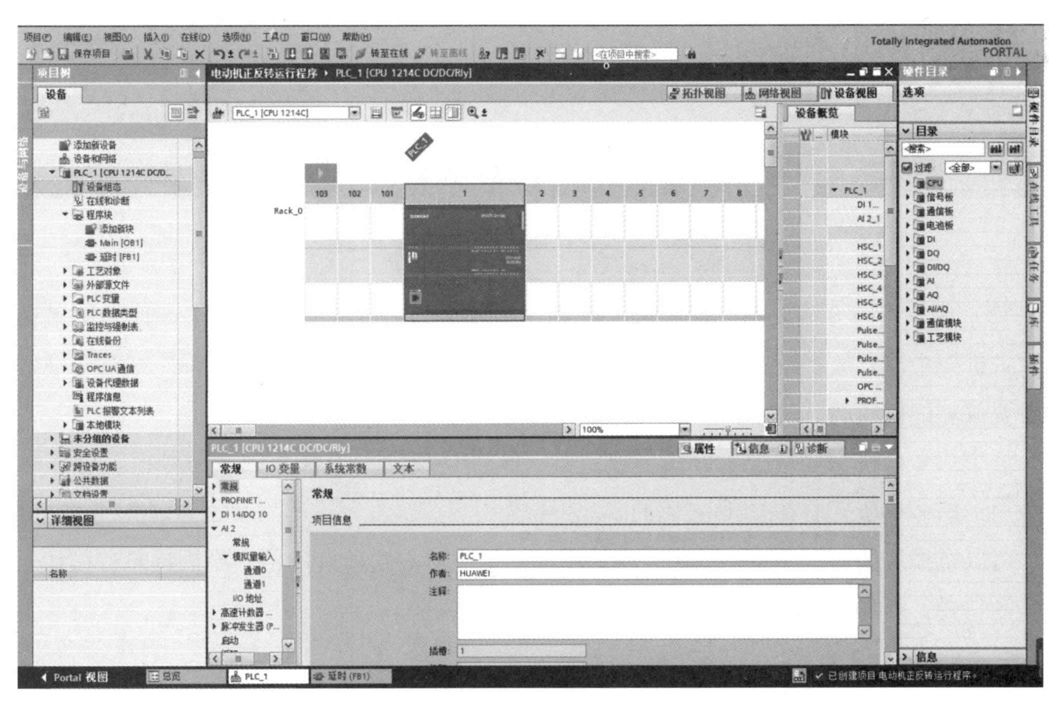

图 4-44 设备组态

（1）用“拖拽”的方法放置硬件对象 单击最右边竖条上的“硬件目录”按钮，打开硬件目录窗口，打开文件夹“DI\DI8×24VDC”，单击选中订货号为“6ES7 221－1BF30－0XB0”的 8 点 DI 模块，其背景变为深色。可以插入该模块的 CPU 左边的 7 个插槽四周出现深蓝色边框，如图 4-45 所示，只能将该模块插入这些插槽。用鼠标左键按住该模块不放，移动鼠标，将选中的模块“拖”到机架中 CPU 右边的插槽，该模块浅色的图标和订货号随着光标一起移动。没有移动到允许放置该模块的区域时，光标的形状为🚫（禁止放置），反之光标的形状变为［图标］（允许放置）。此时松开鼠标左键，被拖动的模块被放置到工作区。

用上述方法可以将 CPU 或 HMI、通信模块、驱动器等设备拖放到网络视图，生产新的设备。

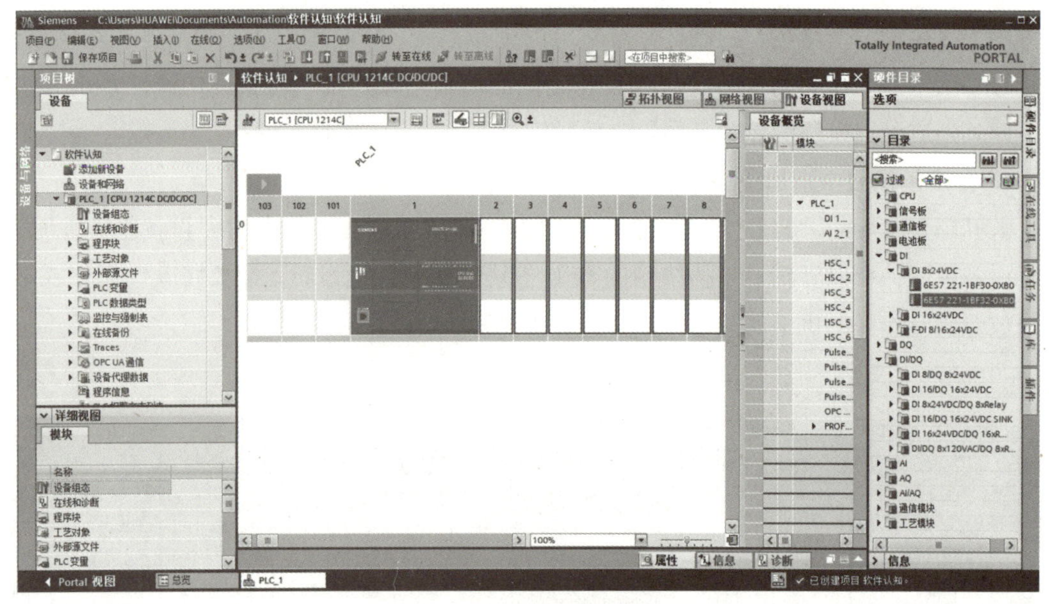

图 4-45　从硬件目录中添加模块

（2）用双击的方法放置硬件对象　放置模块还有另外一个简便的方法，首先用鼠标左键单击机架中需要放置模块的插槽，使它的四周出现深蓝色的边框。用鼠标左键双击硬件目录中要放置的模块的订货号，该模块便出现在选中的插槽中。

放置信号模块和信号板的方法与放置分布式 I/O 模块的方法相同，信号板安装在 CPU 模块内，信号模块安装在 CPU 右侧的 2 ~9 号槽。

可以将模块插入已经组态的两个模块中间。插入点右边所有的信号模块将向右移动一个插槽的位置，新的模块被插入到空出来的插槽。

5. 删除硬件组件

可以删除设备视图或网络视图中被选中的硬件组件，被删除的组件的插槽可供其他组件使用。不能单独删除 CPU 和机架，只能在网络视图或项目树中删除整个 PLC 站。

删除硬件组件后，可能会在项目中产生矛盾，即违反了插槽规则。选中指令树中的“PLC_1”，单击工具栏上的“编译”按钮，对硬件组态进行编译。编译时进行一致性检查，如果有错误将会显示错误信息，应改正错误后重新进行编译，直到没有错误。

6. 复制与粘贴硬件组件

可以在项目树、网络视图或设备视图中复制硬件组件，然后将保存在剪贴板上的组件粘贴到其他地方。可以在网络视图中复制和粘贴站点，在设备视图中复制和粘贴模块。

可以用拖拽的方法或通过剪贴板在设备视图或网络视图中移动硬件组件，但是 CPU 必须在 1 号槽。

7. 改变设备的型号

用鼠标右键单击设备视图中要更改型号的 CPU 或 HMI，执行出现的快捷菜单中的“更改设备类型”命令，如图 4-46 所示，双击出现的“更改设备”对话框的“新设备”列表中用来替换的设备的订货号，设备型号被更改。

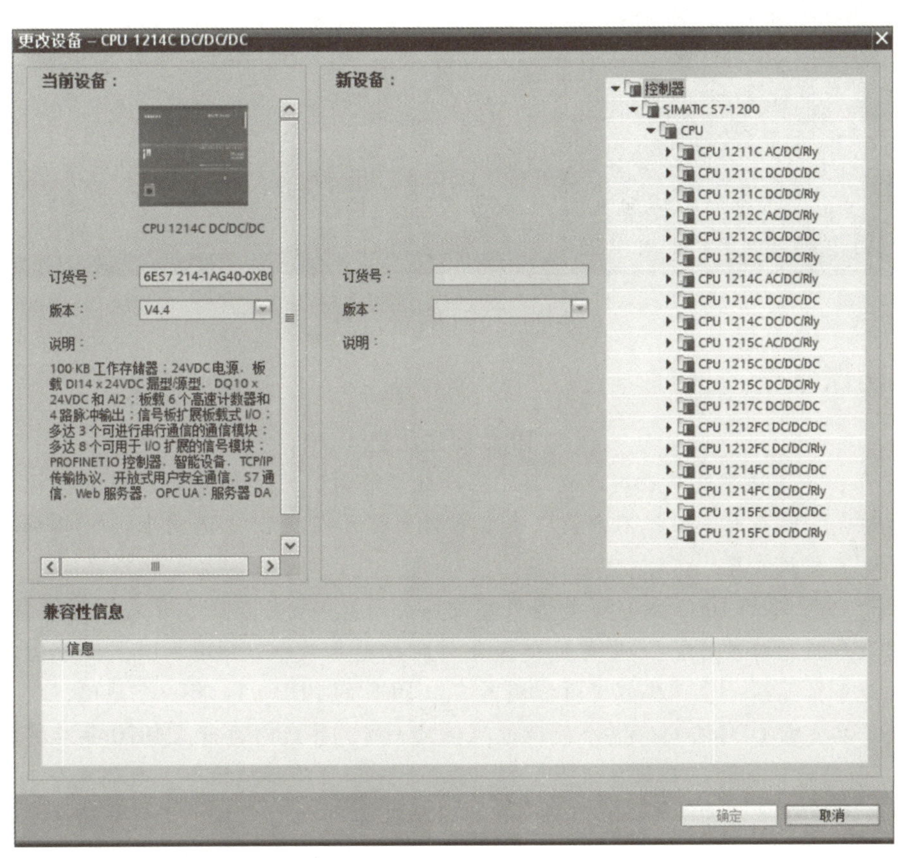

图 4-46　更改设备

8. 打开现有的项目

单击项目视图工具栏上的按钮，双击“打开现有项目”对话框中列出的最近使用的某个项目，打开该项目。或者单击“浏览”按钮，在打开的对话框中打开某个项目的文件夹，双击其中标有的文件，打开该项目。或打开软件后，在项目视图中，单击工具栏上的图标或执行“项目”→“打开”命令，双击打开的对话框中列出最近打开的某个项目，打开该项目，如图 4-47 所示。

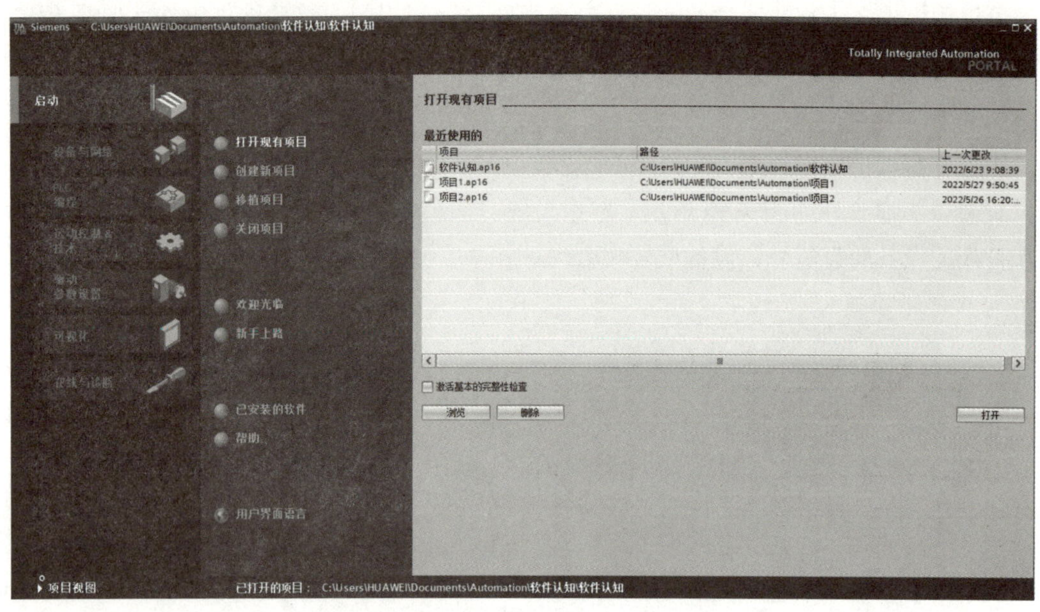

图 4-47　打开现有项目

阅读课堂

PLC 诞生历史

1968 年，美国通用汽车公司在对工厂生产线调整时，发现继电器、接触器控制系统修改难、体积大、噪声大、维护不方便以及可靠性差，于是提出“通用十条”招标指标，意在取代继电器控制装置。

成立于 1957 年的 DEC 公司（美国数字设备公司），一直专注于开发小型计算机系统，看到通用汽车的招标要求后，开发了一套全新的控制系统——PDP－14，用于控制齿轮磨床，这就是世界上第一台可编程逻辑控制器。但 DEC 的 PDP－14 有一个缺陷，就是修改程序需要把产品发回 DEC 公司，整个处理过程耗时一周，导致它运行至 1970 年后被替换。

与 DEC 同时竞标的还有信息仪表公司（3－Ⅰ）和贝德福德协会，他们也分别推出了相应的产品。信息仪表公司（3－Ⅰ）为通用交付的设备为 PDQ－Ⅱ，其最大的优势是能提供高级逻辑运算功能，适用于正离合器生产线的控制。但该产品也存在修改程序不便的缺陷，1971 年后，被 Modicon 084 全面替换。

接下来主角诞生了，由 Dick Morley 和 George Schwenk 于 1964 年成立的贝德福德协会也获得了通用的原型机测试资格。Dick Morley 只因厌倦了重复的机床操作员工作，想要发明一个集所有功能于一体的编辑器，于是写出了自己的梯形图逻辑。

1968 年 Bedford 成立了一家控制公司，取名 Modicon（莫迪康），在 Dick Morley 领导下，于 1969 年成功推出了自己的 PLC 产品，基于该产品是 Modicon 的第 84 个项目，产品取名“Modicon 084”。

084 编程相对简单，用户插入编程单元，选择适当的软件模块，然后键入梯形图即可快速进行编程；同时安装在硬质外壳内，提高安全等级，这是 DEC 的 PDP－14、3－Ⅰ的 PDQ－Ⅱ所无法比拟的。

项目五　三相异步电动机PLC控制系统的安装与调试

在本书的项目一、二中，详细介绍了用继电器控制电动机的起动，正、反转等各类控制系统，在本项目中，将用 PLC 来完成电动机上述系统的控制。通过比较，大家可以体会 PLC 与继电器型控制电路的不同之处。

任务一　两台异步电动机的顺序起动联锁控制

学习目标

知识目标

1）了解 S7－1200 的存储器。

2）理解 S7－1200 的数据类型与寻址方式。

3）掌握 S7－1200 基本指令的用法。

4）理解 PLC 梯形图的编程方法。

5）理解 PLC 程序的“自锁”“互锁”编程思路与方法。

技能目标

正确使用 S7－1200 基本逻辑指令编写程序。

素质目标

1）培训学生职业兴趣。

2）树立安全意识。

3）提高学生沟通能力与团队协助精神。

4）提高学生创新能力。

任务描述

在多机拖动系统中，各电动机所起的作用是不同的，有时需要按一定的顺序起动，才能保证操作过程的合理性和工作的安全可靠。如万能铣床上要求主轴电动机起动后，进给电动机才能起动。这种要求一台电动机起动后另一台电动机才能起动的控制方式称为电动机的顺序起动，在第一部分的电气控制中，已经用继电器完成了电动机的顺序起动控制，在本项目中将用 PLC 来完成两台铣床中主轴电动机和进给电动机的顺序起动。

知识准备

1. S7－1200 的存储器及寻址

S7－1200 PLC 提供了以下用于存储用户程序、数据和组态的存储器，S7－1200 的存储器见表 5-1。

表 5-1　S7－1200 PLC 的存储器

装载存储器	动态装载存储器 RAM
	可保持装载存储器 E^2PROM
工作存储器 RAM	用户程序，如逻辑块、数据块
系统存储器 RAM	过程映像 I/O 表
	位存储器
	局域数据堆栈、块堆栈
	中断堆栈、中断缓存区

1）装载存储器。装载存储器用于非易失性地存储用户程序、数据和组态。项目被下载到 CPU 后，首先存储在装载存储器中。每个 CPU 都具有内部装载存储器，该内部装载存储器的大小取决于所使用的 CPU。该内部装载存储器可以用外部存储卡来替代，如果未插入存储卡，CPU 将使用内部装载存储器；如果插入了存储卡，CPU 将使用该存储卡作为装载存储器，但是，可使用的外部装载存储器大小不能超过内部装载存储器的大小，即使插入的存储卡有更多空闲空间。该非易失性存储器能够在断电后继续保持。

2）工作存储器。工作存储器是易失性存储器，用于执行用户程序时存储用户项目的某些内容。CPU 会将一些项目内容从装载存储器复制到工作存储器中。该易失性存储器将在断电后丢失，而在恢复供电时由 CPU 恢复。

3）系统存储器。系统存储器是 CPU 为用户程序提供的存储组件，被划分为若干个地址区域，见表 5-2。使用指令可以在相应的地址区内对数据直接进行寻址。系统存储器用于存放用户程序的操作数据，例如过程映像输入/输出、位存储器、数据块、临时局部数据，物理输入/输出区域和诊断缓冲区等。

表 5-2　系统存储器的存储区

存储区	描　述	强　制	保　持
过程映像输入（I）	在扫描循环开始时，从物理输入复制的输入值	Yes	No
物理输入（I_：P）	通过该区域立即读取物理输入	No	No
过程映像输出（Q）	在扫描循环开始时，将输出值写入物理输出	No	No
物理输出（Q_：P）	通过该区域立即物理输出	No	No
位存储器（M）	用于存储用户程序的中间运算结果或标志位	No	Yes
临时存储器（L）	块的临时数据，只能供块内部使用	No	No
数据块（DB）	数据存储器与 FB 的参数存储器	No	Yes

① 过程映像输入。过程映像输入在用户程序中的标识符为 I，它是 PLC 接收外部输入的数字量信号的窗口。输入端可以接动合触点或动断触点，也可以接多个触点组成的串并联电

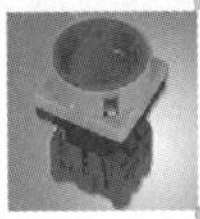

路。在每次扫描循环开始时，CPU 读取数字量输入模块的外部输入电路的状态，并将它们存入过程映像输入区。

② 过程映像输出。过程映像输出在用户程序中的标识符为 Q，每次循环周期开始时，CPU 将过程映像输出的数据传送给输出模块，再由后者驱动外部负载。

用户程序访问 PLC 的输入和输出地址区时，不是去读、写数字量模块中信号的状态，而是访问 CPU 的过程映像区。在扫描循环中，用户程序计算输出值，并将它们存入过程映像输出区。在下一循环扫描开始时，将过程映像输出区的内容写到数字量输出模块。

I 和 Q 均可以按位、字节、字和双字来访问，如 I0.0、QB1、IW2 和 QD4。

③ 物理输入。在 I/O 点的地址或符号地址的后边加“：P”，可以立即访问物理输入或物理输出。通过给输入点的地址附加“：P”，如 I0.1：P 或 Start：P，可以立即读取 CPU、信号板和信号模块的数字量输入和模拟量输入。访问时使用 I_：P 取代 I 的区别在于前者的数字直接来自被访问的输入点，而不是来自过程映像输入。因为数据从信号源被立即读取，而不是从最后一次被刷新的过程映像输入中复制，这种访问被称为“立即读”访问。

由于物理输入点从直接连接在该点的现场设备接收数据值，因此写物理输入点是被禁止的，即 I_：P 访问是只读的。

I_：P 访问还受到硬件支持的输入长度的限制。以被组态为从 I4.0 开始的 2DI/2DQ 信号板的输入点为例，可以访问 I4.0：P、I4.1：P 或 IB4：P，但是不能访问 I4.2：P ~ I4.7：P。因为没有使用这些输入点，也不能访问 IW4：P 和 ID4：P，因为它们超过了信号板使用的字节范围。

用 I_：P 访问物理输入不会影响存储在过程映像输入区中的对应值。

④ 物理输出。在输出点的地址后面附加“：P”，如 Q0.0：P，可以立即写 CPU、信号板或信号模块的数字量和模拟量输出。访问时使用 Q_：P 取代 Q 的区别在于前者的数字直接写给被访问的物理输出点，同时写给过程映像输出。这种访问被称为“立即写”，因为数据被立即写给目标点，不用等到下一次刷新时将过程映像输出中的数据传送给目标点。

由于物理输入点直接控制与该点连接的现场设备，因此读物理输出点是被禁止的，即 Q_：P访问是只写的。与此相反，可以读写 Q 区的数据。

Q_：P 访问还受到硬件支持的输出长度的限制。以被组态为从 Q4.0 开始的 2DI/2DQ 信号板的输入点为例，可以访问 Q4.0：P、Q4.1：P 或 QB4：P。但是不能访问 Q4.2：P ~ Q4.7：P。因为没有使用这些输出点，也不能访问 QW4：P 和 QD4：P，因为它们超过了信号板使用的字节范围。

用 Q_：P 访问物理输出同时影响物理输出点和存储在过程映像输出区中的对应值。

⑤ 位存储器。位存储器（或称为 M 存储器）用来存储运算的中间操作状态或其他控制信息。可以用位、字节、字或双字读/写存储器区，如 M0.0、MB2、MW10 和 MD200。

⑥ 数据块。数据块（Data Block）简称为 DB，用来存储代码块使用的各种类型的数据，包括中间操作状态、其他控制信息，以及某些指令（如定时器、计数器）需要的数据结构，还可以设置数据块有写保护功能。

数据块关闭后，或有关代码的执行开始或结束后，数据块中存放的数据不会丢失。有两种类型的数据块。

全局数据块：存储的数据可以被所有的代码块访问。

背景数据块：存储的数据供指定的功能块（FB）使用，其结构取决于 FB 的界面区的参数。

⑦ 临时存储器。临时存储器用于存储代码块被处理时使用的临时数据。临时存储器类似于 M 存储器，二者的主要区别在于 M 存储器是全局的，而临时存储器是局部的。

2. 寻址

SIMATIC S7 CPU 中可以按位、字节和双字对存储单元进行寻址。

一位（Bit）二进制数只有 0 和 1 两种不同的取值，可用来表示数字量的两种不同的状态，如触点的断开和接通，线圈的断电和通电等。

8 位二进制数组成一个字节（Byte），其中的第 0 位为最低位，第 7 位为最高位。两个字节组成一个字（Word），其中的第 0 位为最低位，第 15 位为最高位。两个字组成一个双字（Double Word），其中的第 0 位为最低位，第 31 位为最高位。如位寻址举例，位、字节、字和双字组成示意图如图 5-1 所示。

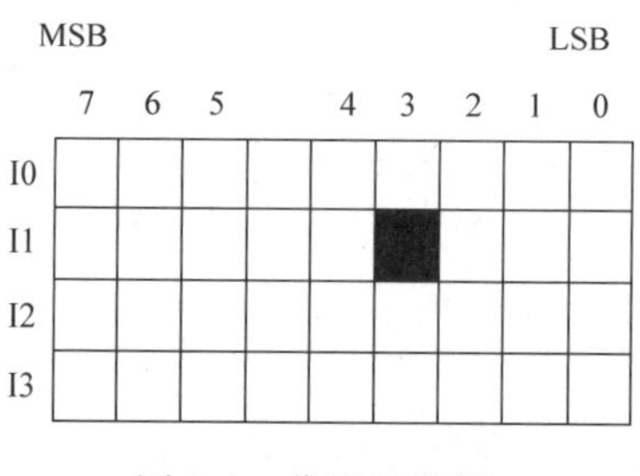

图 5-1　位寻址举例

5-1　S7－1200 的存储器及寻址

SIMATIC S7 CPU 不同的存储单元都是以字节为单位。

对位数据的寻址由字节地址和位地址组成，如 I1.3，其中的区域标识标“I”表示寻址输入（Input）映像区，字节地址为 1，位地址为 3，“.”为字节地址与位地址之间的分隔符，这种存取方式为“字节，位”寻址方式，如图 5-1 所示。

对字节、字和双字数据的寻址时需指明区域标识符、数据类型和存储区域内的首字节地址。例如，字节 MB10 表示由 M10.7～M10.0 这 8 位（高位地址在前，低位地址在后）组成的 1 个节字，M 为位存储区域标识符，B 表示字节（B 是 Byte 的缩写），10 为起始字节地址。相邻的两个字节组成一个字，MW10 表示由 MB10 和 MB11 组成的 1 个字，M 为位存储区域标识符，W 表示字（W 是 Word 的缩写），10 为起始字节的地址。MD10 表示由 MB10～MB13 组成的双字，M 为位存储区域标识符，D 表示双字（D 是 Double Word 的缩写），10 为起始字节的地址。位、字节、字和双字的构成示意图如图 5-2 所示。

3. 位逻辑指令

1）触点指令。触点指令分为动合触点指令和动断触点指令。动合触点指令在指定的位为 1 状态（ON）时闭合，为 0 状态（OFF）时断开；动断触点指令在指定的位为 1 状态（ON）时断开，为 0 状态（OFF）时闭合。

使用取反触点指令，可对逻辑运算结果（RLO）的信号状态进行取反。如果该指令输入的信号状态为“1”，则指令输出的信号状态为“0”。如果该指令输入的信号状态为“0”，

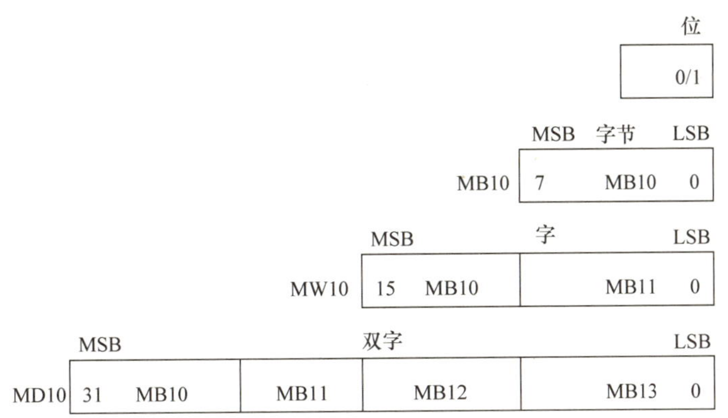

图 5-2 位、字节、字和双字构成示意图

则输出的信号状态为“1”。触点指令如图 5-3 所示。

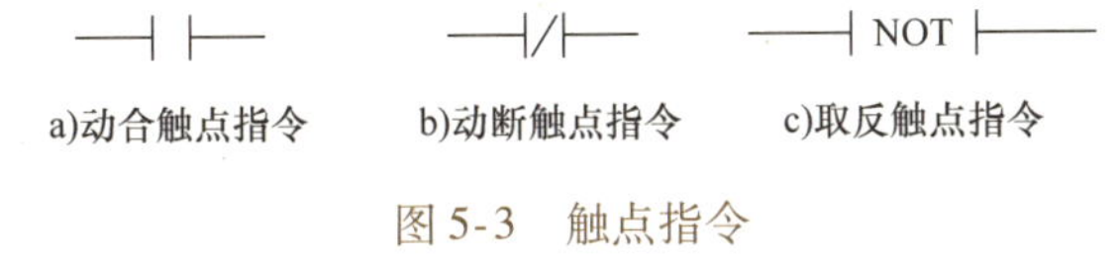

图 5-3 触点指令

5-2 位逻辑指令及其应用

2）线圈指令。线圈指令是将输入的逻辑运算结果（RLO）的信号状态写入指定的地址，线圈通电（RLO 的状态为“1”）时写入 1，断电时写入 0。可以用 Q0.0：P 的线圈将位数据值写入过程映像输出 Q0.0，同时立即直接写给对应的物理输出点，如图 5-4 所示。

%I0.1 “Tag_1”　%I0.0 “Tag_2”　%Q0.0:P “Tag_3”:P

图 5-4 线圈指令应用一

取反输出线圈中间有”/” 符号，图 5-5 的示例中，如果有能流过 M10.0 的取反线圈，则 M10.0 为 0 状态，其动合触点断开，反之 M10.0 为 1 状态，其动合闭合。

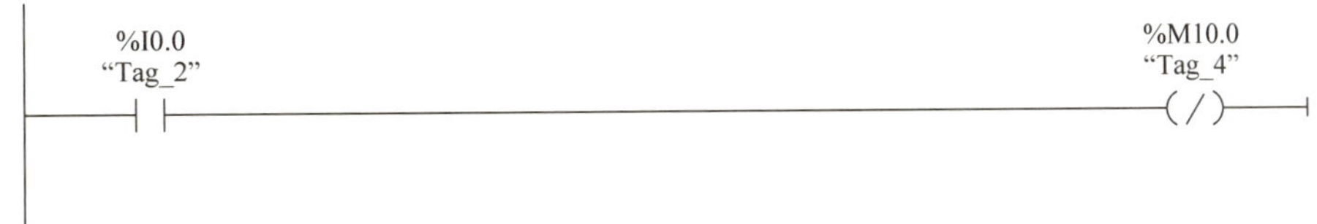

图 5-5 线圈指令应用二

3）置位、复位输出指令。

① S（Set，置位输出）指令将指定的位操作数置位（变为 1 状态并保持）。

② R（Reset，复位输出）指令将指定的位操作数置位（变为 0 状态并保持）。

如果同一操作数的 S 线圈和 R 线圈同时断电（线圈输入端的 RLO 为“0”），则指定操作数的信号状态保持不变。

置位输出指令与复位输出指令最主要的特点是有记忆和保持功能。如果图 5-6 中 I0.4 的动合触点闭合，Q0.5 变为 1 状态并保持该状态。即使 I0.4 的动合触点断开，Q0.5 也仍然保持 1 状态，如图 5-7 中的波形图。在程序状态中，用 Q0.5 的 S 和 R 线圈连续的绿色圆弧和绿色的字母表示 Q0.5 为 1 状态，用间断的蓝色圆弧和蓝色的字母表示 0 状态。

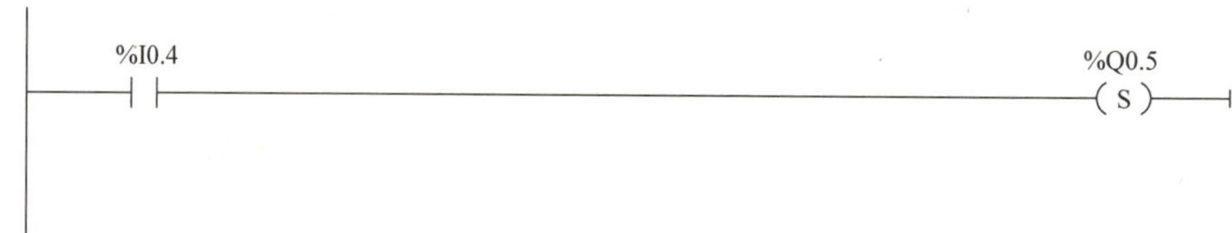

图 5-6　置位指令应用

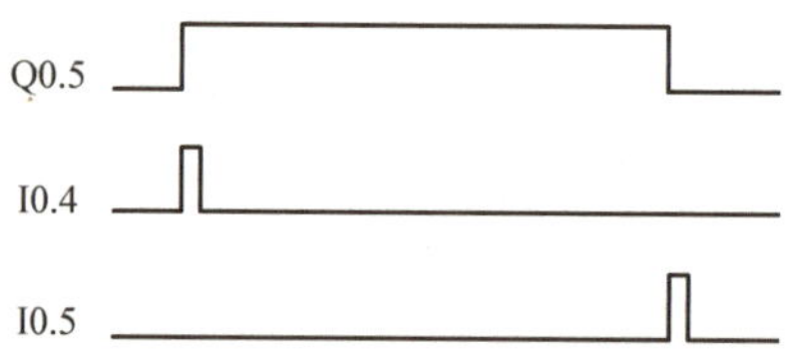

图 5-7　置位、复位指令波形图

5-3　置位复位指令及其应用

I0.5 的动合触点闭合时，Q0.5 变为 0 状态并保持该状态，即使 I0.5 的动合触点断开，Q0.5 也仍然保持为 0 状态，如图 5-8 所示。

%I0.5　%Q0.5　R

图 5-8　复位指令应用

4）置位位域指令与复位位域指令。置位位域指令 SET_BF 是将指定地址开始连续的若干个位地址置位（变为 1 状态并保持）。图 5-9 的示例中，当 I0.1 接通后，从 M4.0 开始的 5 个连续的位地址被置位为 1 状态并保持该状态不变。

%I0.1　%M4.0　SET_BF　5

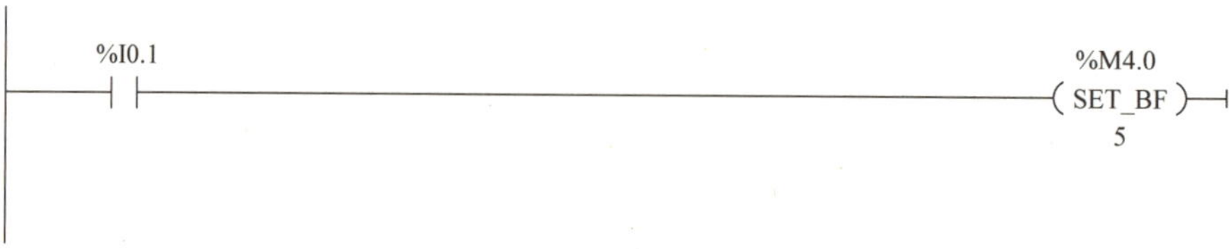

图 5-9　置位位域指令应用

复位位域指令 RESET_BF 是将指定地址开始连续的若干个位地址复位（变为 0 状态并保持）。图 5-10 的示例中，当 M3.2 接通，从 M5.0 开始的 4 个连续的位地址被复位为 0 状态并保持该状态不变。

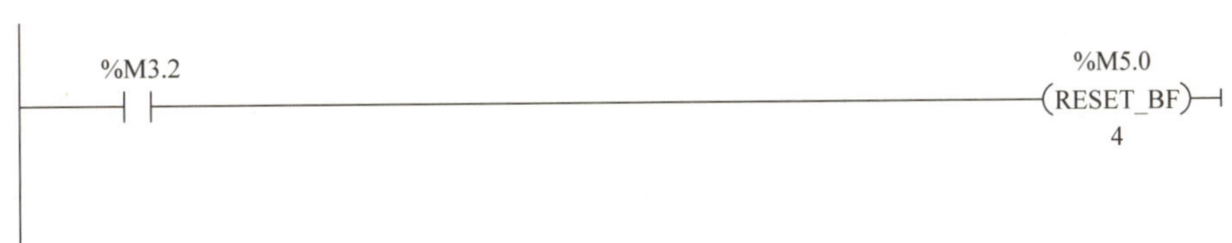

图 5-10　复位位域指令应用

5）置位/复位触发器与复位/置位触发器。SR 方框是置位/复位（复位优先）触发器，其输入/输出关系见表 5-3，两种触发器的区别仅在于表的最下面一行。

表 5-3　置位/复位触发器与复位/置位触发器

置位/复位（SR）触发器			复位/置位（RS）触发器		
S	R1	输出位	S1	R	输出位
0	0	保持前一状态	0	0	保持前一状态
0	1	0	0	1	0
1	0	1	1	0	1
1	1	0	1	1	1

在图 5-11 的示例中，若置位（S）I0.1 和复位（R1）I0.0 信号同时为 1 时，SR 方框上面的输出位 M7.2 被复位为 0。可选的输出 Q 反映了 M7.2 的状态，M8.0 导通，表示 M7.2 处于置位状态；M8.0 断开，表示 M7.2 处于复位状态。

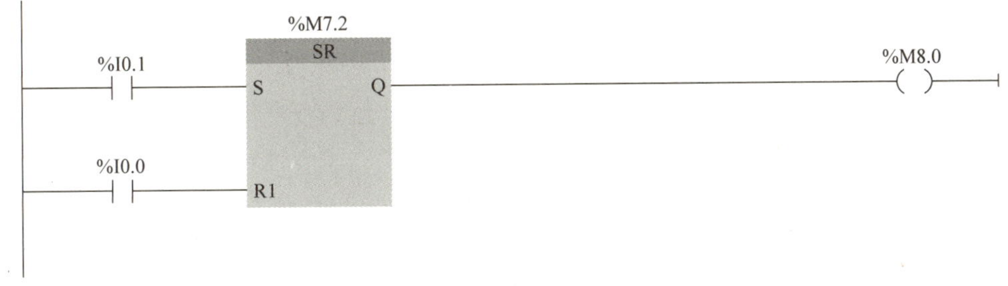

图 5-11　SR 置位/复位触发器应用

RS 方框是复位/置位（置位优先）触发器（其功能见表 5-3）。在图 5-12 的示例中，若置位（S1）信号 M3.2 和复位（R）信号 M3.0 同时为 1 时，方框上面的 M7.6 被置位为 1。可选的输出 Q 反映了 M7.6 的状态，M8.1 导通，表示 M7.6 处于置位状态；M8.1 断开，表示 M7.6 处于复位状态。

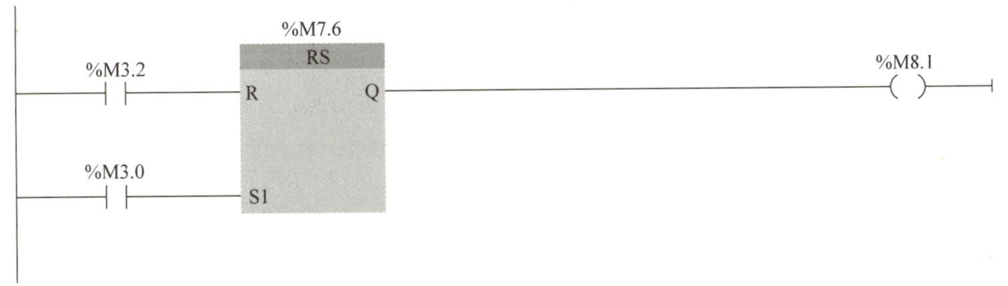

图 5-12　RS 复位/置位触发器应用示例

6）边沿指令。

a. “bit”：Bool 型变量，要检测其跳变沿的输入位。

b. “M_bit”：Bool 型变量，保存输入的前一个状态的存储器位。

P 触点指令检测到“bit”处的位数据值由“0”变“1”的正跳变时，该触点接通一个扫描周期。

N 触点指令检测到“bit”处的位数据值由“1”变“0”的负跳变时，该触点接通一个扫描周期。边沿指令 P 触点与 N 触点指令如图 5-13 所示。

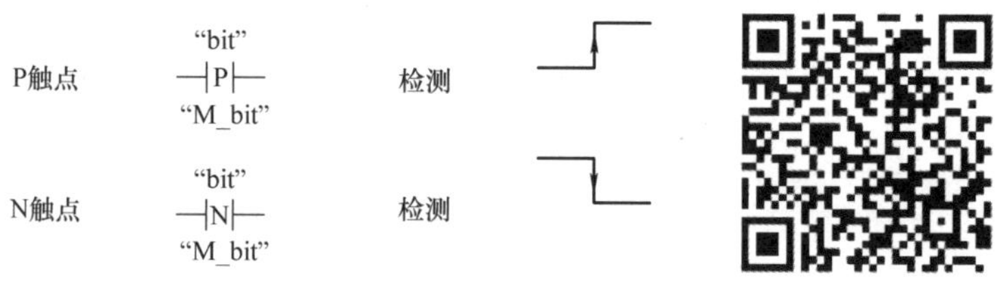

图 5-13　边沿指令 P 触点与 N 触点指令　　5-4　边沿脉冲指令及其应用

触点中间有 P 的触点指令的名称为“上升沿指令”。在图 5-14 所示的梯形图中，如果该触点上面的输入信号 I0.1 由 0 状态变为 1 状态（即检测到输入信号 I0.1 的上升沿），则该触点接通一个扫描周期，同时使 M8.0 置位。边沿检测触点不能放在电路结束处。

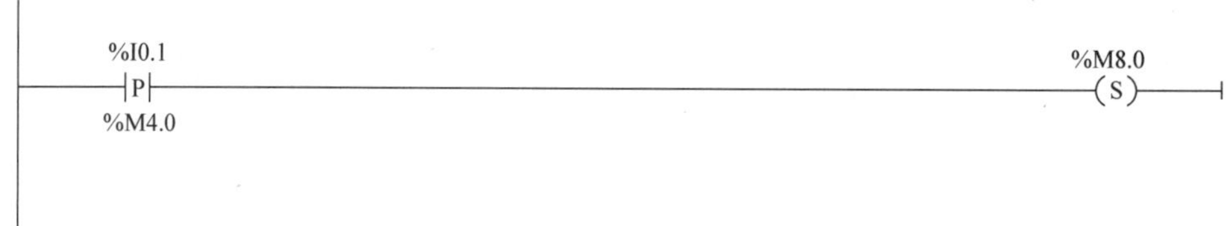

图 5-14　P 边沿指令应用

图 5-14 中，M4.0 为边沿存储位，用来存储上一次扫描循环时 I0.1 的状态。通过比较 I0.1 的当前状态和上一次循环的状态，来检测信号的边沿。边沿存储位的地址只能在程序中使用一次，它的状态不能在其他地方被改写。只能用 M、DB 和 FB 的静态局部变量（Static）来做边沿存储位，不能用块的临时局部数据或输入（I）/输出（O）变量来做边沿存储位。

在图 5-15 所示的例子中，I0.2 由 1 状态变为 0 状态（即 I0.2 的下降沿），则该触点接通一个扫描周期，同时使 M8.0 复位。该触点下面的 M4.1 为边沿存储位。

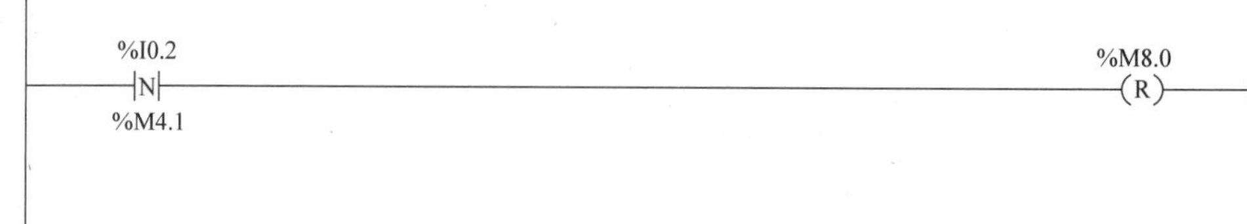

图 5-15　N 边沿指令应用

7）P 线圈、N 线圈指令。

a.“bit”：Bool 型变量，指示检测到跳变沿的输出位。

b.“M_bit”：Bool 型变量，保存输入的前一个状态的存储器位。

P 线圈指令检测到它前面的逻辑状态由“0”变“1”的正跳变时，“bit”处的位数据值设置为“1”，该线圈接通一个扫描周期。

N 线圈指令检测到它前面的逻辑状态由“1”变“0”的负跳变时，“bit”处的位数据值设置为“1”，该线圈接通一个扫描周期。P、N 线圈指令如图 5-16 所示。

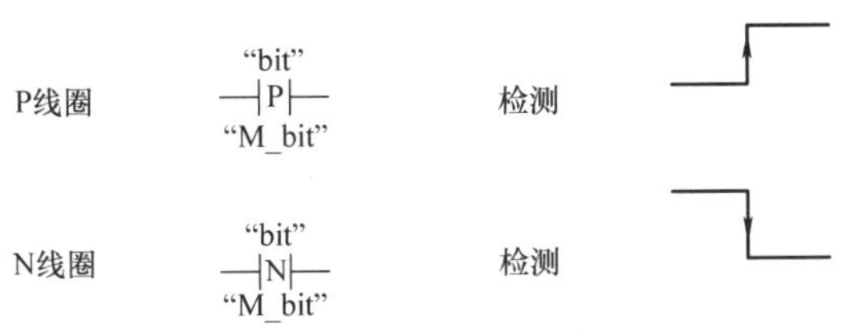

图 5-16　P、N 线圈指令

8）P 触发器、N 触发器指令。

M_bit：Bool 型变量，保存输入的前一个状态的存储器位。

P 触发器指令检测到 CLK 输入的逻辑状态由“0”变“1”的正跳变时，Q 输出为“1”，触发一个扫描周期。

N 触发器指令检测到 CLK 输入的逻辑状态由“1”变“0”的负跳变时，Q 输出为“1”，触发一个扫描周期。P、N 触发器指令如图 5-17 所示。

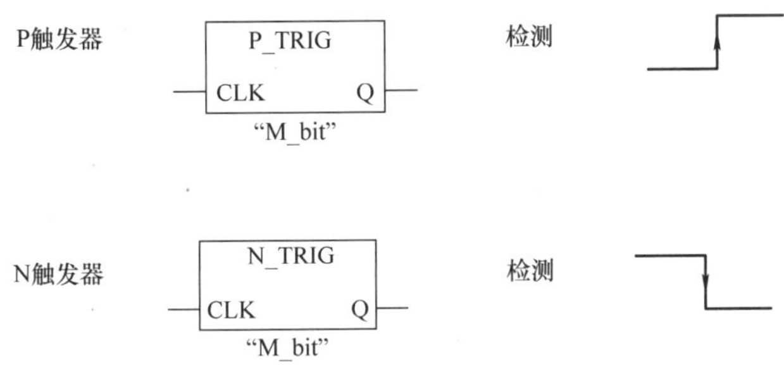

图 5-17　P、N 触发器指令

以上升沿检测为例，P 触发器指令是用于检测流入它的 CLK 端的能流的上升沿，并直接输出检测结果。

【应用举例】设计一个故障信息显示电路，从故障信号 I0.0 的上升沿开始，Q0.7 控制的指示灯以 1Hz 的频率闪烁。操作人员按复位按钮 I0.1 后，如果故障已经消失，则指示灯熄灭。如果没有消失，则指示灯转为常亮，直至故障消失。

设置 MB0 为时钟存储器字节，M0.5 提供周期为 1s 的时钟脉冲。出现故障时，将 I0.0 提供的故障信号用 M2.1 锁存起来，M2.1 和 M0.5 的动合触点组成的串联电路使 Q0.7 控制的指示灯以 1Hz 的频率闪烁。按下复位按钮 I0.1，故障锁存标志 M2.1 被复位为 0 状态。如果故障已经消失，指示灯熄灭。如果没有消失，M2.1 的动断触点与 I0.0 的动合触点组成的串联电路使指示灯转为常亮，直至 I0.0 变为 0 状态，故障消失，指示灯熄灭。故障显示电路及波形图如图 5-18 和图 5-19 所示。

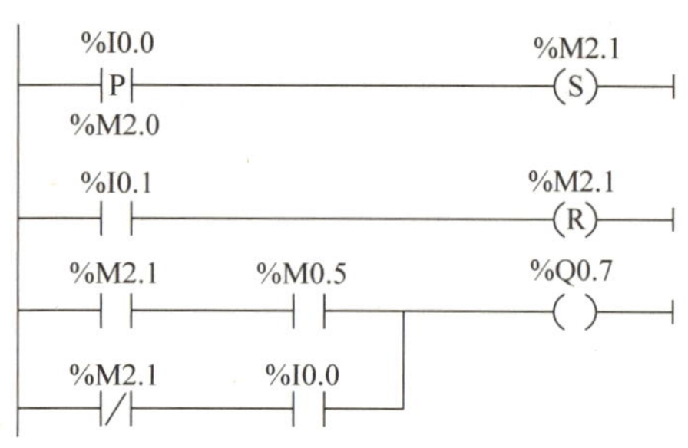

图 5-18　故障显示电路

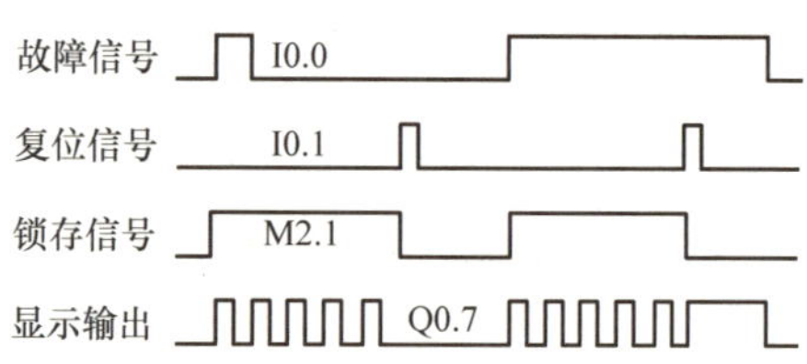

图 5-19　故障显示电路波形图

任务实施

1. 材料准备

两台异步电动机的顺序起动联锁控制器件见表 5-4。

表 5-4　两台异步电动机的顺序起动联锁控制器件

名称	型号或规格	数量	名称	型号或规格	数量
PLC	S7－1200	1 只	接触器	CJX1－09/22	2 只
三相异步电动机	Y－132S－4	2 台	热继电器	NR4－63/F	2 只
按钮	LAY7－11BN	4 只	计算机	装有 TIA Portal V16 软件	1 台
导线		若干	熔断器	RT18－32	3 只

2. I/O 分配表

根据图 2-11b 介绍的采用按钮与接触器控制的电动机电路中，有起动按钮两个，停止按钮两个，分别控制电动机 M1 和 M2 的起动与停止，还需要对两台电动机进行热过载保护的两个热继电器，所以 PLC 需要 6 个输入点；同时需要两个交流接触器用以控制两台电动机，需要两个输出点用于驱动接触器线圈。据此列出 PLC 的 I/O 分配表，见表 5-5。

表 5-5　I/O 分配表

输入		输出	
输入继电器	元件作用	输出继电器	输出元件
I0. 0	M1 起动按钮 SB1	Q0. 0	KM1
I0. 1	M1 停止按钮 SB2	Q0. 1	KM2
I0. 2	M2 起动按钮 SB3		
I0. 3	M2 停止按钮 SB4		
I0. 4	FR1 对 M1 进行过载保护		
I0. 5	FR2 对 M2 进行过载保护		

3. PLC I/O 接线图

根据所列出的 I/O 分配表，可以画出两台异步电动机的顺序起动联锁控制系统 I/O 接线示意图，如图 5-20 所示。

说明：在 PLC 接线图中，常将停止按钮 SB、热继电器 FR 等输入触点改为动合触点，

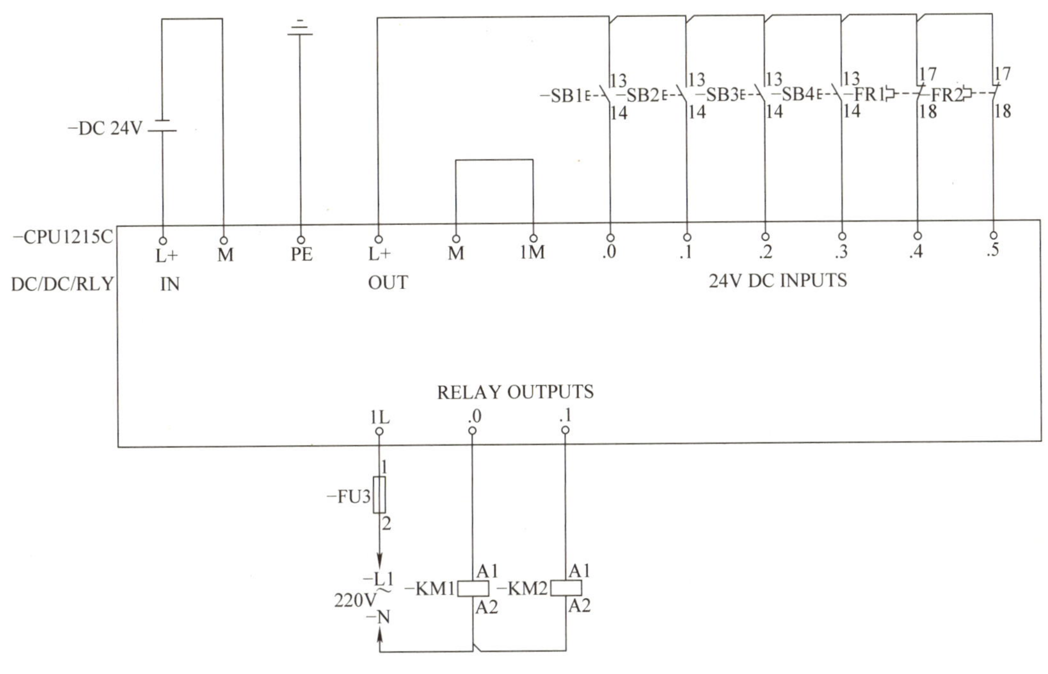

图 5-20　两台异步电动机的顺序起动联锁控制系统 I/O 接线示意图

这样可以使 PLC 的输入口在大多数时间内处于断开状态。这样做既可以省电又可以延长 PLC 输入口的使用寿命，同时在转换为梯形图时，也能保持与继电器控制原理图的习惯相一致，不会给编程带来麻烦。

4. 程序设计

根据图 2-11b 继电器—接触器控制电路，结合 PLC 的基本指令，可以设计出两台电动机顺序起动控制电路的梯形图，如图 5-21 所示。

5. 程序运行调试

1）在断电状态下，连接好相关电缆。

2）在 PC 上运行编程软件。

3）选择对应的 PLC 型号，设置参数，编辑梯形图控制程序。

4）编译下载程序至 PLC。

5）将 PLC 设为运行状态。

6）调试程序，找出程序的不足与错误，并修改，直至程序调试正确为止。

注意：

1）配线操作要按照工艺要求，做到横平竖直，整齐美观。

2）要节约导线材料，爱护器材工具。

3）应保持工位整洁，做到工完场净。

4）注意安全操作，通电实验应在老师指导下进行，保证人身及设备安全。

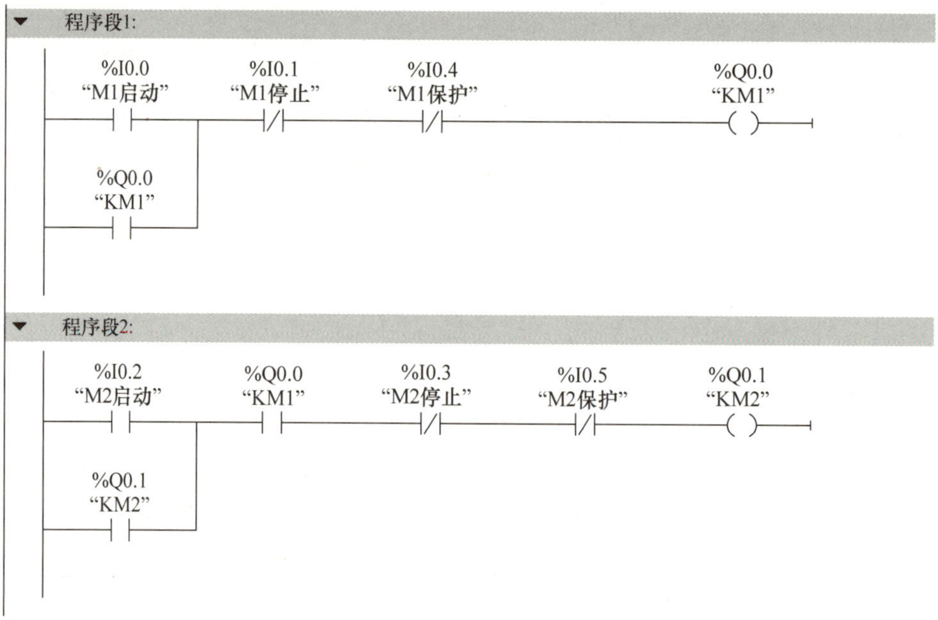

程序段1:
%I0.0
"M1启动"
%I0.1
"M1停止"
%I0.4
"M1保护"
%Q0.0
"KM1"
%Q0.0
"KM1"
程序段2:
%I0.2
"M2启动"
%Q0.0
"KM1"
%I0.3
"M2停止"
%I0.5
"M2保护"
%Q0.1
"KM2"
%Q0.1
"KM2"

图 5-21　程序设计

6. 任务总结或体会

7. 任务拓展

1）将项目二中的机床工作台自动往复运动的继电器—接触器系统图 2-10 改用 PLC 控制，PLC 控制 I/O 接线示意图如图 5-22 所示。

SB1
SB2
SB3
SQ1
SQ2
SQ3
SQ4
FR
I0.0
I0.1
I0.2
I0.3
I0.4
I0.5
I0.6
I0.7
COM
DC 24V
Q0.0
Q0.1
COM
KM1
KM2
KM2
KM1
AC 220

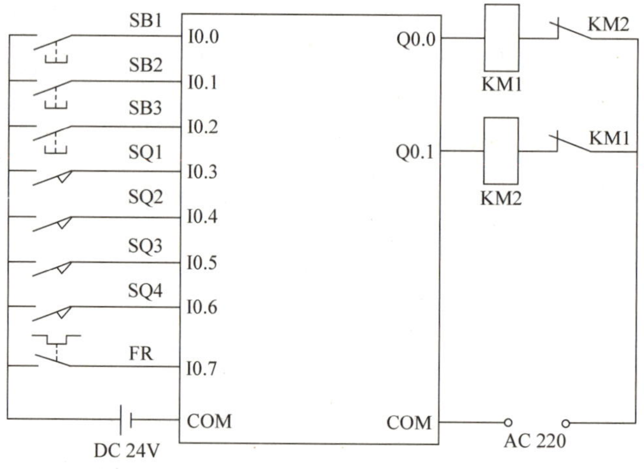

图 5-22　PLC 控制 I/O 接线示意图

2）设计四人抢答器，要求：

主持人控制抢答过程，当他按下开始按钮，开始指示灯亮，选手才能抢答；否则被判犯规。一轮抢答结束，主持人按复位按钮，复位所有选手抢答器。主持人按下开始抢答按钮后，首先按下抢答按钮者，其指示灯亮，其余选手按下抢答按钮无效，指示灯不亮；主持人未按下开始抢答按钮时，按下抢答按钮者，其指示灯闪，被判犯规。犯规情况出现时，只识别第一个犯规者。

任务二　电动机星—三角形减压起动的 PLC 控制

学习目标

知识目标

理解 S7 - 1200 的定时器指令功能。

技能目标

1）掌握 S7 - 1200 定时器的使用方式。

2）掌握 S7 - 1200 PLC 基本编程规则。

素质目标

1）培养精益求精的精神。

2）树立节约意识。

3）培养创新意识。

任务描述

电动机星—三角形减压起动适用于正常工作时定子绕组为三角形接法的电动机。由于该方法简便且经济，所以使用较普遍，在之前的项目中，我们利用继电器完成了电动机星—三角形减压起动控制系统设计，本任务试用 PLC 实现电动机星—三角形减压起动的控制程序设计，以进一步熟悉编程软件的使用。

知识准备

5-5　定时器指令及其应用

定时器指令

在继电器—接触器控制系统中，延时功能是靠时间继电器来实现的，在 PLC 控制系统中，使用内部软件定时器来实现延时功能，其作用类似于继电器—接触器控制系统中的时间继电器，但种类和功能比时间继电器强大得多。S7 - 1200 提供了 4 种类型的定时器，见表 5-6。每一个定时都使用一个存储在数据块中的结构来保存定时器数据。在程序编辑器中放置定时器即可分配该数据块，可以采用默认设置，也可以手动自行设置。在函数块中放置定时器指令后，可以选择多重背景数据块选型，各数据结构的定时器结构名称可以不同。

表 5-6　S7 - 1200 PLC 的定时器

类型	梯形图	功能描述
脉冲定时器（TP）	IEC_Timer_0 TP Time IN　Q PT　ET	脉冲定时器可生成具有预设宽度时间的脉冲

（续）

类型	梯形图	功能描述
接通延时定时器（TON）	IEC_Timer_1 TON Time IN Q PT ET	接通延时定时器输出 Q 在预设的延时过后设置为 ON
关断延时定时器（TOF）	IEC_Timer_2 TOF Time IN Q PT ET	关断延时定时器输出 Q 在预设的延时过后设置为 OFF
保持型接通延时定时器（TONR）	IEC_Timer_3 TONR Time IN Q R ET PT	保持型接通延时定时器输出 Q 在预设的延时过后设置为 ON

定时器的输入 IN 为启动输入端，在输入 IN 的上升沿（从 0 状态变为 1 状态），启动 TP、TON 和 TONR 开始定时，在输入 IN 的下降沿，启动 TOF 开始定时。

PT（Preset Time）为预设时间值，ET（Elapsed Time）为定时开始后经过的时间，称为当前时间值，它们的数据类型为 32 位的时间数据，单位为 ms，最大定时时间为 T#24D_20H31M 238647MS，D、H、M、S、MS 分别为日、小时、分、秒和毫秒。Q 为定时器的位输出，可以不给输出 Q 和 ET 指定地址，各参数均可以使用 I（仅用于输入参数）、Q、M、D、L 存储区，PT 可以使用常量。定时器指令可以放在程序段的中间或结束处。

1）脉冲定时器（TP）。脉冲定时器类似于数字电路中上升沿触发的单稳态电路，其应用如图 5-23a 所示，图 5-23b 是其工作时序图。在图 5-23a 中，“%DB4”表示定时器的背景数据块。

脉冲定时器的指令名称为“生成脉冲”，用于将输出 Q 置位为 PT 预设的一段时间。用程序状态功能可以观察当前时间值的变化情况（见图 5-23）。在 IN 输入信号的上升沿启动该定时器，Q 输出变为 1 状态，开始输出脉冲。定时开始后，当前时间 ET 从 0ms 开始不断增大，达到 PT 预设的时间时，Q 输出变为 0 状态。如果 IN 输入信号为 1 状态，则当前时间值保持不变（见图 5-23 的波形 A）。如果 IN 输入信号为 0 状态，则当前时间变为 0s（见波形 B）。

IN 输入的脉冲宽度可以小于预设值，在脉冲输出期间，即使 IN 输入出现下降沿和上升沿（见波形 B），也不会影响脉冲的输出。

图 5-22 中的 I0.1 为 1 时，定时器复位线圈（RT）通电，定时器被复位。用定时器的背景数据块的编号或符号名来指定需要复位的定时器。如果此时正在定时，且 IN 输入信号为 0 状态，将使当前时间值 ET 清零，Q 输出也变为 0 状态（见波形 C）。如果此时正在定时，且 IN 输入信号为 1 状态，将使当前时间清零，但是 Q 输出保持为 1 状态（见波形 D）。复位

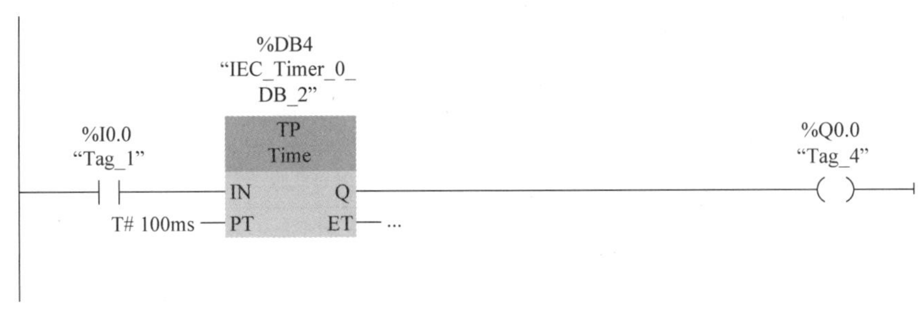

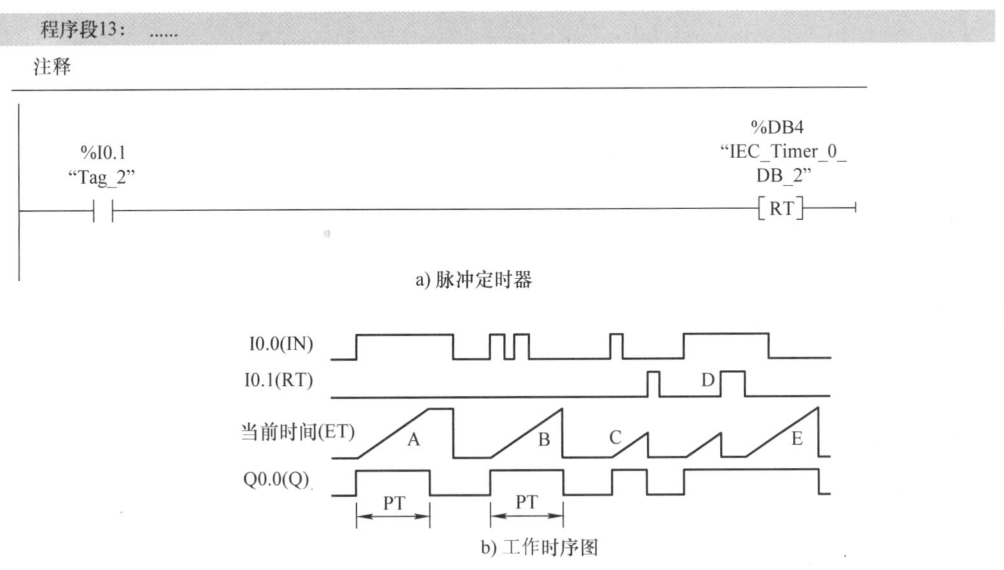

图 5-23 脉冲定时器及其工作时序图

信号 I0. 1 变为 0 状态时，如果 IN 输入信号为 1 状态，将重新开始定时（见波形 E）。只是在需要时才对定时器使用 RT 指令。

2）接通延时定时器。接通延时定时器（TON）用于将 Q 输出的置位操作延时 PT 指定的一段时间。IN 输入端的输入电路由断开变为接通时开始定时。定时时间大于等于预设时间 PT 指定的设定值时，输出 Q 变为 1 状态，当前时间值 ET 保持不变（见图 5-24 中的波形 A）。

IN 输入端的电路断开时，定时器被复位，当前时间被清零，输出 Q 变为 0 状态。CPU 第一次扫描时，定时器输出 Q 被清零。如果 IN 输入信号在未达到 PT 设定的时间时变为 0 状态（见波形 B），输出 Q 保持 0 状态不变。

图 5-24 中的 I0. 3 为 1 状态时，定时器复位线圈 RT 通电（见波形 C），定时器被复位，当前时间被清零，Q 输出变为 0 状态。复位输入 I0. 3 变为 0 状态时，如果 IN 输入信号为 1 状态，将开始重新定时（见波形 D）。

3）关断延时定时器。关断延时定时器（TOF）用于将 Q 输出的复位操作延时 PT 指定的一段时间。其 IN 输入电路接通时，输出 Q 为 1 状态，当前时间被清零。IN 输入电路由接通变为断开时（IN 输入的下降沿）开始定时，当前时间从 0 逐渐增大。当前时间等于预设值时，输出 Q 变为 0 状态，当前时间保持不变，直到 IN 输入电路接通（见图 5-25 的波形 A）。关断延时定时器可以用于设备停机后的延时，例如大型变频电动机的冷却风扇的延时。

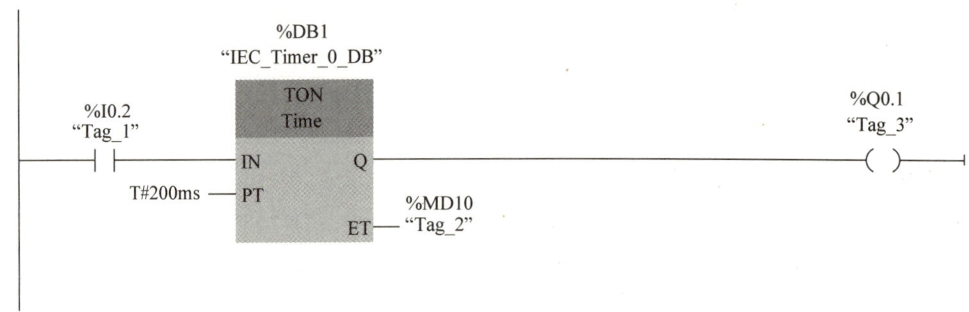

程序段2: ......

注释

%I0.3
"Tag_4"
%DB1
"IEC_Timer_0_DB"
RT

a) 接通延时定时器

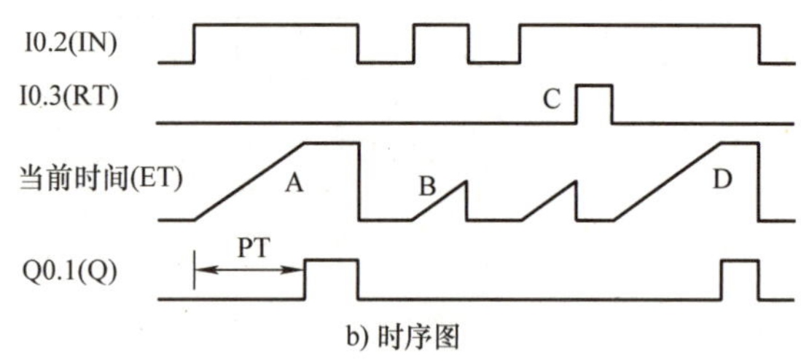

b) 时序图

图 5-24　接通延时定时器及其时序图

%DB1
"T3"
TOF
Time
%I0.4
"Tag_4"
IN
Q
%Q0.2
"Tag_5"
T#6s
PT
ET
T#0ms

程序段2: ......

注释

%I0.5
"Tag_6"
%DB1
"T3"
RT

a) 关断延时定时器

图 5-25　关断延时定时器及其时序图

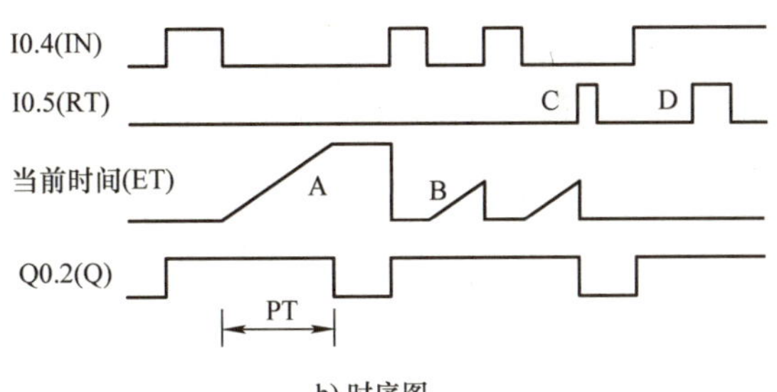

b) 时序图

图 5-25 关断延时定时器及其时序图（续）

如果当前时间未达到 PT 预设的值，IN 输入信号就变为 1 状态，当前时间被清 0，输出 Q 将保持 1 状态不变（见波形 B）。图 5-25 的 I0.5 为 1 时，定时器复位线圈 RT 通电。如果此时 IN 输入信号为 0 状态，则定时器被复位，当前时间被清零，输出 Q 变为 0 状态（见波形 C）。如果复位时 IN 输入信号为 1 状态，则复位信号不起作用（见波形 D）。

4）保持型接通延时定时器。保持型接通延时定时器（TONR）的 IN 输入电路接通时开始定时（见图 5-26 中的波形 A 和 B）。输入电路断开时，累计的当前时间值保持不变。可以用 TONR 来累计输入电路接通的若干个时间段。图 5-26 中的累计时间 t_1+t_2 等于预设值 PT 时，Q 输出变为 1 状态（见波形 D）。

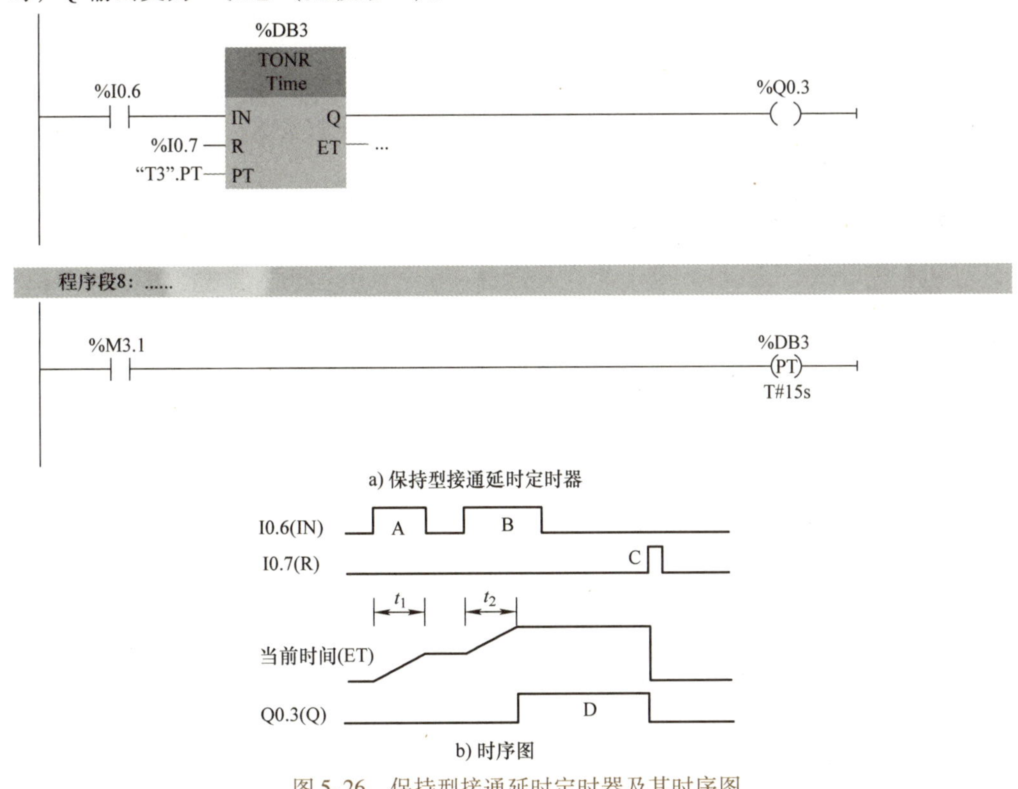

图 5-26 保持型接通延时定时器及其时序图

任务实施

1. 材料准备

电动机星—三角形减压起动的 PLC 控制器材见表 5-7。

表 5-7 电动机星—三角形减压起动的 PLC 控制器材

名称	型号或规格	数量	名称	型号或规格	数量
PLC	S7－1200	1 台	接触器	CJX1－09/22	3 只
三相异步电动机	Y－132S－4	1 台	热继电器	NR4－63/F	1 只
组合开关	HZ10－25/3	1 只	计算机	装有 TIA Portal V14 编程软件	1 台
按钮	LAY7－11BN	2 只	熔断器	RT18－32	1 只

2. I/O 分配表

在项目二星—三角形减压起动控制电路中（图 2-12）介绍采用按钮与接触器控制的电动机电路中，有起动按钮、停止按钮各 1 个，还有对电动机进行热过载保护的 1 个热继电器，所以 PLC 共需要 3 个输入点；同时需要 3 个交流接触器，其中 KM1 实现接通电源功能，KM2 实现电动机的星形联结，KM3 实现电动机的三角形联结，所以 PLC 需要 3 个输出点用于驱动接触器线圈。据此列出电动机星—三角形减压起动的 PLC 控制系统的 I/O 分配表，见表 5-8。

表 5-8 电动机星—三角形减压起动的 PLC 控制系统 I/O 分配

输入		输出	
输入继电器	元件	输出继电器	元件
I0.0	起动按钮 SB1	Q0.0	KM1 接通电源
I0.1	停止按钮 SB2	Q0.1	KM2 星形联结
I0.2	热继电器 FR	Q0.2	KM3 三角形联结

3. 时序图

为了弄清 3 个接触器之间的相互时间关系，根据控制要求，可以先画出 Q0.0、Q0.1、Q0.2 的工作时序图，如图 5-27 所示。

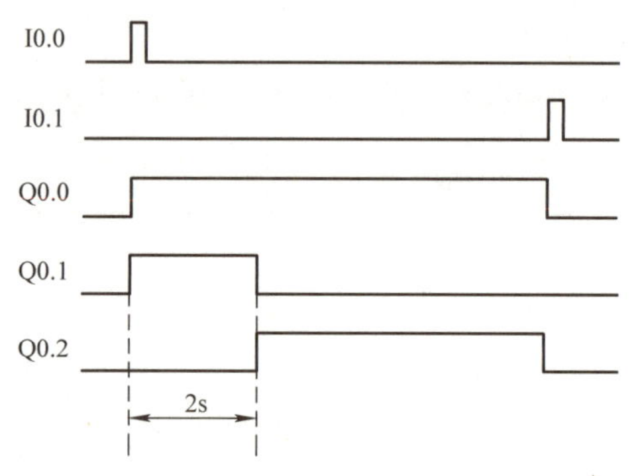

图 5-27 电动机星—三角形减压起动时序图

4. PLC I/O 接线图

根据表 5-8 所列出的 PLC I/O 分配，可以画出 PLC 接线示意图，如图 5-28 所示。

5. 程序设计

根据图 2-12 继电器—接触器控制电路，结合 PLC 的基本指令，设计出两台电动机顺序起动控制电路的梯形图，如图 5-29 所示。

这样，即可将任务要求变为如下要求：按下起动按钮 SB1，输入继电器 I0.0 动合触点闭合，输出继电器 Q0.0 和 Q0.1 线圈接通并自锁，接触器 KM1 和 KM2 得电吸合，电动机按星形联结运转，同时定时器开始定时。当定时 2s 后，M0.0 动断触点断开，Q0.1 线圈失电，星形联结运转停止，同时 M0.0 动合触点闭合，Q0.2 线圈接通并自锁，接触器 KM3 得电吸合，电动机按三角形联结运转，此时与 Q0.1 线圈串联的 Q0.2 动断触点已断开，Q0.1 线圈不会再得电。若按下停止按钮 SB2，I0.1 动断触点断开，线圈 Q0.0 和 Q0.2 都失电，电动机停转。其中，熔断器与热继电器分别对电路进行短路保护和过载保护。

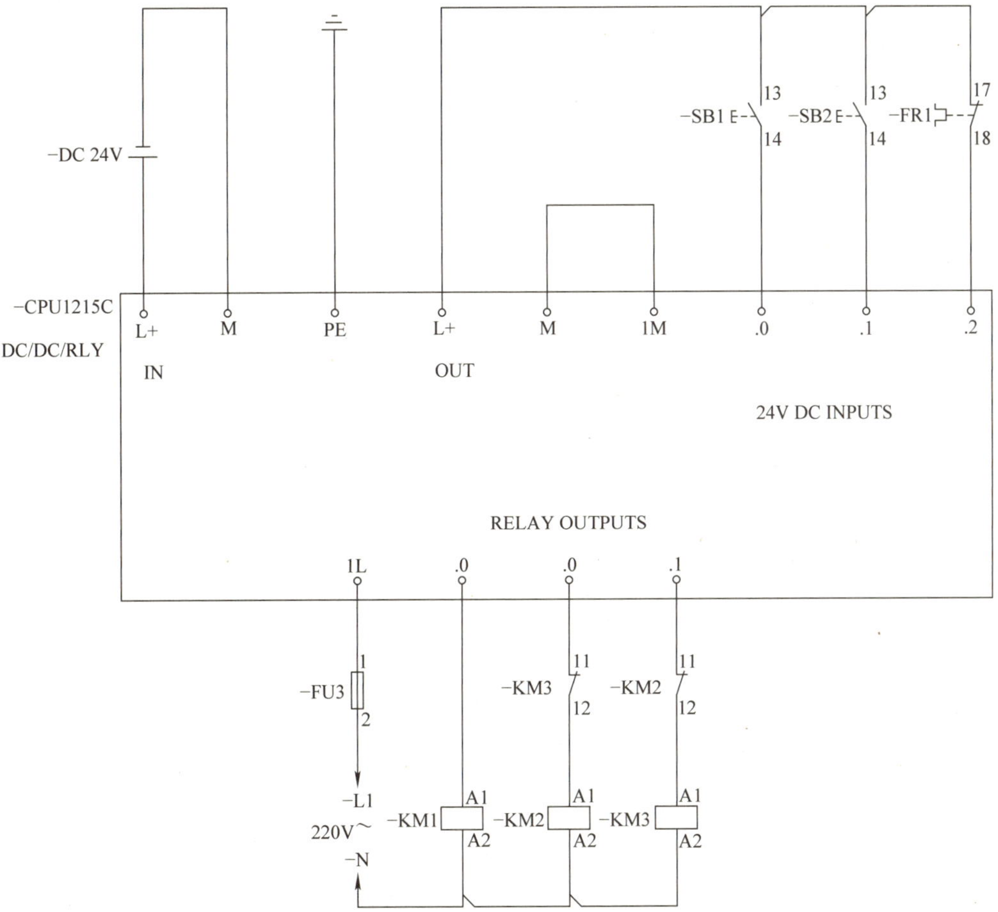

图 5-28　PLC I/O 接线示意图

6. 程序运行调试

1）在断电状态下，连接好相关电缆。

2）在 PC 上运行编程软件。

3）选择对应的 PLC 型号，设置参数，编辑梯形图控制程序。

4）编译下载程序至 PLC。

5）将 PLC 设为运行状态。

6）调试程序，找出程序的不足与错误，并修改，直至程序调试正确为止。

7. 任务总结或体会

8. 任务拓展

两条运输带的控制程序

按下起动按钮 I0.0，1 号运输带开始运行（由 Q0.1 控制电动机 1 实现），8s 后 2 号运输带自动起动（由 Q0.2 控制电动机 2 实现）。按了停止按钮 I0.1，先停 2 号运输带，8s 后停 1 号运输带。设置辅助元件 M0.0，根据波形图 5-30 和运输带控制系统 I/O 分配表 5-9，设计出该运输带的 PLC 程序。

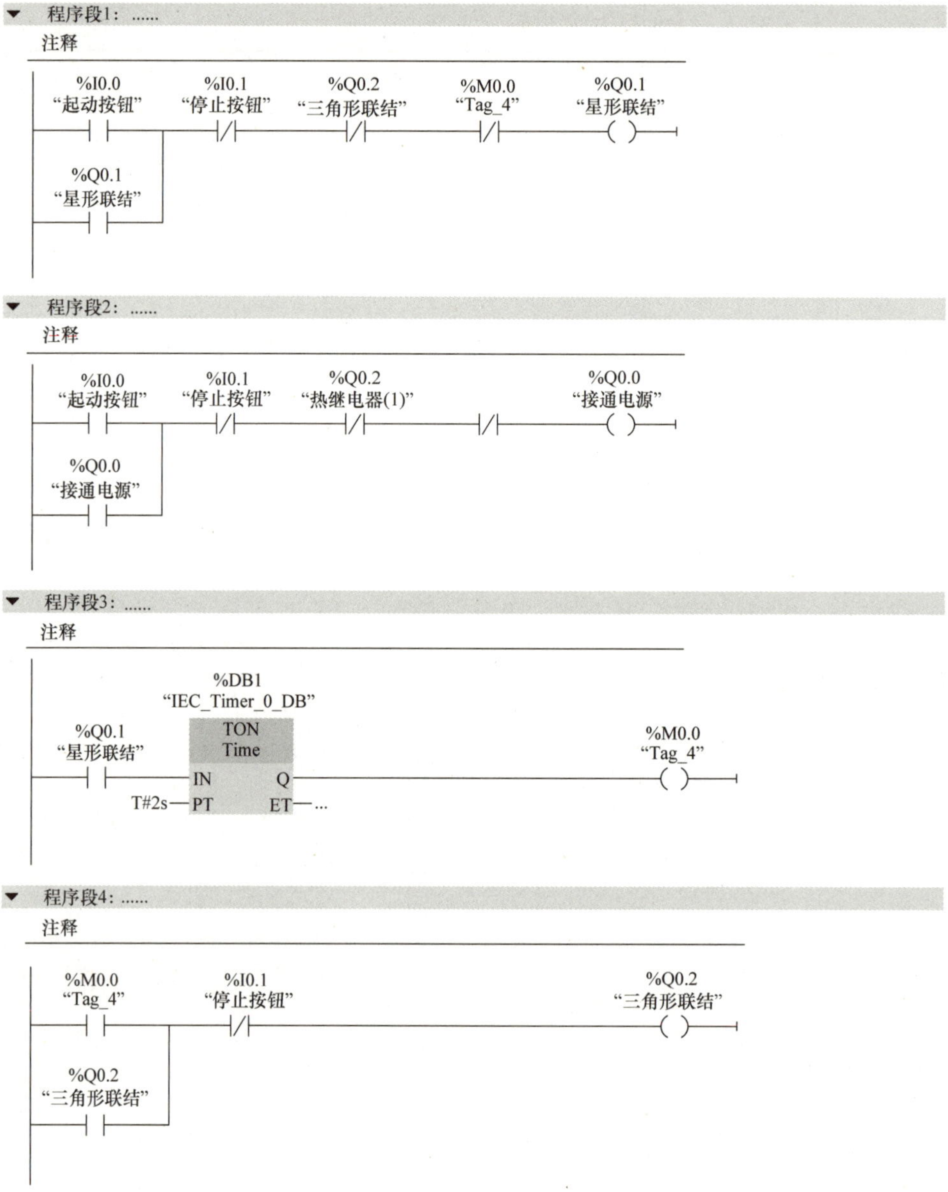

程序段1: ......

注释

%I0.0 “起动按钮”
%I0.1 “停止按钮”
%Q0.2 “三角形联结”
%M0.0 “Tag_4”
%Q0.1 “星形联结”
%Q0.1 “星形联结”

程序段2: ......

注释

%I0.0 “起动按钮”
%I0.1 “停止按钮”
%Q0.2 “热继电器(1)”
%Q0.0 “接通电源”
%Q0.0 “接通电源”

程序段3: ......

注释

%DB1
“IEC_Timer_0_DB”
TON
Time
%Q0.1 “星形联结”
IN Q
T#2s— PT ET—...
%M0.0 “Tag_4”

程序段4: ......

注释

%M0.0 “Tag_4”
%I0.1 “停止按钮”
%Q0.2 “三角形联结”
%Q0.2 “三角形联结”

图 5-29 梯形图

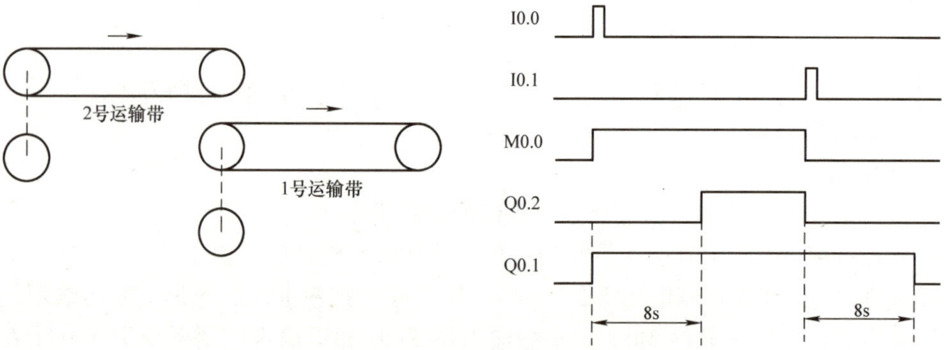

2号运输带
1号运输带
I0.0
I0.1
M0.0
Q0.2
Q0.1
8s
8s

图 5-30 运输带示意图与波形图

表 5-9 运输带控制系统 I/O 分配

输入		输出	
输入继电器	元件	输出继电器	元件
I0.0	起动按钮 SB1	Q0.1	1 号运输带电动机
I0.1	停止按钮 SB2	Q0.2	2 号运输带电动机

任务三 压力机上电动机的 PLC 控制

学习目标

知识目标

能理解 S7－1200 计数器指令的使用方法。

技能目标

能利用计数器指令编写梯形图程序。

素质目标

1）培养精益求精的精神。

2）树立节约意识。

3）培养创新意识

任务描述

使用 S7－1200 PLC 实现压力机上电动机的控制，压力机上电动机主要完成对磨具冲孔动作。本任务要求按下起动按钮后，电动机每隔 1s 进行一次冲孔动作，电动机得电冲压，断电缩回，连续冲压 3 次后，完成本次冲孔动作，在此过程中按下停止按钮或者电动机过载，立即暂停本次冲孔动作，待重新按下起动按钮或排除故障后，继续完成未完成的动作，暂停时红色指示灯以 2Hz 的频率闪烁。冲孔完成，绿色指示灯以 1Hz 频率闪烁，提示冲孔完成。

知识准备

5-6 计数器指令及其应用

计数器指令

（1）计数器的数据类型 S7－1200 有 3 种计数器：加计数器（CTU）、减计数器（CTD）和加减计数器（CTUD），如图 5-31 所示。调用计数器指令时，需要生成保存计数器数据的背景数据块。

图中 CU 和 CD 分别是加计数输入端和减计数输入端，在 CU 或 CD 由 0 状态变为 1 状态时（信号的上升沿），当前计数器值 CV 被加 1 或减 1。PV 为预设计数值，Q 为布尔输出。R 为复位输入端，CU、CD、R 和 Q 均为 Bool 变量。

将指令列表的“计数器操作”文件夹中的 CTU 指令拖放到工作区，单击方框中 CTU 下面的“<???>”（见图 5-31 的右图），在下拉列表中，将 PV 和 CV 的数据类型设置为 Int。

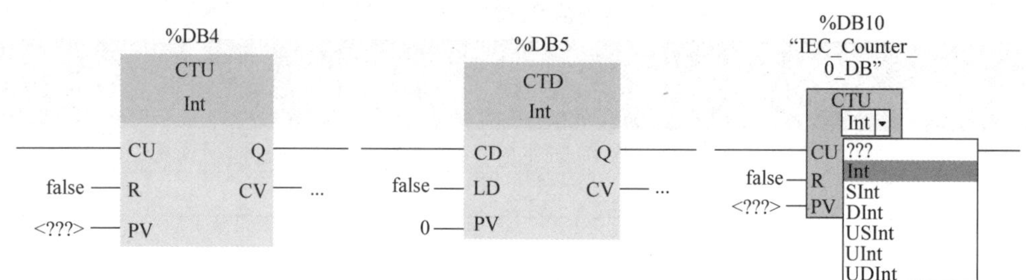

图 5-31　计数器指令

各变量均可以使用 I（仅用于输入变量）、Q、M、D 和 L 存储区，PV 还可以使用常数。

（2）加计数器　CU 是加计数输入端，在 CU 由 0 状态变为 1 状态时（信号的上升沿），实际计数值 CV 被加 1。R 是复位输入端，为 1 状态时，计数器被复位，CV 被清零，计数器的输出 Q 变为 0 状态。PV 为预置计数值，CV 为实际计数值。IEC_Counter_0_DB 是背景数据块（DB）的名称，如图 5-32 所示。

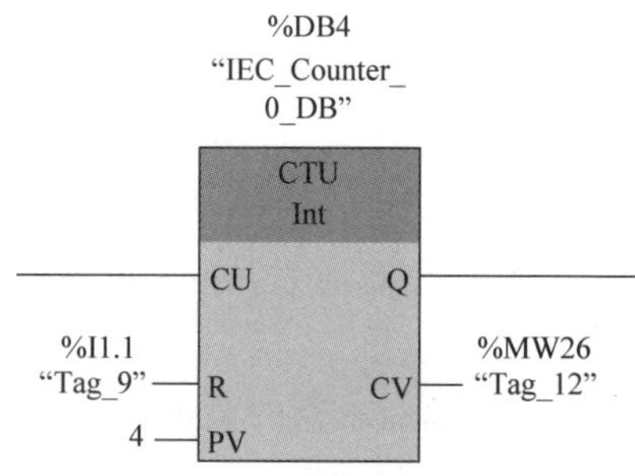

图 5-32　加计数器指令

当接在 R 端的复位输入 I1.1 为 0 状态（见图 5-33a），接在 CU 端的加计数脉冲输入电路由断开变为接通时（即在 CU 信号的上升沿），当前计数器值 CV 加 1，直到 CV 达到指定的数据类型的上限值。此后 CU 输入的状态变化不再起作用，CV 的值不再增加，如图 5-33b 所示。

CV 大于等于预设计数值 PV 时，输出 Q 为 1 状态，反之为 0 状态。第一次执行指令时，CV 被清零。各类计数器的复位输入 R 为 1 状态时，计数器被复位，输出 Q 变为 0 状态，CV 被清零。

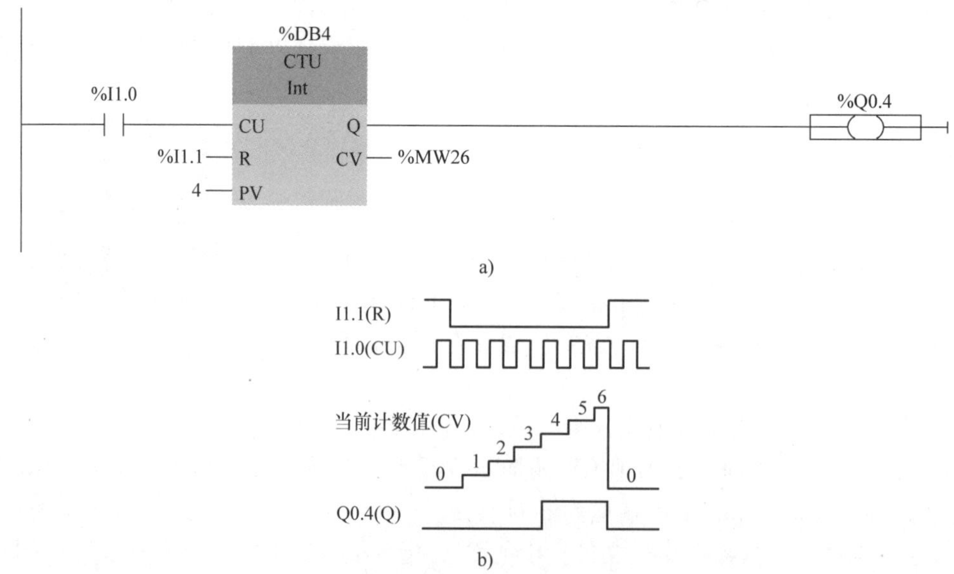

图 5-33　加计数器指令应用及其波形图

（3）减计数器　图 5-34a 中的减计数器的装载输入 LD 为 1 状态时，输出 Q 被复位为 0，并把预设计数值 PV 的值装入 CV。LD 为 1 状态时，减计数输入 CD 不起作用，如图 5-34b 所示。LD 为 0 状态时，在减计数输入 CD 的上升沿，当前计数器值 CV 减 1，直到 CV 达到指定的数据类型的下限值。此后 CD 输入信号的状态变化不再起作用，CV 的值不再减小。当前计数器值 CV 小于等于 0 时，输出 Q 为 1 状态，反之 Q 为 0 状态。第一次执行指令时，CV 被清零。

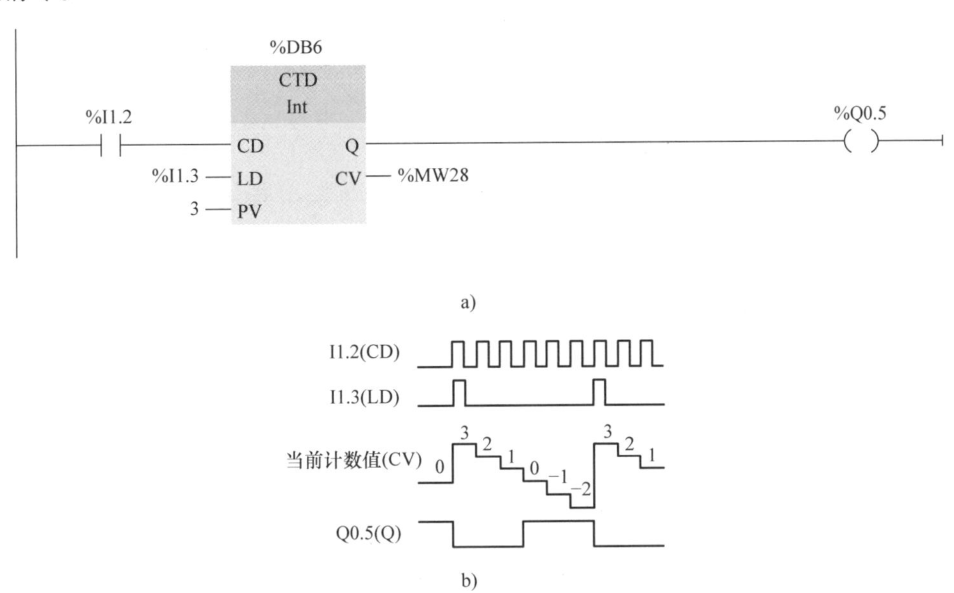

图 5-34　减计数器指令应用及其波形图

（4）加减计数器　加减计数器指令如图 5-35 所示。在加减计数器的加计数输入 CU 的上升沿，当前计数器值 CV 加 1，CV 达到指定的数据类型的上限值时不再增加。在减计数输入 CD 的上升沿，CV 减 1，CV 达到指定的数据类型的下限值时不再减小。

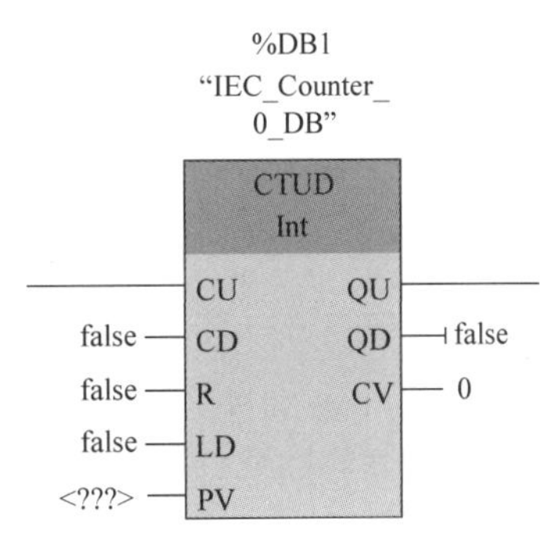

图 5-35　加减计数器指令

如果同时出现计数脉冲 CU 和 CD 的上升沿，CV 保持不变。CV 大于等于预设计数值 PV 时，输出 QU 为 1，反之为 0。CV 小于等于 0 时，输出 QD 为 1，反之为 0。装载输入 LD 为 1 状态时，预设值 PV 被装入当前计数器值 CV，输出 QU 变为 1 状态，QD 被复位为 0 状态。复位输入 R 为 1 状态时，计数器被复位。实际计数值 CU 被清零，输出 QU 变为 0 状态，QD 变为 1 状态。R 为 1 状态时，CU、CD 和 LOAD 不再起作用。

【应用举例】展厅报警系统设计

任务要求：一艺术展厅为保障观众的观看体验，限制展厅容量为 20 人。当展厅内人数少于 20 人时，绿色指示灯点亮，提醒观众可以继续进入；当展厅容量等于 20 人时，黄色指示灯亮，提醒展厅人满，观众不可进入；当展厅人数大于 20 人时，红色指示灯亮，提醒展厅超员。请用设计该展厅的 PLC 控制程序。报警系统 I/O 分配见表 5-10。

表 5-10　报警系统 I/O 分配

输入		输出	
输入继电器	元件功能	输出继电器	元件功能
I0. 0	系统开关	Q0. 0	绿灯指示
I0. 1	入口检测	Q0. 1	黄灯指示
I0. 2	出口检测	Q0. 2	红灯指示

PLC 程序设计如图 5-36 所示。

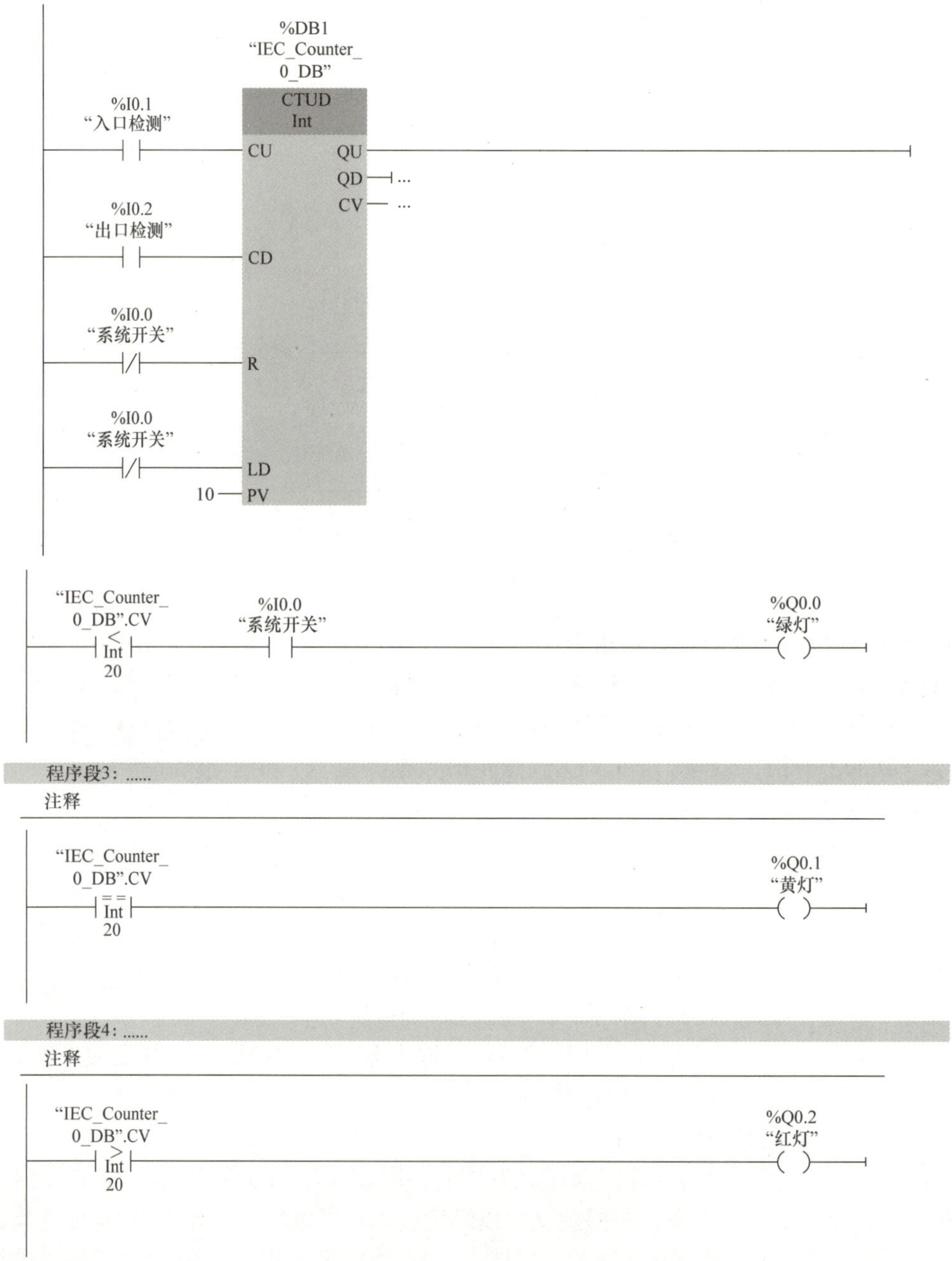

%DB1
“IEC_Counter_
0_DB”
CTUD
Int
%I0.1
“入口检测”
CU
QU
QD …
CV …
%I0.2
“出口检测”
CD
%I0.0
“系统开关”
R
%I0.0
“系统开关”
LD
10 PV

“IEC_Counter_
0_DB”.CV
<
Int
20
%I0.0
“系统开关”
%Q0.0
“绿灯”

程序段3: ......
注释

“IEC_Counter_
0_DB”.CV
==
Int
20
%Q0.1
“黄灯”

程序段4: ......
注释

“IEC_Counter_
0_DB”.CV
>
Int
20
%Q0.2
“红灯”

图 5-36　PLC 程序设计

在此例中，选用加减计数器来设计报警电路。将入口检测的信号接到加计数端，每进来一个人，计数器执行一次加计数。将出口检测的信号接到减计数端，每出去一个人，计数器执行一次减计数。将系统开关的动断触点接入指令的复位信号端，然后把计数器的当前值（CV）与展厅最大容量数20进行比较，在这种情况下加减计数器的PV值可以设定为任意数。当CV值小于20的时候，表示展厅未达到最大容量值，此时绿色指示灯点亮，提示可以继续进人。当CV值等于20的时候，黄灯点亮，提示展厅人满，停止进人。当CV值大于20的时候，红灯点亮，提示展厅人数超标，请尽快从出口出去。当人数降至20以下后，绿灯重新点亮，提示可以继续进人。在绿灯指示电路中串上系统开关的动合触点的目的是保证在系统启动后才有指示灯点亮，由于比较指令触点是满足比较关系就导通，而系统在启动前计数器当前值默认是0，是满足比较关系的，如果不加系统开关那么在PLC上电后即使不开系统开关展厅指示灯也点亮，不符合人们的习惯，所以在绿灯指示电路中串上系统开关。

任务实施

1. 材料准备

压力机上电动机的PLC控制器材见表5-11。

表5-11　压力机上电动机的PLC控制器材

名称	型号或规格	数量	名称	型号或规格	数量
PLC	S7－1200	1台	指示灯	红/绿	2只
按钮	LAY7－11BN	2只	计算机	装有TIA Portal V14编程软件	1台
熔断器	RT18－32	1只	电动机	Y－132S－4	1台

2. I/O分配表

根据控制要求确定I/O分配表，见表5-12。

表5-12　压力机上电动机的PLC控制系统I/O分配表

输入		输出	
输入继电器	元件	输出继电器	元件
I0.0	起动按钮SB1	Q0.0	冲压电动机
I0.1	停止按钮SB2	Q0.1	红色指示灯
I0.2	过载保护FR	Q0.2	绿色指示灯

3. PLC I/O接线图

根据所列出的I/O分配表，可以画的PLC控制系统I/O接线示意图，如图5-37所示。

4. 程序设计

压力机上电动机的PLC控制变量表如图5-38所示。

组态系统存储器字节与时钟存储器字节如图5-39所示。

根据图5-37接线示意图，结合PLC的基本指令，可以设计压力机上电动机的PLC梯形图，如图5-40所示。

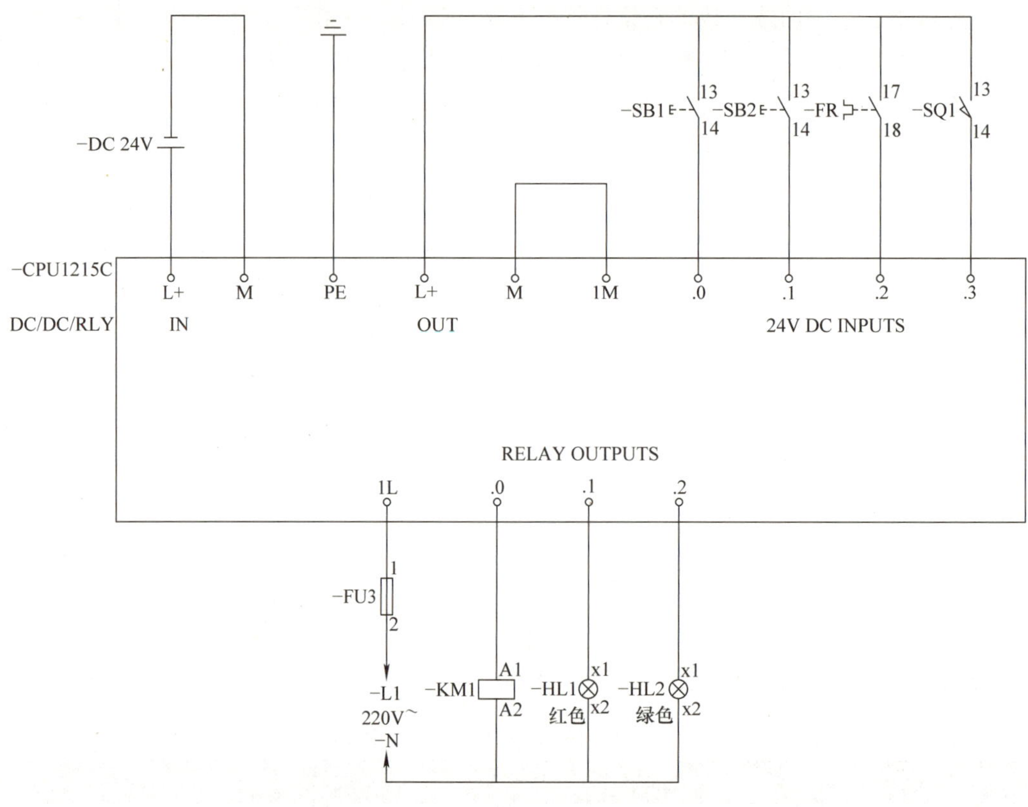

图 5-37　压力机上电动机的 PLC 控制系统 I/O 接线示意图

冲床的PLC控制 ▸ PLC_1 [CPU 1215C DC/DC/Rly] ▸ PLC变量 ▸ 变量表_1 [6]

变量　用户常量

变量表_1

	名称	数据类型	地址	保持	可从…	从H…	在H…	注释
1	起动按钮	Bool	%I0.0	☐	☑	☑	☑	
2	停止按钮	Bool	%I0.1	☐	☑	☑	☑	
3	过载FR	Bool	%I0.2	☐	☑	☑	☑	
4	电动机	Bool	%Q0.0	☐	☑	☑	☑	
5	红色指示灯	Bool	%Q0.1	☐	☑	☑	☑	
6	绿色指示灯	Bool	%Q0.2	☐	☑	☑	☑	
7	<添加>			☐	☑	☑	☑	

图 5-38　压力机上电动机的 PLC 控制变量表

5. 程序运行调试

1）在断电状态下，连接好相关电缆。

2）在 PC 上运行编程软件。

3）选择对应的 PLC 型号，设置参数，编辑梯形图控制程序。

4）编译下载程序至 PLC。

5）将 PLC 设为运行状态。

6）调试程序，找出程序的不足与错误，并修改，直至程序调试正确为止。

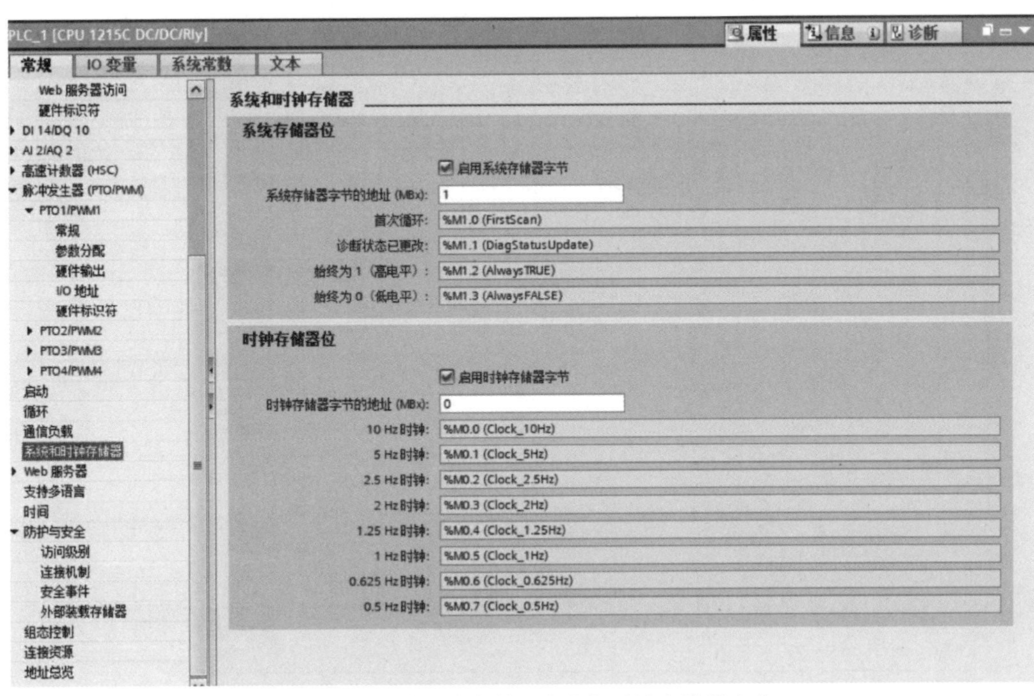

图 5-39　组态系统存储器字节与时钟存储器字节

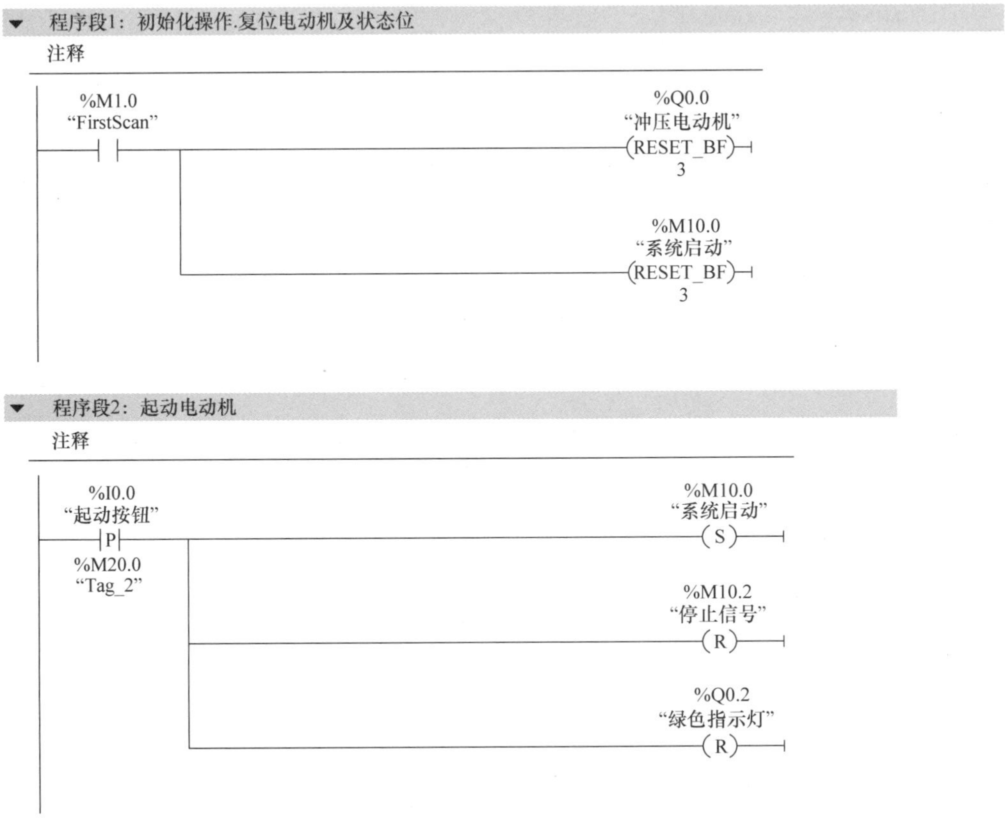

▼ 程序段1：初始化操作.复位电动机及状态位

注释

%M1.0
"FirstScan"

%Q0.0
"冲压电动机"
(RESET_BF)
3

%M10.0
"系统启动"
(RESET_BF)
3

▼ 程序段2：起动电动机

注释

%I0.0
"起动按钮"
P
%M20.0
"Tag_2"

%M10.0
"系统启动"
(S)

%M10.2
"停止信号"
(R)

%Q0.2
"绿色指示灯"
(R)

图 5-40　PLC 控制程序

▼ 程序段3：冲压动作持续0.5s，再过0.5s进行下一次冲压动作
注释

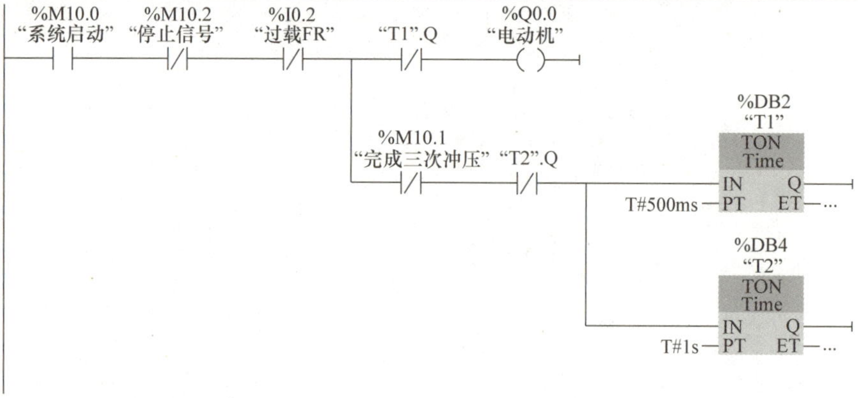

▼ 程序段4：每冲压到位一次，计数一次
注释

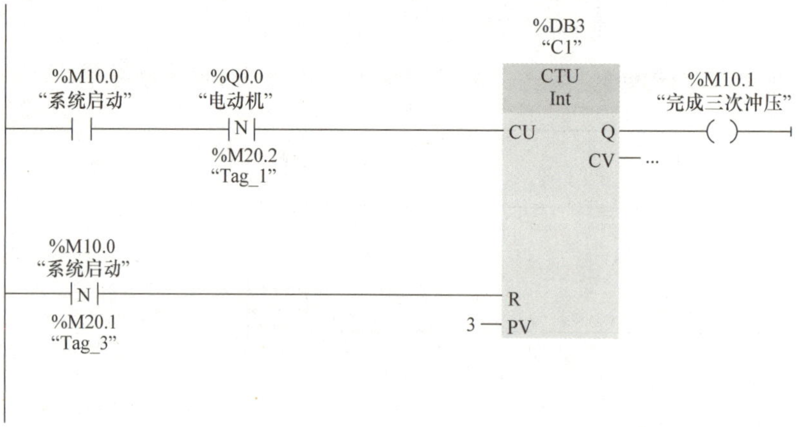

▼ 程序段5：完成冲压动作后，绿色指示灯点亮
注释

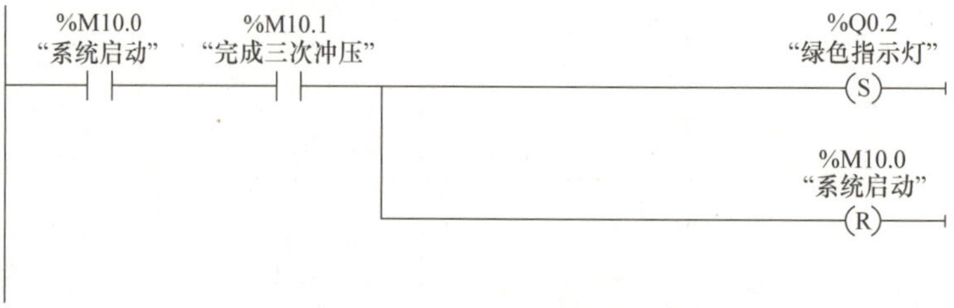

图 5-40　PLC 控制程序（续）

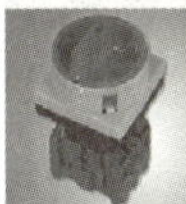

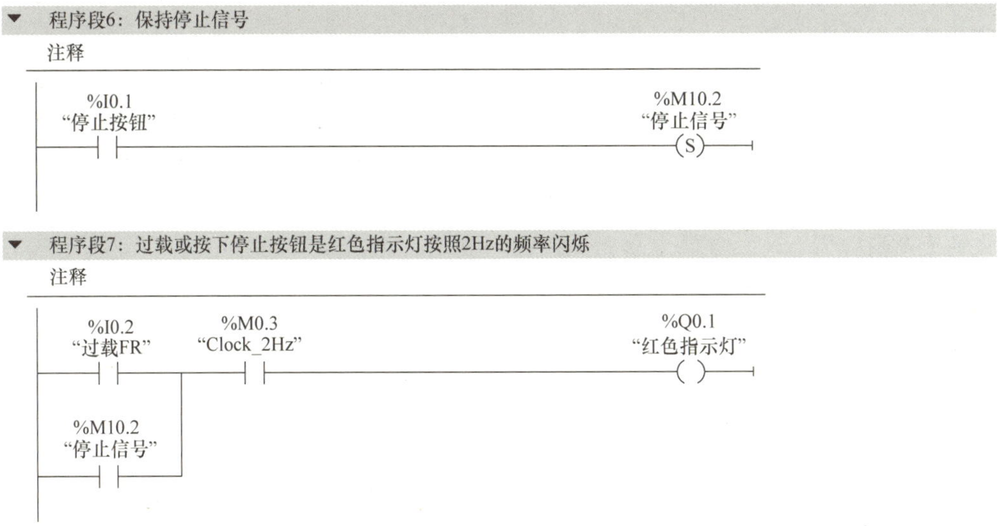

程序段6：保持停止信号
注释
%I0.1
“停止按钮”
%M10.2
“停止信号”
S
程序段7：过载或按下停止按钮是红色指示灯按照2Hz的频率闪烁
注释
%I0.2
“过载FR”
%M0.3
“Clock_2Hz”
%Q0.1
“红色指示灯”
%M10.2
“停止信号”

图 5-40　PLC 控制程序（续）

6. 任务总结或体会

7. 任务拓展

用 PLC 实现三相异步电动机的循环起停控制，即按下起动按钮，电动机起动并正向运转 5s，停止 3s，再反向运转 5s，停止 3s，然后再正向运转，如此循环 5 次后停止运转，此时循环结束指示灯以秒级闪烁，以示循环过程结束。若停止按钮按下松开时，电动机才停止运行。该电路必须具有必要的短路保护、过载保护等功能。电动机的循环起停控制 I/O 分配见表 5-13。

表 5-13　电动机的循环起停控制 I/O 分配

输入		输出	
输入继电器	元件	输出继电器	元件
I0.0	起动按钮 SB1	Q0.0	正转 KM1
I0.1	停止按钮 SB2	Q0.1	反转 KM2
I0.2	热继电器 FR	Q0.4	指示灯 HL

阅读课堂

强调加快建设科技强国，实现高水平科技自立自强。

2019 年 8 月 9 日，华为正式发布了我国自主研发的国产操作系统鸿蒙，实践证明，在科技创新的激烈竞争中，关键核心技术才是企业的命脉，自主创新是企业不断向前发展的不竭动力。

随着新经济时代的到来和全球化步伐的加快，企业的市场竞争愈演愈烈，不少企业借助自主创新的强大优势，抢占国际市场，获取巨大的经济效益。自主创新对企业发展具有决定性的作用，不仅能提高企业在多变的市场环境中的生存能力，还能不断提高关键技术自给率，增强企业在国际社会环境中的竞争力。同时，自主创新的发展树立了良好的企业品牌形象，建立起行业优势，打造了企业创新文化精神，促进了企业的可持续发展，让企业始终保持健康旺盛的生机与活力。

同样，作为新时代的大学生，我们一定要有意识地培养创新意识，提升自己的创新能力。因为我们终将进入社会，无论是进入企业，还是自主创业，我们大学生必将成为中国未来社会的中坚，必然要承担起国家发展的重担，承担起创新的重任。因此，无论是出于国家发展的需要，还是个人将来的发展，创新能力和创新意识的培养都是大学生成长过程中必须养成的素质

项目六　循环与中断控制

循环与中断控制在工业生产及日常生活中比较常见，它们是如何实现的呢？本项目将通过四个典型任务（彩灯循环闪烁控制、电子密码锁控制、三相异步电动机断续运行的 PLC 控制、裁切机的 PLC 控制）的设计实施，结合可编程序控制器的计数器指令、定时器指令、传送指令、移位指令、比较指令、高速计数器指令、高速脉冲输出指令、组织块、函数、函数块等的学习与应用，以达到对可编程序控制器循环与中断控制类项目的掌握和应用。

任务一　彩灯循环闪烁控制

学习目标

知识目标

1）能理解移位指令的使用方法。

2）能理解循环移位指令的使用方法。

技能目标

1）能利用移位指令编写程序。

2）能利用循环移位指令编写程序。

素质目标

1）具有精益求精的精神。

2）树立安全意识。

任务描述

使用 S7－1200 PLC 实现 8 盏流水灯控制，要求按下开始按钮后，第 1 盏灯亮 1s 后第 1、2 盏灯亮，再过 1s 后第 1、2、3 盏灯亮，直到 8 盏灯全亮；再过 1s 后，第 1 盏灯再次亮起，如此循环。无论何时按下停止按钮，8 盏灯全部熄灭。同时，系统还要求无论何时按下开始按钮，都从第 1 盏灯亮起。

知识准备

S7－1200 移动指令包括：移动值指令 MOVE、移动块指令 MOVE_BLK、填充存储区指令 FILL_BLK、交换指令 SWAP，如图 6-1 所示。

（1）移动值指令　移动值指令（MOVE），如图 6-1a 所示。用于将 IN 输入端的源数据

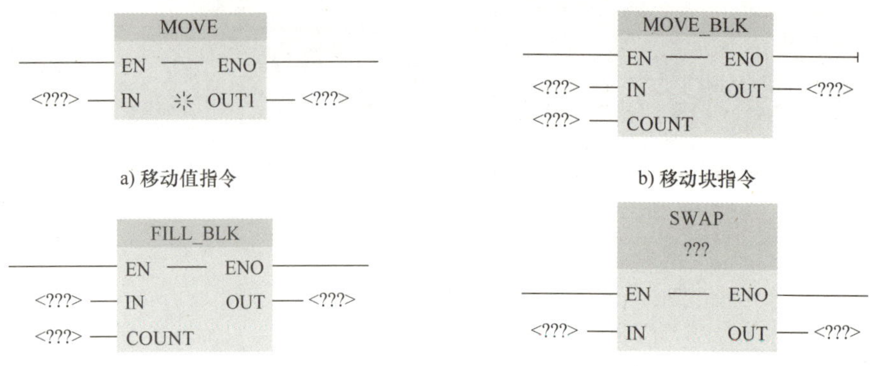

a) 移动值指令　　b) 移动块指令

c) 填充存储区指令　　d) 交换指令

图 6-1　S7－1200 移动指令

6-1　移动指令及其应用

传送给 OUT1 输出的目的地址，并且转换为 OUT1 允许的数据类型，源数据保持不变。IN 和 OUT1 的数据类型可以是位字符串、整数、浮点数、定时器、日期时间、CHAR、WCHAR、STRUCT、ARRAY、IEC 定时器/计数器数据类型、PLC 数据类型，IN 还可以是常数。

此外，一个 MOVE 指令可以将一个变量传送到多个变量，或者使用一个 MOVE 指令来传送数组类型变量，或者传送整个 DB 块。如果输入 IN 数据类型的位长度超出输出 OUT1 数据类型的位长度，则源数据的高位会丢失。如果输入 IN 数据类型的位长度小于输出 OUT1 数据类型的位长度，则目标数据的高位会被改写为 0。

MOVE 指令允许有多个输出，单击 OUT1 图标，将会增加一个输出，增加的输出的名称为 OUT2，以后增加的输出的编号按顺序排列。用鼠标右键单击某个输出的短线，执行快捷菜单中的“删除”命令，将会删除该输出参数。删除后自动调整剩下的输出的编号。图 6-2为 MOVE 指令将一个变量传送到两个变量。

图 6-2　MOVE 指令的应用

MOVE 指令如果满足下列条件之一，使能输出 ENO 将返回信号状态“0”：

1）使能输入 EN 的信号状态为“0”。

2）IN 参数的数据类型与 OUT1 参数的指定数据类型不对应。

（2）移动块指令　移动块指令（MOVE_BLK），如图 6-1b 所示。该指令的功能是将一个存储区（源范围）的数据移动到另一个存储区（目标范围）中。使用输入端 COUNT 可以指定移动到目标范围中的元素个数。可通过输入端 IN 中元素的宽度来定义元素待移动的

宽度。

IN 是源数组中传送的起始元素，OUT 是目的数组中接收的起始元素。IN 和 OUT 必须是数组的一个元素，例如"DB26" . static_1 [0]，不能是常数、常量、普通变量，也不能是数组。IN 和 OUT 类型必须完全相同，并且必须是基本数据类型，不能是 UDT、Struct 等的数组类型。COUNT 是传输个数，可以是正整数的常数，如果是变量，数据类型支持 USInt、UInt、UDInt。如果目的数组接收区域小于源数组的传送区域，则只传送目的数组可接收区域的数据。其程序执行如图 6-3 所示。

```
                          MOVE_BLK
                     ----EN      ENO----
"DB1".static_1[0] ---- IN       OUT ---- "DB1".static_2[0]
                5 ---- COUNT
```

	名称	数据类型	起始值	监视值
1	▼ Static			
2	VD1	DWord	16#0	16#0000_0000
3	VD2	DWord	16#0	16#0000_0000
4	VD3	DWord	16#0	16#0000_0000
5	▼ static_1	Array[0..10] of Byte		
6	static_1[0]	Byte	1	16#01
7	static_1[1]	Byte	2	16#02
8	static_1[2]	Byte	3	16#03
9	static_1[3]	Byte	4	16#04
10	static_1[4]	Byte	5	16#05
11	static_1[5]	Byte	6	16#06
12	static_1[6]	Byte	7	16#07
13	static_1[7]	Byte	8	16#08
14	static_1[8]	Byte	9	16#09
15	static_1[9]	Byte	10	16#0A
16	static_1[10]	Byte	11	16#0B
17	▼ static_2	Array[0..10] of Byte		
18	static_2[0]	Byte	16#0	16#00
19	static_2[1]	Byte	16#0	16#00
20	static_2[2]	Byte	16#0	16#00
21	static_2[3]	Byte	16#0	16#00
22	static_2[4]	Byte	16#0	16#00
23	static_2[5]	Byte	16#0	16#00
24	static_2[6]	Byte	16#0	16#00
25	static_2[7]	Byte	16#0	16#00
26	static_2[8]	Byte	16#0	16#00
27	static_2[9]	Byte	16#0	16#00
28	static_2[10]	Byte	16#0	16#00

图 6-3　MOVE_BLK 程序执行

传送前，DB1. static_1 数组每个元素存储有不同的值，DB1. static_2 数组中每个元素值均为 0。

(3) 填充存储区指令　填充存储区指令（FILL_BLK），如图 6-1c 所示。该指令的功能是用 IN 输入的值填充一个存储区域（目标范围）。从输出 OUT 指定的地址开始填充目标范围。可以使用参数 COUNT 指定复制操作的重复次数。执行该指令时，输入 IN 中的值将移动到目标范围，重复次数由参数 COUNT 的值指定。仅当源范围和目标范围的数据类型相同时，才能执行该指令。IN 和 OUT 必须是 DB、L（数据块或块的局部数据）中的数组元素，

IN 还可以为常数。COUNT 为移动的数组元素的个数，数据类型为 DInt 或常数。

（4）交换指令　交换指令（SWAP），如图 6-1d 所示。SWAP 指令用于更改输入 IN 中字节的顺序，并在输出 OUT 中查询结果。SWAP 指令支持的数据类型为字（Word）、双字（DWord）。

SWAP 程序指令在梯形图中执行结果如图 6-4 所示。IN 和 OUT 为数据类型 Word 时，SWAP 指令交换输入 IN 的高、低字节后，保存到 OUT 指定的地址。IN 和 OUT 为数据类型 DWord 时，交换 4 个字节中数据的顺序，交换后保存到 OUT 指定的地址。

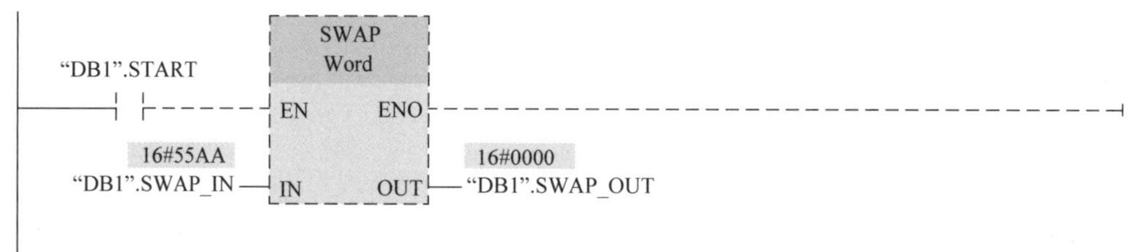

		名称	数据类型	起始值	监视值
1		▼ Static			
2		■ VD1	DWord	16#0	16#0000_0000
3		■ VD2	DWord	16#0	16#0000_0000
4		■ VD3	DWord	16#0	16#0000_0000
5		■ SWAP_IN	Word	16#55AA	16#55AA
6		■ SWAP_OUT	Word	16#0	16#0000

a) SWAP执行前状态

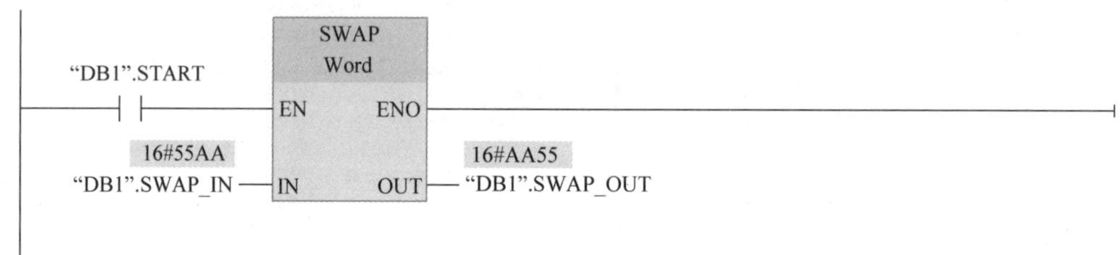

		名称	数据类型	起始值	监视值
1		▼ Static			
2		■ VD1	DWord	16#0	16#0000_0000
3		■ VD2	DWord	16#0	16#0000_0000
4		■ VD3	DWord	16#0	16#0000_0000
5		■ SWAP_IN	Word	16#55AA	16#55AA
6		■ SWAP_OUT	Word	16#0	16#AA55

b) SWAP执行后状态

图 6-4　SWAP 程序指令在梯形图中执行结果

（5）移位指令和循环移位指令　移位指令和循环移位指令，如图 6-5 所示。

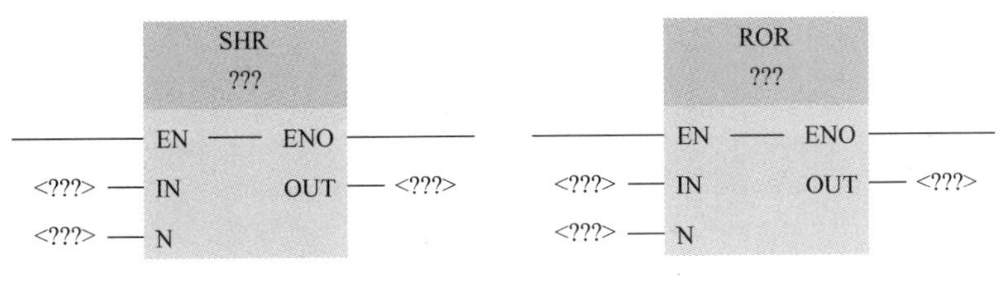

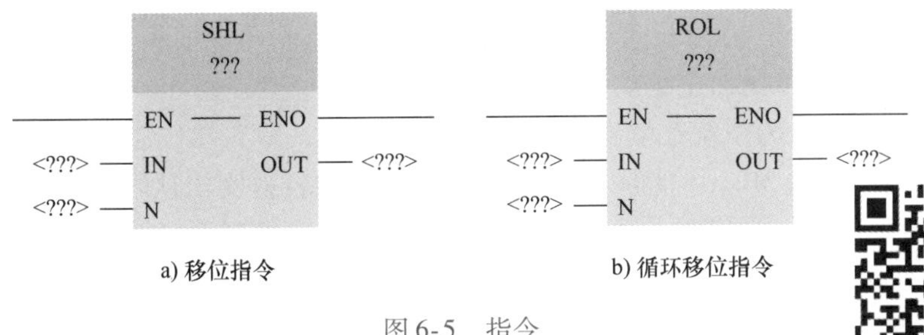

a) 移位指令　　b) 循环移位指令

图 6-5　指令

6-2　移位指令及其应用

1）移位指令。右移指令（SHR）和左移指令（SHL）将输入参数 IN 指定的存储单元的整个内容逐位右移或左移若干位，移位的位数用输入参数 N 来定义，移位的结果保存在输出参数 OUT 指定的地址中。

无符号数移位和有符号数左移后空出来的位用 0 填充。有符号整数右移后空出来的位用符号位（原来的最高位）填充，正数的符号位为 0，负数的符号位为 1。

移位位数 N 为 0 时不会移位，但是 IN 指定的输入值被复制给 OUT 指定的地址。

将指令列表中的移位指令拖放到梯形图后，单击方框内指令名称下面的问号，用下拉式列表设置变量的数据类型。

执行移位指令时应注意，如果将移位后数据要送回源地址，应将图 6-6 中 I0.5 的动合触点改为 I0.5 的扫描操作数的信号上升沿指令（P 触点），否则在 I0.5 为 1 状态的每个扫描周期都要移位一次。

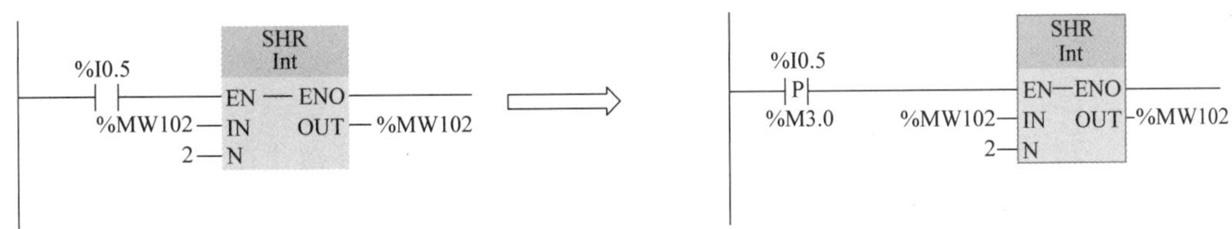

图 6-6　SHR 指令

右移 n 位相当于除以 2^n，将十进制数 −200 对应的二进制数右移 2 位相当于除以 4，右移后的数为 −50。左移 n 位相当于乘以 2^n，将 200 左移 3 位，相当于乘以 8，左移后得到的数为 1600（见图 6-7）。

2）循环移位指令。“循环右移”指令 ROR 和“循环左移”指令 ROL 将输入参数 IN 指定的存储单元的整个内容逐位循环右移或循环左移若干位，即移出来的位又送回存储单元另一端空出来的位，原始的位不会丢失。N 为移位的位数，移位的结果保存在输出参数 OUT 指定的地址。N 为 0 时不会移位，但是 IN 指定的输入值复制给 OUT 指定的地址。移位位数

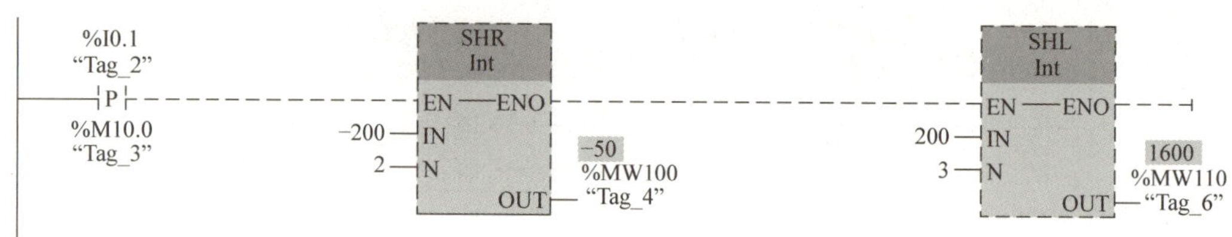

图 6-7　移位指令的应用

6-3　循环移位指令及其应用

N 可以大于被移位存储单元的位数。

在图 6-8 中，M1.0 为系统存储器，首次扫描为“1”，即首次扫描时将 125（16#7D）赋给 MB10，将 -125（16#83，负数的表示使用补码形式，即原码取反后加 1 且符号位不变，-125 的原码的二进制形式为 2#1111 1101，反码为 2#1000 0010，补码为 2#1000 0011，即 16#83）赋给 MB20。

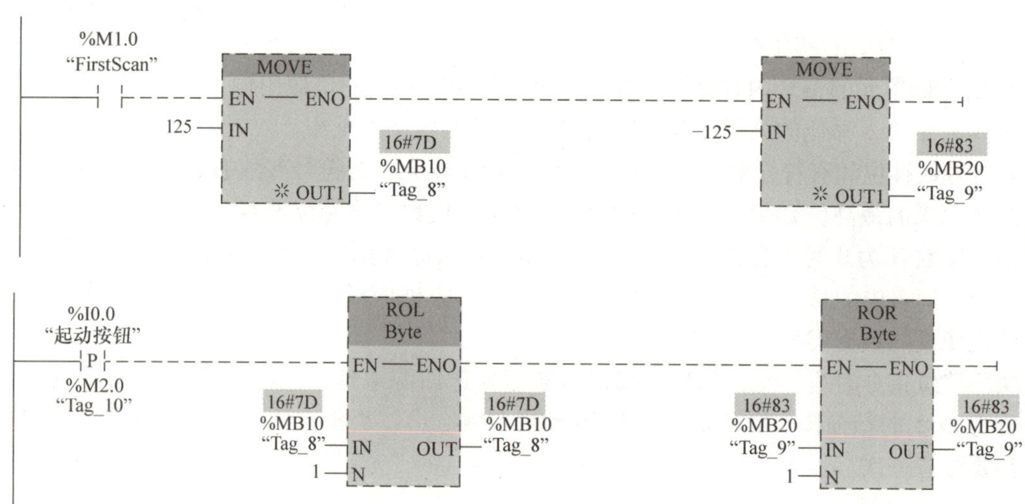

图 6-8　循环移位指令的应用——指令执行前

在图 6-8 中，当 I0.0 出现一次上升沿时，循环左移和循环右移指令各执行一次，都循环移一位，MB10 的数据 16#7D（2#01111101）向左循环移一位后为 2#11111010，即为 16#FA；MB20 的数据 16#83（2#10000011）向右循环移一位后为 2#11000001，即 16#C1，如图 6-9所示。

从图 6-9 中可以看出，循环移位时最高位移入最低位，或最低位移入最高位，即符号位跟着一起移，始终遵循“移出来的位又送回存储单元另一端空出来的位”的原则。可以看出，带符号的数据进行循环移位时，容易发生意想不到的结果，因此，使用循环移位时，请用户谨慎。

任务实施

任务分析：若能够通过程序控制，使“1”状态在某存储空间自动连续移位，即可完成

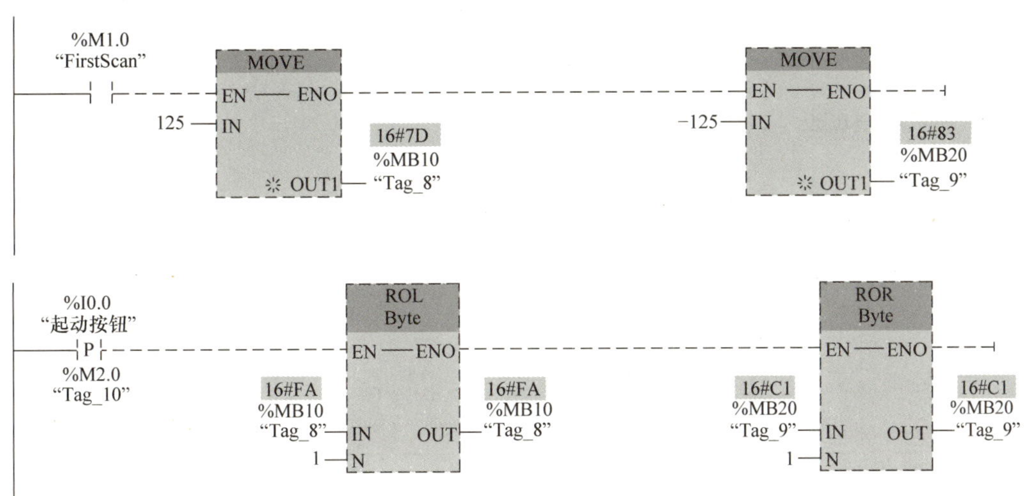

图 6-9　循环移位指令的应用——指令执行后

彩灯的顺序点亮。

1. 材料准备（见表 6-1）

表 6-1　彩灯循环闪烁控制器材

名称	型号或规格	数量	名称	型号或规格	数量
PLC	S7－1200	1 台	彩灯	DC 24V	8 只
按钮	LAY7－11BN	2 只	计算机	装有 TIA Portal V14 编程软件	1 台

2. I/O 分配表

根据控制要求确定 I/O 分配，见表 6-2。

表 6-2　彩灯循环闪烁控制系统 I/O 分配表

输入继电器	元件	输出继电器	元件
I0.0	起动按钮 SB1	Q0.0	1 号灯 L1
I0.1	停止按钮 SB2	Q0.1	2 号灯 L2
		Q0.2	3 号灯 L3
		Q0.3	4 号灯 L4
		Q0.4	5 号灯 L5
		Q0.5	6 号灯 L6
		Q0.6	7 号灯 L7
		Q0.7	8 号灯 L8

3. PLC I/O 接线示意图

根据所列出的 I/O 分配表，可以画出彩灯循环闪烁控制系统 I/O 接线示意图，如图 6-10所示。

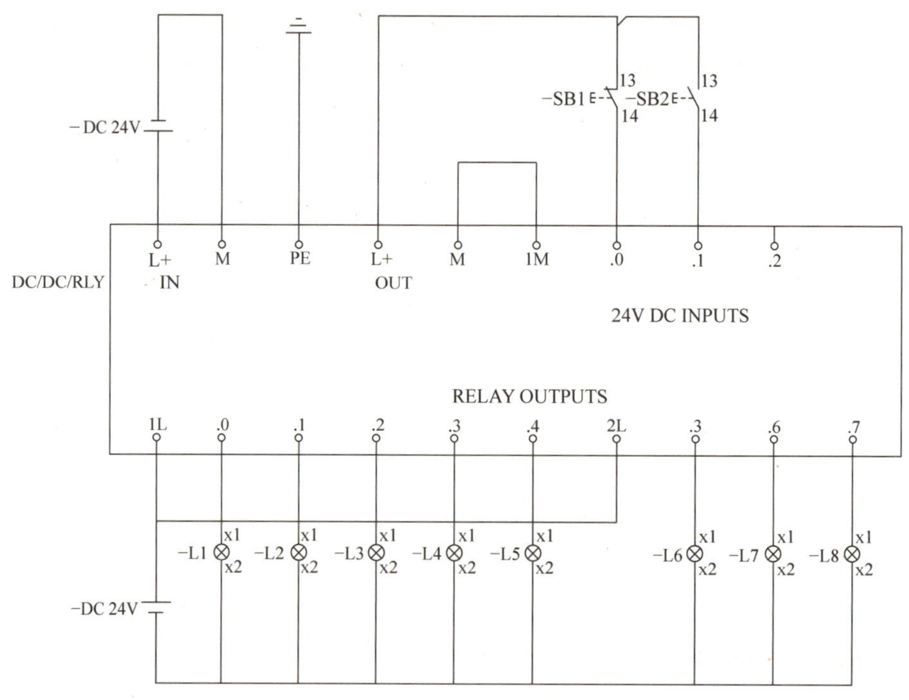

图 6-10　彩灯循环闪烁 I/O 控制系统接线示意图

4. 程序设计

本任务要求每秒钟在 QB0 端的 8 盏灯以流水灯的形式流动。在此，秒时间信号使用系统时钟存储器字节（采用字节 MB10），如图 6-11 所示，并使用移动指令编写程序。

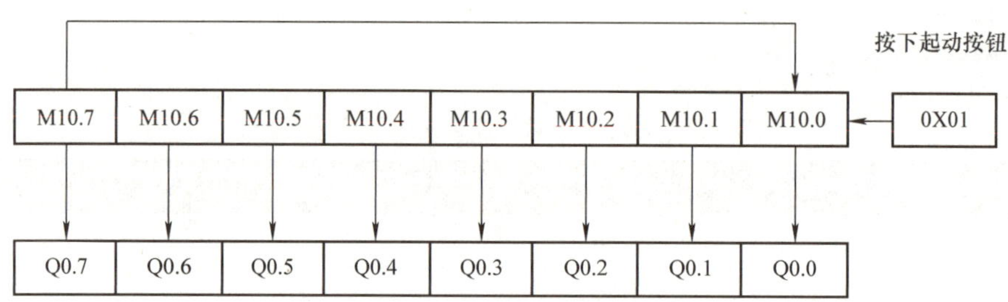

图 6-11　移位指令执行过程

根据图 6-10 所示接线示意图，结合 PLC 的基本指令，可以设计出流水灯的梯形图，如图 6-12 所示。

5. 程序运行调试

1）在断电状态下，连接好相关电缆。

2）在 PC 上运行编程软件。

3）选择对应的 PLC 型号，设置参数，编辑梯形图控制程序。

4）编译下载程序至 PLC。

5）将 PLC 设为运行状态。

6）调试程序，找出程序的不足与错误并修改，直至程序调试正确为止。

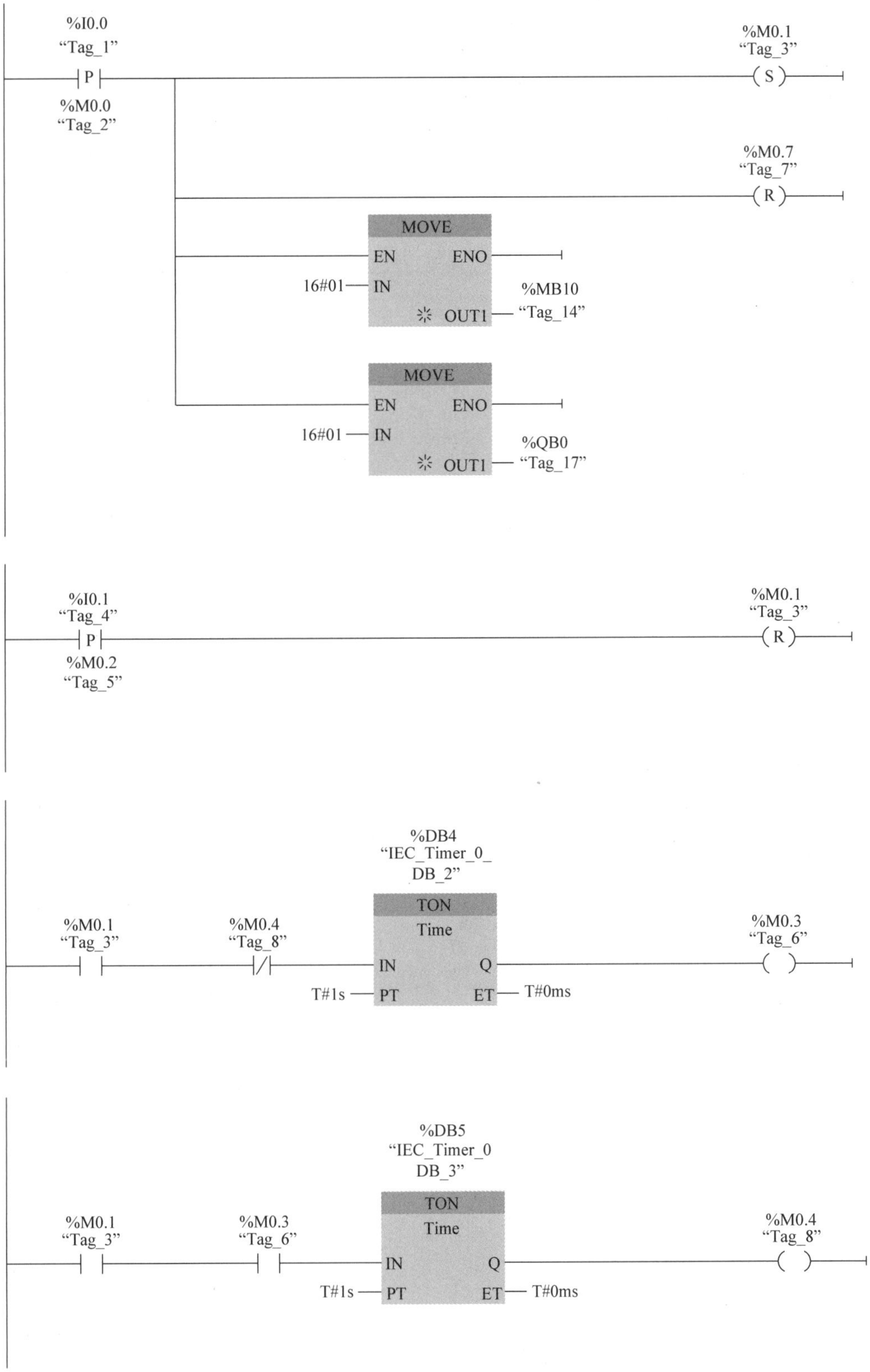

```
%I0.0                                                        %M0.1
"Tag_1"                                                      "Tag_3"
--|P|--+-----------------------------------------------------(S)--
%M0.0  |
"Tag_2"|                                                     %M0.7
       |                                                     "Tag_7"
       +-----------------------------------------------------(R)--
       |
       |            MOVE
       +--------- EN      ENO ----
         16#01 -- IN
                          OUT1 -- %MB10 "Tag_14"
       |
       |            MOVE
       +--------- EN      ENO ----
         16#01 -- IN
                          OUT1 -- %QB0 "Tag_17"

%I0.1                                                        %M0.1
"Tag_4"                                                      "Tag_3"
--|P|--------------------------------------------------------(R)--
%M0.2
"Tag_5"

                           %DB4
                           "IEC_Timer_0_DB_2"
                           TON
%M0.1        %M0.4         Time                              %M0.3
"Tag_3"      "Tag_8"                                         "Tag_6"
--| |---------|/|--------- IN      Q ------------------------( )--
                  T#1s --- PT      ET --- T#0ms

                           %DB5
                           "IEC_Timer_0_DB_3"
                           TON
%M0.1        %M0.3         Time                              %M0.4
"Tag_3"      "Tag_6"                                         "Tag_8"
--| |---------| |--------- IN      Q ------------------------( )--
                  T#1s --- PT      ET --- T#0ms
```

图 6-12　彩灯循环闪烁系统 PLC 控制程序

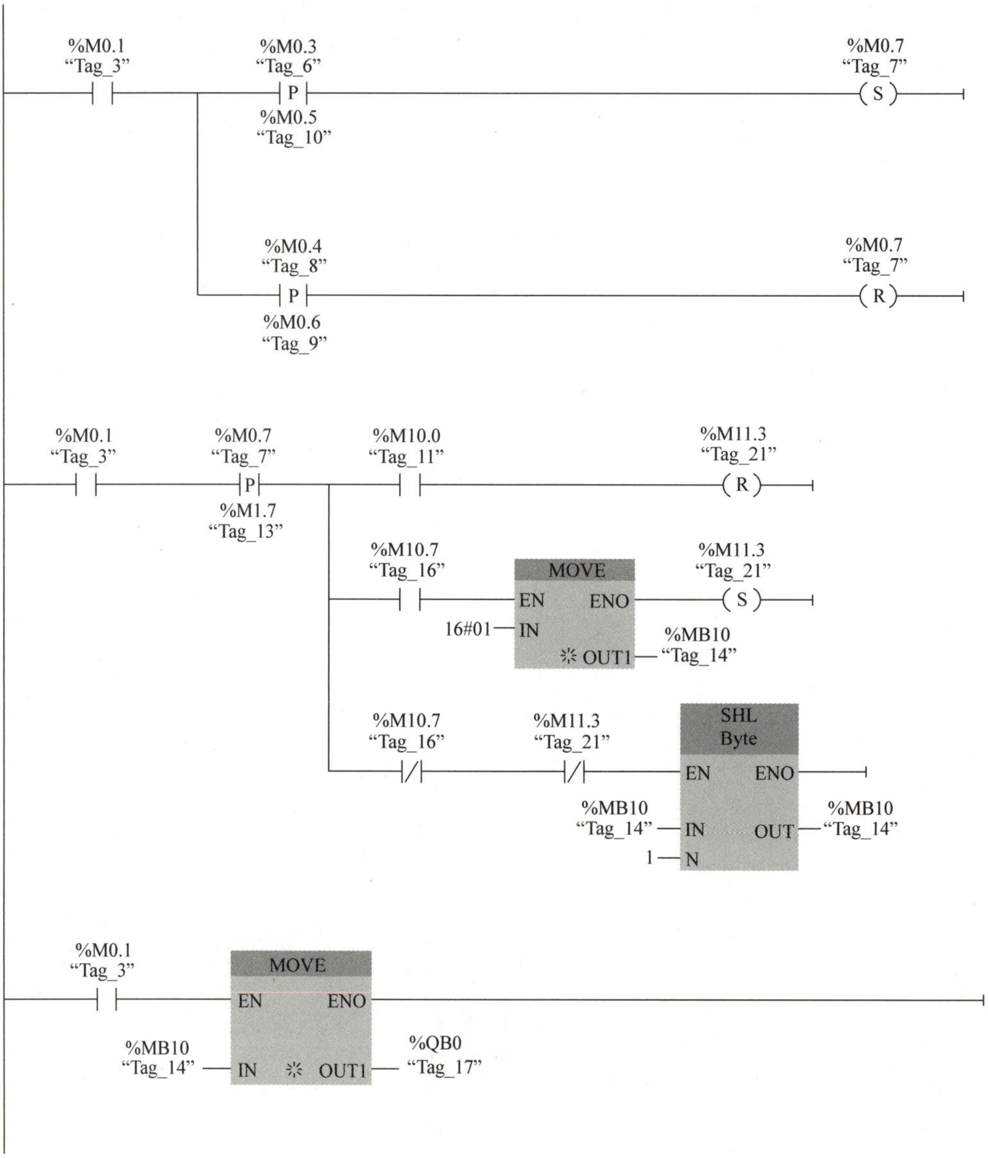

图 6-12　彩灯循环闪烁系统 PLC 控制程序（续）

任务二　电子密码锁控制

学习目标

知识目标

1）了解比较指令的使用方法。

2）了解逻辑运算指令的使用方法。

3）了解数学运算指令的使用方法。

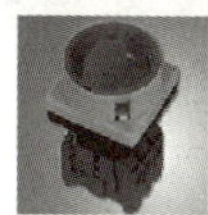

技能目标

1）能利用比较指令完成字节、字、双字等数据类型的比较程序编写。

2）能用逻辑运算指令、数学运算指令完成程序编写。

素质目标

1）具有精益求精的精神。

2）树立安全意识。

任务描述

熟练运用比较指令设计 PLC 程序实现对电子密码锁的控制。具体控制要求如下：系统有 5 个按键，分别为启动、复位、报警和输入 1、输入 2。工作过程为：按下启动键可以开锁，按照预定设置按下输入键，正确即可开锁，若按错需要复位才能继续开锁。触动报警键，报警器将发出警报。

知识准备

6-4　比较指令及其应用

1. 比较指令

S7 – 1200 比较指令（见图 6-13）包括：值超出范围指令 OUT_RANGE，其中，等于指令 CMP = =、不等于指令 CMP > <、大于或等于指令 CMP > =、小于或等于指令 CMP < =、大于指令 CMP >、小于指令 CMP <；值在范围内指令 IN_RANGE 的上方为操作数 1、下方为操作数 2。六条指令分别在操作数 1 等于、不等于、大于或等于、小于或等于、大于、小于操作数 2 时，返回运算结果 1，否则返回 0。

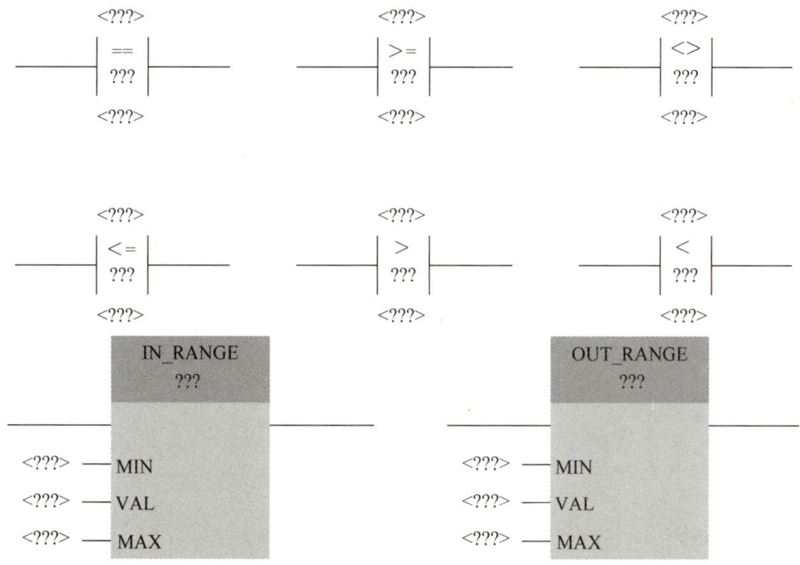

图 6-13　S7 – 1200 比较指令

值在范围内指令 IN_RANGE 使用输入 MIN 和 MAX 指定取值范围的限值，并将输入 VAL 的值与输入 MIN 和 MAX 的值进行比较，最后将结果发送到功能框输出中。如果输入

VAL 的值满足 MIN < = VAL 或 VAL < = MAX 比较条件，则功能框输出的信号状态为“1”。如果不满足比较条件，则功能框输出的信号状态为“0”。值超出范围指令 OUT_RANGE 使用输入 MIN 和 MAX 指定取值范围的限值，并将输入 VAL 的值与输入 MIN 和 MAX 的值进行比较，最后将结果发送到功能框输出中。如果输入 VAL 的值满足 MIN >VAL 或 VAL>MAX 比较条件，则功能框输出的信号状态为“1”。如果不满足比较条件，则功能框输出的信号状态为“0”。

等于指令 CMP = = 和不等于指令 CMP > < 支持的数据类型为：位字符串、整数、浮点数、字符串、定时器、日期时间、ARRAY of < 数据类型 >（ARRAY 限值固定/可变）、STRUCT、VARIANT、ANY、PLC 数据类型。

大于或等于指令 CMP > =、小于或等于指令 CMP < =、大于指令 CMP >、小于指令 CMP < 支持的数据类型为：位字符串、整数、浮点数、字符串、定时器、日期和时间。比较指令应用示例如图 6-14 所示。

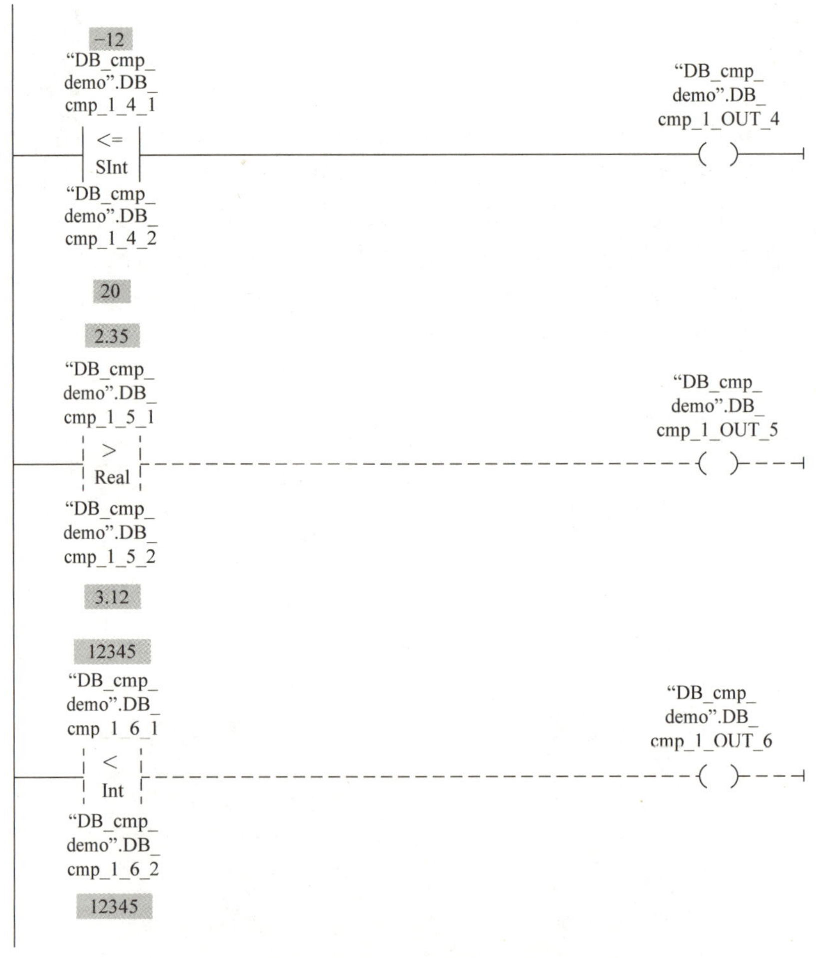

图 6-14 比较指令应用示例

图 6-15 所示，若“实时采集压力”大于“压力下限”且小于“压力上限”，“压力正常指示”信号触发。若“实时采集压力”小于“压力下限”或大于“压力上限”，“压力超

限指示”信号触发。

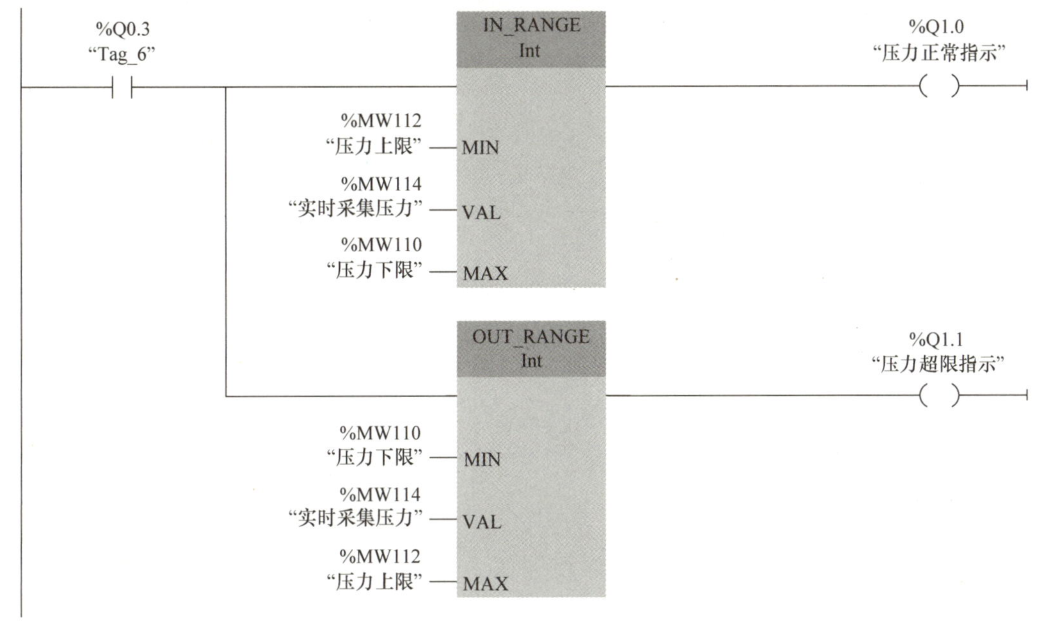

图 6-15　范围指令应用示例

这两条指令的 MIN、MAX 和 VAL 的数据类型必须相同，可选择的数据类型有有符号短整数、整数、双整数、无符号短整数、无符号整数、浮点数，MIN、MAX 和 VAL 端操作数可以是 I、Q、M、L、D 存储区中的变量或常数。双击指令名称下面的问号，单击出现的下拉按钮，在下拉列表中设置要比较的数据的数据类型。

2. 字逻辑运算指令

数学运算指令包括整数运算和浮点数运算指令，有加、减、乘、除、余数、取反、加 1、减 1、绝对值、最大值、最小值、限值、二次方、二次方根、自然对数、指数、正弦、余弦、正切、反正弦、反余弦、反正切、求小数、取幂、计算等指令，见表 6-3。

表 6-3　数学运算指令

梯形图	描述	梯形图	描述
ADD Auto(???) EN — ENO <???> — IN1　OUT — <???> <???> — IN2 ✲	IN1 + IN2 = OUT	MOD Auto(???) EN — ENO <???> — IN1　OUT — <???> <???> — IN2	求整数除法的余数
MUL Auto(???) EN — ENO <???> — IN1　OUT — <???> <???> — IN2 ✲	IN1 × IN2 = OUT	INC ??? EN — ENO <???> — IN/OUT	将参数 IN/OUT 的值加 1

（续）

梯形图	描述	梯形图	描述
ABS ??? EN — ENO <???> — IN OUT — <???>	求有符号数的绝对值	NEG ??? EN — ENO <???> — IN OUT — <???>	将输入值的符号取反
MIN ??? EN — ENO <???> — IN1 OUT — <???> <???> — IN2 ✲	求两个及以上输入中最小的数	DEC ??? EN — ENO <???> — IN/OUT	将参数 IN/OUT 的值减 1
SUB Auto(???) EN — ENO <???> — IN1 OUT — <???> <???> — IN2	IN1 - IN2 = OUT	LIMIT ??? EN — ENO <???> — MN OUT — <???> <???> — IN <???> — MX	将输入 IN 的值限制在指定的范围内
DIV Auto(???) EN — ENO <???> — IN1 OUT — <???> <???> — IN2	IN1/IN2 = OUT	MAX ??? EN — ENO <???> — IN1 OUT — <???> <???> — IN2 ✲	求两个及以上输入中最大的数

3. 数学函数指令

（1）四则运算指令　数学运算指令中的 ADD、SUB、MUL、DIV 分别是加、减、乘、除指令。它们执行的操作见表 6-3。操作数的数据类型可选 SInt、Int、DInt、USInt、UInt、UDInt，Real 和 LReal。输入参数 IN1 和 IN2 可以是常数。IN1、IN2 和 OUT 的数据类型应该相同。

整数除法指令将得到的商截位取整后，作为整数格式的输出 OUT。

用鼠标左键单击输入参数（或称变量）IN2 后面的符号 ✲ 进行增加输入参数的个数，也可以用鼠标右键单击 ADD 或 MUL（方框指令中输入变量后面带有符号 ✲ 的都可以增加输入变量个数）指令，执行出现的快捷菜单中的“插入输入”命令，ADD 或 MUL 指令将会增加一个输入变量。选中输入变量（如 IN3）或输入变量前的“短横线”，这时“短横线”将变粗，若按下计算机上 <Delete> 键（或用鼠标右键单击选择快捷菜单中的“删除”命令）对已选中的输入变量进行删除。

【应用举例】编程实现[（15 + 16 + 17）- 33] × 36 ÷ 18.4 的运行结果，并保存在 MD96 中。根据要求编写的运算程序如图 6-16 所示。

（2）逻辑运算指令　逻辑运算指令包括与、或、异或、取反、解码、编码、选择、多

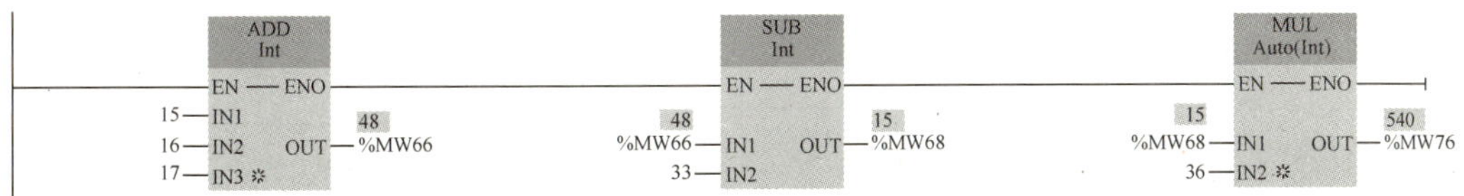

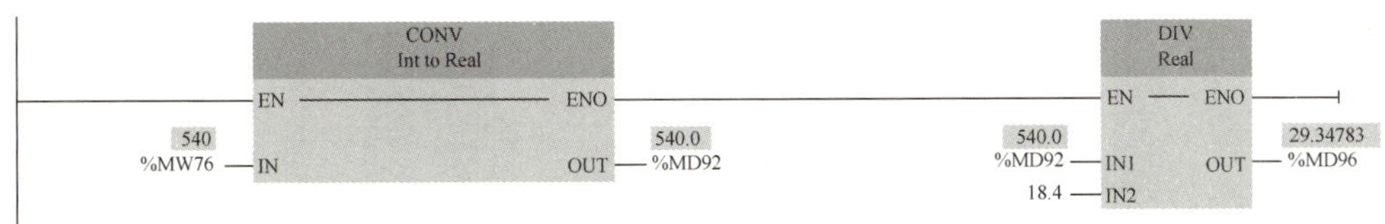

图 6-16　四则运算应用举例

路复用和多路分用指令，见表 6-4。

表 6-4　逻辑运算指令

梯形图	描　述	梯形图	描　述
AND ??? EN — ENO <???> — IN1　OUT — <???> <???> — IN2	与逻辑运算 使用与运算指令，将输入 IN1 和 IN2 的值按二进制位进行逻辑与运算，结果保存到 OUT 中	OR ??? EN — ENO <???> — IN1　OUT — <???> <???> — IN2	或逻辑运算 使用或运算指令，将输入 IN1 和 IN2 的值按二进制位进行逻辑或运算，结果保存到 OUT 中
XOR ??? EN — ENO <???> — IN1　OUT — <???> <???> — IN2	异或逻辑运算 将输入 IN1 和 IN2 的值按二进制位进行逻辑异或运算，结果保存到 OUT 中	INV ??? EN — ENO <???> — IN　OUT — <???>	取反 将输入 IN1 和 IN2 的值按二进制位进行位取反运算，结果保存到 OUT 中
DECO UInt to ??? EN — ENO <???> — IN　OUT	解码 将 IN 输入值指定到 OUT 输出值中的某个位置位	ENCO ??? EN — ENO <???> — IN　OUT	编码 读取 IN 输入值中最低有效位（该位的值为“1”）的位号，并将位号发送到输出 OUT

1）逻辑运算指令。逻辑运算指令对两个输入（或多个）IN1 和 IN2 逐位进行逻辑运算。逻辑运算的结果存放在输出 OUT 指定的地址中，如图 6-17 所示。

与（AND）运算时两个（或多个）操作数的同一位如果均为 1，运算结果的对应位为 1，否则为 0。

或（OR）运算时两个（或多个）操作数的同一位如果均为 0，运算结果的对应位为 0，否则为 1。

异或（XOR）运算时两个（若有多个输入，则两两运算）操作数的同一位如果不相同，

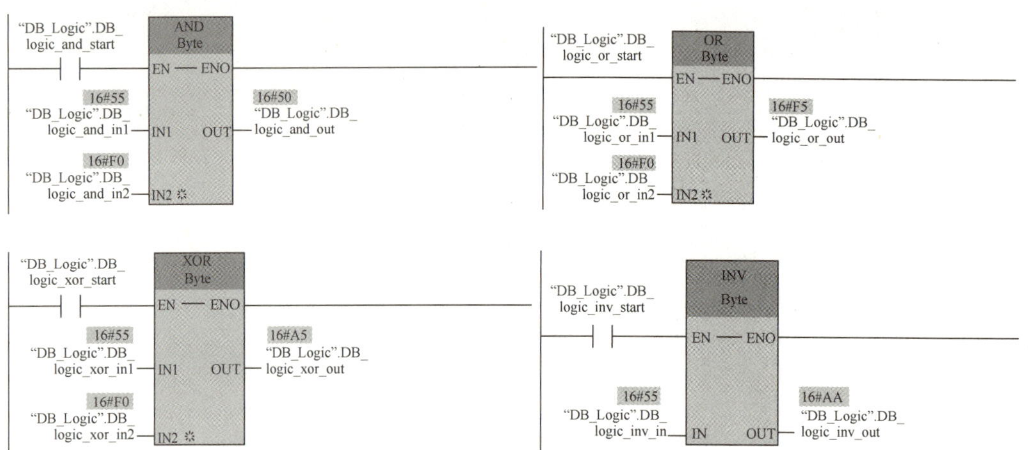

图 6-17　AND、OR、XOR、INV 指令应用示例

运算结果的对应位为 1，否则为 0。

与、或、异或指令的操作数 IN1、IN2 和 OUT 的数据类型为十六进制的 Byte、Word 和 DWord。

取反（INV）指令将输入 IN 中的二进制数逐位取反，即各位的二进制数由 0 变 1，由 1 变 0，运算结果存放在输出 OUT 指定的地址中。

2）解码和编码指令。假设输入参数 IN 的值为 n，解码（或称译码）指令 DECO（Decode）将输出参数 OUT 的第 n 位置位为 1，其余各位置 0。利用解码指令可以用输入 IN 的值来控制 OUT 中某一位。如果输入 IN 的值大于 31，将 IN 的值除以 32 以后，用余数来进行解码操作。

IN 的数据类型为 UInt，OUT 的数据类型可选 Byte、Word 和 DWord。

IN 的值为 0~7（3 位二进制数）时，输出 OUT 的数据类型为 8 位的字节。

IN 的值为 0~15（4 位二进制数）时，输出 OUT 的数据类型为 16 位的字节。

IN 的值为 0~31（5 位二进制数）时，输出 OUT 的数据类型为 32 位的字节。

例如 IN 的值为 6 时，OUT 为 2#0100 0000（16#40），仅第 6 位为 1。

编码指令 ENCO（Encode）与解码指令相反，将 IN 中为 1 的最低位的位数送给输出参数 OUT 指定的地址，IN 的数据类型可选 Byte、Word 和 DWord，OUT 的数据类型为 Int。

如果 IN 为 2#0100 1100，OUT 指定的 MW24 中的编码结果为 2，如图 6-18 所示。如果 IN 为 1 或 0，MW24 中的值为 0。如果 IN 为 0，ENO 为“0”状态。

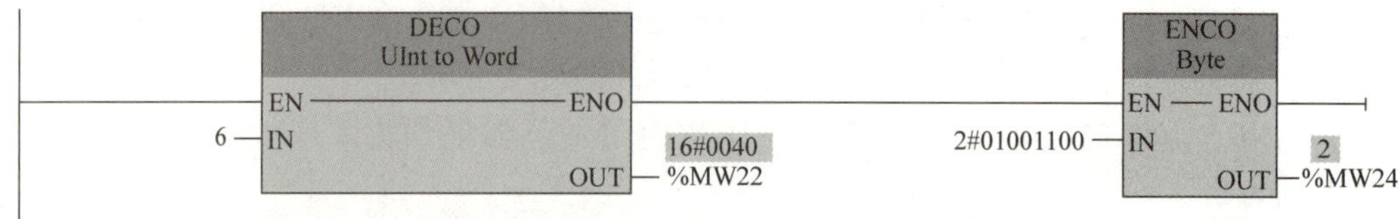

图 6-18　DECO 和 ENCO 指令应用示例

任务实施

1. 材料准备（见表 6-5）

表 6-5 电子密码锁控制系统器材

名称	型号或规格	数量	名称	型号或规格	数量
PLC	S7－1200	1 台	接触器	CJX1－09/22	1 只
按钮	XB2－BVB1LC	5 只	计算机	装有 TIA Portal V14 编程软件	1 台
报警器	HA	1 只			

2. I/O 分配表

根据控制要求确定 I/O 分配表，见表 6-6。

表 6-6 I/O 分配表

输入		输出	
输入继电器	元件	输出继电器	元件
I0. 0	开锁键 SB1	Q0. 0	KM 线圈（开锁）
I0. 1	输入键 1 SB2	Q0. 1	报警器
I0. 2	输入键 2 SB3		
I0. 3	复位键 SB4		
I0. 4	报警键 SB5		

3. PLC I/O 接线示意图

根据所列出的 I/O 分配表，可以画出 PLC I/O 接线示意图，如图 6-19 所示。

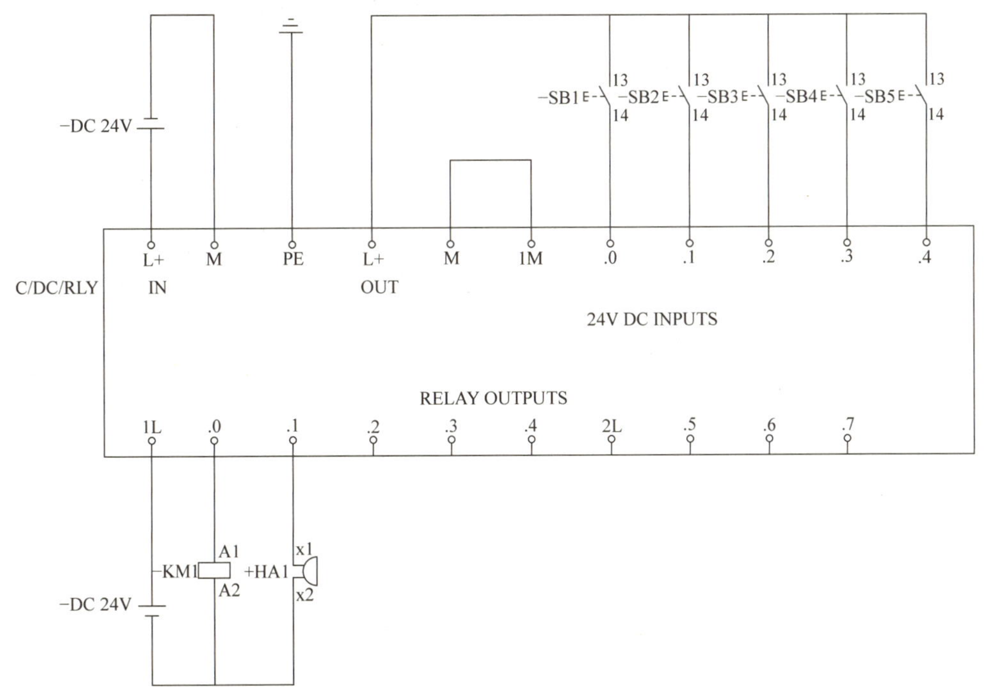

图 6-19 电子密码锁控制系统 PLC 外部接线示意图

4. 程序设计

根据图 6-19 所示接线示意图，结合 PLC 的基本指令，可以设计出电子密码锁的梯形图，如图 6-20 所示。

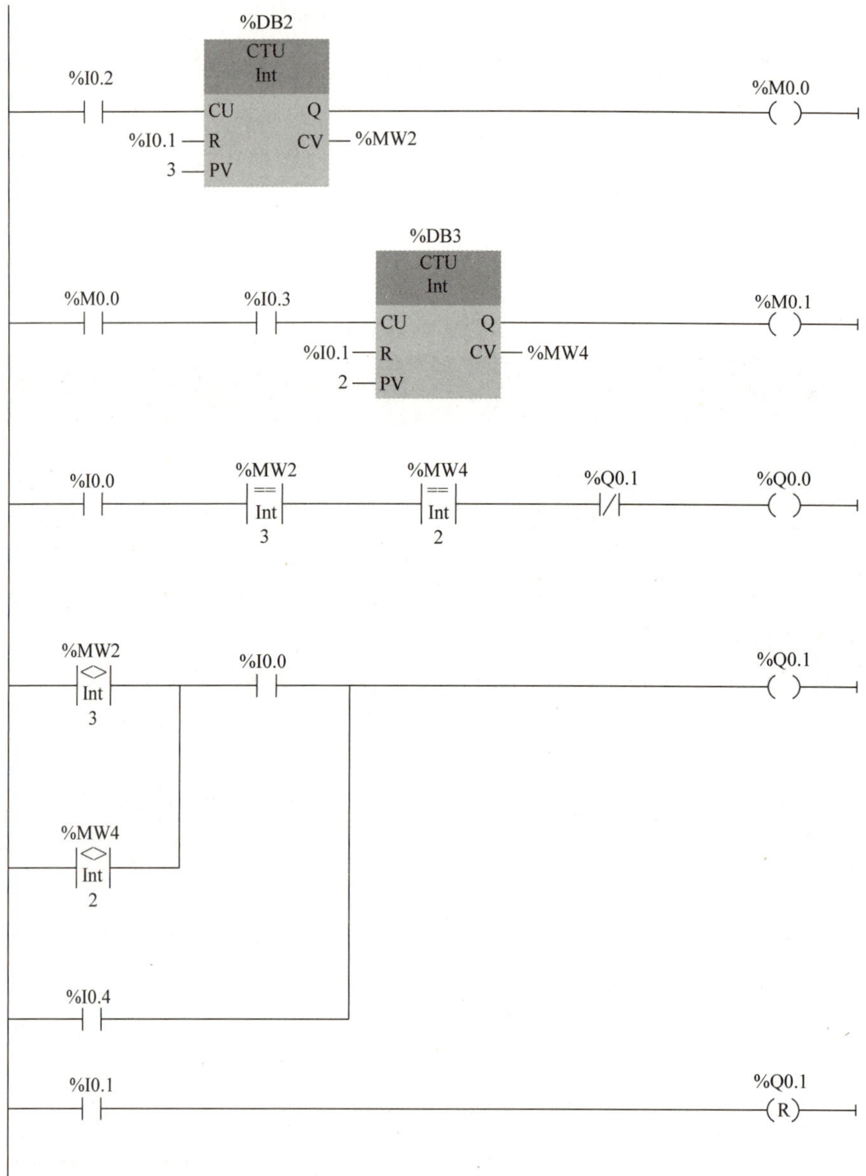

图 6-20 电子密码锁 PLC 控制程序

5. 程序运行调试

1）在断电状态下，连接好相关电缆。

2）在 PC 上运行编程软件。

3）选择对应的 PLC 型号，设置参数，编辑梯形图控制程序。

4）编译下载程序至 PLC。

5）将 PLC 设为运行状态。

6）调试程序，找出程序的不足与错误并修改，直至程序调试正确为止。

6. 任务拓展

十字路口交通灯控制

十字路口交通灯示意图如图 6-21 所示。控制要求如下：开关闭合后，东、西绿灯亮 25s 后闪烁 3s 熄灭，然后黄灯亮 2s 后熄灭，紧接着红灯亮 30s 再熄灭，再绿灯亮如此循环。对应东、西绿灯亮时，南、北红灯亮 30s，接着绿灯亮 25s 后闪烁 3s 熄灭，黄灯亮 2s 后，红灯又亮……如此循环。

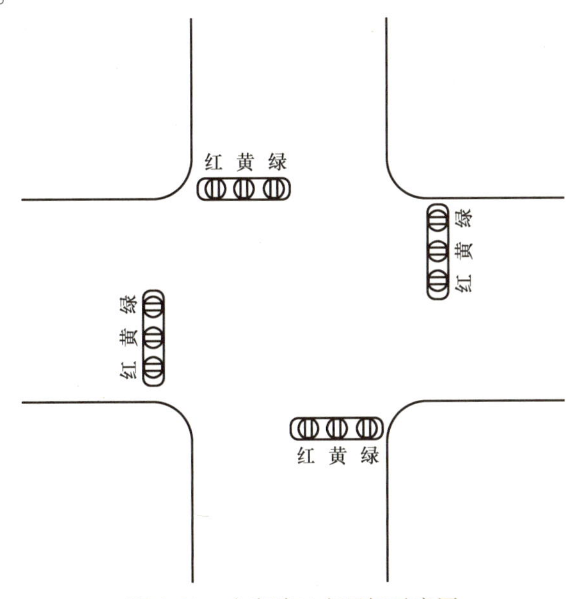

图 6-21　十字路口交通灯示意图

（1）材料准备（见表 6-7）

表 6-7　十字路口交通灯器材表

名称	型号或规格	数量	名称	型号或规格	数量
PLC	S7－1200	1 台	交通灯	红/绿/黄	6 只
按钮	XB2－BVB1LC	2 只	计算机	装有 TIA Portal V14 编程软件	1 台

（2）I/O 分配表　根据控制要求确定 I/O 分配表，见表 6-8。

表 6-8　I/O 分配表

输入		输出	
输入继电器	元件	输出继电器	元件
I0. 0	起动按钮 SB1	Q0. 0	东、西黄灯 L1
I0. 1	停止按钮 SB2	Q0. 1	东、西绿灯 L2
		Q0. 2	东、西红灯 L3
		Q0. 3	南、北黄灯 L4
		Q0. 4	南、北绿灯 L5
		Q0. 5	南、北红灯 L6

（3）PLC I/O 接线示意图　根据所列出的 I/O 分配表，可以画出 PLC I/O 接线示意图，如图 6-22 所示。

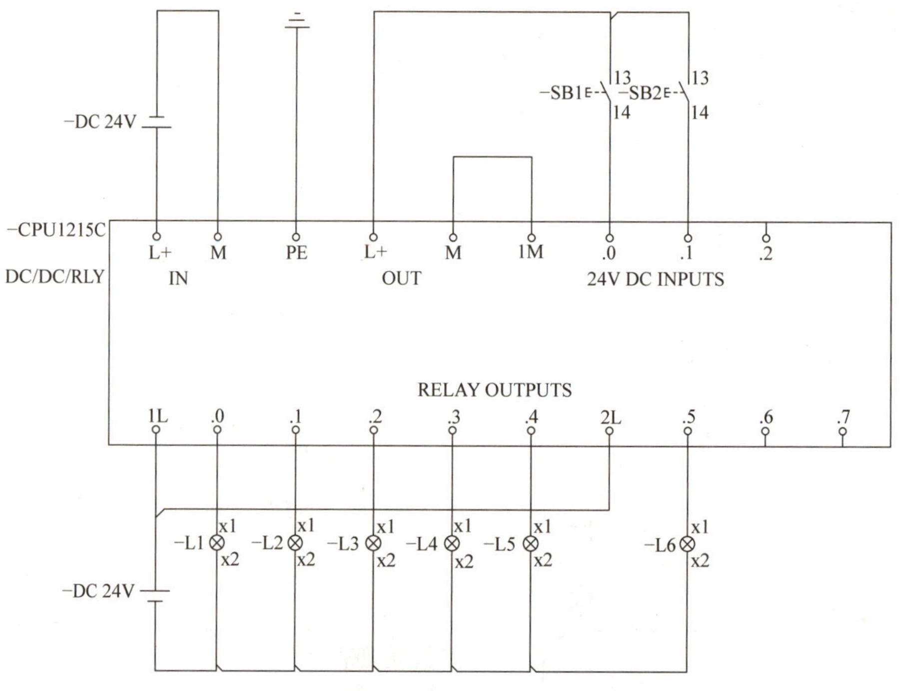

图 6-22　交通灯系统 PLC 外部接线示意图

（4）根据任务要求，画出程序时序图（见图 6-23）

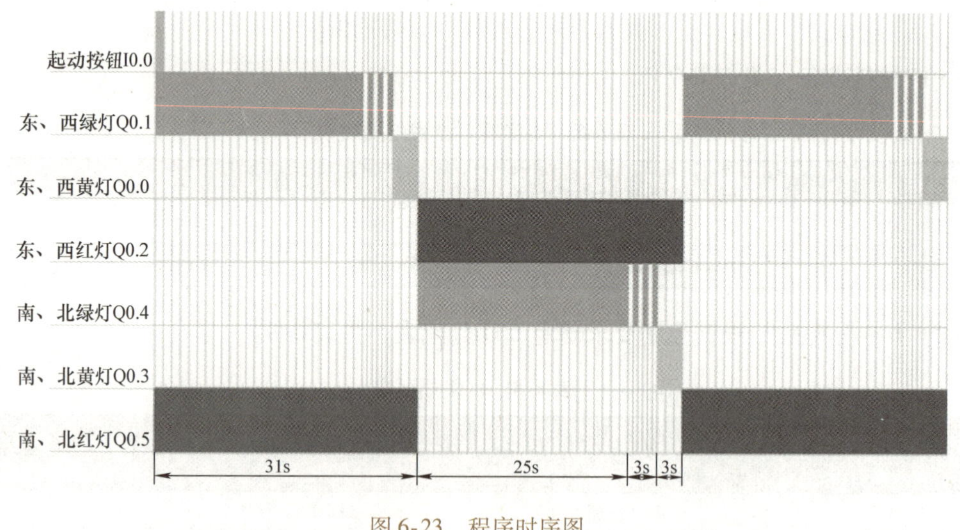

图 6-23　程序时序图

（5）程序设计　根据图 6-22 所示接线示意图，结合 PLC 的基本指令，可以设计出交通灯的梯形图，如图 6-24 所示。

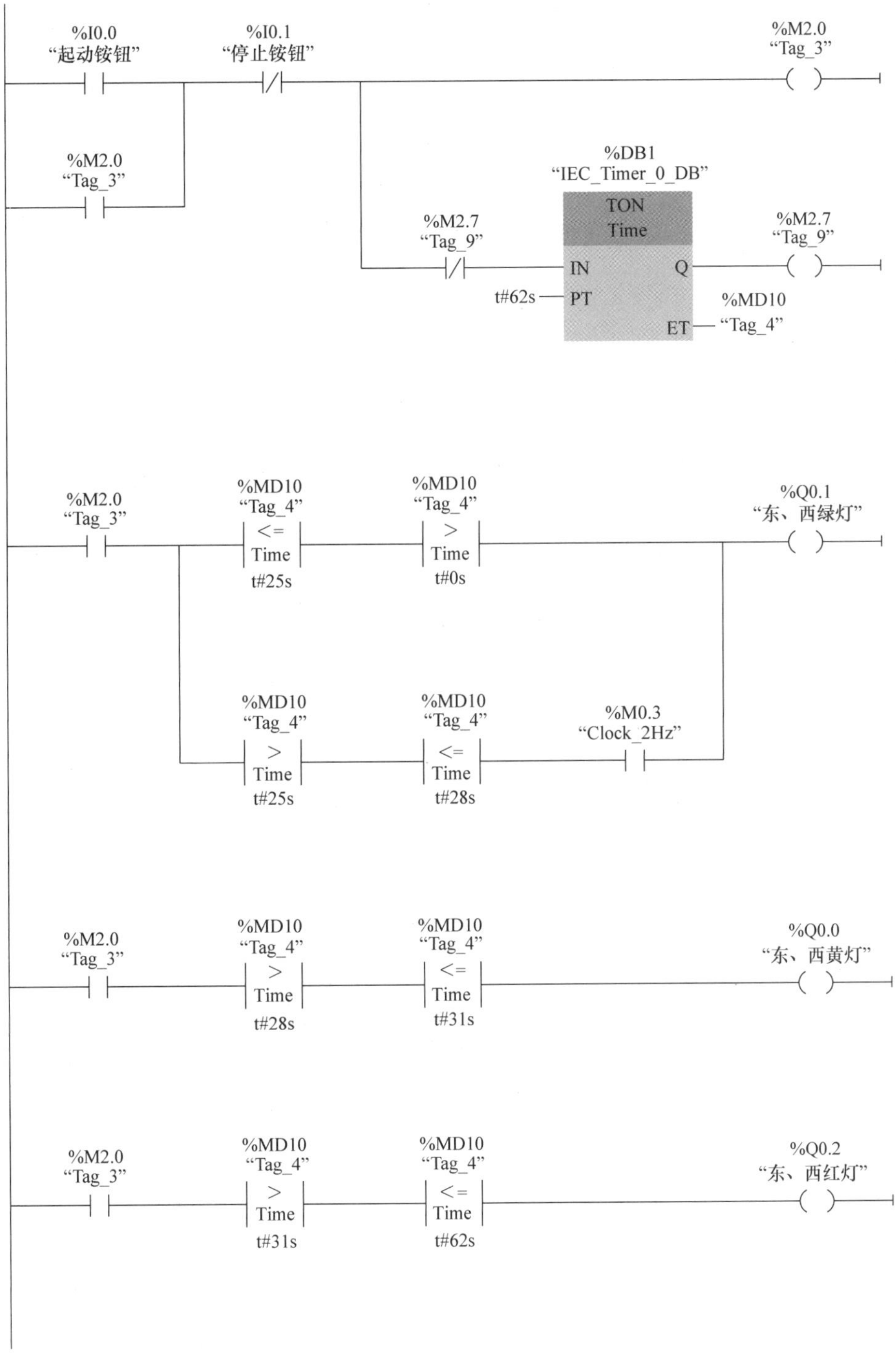

%I0.0
“起动铵钮”
%I0.1
“停止铵钮”
%M2.0
“Tag_3”
%M2.0
“Tag_3”
%DB1
“IEC_Timer_0_DB”
TON
Time
%M2.7
“Tag_9”
IN
Q
%M2.7
“Tag_9”
t#62s
PT
%MD10
ET
“Tag_4”

%M2.0
“Tag_3”
%MD10
“Tag_4”
<=
Time
t#25s
%MD10
“Tag_4”
>
Time
t#0s
%Q0.1
“东、西绿灯”
%MD10
“Tag_4”
>
Time
t#25s
%MD10
“Tag_4”
<=
Time
t#28s
%M0.3
“Clock_2Hz”

%M2.0
“Tag_3”
%MD10
“Tag_4”
>
Time
t#28s
%MD10
“Tag_4”
<=
Time
t#31s
%Q0.0
“东、西黄灯”

%M2.0
“Tag_3”
%MD10
“Tag_4”
>
Time
t#31s
%MD10
“Tag_4”
<=
Time
t#62s
%Q0.2
“东、西红灯”

图 6-24　交通灯 PLC 梯形图程序

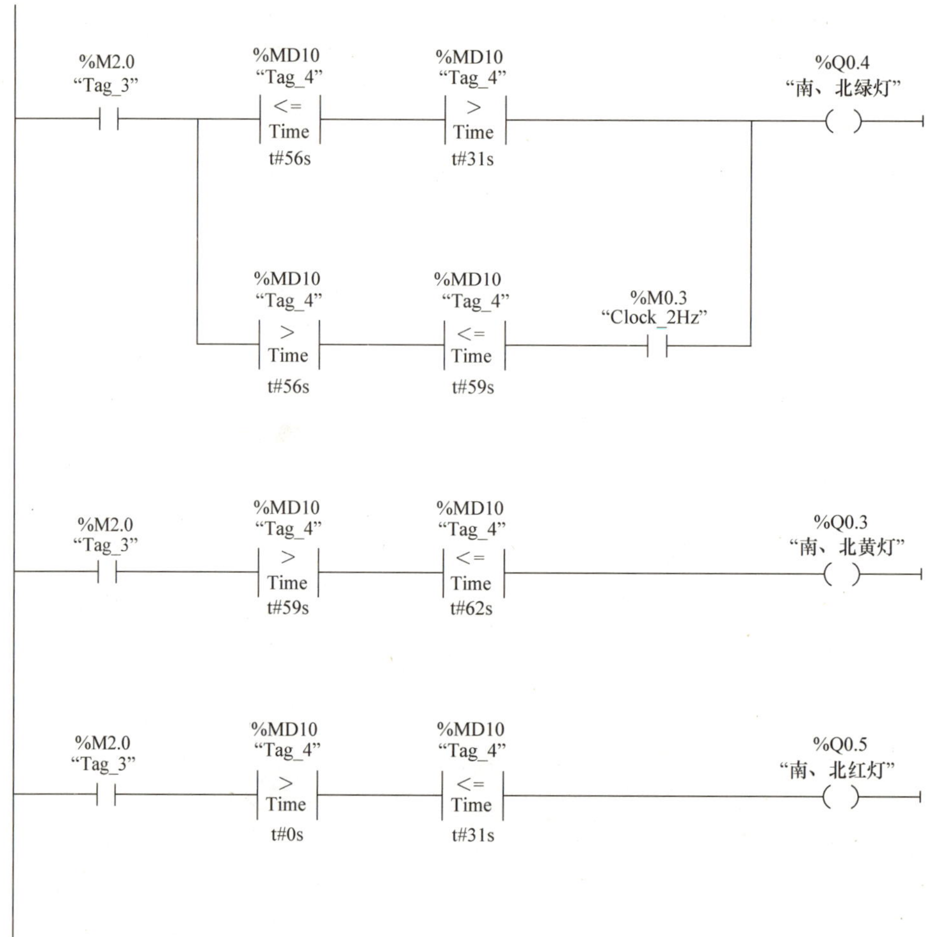

图 6-24　交通灯 PLC 梯形图程序（续）

任务三　三相异步电动机断续运行的 PLC 控制

学习目标

知识目标

1）了解函数、函数块、组织块的意义。

2）了解事件、中断的意义。

技能目标

1）掌握函数、函授块、组织块的使用方法。

2）掌握循环中断组织块的应用。

素质目标

1）具有精益求精的精神。

2）树立安全意识。

任务描述

使用 S7－1200 PLC 实现三相异步电动机断续运行的控制，要求电动机在起动后，工作 3h，停止 1h，再工作 3h，停止 1h，如此循环；当按下停止按钮后立即停止运行。系统要求使用循环中断组织块实现上述工作和停止时间的延时功能。

知识准备

S7－1200 编程采用块的概念，即将程序分解为独立的各个部件。块类似于子程序的功能，但类型更多，功能更强大。S7－1200 PLC 程序提供了多种不同类型的块，见表 6-9。

表 6-9　S7－1200 PLC 程序的用户程序中的块

块（Block）	简要描述
组织块（OB）	操作系统与用户程序的接口，决定用户程序的结构
函数（FC）	用户编写的包含经常使用的功能的子程序，无专用的存储区
函数块（FB）	用户编写的包含经常使用的功能的子程序，有专用的存储区（即背景数据块）
数据块（DB）	存储用户数据的数据区域

S7－1200 PLC 的用户程序由代码块和数据块组成。代码块包括组织块、函数和函数块。数据块包括全局数据块和背景数据块。

函数（Function，FC）和函数块（Function Block，FB）是用户编写的子程序，它们包含完成特定任务的程序。编写在 FC 或 FB 中的程序，在主程序 OB1 或其他程序块（包括组织块、函数和函数块）中调用 FC 或 FB。

FC 和 FB 有与调用它的块共享的输入、输出参数，执行完 FC 和 FB 后，将执行结果返回给调用它的代码块。

函数没有固定的存储区，功能执行结束后，其局部变量中的临时数据就丢失了。可以用全局变量来存储那些在功能执行结果后需要保存的数据。而函数块是有自己的存储区（背景数据块）的块，FB 的典型应用是执行不能在一个扫描周期结束的操作。每次调用功能块时，都需要指定一个背景数据块。后者随函数块的调用而打开，在调用结束时自动关闭。函数块的输入、输出参数和静态变量（Static）用指定的背景数据块保存，但是不会保存临时局部变量（Temp）中的数据。函数块执行完后，背景数据块中的数据不会丢失。

1. 函数

（1）生成函数 FC　打开 TIA Portal 软件的项目视图，生成一个名为“电动机的正反转运行”的新项目。用鼠标双击“项目树”中的“添加新设备”命令，添加一个新设备，CPU 的型号选择为 CPU1214C AC/DC/RLY。

依次单击项目视图中的文件夹“PLC_1”→“程序块”，用鼠标双击其中的“添加新块”选项，如图 6-25 所示。

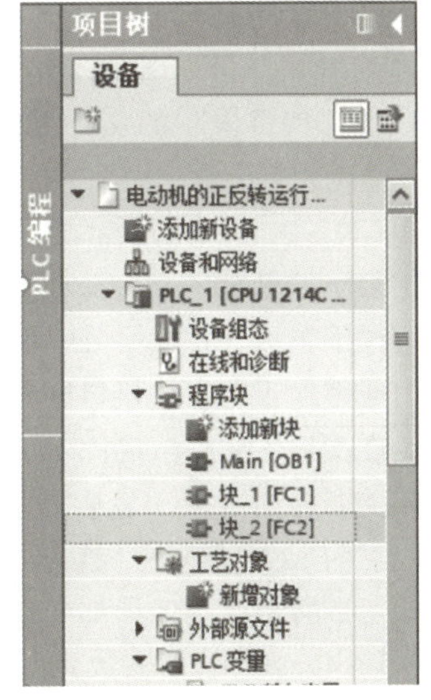

图 6-25　添加新块

打开“添加新块”对话框，如图6-26所示，单击其中的“函数”按钮，FC默认编号方式为“自动”，编程语言为LAD（梯形图）。

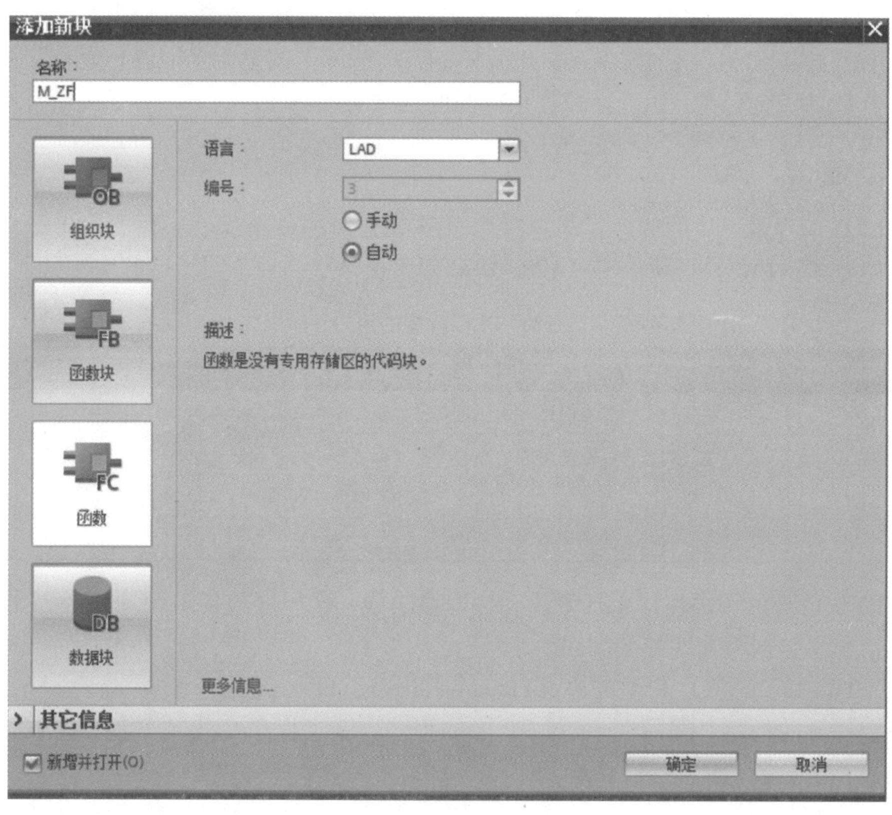

图6-26 “添加新块”对话框

设置函数的名称为“M_ZF”（默认名称为“块_1”，也可以对其重命名，用鼠标右键单击程序块文件夹下的FC，选择弹出列表中的“重命名”，然后对其更改名称）。勾选左下角的“新增并打开”选项，然后单击“确定”按钮，自动生成FC1，并打开其编程窗口，此时可以在“项目树”的文件夹“PLC_1”的“程序块”中看到新生成的M_ZF［FC1］，如图6-27所示。

（2）生成FC的局部数据　将鼠标指针放在FC1的程序区最上面的分隔条上，按住鼠标左键往下拉动分隔条，分隔条上面的函数的接口（Interface）区如图6-27右侧所示，上面是程序编辑区。将水平分隔条拉至程序编程器视窗的顶部，不再显示接口区，但是它仍然存在。或者通过单击块接口区与程序编辑区之间的▲和▼隐藏或显示块接口区。

在接口区中生成局部变量，但只能在它所在的块中使用，且为符号寻址访问。块的局部变量的名称由字符（包括汉字）、下划线和数字组成。在编程时，程序编辑器自动地在局部变量名前加上#号来标识它们（全局变量或符号使用双引号，绝对地址使用%）。

函数各种类型的局部变量的作用如下：

1）Input（输入参数）：用于接收调用它的主调块提供输入数据。

2）Output（输出参数）：用于将块的程序执行结果返回给主调块。

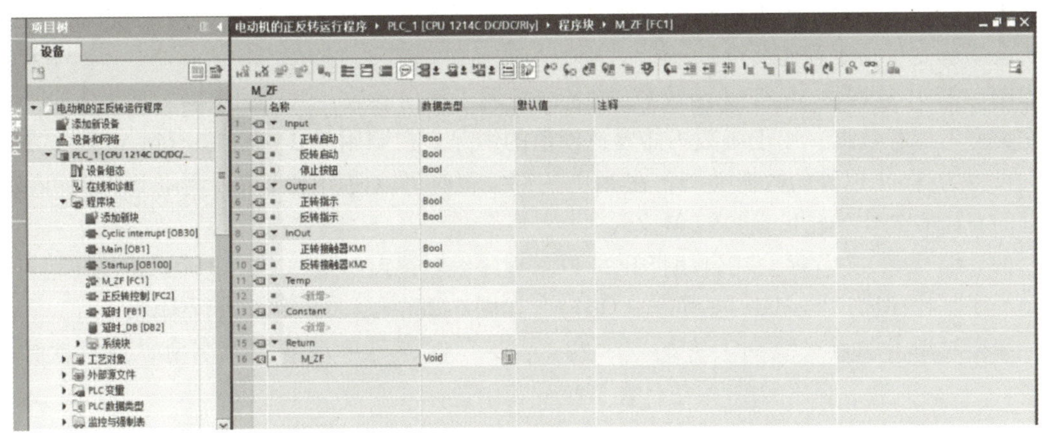

图 6-27　FC1 的局部变量

3）InOut（输入/输出参数）：初值由主调块提供，块执行完后用同一个参数将它的值返回给主调块。

4）Temp（临时数据）：用于存储临时中间结果的变量。同一优先级的 OB 及其调用的块的临时数据保存在局部数据堆栈中的同一片物理存储区，它类似于公用的布告栏，大家都可以往上面贴布告，后贴的布告将原来的布告覆盖掉。只是在执行块时使用临时数据，每次调用块之后，不再保存它的临时数据的值，它可能被同一优先级中后面调用的块的临时数据覆盖。调用 FC 和 FB 时，首先应初始化它的临时数据（写入数值），然后再使用它，简称为“先赋值后使用”。

5）Constant（常量）：是在块中使用并且带有声明的符号名的常数。

6）Return（返回）：Return 中的 M_ZF（返回值）属于输出参数。返回值默认的数据类型为 Void，表示函数没有返回值，在调用 FC1 时，程序中看不到它。如果将它设置为 Void 之外的数据类型，在 FC1 内部编程时可以使用该输出变量，调用 FC1 时可以在方框的右边看到它，说明它属于输出参数。返回值的设置与 IEC61131－3 标准有关，该标准的函数没有输出参数，只有一个与函数同名的返回值。

在此函数中实现电动机的正反转控制：按下正转按钮（对应输入 I0.1），电动机正转运行（对应输出 Q0.0）；按下反转按钮（对应输入 I0.2），电动机反转运行（对应输出 Q0.1）；按下停止按钮（对应输入 I0.0）电动机停止运行；电动机正转工作指示为 Q0.2，电动机反转工作指示为 Q0.3。在此，电动机过载保护用的热继电器动断触点接在 PLC 的输出回路中。

下面生成上述电动机正反转控制的函数局部变量。

在 Input 下面的“名称”列生成变量“正转启动”“反转启动”和“停止按钮”，单击“数据类型”列下的按钮，用下拉列表设置其数据类型为 Bool，默认为 Bool 型。

在 InOut 下面的“名称”列生成变量“正转显示”和“反转显示”，选择数据类型为 Bool。

在 Output 下面的“名称”列生成变量“正转接触器 KM1”和“反转接触器 KM2”，选择数据类型为 Bool。

生成局部变量时，不需要指定存储器地址。根据各变量的数据类型，程序编辑器自动地为所有局部变量指定存储器地址。

图6-27中返回值M_ZF（函数FC的名称）属于输出参数，默认的数据类型为Void，该数据类型不保存数据，用于函数不需要返回值的情况。在调用FC1时，看不到M_ZF。如果将它设置为Void以外的数据类型，在FC1内部编程时可以使用该变量，调用FC1时可以在方框的右边看到作为输出参数的M_ZF。

（3）编写FC中程序　在自动打开的FC1程序编辑视窗中编写上述电动机正反转运行的控制程序，程序窗口同Main主程序（OB1），如图6-28所示，并对其进行编译。

编程时单击触点或线圈上方的“<?? . ? >”时，可手动输入其名称，或再次单击“<?? . ? >”通过弹出的▤按钮，在下拉列表中选择其变量。

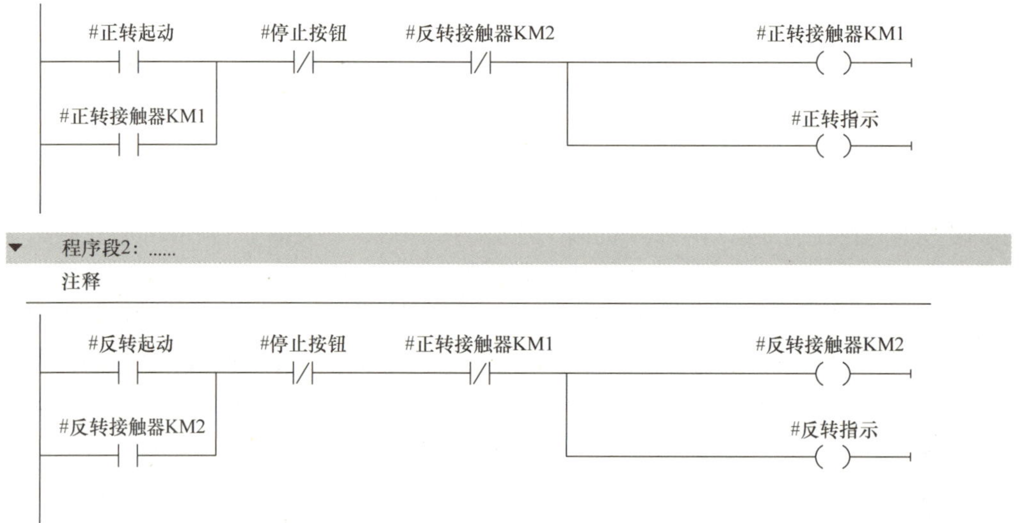

图6-28　电动机正反转控制程序

注意：如果定义变量“正转接触器”为“Output”参数，则在编写FC1程序的自锁动合触点时，系统会提示“"#正转接触器" 变量被声明为输出，但是可读”的警告，并且此处触点显示不是黑色而为棕色。在主程序编译时也会提出相应的警告。在执行程序时，电动机只能点动，不能连续运行，即线圈得电，而自锁触点不能闭合。

（4）在OB1中调用FC　在OB1程序编辑视窗中，将项目树中的FC1拖放到右边的程序区的水平“导线”上，如图6-29所示。FC1的方框中左边的“正转起动”“反转起动”等是FC1的接口区中定义的输入参数和输入/输出参数，右边的“正转显示”“反转显示”是输出参数。它们被称为FC的形式参数，简称为形参。形参在FC内部的程序中使用，在其他逻辑块（包括组织块、函数和的函数块）调用FC时，需要为每个形参指定实际的参数，简称为实参。实参与它对应的形参应具有相同的数据类型。

指定形参时，可以使用变量表和全局数据块中定义的符号地址或绝对地址，也可以是调用FC1的块（例如OB1）的局部变量。

如果在FC中不使用局部变量，直接使用绝对地址或符号地址进行编程，则如同在主程序中编程一样，若使用程序段，必须在主程序或其他逻辑块加以调用。若上述控制要求在

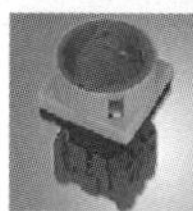

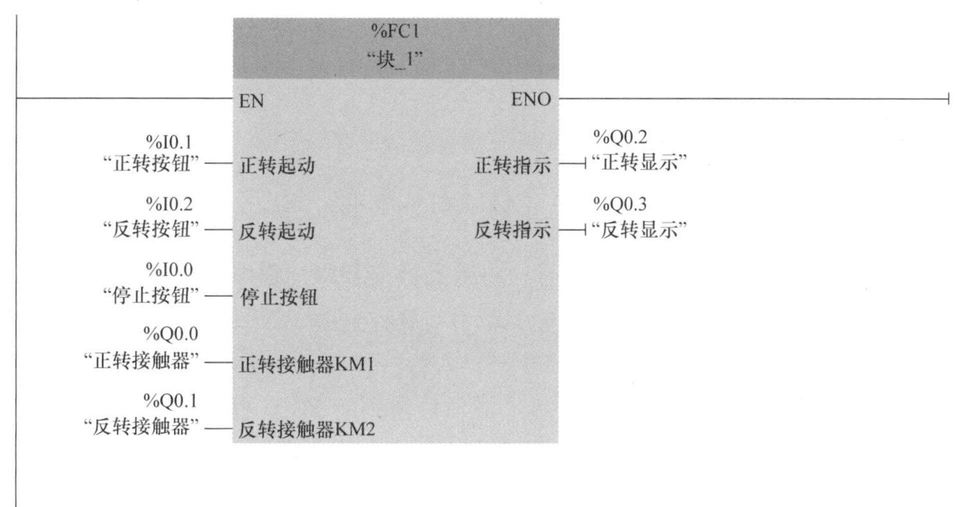

图 6-29 在 OB1 中调用 FC1

FC1 中未使用局部变量（无形参），则编程如图 6-30 所示。

在 OB1 中调用 FC 时，如图 6-31 所示。

从上述使用形参和未使用形参进行 FC 的编程及调用来看，使用形参编程比较灵活，使用比较方便，特别对于功能相同或相近的程序来说，只需要在调用的逻辑块中改变 FC 的实参即可，便于用户阅读及程序的维护，而且能做到模块化和结构化的编程，比线性化方式编程更易理解控制系统的各种功能及各功能之间的相互关系。

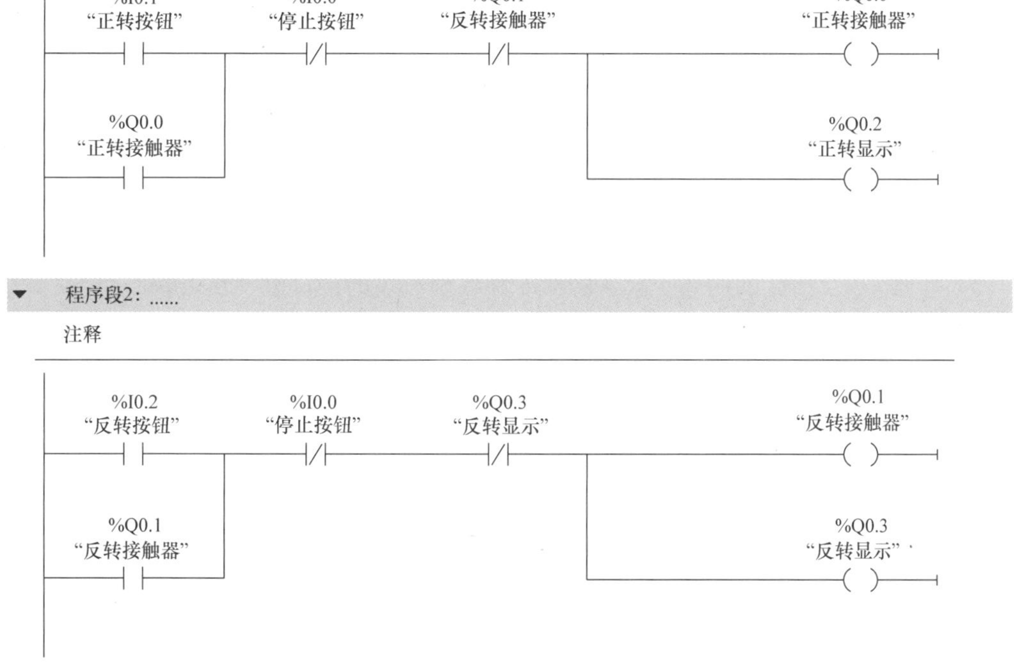

图 6-30 无形参的 FC 编程

图 6-31　无形参的 FC 调用

（5）调试 FC 程序　选中项目 PLC_1，将组态数据和用户程序下载到 CPU，将 CPU 切换到 RUN 模式。打开 FC 的程序编辑视窗，单击工具栏上的 按钮，启动程序状态监控功能，监控方法同主程序。

（6）为块提供密码保护　用鼠标右键单击项目树中的 FC1，执行快捷菜单“专有技术保护”命令，在单击打开的对话框中的“定义密码”中输入密码和密码的确认值。两次单击“确定”按钮后。项目树中 FC1 的图标变为有一把锁的符号 ，表示 FC1 受到保护，双击打开 FC1，需要在弹出的对话框中输入密码，才能看到程序区的程序。

用鼠标右键单击项目树中已加密的 FC1，执行快捷菜单“专有技术保护”命令，单击打开的对话框中的“隐藏代码”复选框，取消勾选，输入密码，单击“确定”按钮，FC1 的密码保护被解除，项目树中 FC1 的图标上一把锁的符号消失。

块加密后，需要重启 TIA Portal 软件才能对关闭前加密的块解除密码。

2. 函数块

函数块（FB）是用户编写的有自己的存储区（背景数据块）的代码块。FB 的典型应用是执行不能在一个周期结束操作，每次调用函数块时，都需要指定一个背景数据块。后者随函数块的调用而打开，在调用结束时自动关闭，函数块的输入、输出参数和静态局部数据（Static）用指定的背景数据块保存。函数块执行完后，背景数据块中的数值不会丢失。

（1）生成函数块 FB　打开项目“函数与函数块”的项目树中的文件夹“PLC_1”下的“程序块”，双击其中的“添加新块”选项，如图 6-25 所示。单击打开的对话框中的“函数块”按钮。默认的编号为 1，默认的语言为 LAD（梯形图），设置函数块的名称为“延时”，单击“确定”按钮，生成 FB1。去掉 FB1“优化的块访问”属性，可以在项目树的文件夹“PLC_1”下的“程序块”中看到新生成的 FB1，如图 6-32 所示。

（2）生成函数块 FB 的局部变量　局部变量在函数块的接口区（Interface）定义，分隔条上面的功能接口区如图 6-32 右侧所示，下面是程序编辑区。

与函数相同，函数块的局部变量中也有 Input（输入参数）、Output（输出参数），InOut（输入/输出参数）和 Temp（临时局部变量）等类型。静态局部变量（Static）不是输入、输出类型的参数，它和临时局部变量是类似的，只不过静态局部变量是可以保存的。函数块执行完后，下一次重新调用它时，其静态局部变量的值保持不变。

背景数据块中的变量就是其函数块的局部变量中的 Input，Output、InOut 和 Static 变量，如图 6-33 所示。函数块中的数据永久性地保存在它的背景数据块中，在函数块执行完后也不会丢失，以供下次执行时使用。其他代码块可以访问背景数据块中的变量。程序运行过程中不能直接删除和修改背景数据块中的变量，这些变量只能在它的函数块的接口区中删除和修改。

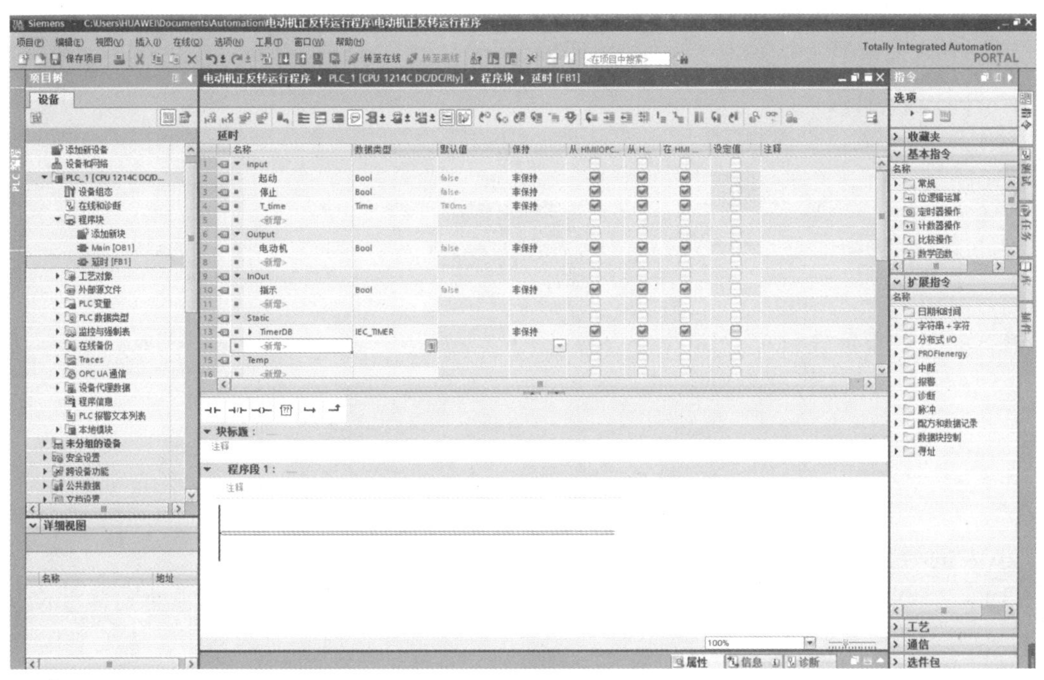

图 6-32　FB1 的局部变量

生成函数块的输入、输出参数和静态局部变量时，它们被自动指定一个默认值。变量的默认值被传送给函数块的背景数据块，作为同一个变量的初始值。用户可以在背景数据块中修改变量的初始值。调用函数块时没有指定实参的形参也会使用背景数据块中的初始值。

电动机的正反转运行程序 ▸ PLC_1 [CPU 1214C DC/DC/Rly] ▸ 程序块 ▸ 延时 [FB1]

延时

	名称	数据类型	默认值	保持	可从 HMI/...	从 H...	在 HMI ...	设定值	注释
1	▼ Input								
2	起动	Bool	false	非保持	☑	☑	☑		
3	停止	Bool	false	非保持	☑	☑	☑		
4	T_time	Time	T#0ms	非保持	☑	☑	☑		
5	<新增>								
6	▼ Output								
7	电动机	Bool	false	非保持	☑	☑	☑		
8	<新增>								
9	▼ InOut								
10	指示	Bool	false	非保持	☑	☑	☑		
11	<新增>								
12	▼ Static								
13	▸ TimerDB	IEC_TIMER		非保持	☑	☑	☑		
14	<新增>								
15	▼ Temp								
16	<新增>								
17	▼ Constant								

图 6-33　FB1 的背景数据块

（3）编写 FB 中程序　在此，FB 的控制要求为：用输入参数“起动”和“停止”控制输出参数“电动机”。按下“启动”按钮，通电延时定时器（TON）开始计时，经过输入参数 T_time 设置的时间预置值后，电动机起动，指示灯使能。在打开的 FB1 程序编辑视窗中编写电动机正反转控制的程序，程序窗口同主程序 Main（OB1）。其控制程序设计如图 6-34 所示，并对其进行编译。

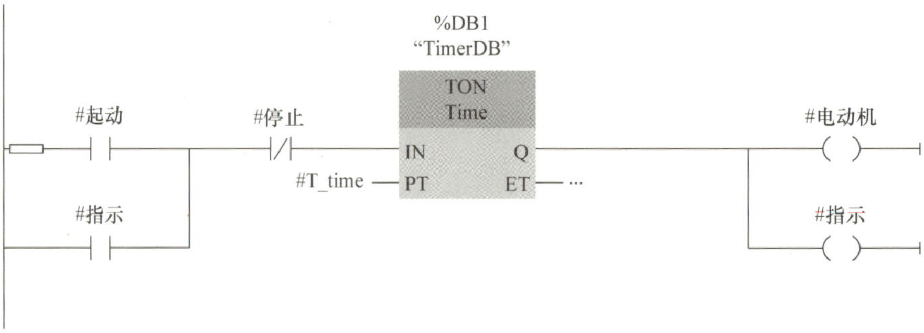

%DB1
"TimerDB"
TON
Time
#起动
#停止
IN
Q
#T_time
PT
ET
#电动机
#指示
#指示

图 6-34　FB1 的程序

TON 的参数用静态变量 TimerDB 来保存，其数据类型为 IEC_TIMER。

（4）在 OB1 中调用 FB　在 OB1 程序编辑视窗中，将项目树中的 FB 拖放到右边的程序区的水平“导线”上，松开鼠标左键时，在弹出的“调用选项”对话框中，输入 FB1 背景数据块名称，在此采用默认名称，如图 6-35 所示，单击“确定”按钮后，则生成 FB1 的背景数据块 DB2。FB1 的方框中左边的“启动”“停止”等是 FB1 的接口区中定义的输入参数和输入/输出参数，右边的“电动机”是输出参数。它们是 FB1 的形参，在此它们实参分别赋予为 I1. 0、I1. 1、T#10s、Q1. 0、Q1. 1，如图 6-36 所示。

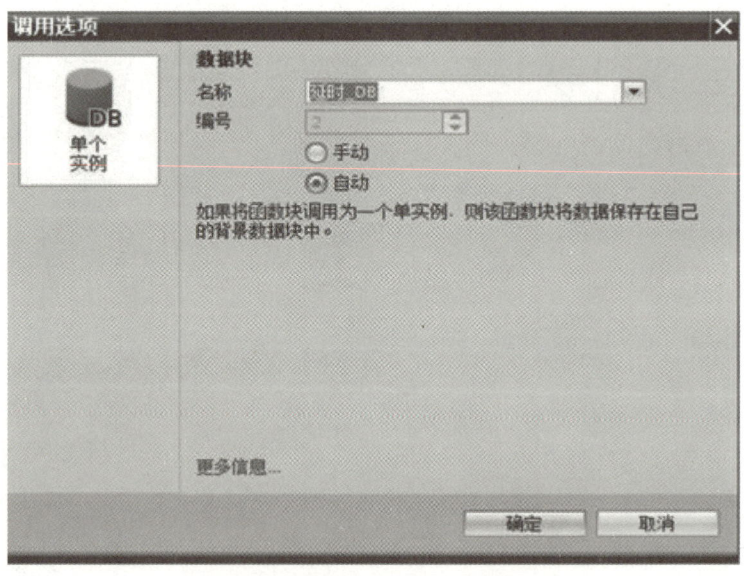

图 6-35　创建 FB1 的背景数据块

（5）处理调用错误　在 OB1 中已经调用完 FB1，若在 FB1 中增加或删减某个参数，修改某个参数名称或其默认值，在 OB1 中被调用的 FB1 的方框、字符或背景数据块将变为红色。这时有两种处理方式：右键单击出错的 FB1，执行快捷菜单中的“更新块调用”命令

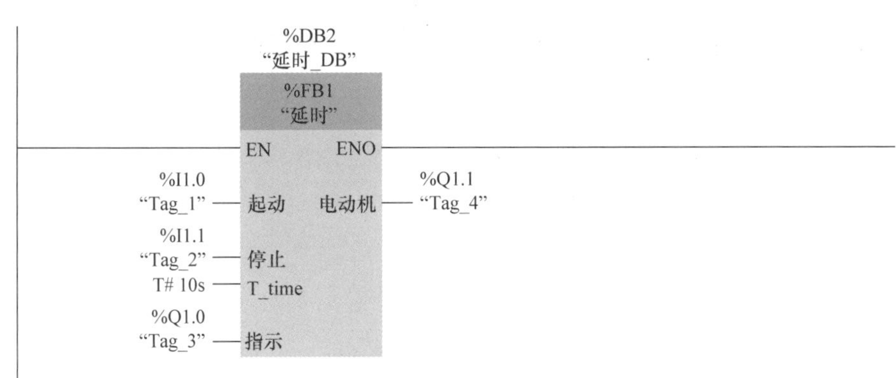

图 6-36　在 OB1 中调用 FB1

（见图 6-37），弹出图 6-38 所示的“接口同步”对话框，显示出原有的块接口和增加了输入参数后的块接口，单击“确定”按钮，OB1 中调用的 FB1 被修改为新的接口（见图 6-38 中的右侧），程序中 FB1 的红色字符变为黑色；或在 OB1 中删除 FB1，重新调用。

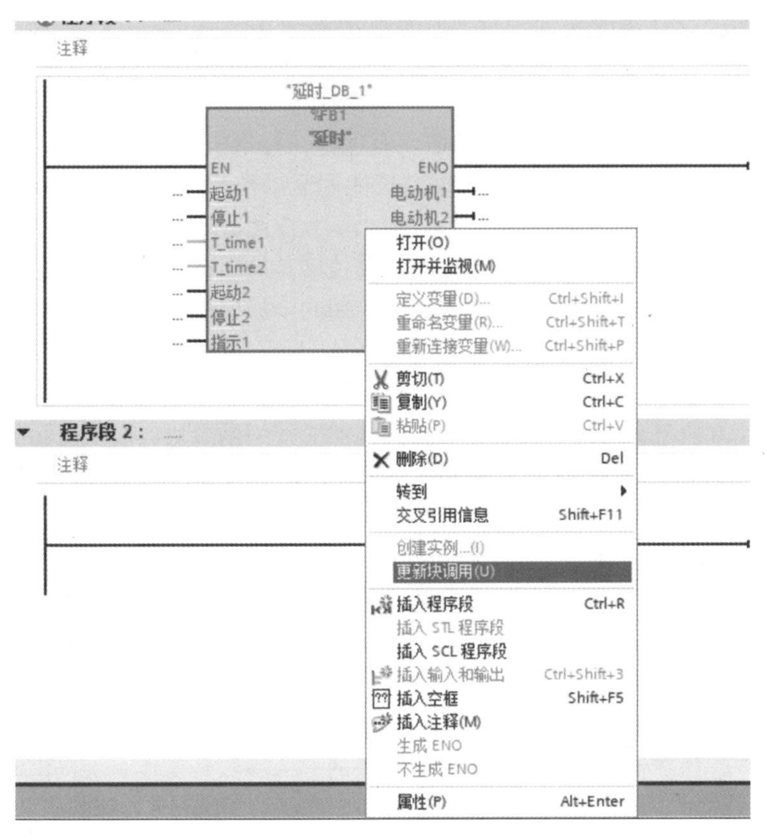

图 6-37　快捷菜单中的“更新块调用”命令

（6）函数与函数块的区别　FB 和 FC 均为用户编写的子程序，接口区中均有 Input、Output、InOut 参数和 Temp 数据，FC 的返回值实际上属于输出参数。下面是 FC 和 FB 的区别：

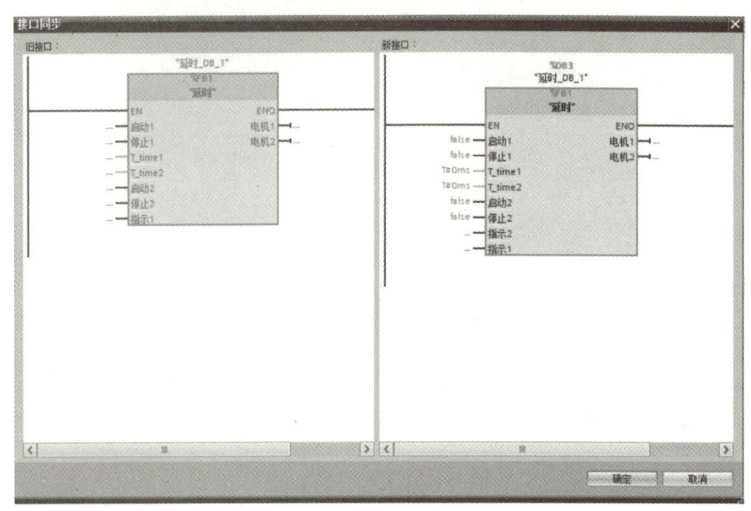

图 6-38　更新函数块调用

1）函数块有背景数据块，函数没有背景数据块。

2）只能在函数内部访问它的局部变量。其他代码块或 HMI（人机界面）可以访问函数块的背景数据块中的变量。

3）函数没有静态变量（Static），函数块有保存在背景数据块中的静态变量。

函数如果有执行完后需要保存的数据，只能用全局数据区（例如全局数据块和 M 区）来保存，但是这样会影响函数的可移植性。如果函数或函数块的内部不使用全局变量，只使用局部变量，不需要做任何修改，就可以将块移植到其他项目。如果块的内部使用了全局变量，在移植时需要重新统一分配所有的块内部使用的全局变量的地址，以保证不会出现地址冲突。当程序很复杂，代码块很多时，这种重新分配全局变量地址的工作量非常大，也很容易出错。

如果代码块有执行完后需要保存的数据，显然应使用函数块，而不是函数。

4）函数块的局部变量（不包括 Temp）有默认值（初始值），函数的局部变量没有默认值。在调用函数块时可以不设置某些有默认值的输入、输出参数的实参，这种情况下将使用这些参数在背景数据块中的启动值，或使用上一次执行后的参数值。这样可以简化调用函数块的操作。调用函数时应给所有的形参指定实参。

5）函数块的输出参数值不仅与来自外部的输入参数有关，还与用静态数据保存的内部状态数据有关。函数因为没有静态数据，相同的输入参数产生相同的执行结果。

（7）组织块与 FB 和 FC 的区别　出现事件或故障时，由操作系统调用对应的组织块，FB 和 FC 是用户程序在代码块中调用的。组织块的输入参数是操作系统提供的启动信息，此外用户可以生成临时变量和常量。组织块没有输出参数、InOut 参数和静态数据。

组织块中的程序是用户编写的。用户可以自定义和使用组织块的临时局部数据。

3. 多重背景数据块

在编程时，若一个程序需要使用多个定时器或计数器指令时，都需要为每一个定时器或计数器指定一个背景数据块。多次调用函数块 FB 就要生成多个背景数据块（DB 变量少）形成背景数据块的碎片。为减少背景数据块的使用，避免背景数据块碎片的生成，在函数块

中使用定时器、计数器指令时，可以在函数块的接口区定义数据类型为 IEC_TIMER 或 IEC_COUNTER 的静态变量，用这些静态变量来提供定时器和计数器的背景数据，然后调用 FB 时，为其生成背景数据块。这种函数块的背景数据块被称为多重背景数据块，如图 6-39 所示。

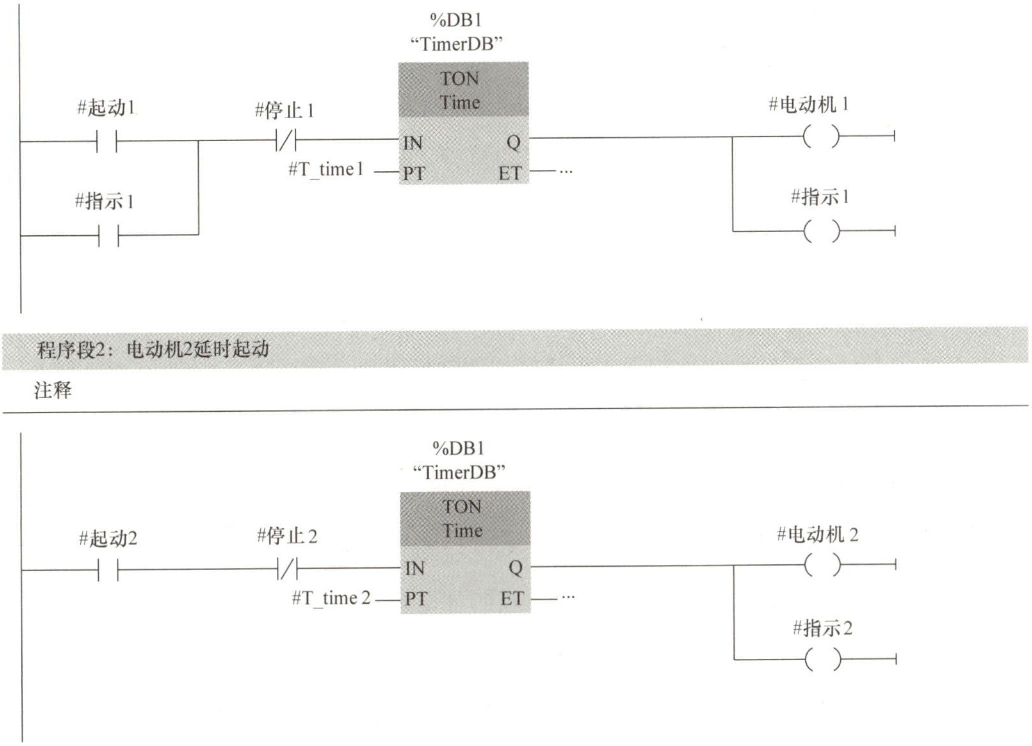

图 6-39　多重背景数据块的使用

这样多个定时器或计数器的背景数据被包含在它们所在的函数块的背景数据块中，而不需要为每个定时器或计数器设置一个单独的背景数据块。因此减少了处理数据的时间，能更合理地利用存储空间。在共享的多重背景数据块中，定时器、计数器的数据结构之间不会产生相互作用。

只能以多重背景方式调用 TIA Portal 编程软件提供的库中包含的函数块，不能以多重背景方式调用用户创建的函数块。

4. 组织块

组织块（Organization Block，OB）是操作系统与用户程序的接口，由操作系统调用。组织块中除可以用来实现 PLC 扫描循环控制以外，还可以完成 PLC 的启动、中断程序的执行和错误处理等功能。

（1）事件和组织块　事件是 S7－1200 PLC 操作系统的基础，有能够启动 OB 和无法启动 OB 两种类型的事件。能够启动 OB 的事件会调用已分配给该事件的 OB 或按照事件的优先级将其输入队列，如果没有为该事件分配 OB，则会触发默认系统响应。无法启动 OB 的事件会触发相关事件类别的默认系统响应。因此，用户程序循环取决于事件和给这些事件分配的 OB，以及包含在 OB 中的程序代码或在 OB 中调用的程序代码。

在 S7－1200 CPU V4.0 之前的版本中，每种 OB 类型都有固定的优先级。从 V4.0 开始，可为每个组态 的 OB 分配优先级。表 6-10 给出了各类事件的优先级。优先级的编号越大，优先级越高，最低优先级为 1（对应主程序循环），最高优先级为 26。时间错误中断具有最高的优先级。事件一般按优先级的高低来处理，先处理高优先级的事件。优先级相同的事件按“先来先服务”的原则来处理。

优先级编号在 OB 属性的特性中进行配置。用 CPU 的“启动”属性中的“OB 应该可中断”复选框设置 OB 是否可以被中断。

优先级大于等于 2 的 OB 将中断循环程序的执行。如果设置为可中断模式，优先级为 2 到 25 的 OB 可被优先级高于当前运行的 OB 的任何事件中断。优先级为 26 的时间错误会中断所有其他的 OB。如果未设置可中断模式，优先级为 2 到 25 的 OB 不能被任何事件中断。如果执行可中断 OB 时发生多个事件，CPU 将按照优先级顺序处理这些事件。

如果当前不能调用 OB，则按照事件的优先级将其保存到队列。如果没有为该事件分配 OB，则会触发默认的系统响应。启动 OB 的事件的属性见表 6-10。

表 6-10　启动 OB 的事件

事件类型	OB 编号	OB 个数	启动事件	OB 优先级
程序循环	1 或≥123	≥1	启动或结束前一个程序循环 OB	1
启动	100 或 123	≥0	从 STOP 切换到 RUN 模式	1
时间中断	≥10	最多 2 个	已达到启动时间	2
延时中断	≥20	最多 4 个	延时时间结束	3
循环中断	≥30		固定的循环时间结束	8
硬件中断	40～47 或≥123	≤50	上升沿（≤16 个）、下降沿（≤16 个）	18
			HSC 计数值＝设定值，计数方向变化，外部复位，最多各 6 次	18
状态中断	55	0 或 1	CPU 接收到状态中断，例如从站中的模块更改了操作模式	4
更新中断	56	0 或 1	CPU 接收到更新中断，例如更改了从站或设备的插槽参数	4
制造商中断	57	0 或 1	CPU 接收到制造商或配置文件特定的中断	4
诊断错误中断	82	0 或 1	模块检测到错误	5
拔出/插入中断	83	0 或 1	拔出/插入分布式 I/O 模块	6
机架错误	86	0 或 1	分布式 I/O 的 I/O 系统错误	6
时间错误	80	0 或 1	超过最大循环时间，调用的 OB 仍在执行，错过时间中断。STOP 期间错过时间中断，中断队列溢出，因为中断负荷过大丢失中断	22 或 26①

① 新 V4.0 或 V4.1 CPU 的优先级为 22。如果是将 V3.0 CPU 更换为 V4.0 或 V4.1 CPU，则优先级为 26，即对 V3.0 有效的优先级。无论哪种情况，优先级字段都可以编辑，用户可以将 优先级设置为 22～26 之间的任何值。

如果插入/拔出中央模块，或超出最大循环时间两倍，CPU 将切换到 STOP 模式。系统

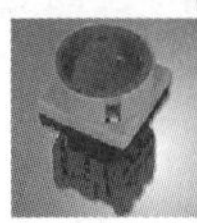

忽略过程映像更新期间出现的 I/O 访问错误。块中有编程错误或 I/O 访问错误时，保持 RUN 模式不变，启动事件与程序循环事件不会同时发生。在启动期间，只有诊断错误事件能中断启动事件，其他事件将进入中断队列，在启动事件结束后处理它们。OB 用局部变量提供启动信息。

用 DIS_AIRT 与 EN_AIRT 指令禁止与激活中断，使用指令 DIS_AIRT，将延时处理优先级高于当前组织块的中断 OB。输出参数 RET_VAL 返回调用 DIS_ AIRT 的次数。发生中断时，调用指令 EN_AIRT，可以启用以前调用 DIS_AIRT 延时的组织块处理。要取消所有的延时，EN_AIRT 的执行次数必须与 DIS_AIRT 的调用次数相同。

（2）S7 - 1200 的组织块

1）程序循环组织块。需要连续执行的程序放在程序循环组织块 OB1 中，因此 OB1 也常常被称为主程序（Main），主程序 OB1 属于程序循环 OB，CPU 在 RUN 模式时循环执行 OB1，可以在 OB1 中调用 FC 和 FB。如果用户程序生成了其他程序循环 OB，CPU 按 OB 编号的顺序执行它们，首先执行主程序 OB1，然后执行编号大于等于 123 的程序循环 OB。一般只需要一个程序循环 OB。程序循环 OB 的优先级最低，其他事件都可以中断它们。

打开 TIA Portal 编程软件的项目视图，生成一个新项目，CPU 的型号为 CPU1214C。

打开项目视图中的文件夹“PLC_”中的“程序块”，双击其中的“添加新块”选项，单击打开的对话框中的“组织块”按钮（见图 6-40），选中列表中的“Program cycle”选项，生成一个程序循环组织块。OB 默认的编号为 123，语言为 LAD（梯形图），默认的名称为 Main_1。单击“确定”按钮，生成 OB123，可以在项目树的文件夹“PLC_1”中的“程序块”中看到新生成的 OB123。

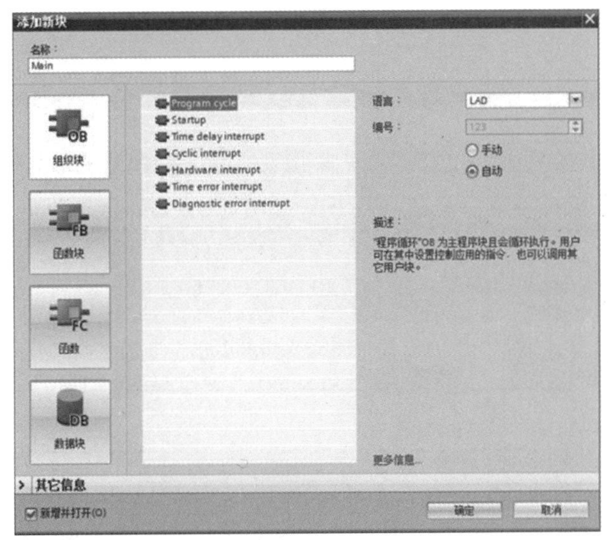

6-5　组织块概述

图 6-40　生成程序循环组织块

分别在 OB1 和 OB123 中生成简单的程序（见图 6-41 和图 6-42），将它们下载到 CPU，CPU 切换到 RUN 模式后，可以用 I0.0 和 I0.1 分别控制 Q1.0 和 Q1.1，说明 OB1 和 OB123

均被循环执行。

%I0.0
"Tag_3"

%Q1.0
"Tag_4"

图 6-41　OB1 的程序

%I0.1
"Tag_1"

%Q1.1
"Tag_3"

图 6-42　OB123 的程序

2）启动组织块。接通 CPU 电源后，S7－1200 PLC 在开始执行用户程序循环组织块之前首先执行启动组织块。通过适当的编写启动 OB，可以在启动程序中为程序循环指定一些初始的变量，或给某些变量赋值，即初始化。CPU 从 STOP 切换到 RUN 时，执行一次启动 OB。执行完后，读入过程映像输入，开始执行 OB1。允许生成多个启动 OB，默认的是 OB100，其他启动 OB 的编号应大于等于 123。一般只需要一个启动组织块。

用上述方法生成启动（Startup）组织块 OB100。OB100 中的初始化程序如图 6-43 所示。将它下载到 CPU，将 CPU 切换到 RUN 模式后，可以看到 OB0 的值被 OB100 初始化为 7，其最低 3 位为 1。

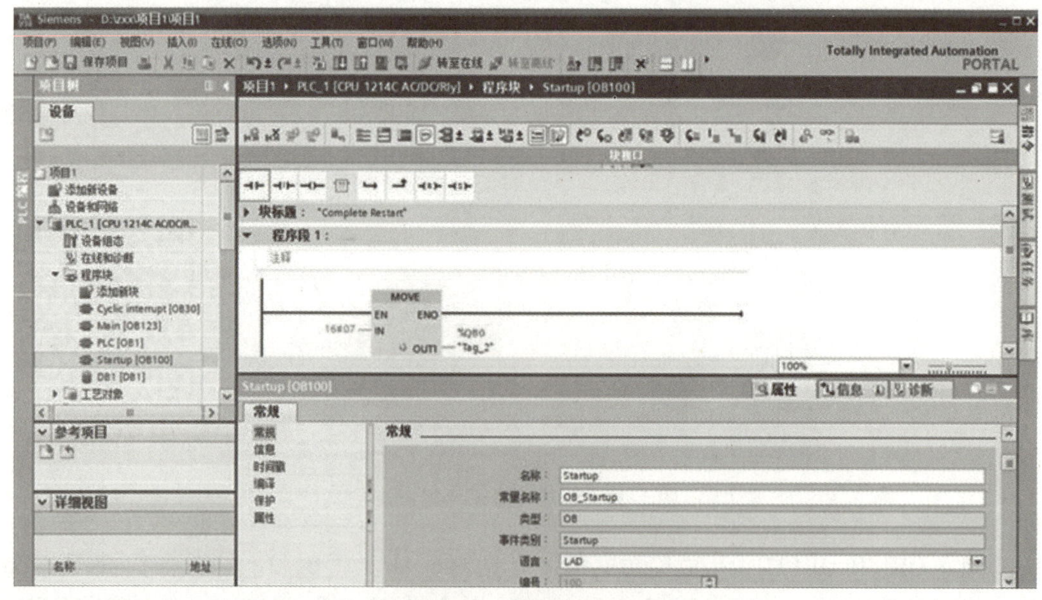

图 6-43　启动组织块

3）循环中断组织块。中断在计算机技术中应用较为广泛。中断功能是用中断程序及时地处理中断事件，中断事件与用户程序的执行时序无关，有的中断事件不能事先预测何时发生。中断程序不是由用户程序调用，而在中断事件发生时由操作系统调用。中断程序是用户编写的。中断程序应该优化，在执行完某项特定任务后应返回被中断的程序。应使中断程序尽量短小，以减少中断程序的执行时间，减少对其他处理的延迟，否则可能引起主程序控制的设备操作异常。设计中断程序时应遵循“越短越好”的原则。

下面首先介绍循环中断组织块。循环中断组织块（Cyclic interrupt）以设定的循环时间（1～60000ms）周期性地执行，而与程序循环 OB 的执行无关。循环中断和延时中断组织块的个数之和最多允许 4 个，循环中断 OB 的编号应为 OB30～OB38，或大于等于 123。

双击项目树中的“添加新块”选项，选中弹出的对话框中的“Cyclic interrupt”选项，如图 6-44 所示，从图中可以看出循环中断的时间间隔（循环时间）的默认值为 100ms（是基本时钟周期 1ms 的整数倍），可将它设置为 1～60000ms。

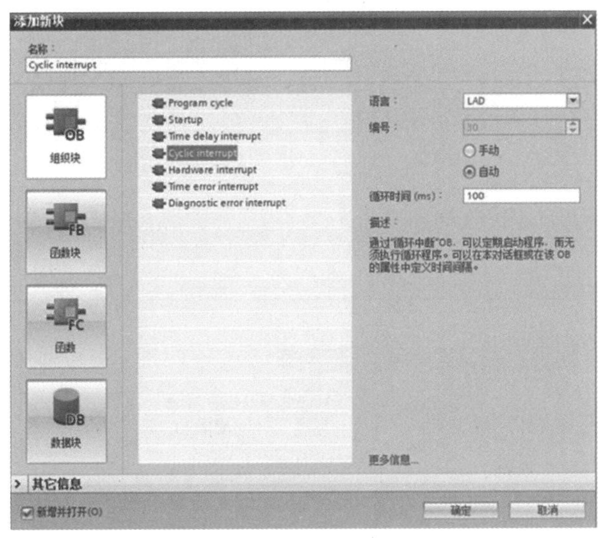

图 6-44　生成循环中断组织块

双击打开项目树中的“OB30”，单击选择巡视窗口的“属性→常规→循环中断”选项，如图 6-45 所示。可以设置循环时间和相移。相移是相位偏移的简称，用于防止循环时间有公倍数的几个循环中断 OB 同时启动，导致连续执行中断程序的时间太长，相移的默认值为 0。如果循环中断 OB 的执行时间大于循环时间，将会启动时间错误 OB。

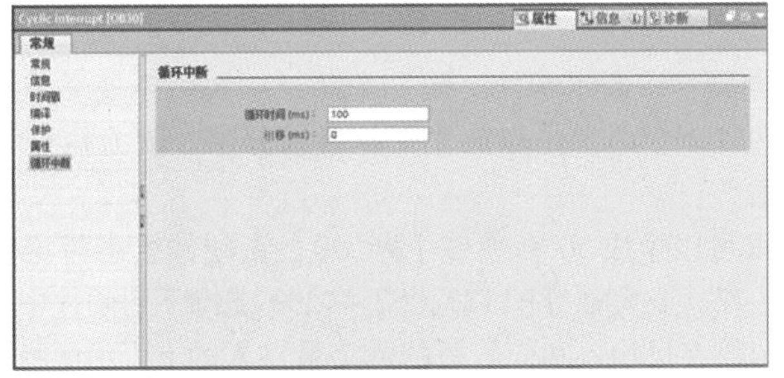

图 6-45　循环中断组织块属性窗口

相移（相位偏移，默认值为0）是与基本时间周期相比启动时间所偏移的时间，用于错开不同时间间隔的几个循环中断 OB，使它们不会被同时执行，即如果使用多个循环中断 OB，当这些循环中断 OB 的时间基数有公倍数时，可以使用该相移来防止它们同时被启动。相移的设置范围为 1～100ms，其数值必须是 0.001 的整数倍。

4）延时中断组织块。PLC 的普通定时器的工作过程与扫描工作方式有关，其定时精度较差。如果需要高精度的延时，应使用延时中断。在指令 SRT_DINT 的 EN 使能输入的上升沿，启动延时过程（见图 6-46）。该指令的延时时间为 1～60000ms，精度为 1ms。用该指令的参数 DTIME（1～60000ms）来设置延时时间。在时间延时中断 OB 中配合使用计数器，可以得到比 60s 更长的延时时间。用参数 OB_NR 来指定延时时间到时调用的 OB 的编号，S7－1200 未使用参数 SIGN，可以设置任意的值。RET_VAL 是指令执行的状态代码。

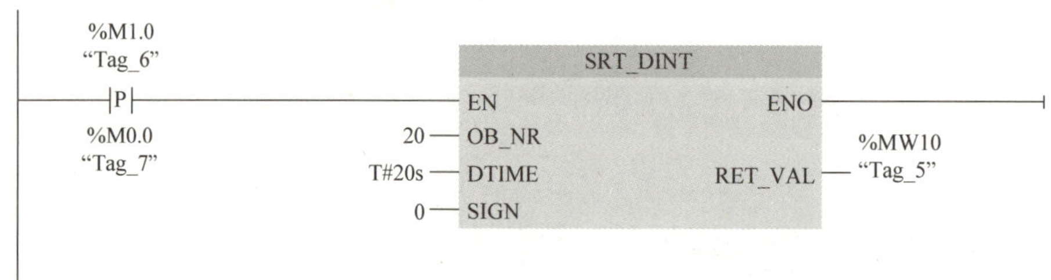

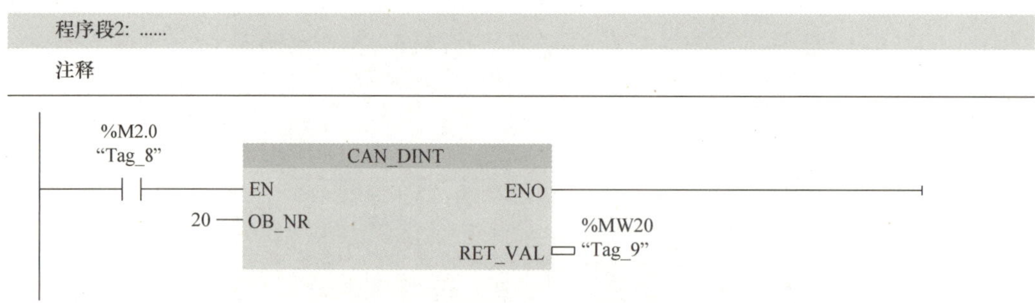

图 6-46　SRT_DINT 与 CAN_DINT 指令

延时中断启用完后，若不再需要使用延时中断，则可使用 CAN_DINT 指令来取消已启动的延时中断 OB，还可以在超出所组态的延时时间之后取消调用待执行的延时中断 OB。在 OB_NR 参数中，可以指定将取消调用的组织块编号。

延时时间到时触发延时中断，调用指定的延时中断组织块。循环中断和延时中断组织块的个数之和最多允许 4 个，延时中断 OB 的编号应为 20～23，或大于等于 123。

5）硬件中断组织块。

① 硬件中断事件与硬件中断组织块。硬件中断组织块用于处理需要快速响应的过程事件。出现硬件中断事件时，立即中止当前正在执行的程序，改为执行对应的硬件中断 OB，硬件中断没有启动信息。

S7－1200 PLC 最多可以生成 50 个硬件中断 OB，在硬件组态时定义中断事件，硬件中断 OB 的编号应为 40～47，或大于等于 123。S7－1200 支持下列硬件中断事件：

a. CPU 某些内置的数字量输入和信号板的数字量输入的上升沿事件和下降沿事件。

b. 高速计数器（HSC）的实际计数值等于设定值。

c. HSC 的方向改变，即计数值由增大变为减小，或由减小变为增大。

d. HSC 的数字量外部复位输入的上升沿，计数值被复位为 0。

如果在执行硬件中断 OB 期间，同一个中断事件再次发生，则新发生的中断事件丢失。

如果一个中断事件发生，在执行该中断 OB 期间，又发生多个不同的中断事件，则新发生的中断事件进入排队，等待第一个中断 OB 执行完毕后依次执行。

② 硬件中断事件的处理方法。

a. 给一个事件指定一个硬件中断 OB，这种方法最为简单方便，应优先采用。

b. 多个硬件中断 OB 分时处理一个硬件中断事件，需要用 DETACH 指令取消原有的 OB 与事件的连接，用 ATTACH 指令将一个新的硬件中断 OB 分配给中断事件（具体使用方法见 S7－1200 编程手册）。

③ 生成硬件中断组织块。打开项目视图，生成一个名为“硬件中断例程 1”的新项目。CPU 的型号为 CPU1214C。打开项目视图中的“PLC_1”的“程序块”文件夹，双击其中的“添加新块”选项，单击打开的对话框中的“组织块”按钮（见图 6-47），选中“Hardware interrupt”选项（硬件中断），生成一个硬件中断组织块，OB 的编号为 40，语言为 LAD（梯形图）。将块的名称修改为“硬件中断 1”。单击“确定”按钮，OB 块被自动生成和打开。

图 6-47　生产的硬件中断组织块 OB40

5. 组态硬件中断事件

双击项目树的文件夹“PLC_1”中的“设备组态”选项，打开设备视图，首先选中 CPU，再选中巡视窗口的“属性”→“常规”选项卡左边的“数字量输入”的“通道 0”选项（即 I0.0，见图 6-48），用复选框启用上升沿检测功能。单击选择“硬件中断”下拉式列表，将 OB40（硬件中断 1）指定给 I0.0 的上升沿中断事件，出现该中断事件时将调用 OB40。

6. 编写硬件中断 OB 的程序

根据控制要求，在硬件中断 OB 中编写相应的控制程序，其程序编辑视窗同主程序及其他程序块，编程内容根据控制要求而定。

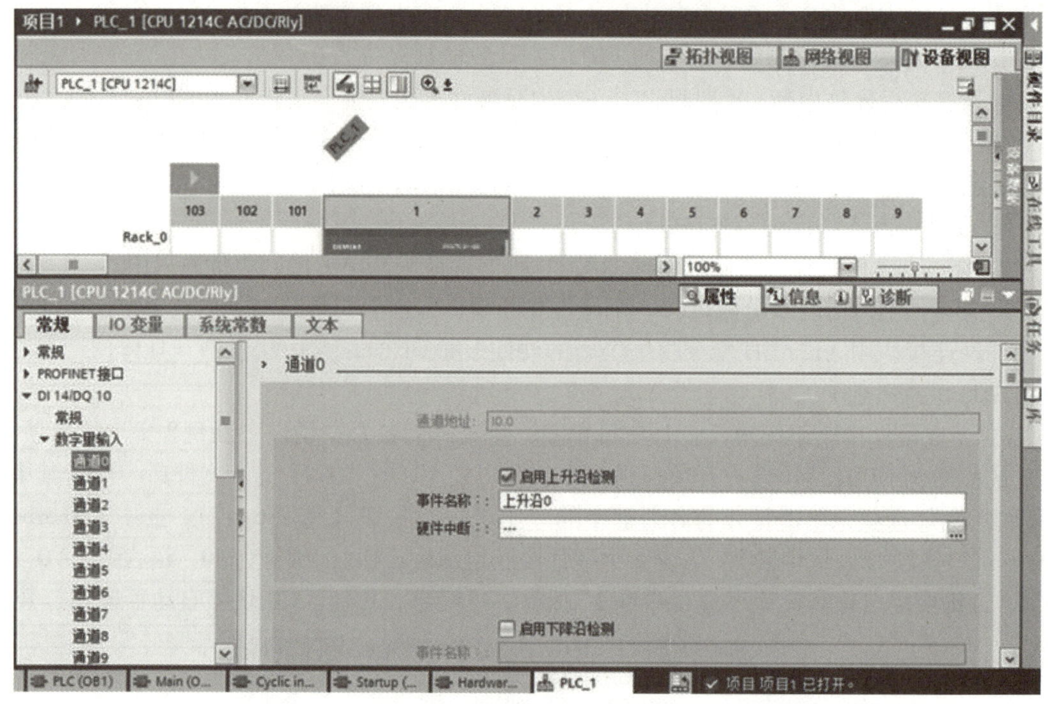

图 6-48　组态硬件中断事件

 任务实施

1. 材料准备（见表 6-11）

表 6-11　三相异步电动机断续运行的 PLC 控制系统器材

名称	型号或规格	数量	名称	型号或规格	数量
PLC	S7－1200	1 台	电动机	Y－132S－4	1 台
按钮	XB2－BVB1LC	2 只	接触器	CJX1－09/22	1 只
热继电器	NR4－63/F	1 只	计算机	装有 TIA Portal V14 编程软件	1 台

2. I/O 分配

根据 PLC 输入/输出点分配原则及本任务控制要求，对本任务进行 I/O 地址分配，见表 6-12。

表 6-12　三相异步电动机断续运行的 PLC 控制 I/O 分配

输入		输出	
输入继电器	元件	输出继电器	元件
I0.0	起动按钮 SB1	Q0.0	电动机运行 KM
I0.1	停止按钮 SB2		
I0.2	过载保护 FR		

3. PLC I/O 接线示意图

根据控制要求及表 6-12 的 I/O 分配，电动机断续运行的 PLC I/O 接线示意图可绘制成

如图6-49所示。

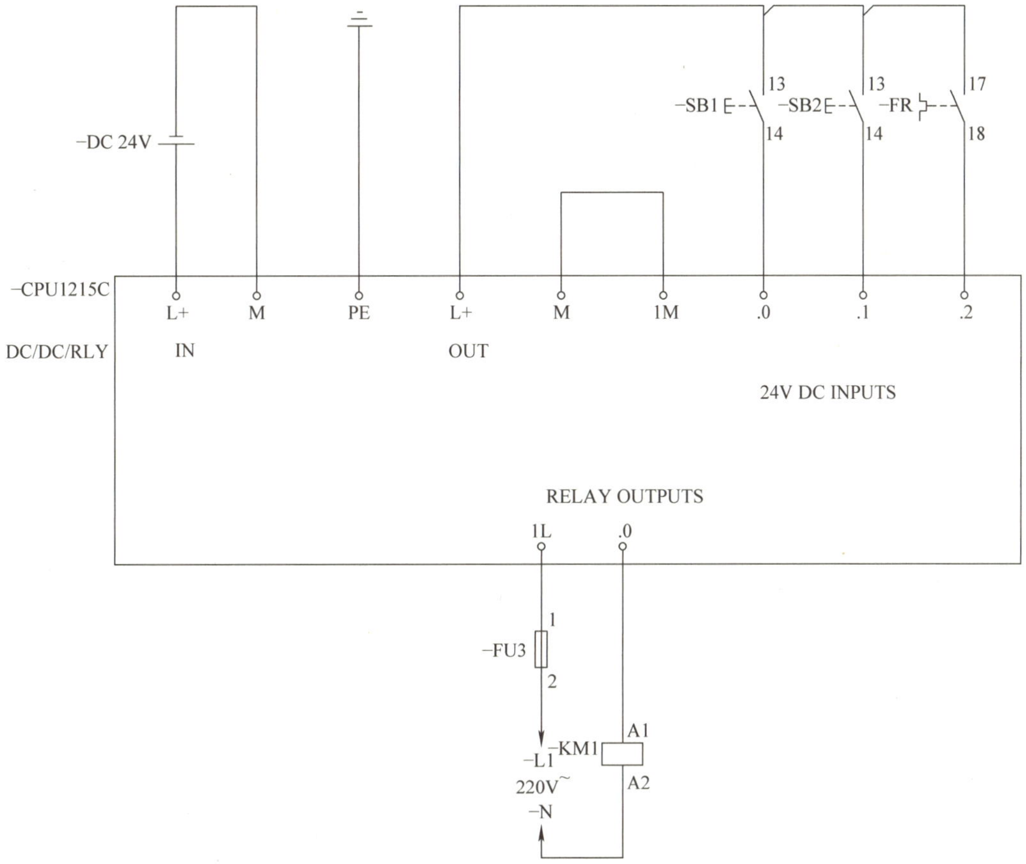

图6-49　PLC I/O 接线示意图

4. 编辑变量表（见图6-50）

变量表_1

		名称	数据类型	地址	保持	可从 ...	从 H...	在 H...	注释
1	◁▣	电动机M1	Bool	%Q0.0	☐	☑	☑	☑	
2	◁▣	停止按钮SB2	Bool	%I0.1	☐	☑	☑	☑	
3	◁▣	FR过载保护	Bool	%I0.2	☐	☑	☑	☑	
4	◁▣	起动按钮SB1	Bool	%I0.0	☐	☑	☑	☑	

图6-50　电动机断续运行的PLC控制变量表

5. 程序编写

（1）生成OB100　打开项目视图中的“PLC_1”的“程序块”文件夹，用鼠标双击其中的“添加新块”选项，单击打开的对话框中的“组织块”按钮，选中列表中的“Startup”选项，生成一个启动组织块OB100。

（2）编写OB100程序　在起动组织块中对循环中断计数值MW20清0，其程序如图6-51所示。

（3）生成OB30　打开项目视图中的“PLC_1”中的“程序块”文件夹，用鼠标双击其中的“添加新块”选项，单击打开的对话框中的“组织块”按钮，选中列表中的“Cyclic

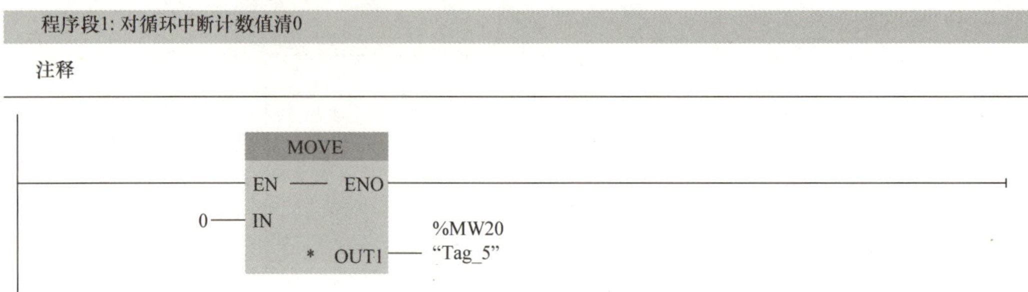

图 6-51　电动机断续运行的 PLC 控制 OB100 程序

interrupt”选项，生成一个循环中断组织块 OB30。指环时间设置为 60000ms，即 1min。

（4）编写 OB30 程序　在循环中断组织块中对循环中断次数进行计数，当计数值为 180 次，即 3h 时对计数值 MW20 清 0，其程序如图 6-52 所示。

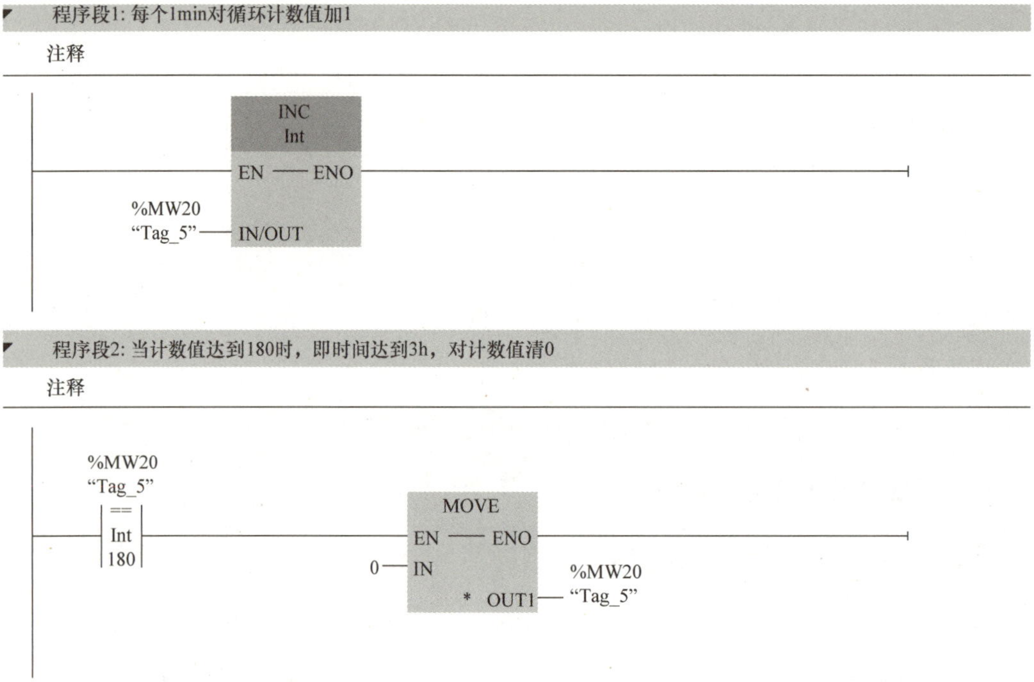

图 6-52　PLC 控制 OB30 程序

（5）编写 OB1 程序　在主程序 OB1 中主要完成电动机的断续运行控制，即系统起动后时间小于 2h 时，电动机运行，时间在 2～3h 之间时，电动机停止运行，并如此循环工作，其程序如图 6-53 所示。

6. 调试程序

将调试好的用户程序下载到 CPU 中，并连接好电路。按下起动按钮 SB1，观察电动机是否按系统设置时间进行断续运行。若按下停止按钮 SB2，电动机是否立即停止运行。若上述调试现象与控制要求一致，则说明本任务实现。

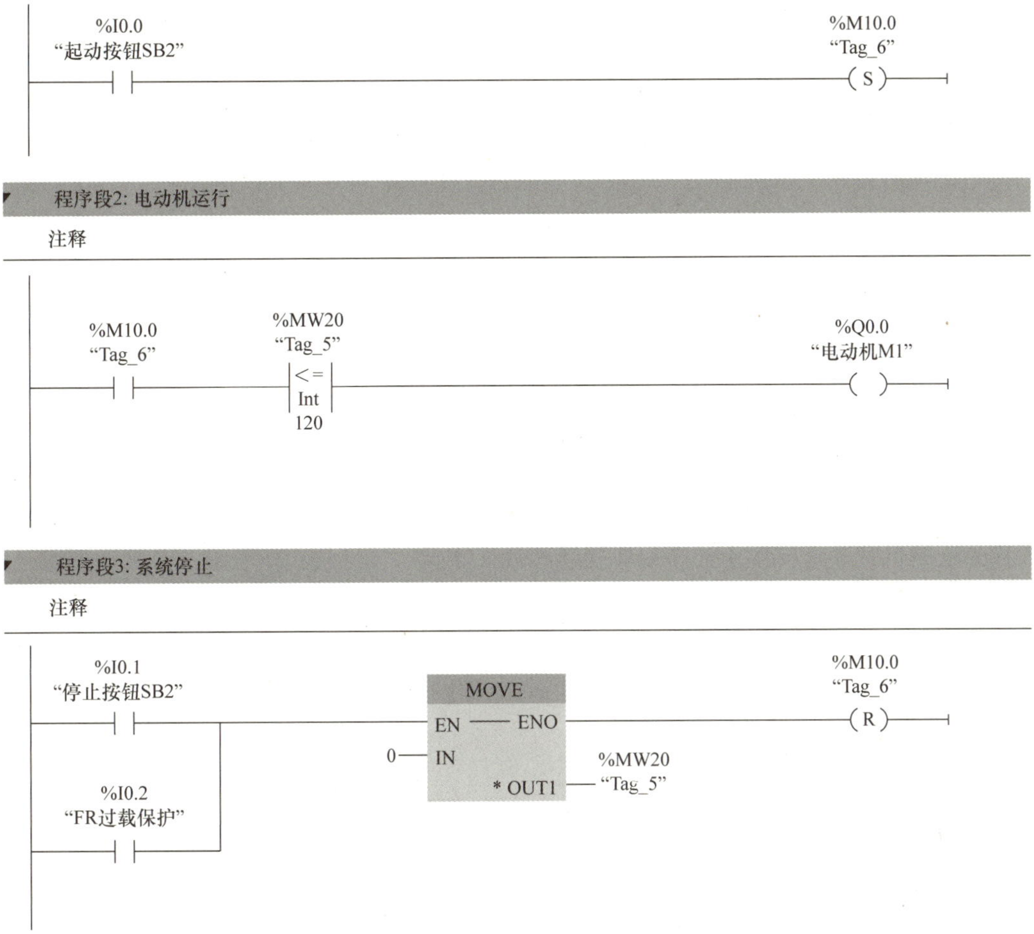

%I0.0
"起动按钮SB2"
%M10.0
"Tag_6"
(S)

程序段2: 电动机运行

注释

%M10.0
"Tag_6"
%MW20
"Tag_5"
<=
Int
120
%Q0.0
"电动机M1"
( )

程序段3: 系统停止

注释

%I0.1
"停止按钮SB2"
%I0.2
"FR过载保护"
MOVE
EN — ENO
0 — IN
* OUT1 — %MW20 "Tag_5"
%M10.0
"Tag_6"
(R)

图 6-53 电动机断续运行的 PLC 控制 OB1 程序

任务四 裁切机的 PLC 控制

学习目标

知识目标

1）了解编码器的基本知识。

2）理解高速计数器（High Speed Counter，HSC）的工作模式以及其与普通计数器的区别。

3）理解高速脉冲的输出方式及使用用途。

技能目标

1）掌握编码器的应用。

2）掌握 S7－1200 高速计数器的组态及指令应用。

素质目标

1）具有精益求精的精神。

2）树立安全意识。

任务描述

裁切机器由机体、传送带、气动裁切刀具等机械部件和变频器、电动机、刀位检测开关、旋转编码器等电力拖动部件和长度检测部件构成。机器工作原理简述：由变频器控制电动机起停与速度，电动机驱动裁切机主轴，主轴带动输送带，输送带将待裁切板材源源不断地输送至裁切刀具下；旋转编码器经弹性联轴器与机器旋转主轴连接，对主轴的运行线距离进行脉冲计数，当设定长度（设定脉冲数）与编码器计数长度相等时，由 PLC 输出下刀指令，变频器停止运行，输送带停止输送。下刀电磁阀动作，气动裁切刀具下行，对输送带上的板材进行裁切。裁切过后，系统又自动起动运行。

系统设计要求：裁切机起动时输送速度为低速，起动后正常输送时，使用一个可调整的较高的输送速度，称为变频高速；而当输送长度接近于裁切长度时，输送带应进入低速运行阶段称为变频低速，这样便于提高裁切精度和裁切质量。按下停止按钮时，若输送速度是高速运行，则应先低速运行 5s 后，再停车；若为低速运行，则可立即停车。

知识准备

1. 脉冲指令

在生产实践中，经常需要检测高频脉冲，例如检测步进电动机的运动距离，而 PLC 中的普通计数器受限于扫描周期的影响，无法计量频率较高的脉冲信号。S7－1200 PLC 提供高速计数器，用来实现高频脉冲计数功能，而高速计数器一般与增量式编码器一起使用。

编码器（encoder）是将信号（如比特流）或数据进行编制、转换为可用于通信、传输和存储的信号形式的设备。它每圈发出一定数量的计数脉冲和一个复位脉冲，作为高速计数器的输入。编码器把角位移或线位移转换成电信号，前者称为码盘，后者称为码尺。按照读取方式编码器可以分为接触式和非接触式两种；按照工作原理编码器可分为增量式和绝对式两类。

1）增量式编码器。增量式编码器是直接利用光电转换原理输出三组方波脉冲 A、B 和 Z 相；A、B 两组脉冲相位差 90°，从而可方便地判断出旋转方向，而 Z 相位每转一个脉冲，用于基准点定位。它的优点是原理构造简单，机械平均寿命可在几万小时，抗干扰能力强，可靠性高，适合于长距离传输。其缺点是无法输出轴转动的绝对位置信息。

2）绝对式编码器。绝对式编码器是直接输出数字的传感器，在它的圆形码盘上沿径向有若干同心码盘，每条道上有透光和不透光的扇形区相间组成，相邻码道的扇区数目是双倍关系，码盘上的码道数是它的二进制数码的位数，在码盘的一侧是光源，另一侧对应每一码道有一光敏元件，当码盘处于不同位置时，各光敏元件根据受光照与否转换出相应的电平信号，形成二进制数。这种编码器的特点是不用计数器，在转轴的任意位置都可读出一个固定的与位置相对应的数字码。

2. 高速计数器

PLC 的普通计数器的计数过程与扫描工作方式有关，CPU 通过一个扫描周期读取一次被

测信号的方法来捕捉被测信号的上升沿，被测信号的频率较高时，会丢失计数脉冲，因此普通计数器的最高工作频率一般仅有几十赫，而高速计数器能对数千赫的频率脉冲进行计数。

6-6 高速计数器（HSC）

S7－1200 PLC 最多提供 6 个高速计数器，其独立于 CPU 的扫描周期进行计算，可测量的单相脉冲频率最高达 100kHz，双相或 A/B 相频率最高为 30kHz。除用来计数外还可用来频率测量，高速计数器可用于连接增量型旋转编码器，用户通过对硬件组态和调用相关指令块来使用此功能。

（1）高速计数器工作模式　高速计数器定义为 5 种工作模式。

1）单相计数器，外部方向控制，波形如图 6-54 所示。

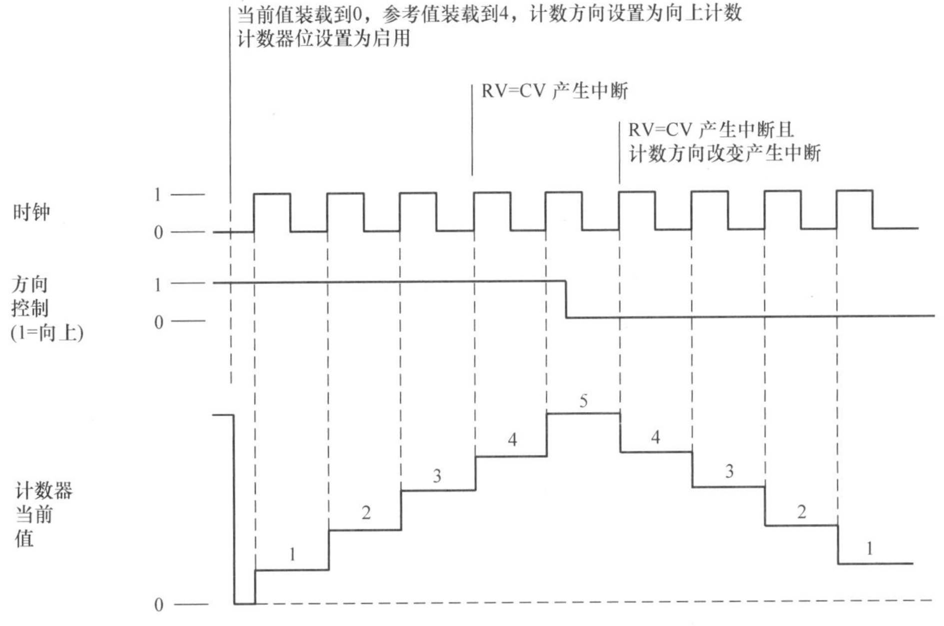

图 6-54　单相计数器波形图

2）单相计数器，内部方向控制。

3）双相加/减计数器，双脉冲输入，波形如图 6-55 所示。（加时钟输入向上，减时钟输入向下）

4）A/B 相正交脉冲输入。图 6-56 所示，计数时钟 B 输入值低时，计数时钟 A 输入值的上升沿向上；计数时钟 B 输入值低时，计数时钟 A 输入值的下降沿向下。

5）监控 PTO 输出。每种高速计数器有两种工作状态。①外部复位，无起动输入。②内部复位，无起动输入。

所有的计数器无须起动条件设置，在硬件向导中设置完成后下载到 CPU 中即可起动高速计数器，在 A/B 相正交模式下可选择 1X（1 倍）和 4X（4 倍）模式，高速计数功能所能支持的输入电压为 DC 24V，目前不支持 DC 5V 的脉冲输入，表 6-13 列出了高速计数器的硬件输入定义和工作模式。

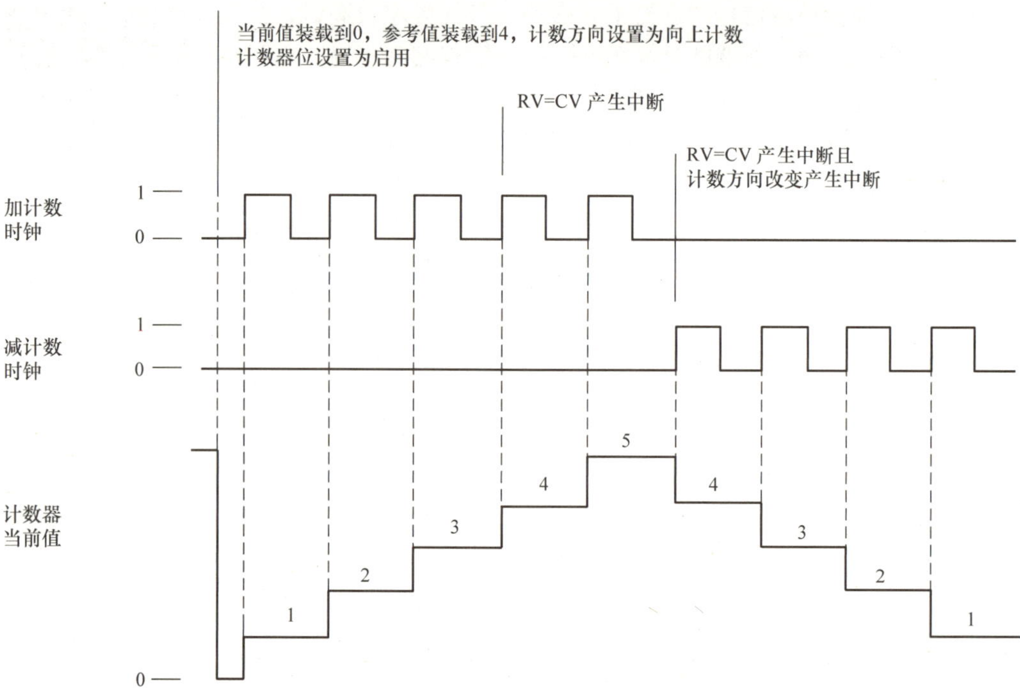

图 6-55 双相加/减计数器波形图

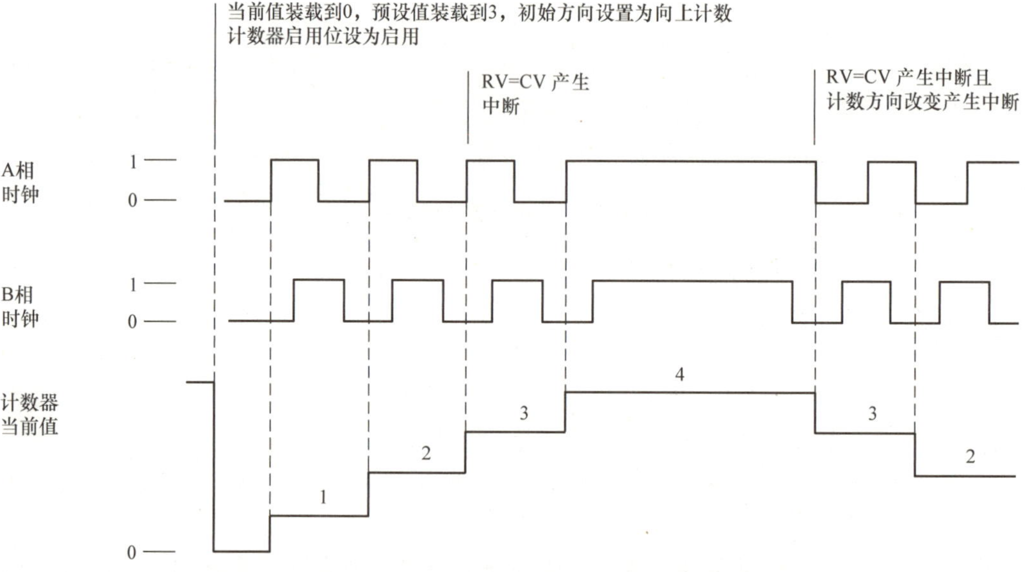

图 6-56 1 倍频 A/B 相正交计数器波形图

表 6-13 高数计数器的硬件输入定义和工作模式

描述			输入点定义			功能
HSC	HSC1	使用 CPU 集成 I/O 或信号板或监控 PTO0	I0.0 I4.0 PTO0	I0.1 I4.1 PTO1 方向	I0.3	
	HSC2	使用 CPU 集成 I/O 或监控 PTO2	I0.2 PTO2	I0.3 PTO1 方向	I0.1	
	HSC3	使用 CPU 集成 I/O	I0.4	I0.5	I0.7	
	HSC4	使用 CPU 集成 I/O	I0.6	I0.7	I0.5	
	HSC5	使用 CPU 集成 I/O 或信号板	I1.0 I1.4	I1.1 I4.1	I1.2	
	HSC6	使用 CPU 集成 I/O	I1.3	I1.4	I1.5	
模式	单相计数，内部方向控制		时钟			计数或频率
					复位	计数
	单相计数，外部方向控制		时钟	方向		计数或频率
					复位	计数
	双相计数，两路时钟输入		加时钟	减时钟		计数或频率
					复位	计数
	A/B 相正交计数		A 相	B 相		计数或频率
					Z 相	计数
	监控 PTO 输出		时钟	方向		计数

并非所有的 CPU 都可以使用 6 个高速计数器，如 1211C 只有 6 个集成输入点，所以最多只能支持 4 个（使用信号板的情况下）高速计数器。

由于不同计数器在不同的模式下，同一个物理点会有不同的定义，在使用多个计数器时需要注意的不是所有计数器都可以同时定义为任意工作模式。

高速计数器的输入，使用与普通数字量输入相同的地址，当某个输入点已定义为高速计数器的输入点时，就不能再应用于其他功能，但在某个模式下，没有用到的输入点还可以用于其他功能的输入监控 PTO 的模式只有 HSC1 和 HSC2 支持，使用此模式时，不需要外部接线，CPU 在内部已做了硬件连接，可直接检测通过 PTO 功能所发脉冲。

（2）高速计数器寻址　CPU 将每个高速计数器的测量值，存储在输入过程映像区内，数据类型为 32 位双整型有符号数，用户可以在设备组态中修改这些存储地址，在程序中可直接访问这些地址，但由于过程映像区受扫描周期影响，读取到的值并不是当前时刻的实际值，在一个扫描周期内，此数值不会发生变化，但计数器中的实际值有可能会在一个周期内变化，用户无法读到此变化。用户可通过读取外设地址的方式，读取到当前时刻的实际值。以 ID1000 为例，其外设地址为“ID1000：P”。

S7－1200 PLC 最大支持 6 路高速输出，其默认地址见表 6-14。

表 6-14　S7 - 1200 系列 PLC 高数计数器地址

高速计数器号	数据类型	默认地址
HSC1	DINT	ID1000
HSC2	DINT	ID1004
HSC3	DINT	ID1008
HSC4	DINT	ID1012
HSC5	DINT	ID1016
HSC6	DINT	ID1020

（3）中断功能　S7 - 1200 在高速计数器中提供了中断功能，用以处理某些特定条件下触发的程序，共有 3 种中断事件：

1）当前值等于预置值。

2）使用外部信号复位。

3）带有外部方向控制时，计数方向发生改变。

（4）频率测量　S7 - 1200 除了提供计数功能外，还提供了频率测量功能，有 3 种不同的频率测量周期：1.0s、0.1s 和 0.01s。

频率测量周期是计算并返回新的频率值的时间间隔。返回的频率值为上一个测量周期中所有测量值的平均，无论测量周期如何选择，测量出的频率值总是以 Hz（每秒脉冲数）为单位。

（5）高速计数器指令块　高速计数器指令块需要使用指定背景数据块用于存储参数，如图 6-57 所示。

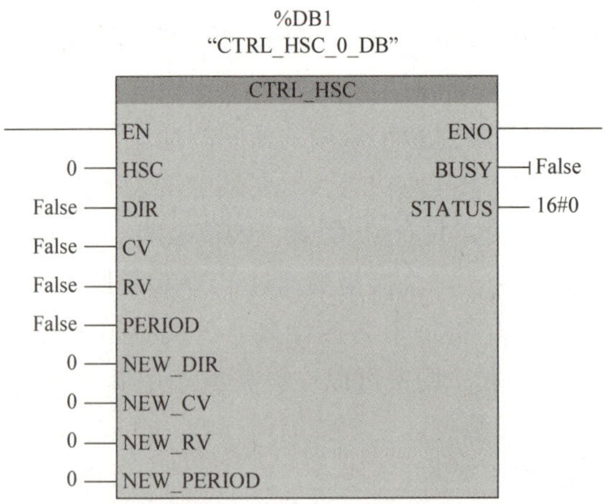

图 6-57　高速计数器指令块

高速计数器参数说明见表 6-15。

表 6-15　高速计数器参数说明

HSC（HW_HSC）	高速计数器硬件识别号
DIR（BOOL）TRUE	使能新方向
CV（BOOL）TRUE	使能新起始值
RV（BOOL）TRUE	使能新参考值
PERIOD（BOOL）BTRE	使能新频率测量周期
NEW_DIR（DINT）	方向选择 1：=正向；-1：=反向
NEW_CV（DINT）	新起始值
NEW_RV（DINT）	新参考值

STATUS 错误代码见表 6-16。

表 6-16　STATUS 错误代码

错误代码（十六进制）	描述
0	无错误
80A1	高速计数器的硬件标识符无效
80B1	计数方向（NEW DIR）无效
80B2	计数值（NEW CV）无效
80B3	参考值（NEW RV）无效
80B4	频率测量周期（NEW PERIOD）无效

（6）高数计数器的组态

【应用举例】假设在旋转机械上有单相增量编码器作为反馈，接入到 S7-1200 CPU，要求在计数 25 个脉冲时，计数器复位，置位 M0.5，并设定新预置值为 50 个脉冲，当计满 50 个脉冲后复位 M0.5，并将预置值再设为 25，周而复始执行此功能。

针对此应用，选择 CPU 为 CPU1215C，高速计数器为 HSC2，模式为：单相计数，内部方向控制，无外部复位。据此，脉冲输入应接入 I0.0，使用 HSC2 的预置值中断（CV = RV）功能实现此应用。

组态步骤：①在设备与组态中，选择 CPU，单击属性，激活高速计数器，并设置相关参数（此步骤必须先执行，因为 S7-1200 的高速计数器功能必须要先在硬件组态中激活，才能进行下面的步骤）。② 添加硬件中断块，关联相对应的高速计数器所产生的预置值中断，在中断块中添加高速计数器指令块，编写修改预置值程序，设置复位计数器等参数。③将程序下载，执行功能。

① 硬件组态。选择 CPU 型号如图 6-58 所示。

图 6-59 所示为硬件组态界面。

激活高速计数功能，计数类型、计数方向参数设置如图 6-60 所示。

注意：a. 计数类型分为 4 种：运动轴（motion control）、频率（Frequency）、周期、计数（Counting）。本任务选择计数。

b. 工作模式分为 4 种：单相（Single phase），双相（Two phase），A/B 相正交 1 倍速（AB Quadrature 1X），A/B 相正交 4 倍速（AB Quadrature 4X）。本任务选择单相。

图 6-58　选择 CPU 型号

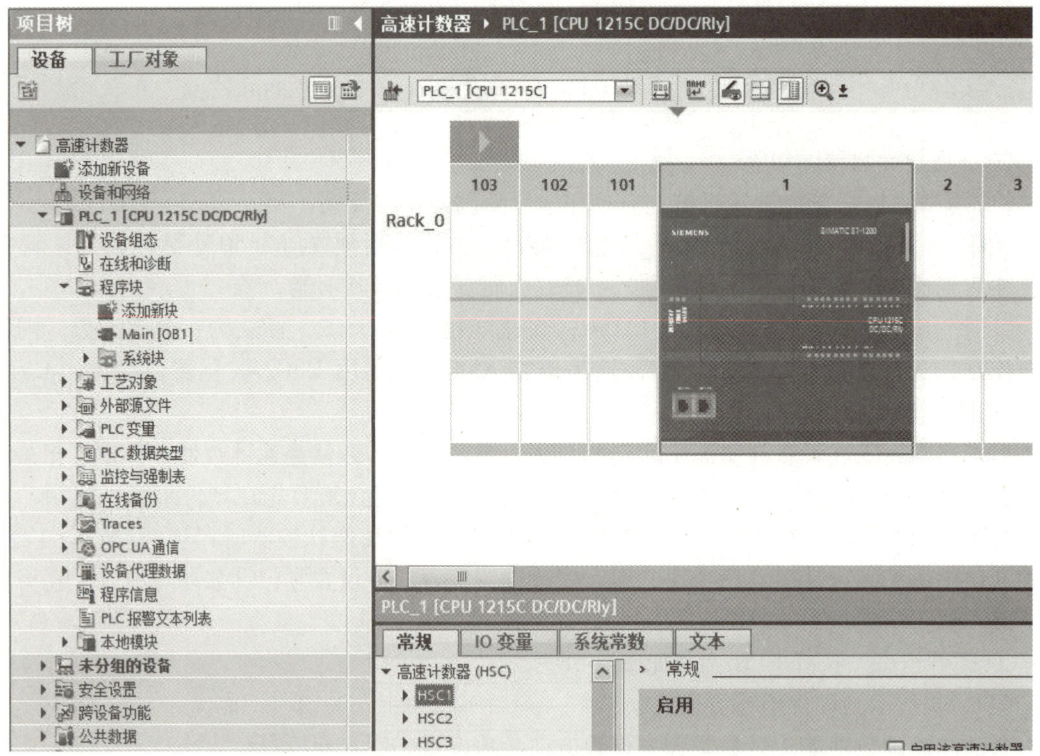

图 6-59　硬件组态界面

c. 计数方向选择，本任务选择用户程序（内部方向控制）[User program (internal direction control)]。

PLC_1 [CPU 1215C DC/DC/Rly]

常规 | IO 变量 | 系统常数 | 文本

▸ 常规
▸ PROFINET接口 [X1]
▸ DI 14/DQ 10
▸ AI 2/AQ 2
▾ 高速计数器 (HSC)
  ▸ HSC1
  ▸ HSC2
  ▸ HSC3
  ▸ HSC4
  ▸ HSC5
  ▸ HSC6
▸ 脉冲发生器 (PTO/PWM)
  启动
  循环
  通信负载
  系统和时钟存储器
▸ Web 服务器
  支持多语言
  时间
▸ 防护与安全
▸ OPC UA
▸ 高级组态
  连接资源
  地址总览
▸ 运行系统许可证

HSC2

› 常规

启用

☑ 启用该高速计数器

项目信息

名称: HSC_2

注释:

› 功能

计数类型: 计数

工作模式: 单相

计数方向取决于: 用户程序（内部方向控制）

初始计数方向: 加计数

图 6-60　高速计数器参数设置界面

d. 初始计数方向。本任务选择加计数（Count up）。

高速计数器初始值及复位组态界面如图 6-61 所示。

常规 | IO 变量 | 系统常数 | 文本

▸ 常规
▸ PROFINET接口 [X1]
▸ DI 14/DQ 10
▸ AI 2/AQ 2
▾ 高速计数器 (HSC)
  ▸ HSC1
  ▸ HSC2
  ▸ HSC3
  ▸ HSC4
  ▸ HSC5
  ▸ HSC6
▸ 脉冲发生器 (PTO/PWM)
  启动
  循环
  通信负载
  系统和时钟存储器
▸ Web 服务器

频率测量周期: -/-

› 初始值

初始计数器值: 0

初始参考值: 0

初始参考值 2: 0

初始值上限: 2147483647

初始值下限: -2147483648

› 同步输入

☑ 使用外部同步输入

图 6-61　高速计数器初始值及复位组态界面

高速计数器中断事件组态界面如图 6-62 所示。

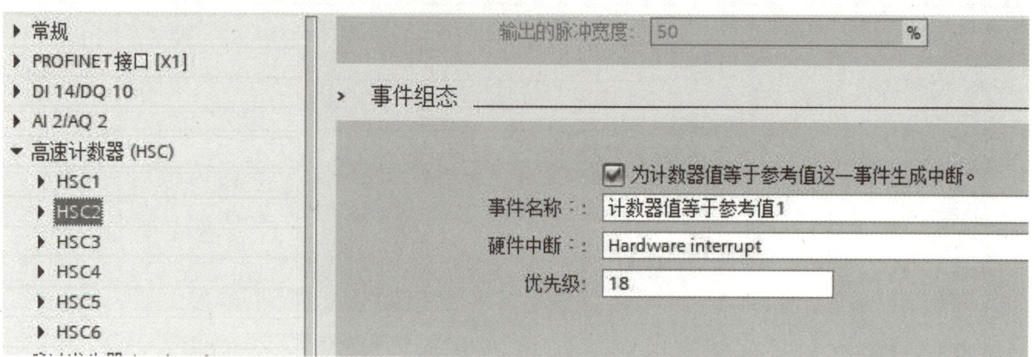

图 6-62　高速计数器中断事件组态界面

高速计数器 I/O 参数设置界面如图 6-63 所示。

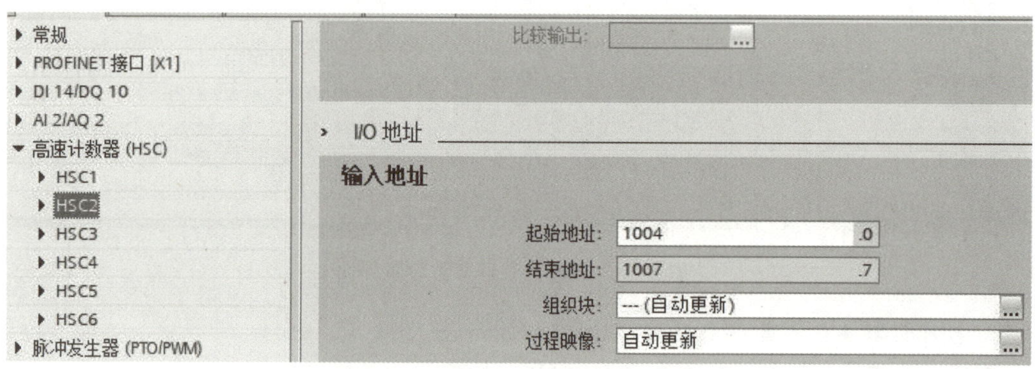

图 6-63　高速计数器 I/O 参数设置界面

注意：起始地址若是 HSC1 默认是 1000。本任务选用 HSC2，所以使用默认 1004。至此硬件组态部分已经完成，下面进行程序编写。

② 程序编写。将高速计数指令块添加到硬件中断中，如图 6-64 所示，双击打开硬件中断程序块。

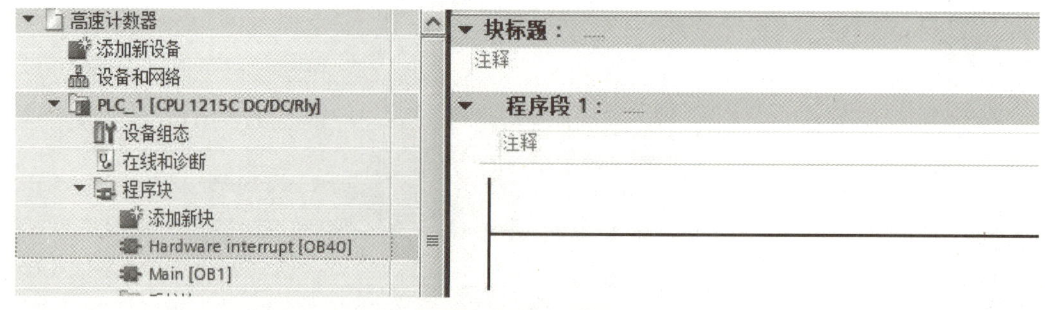

图 6-64　硬件中断程序块

在指令列表中，将高速计数器指令拖拽到硬件中断程序中，如图 6-65 所示，这时会提示添加背景数据块。

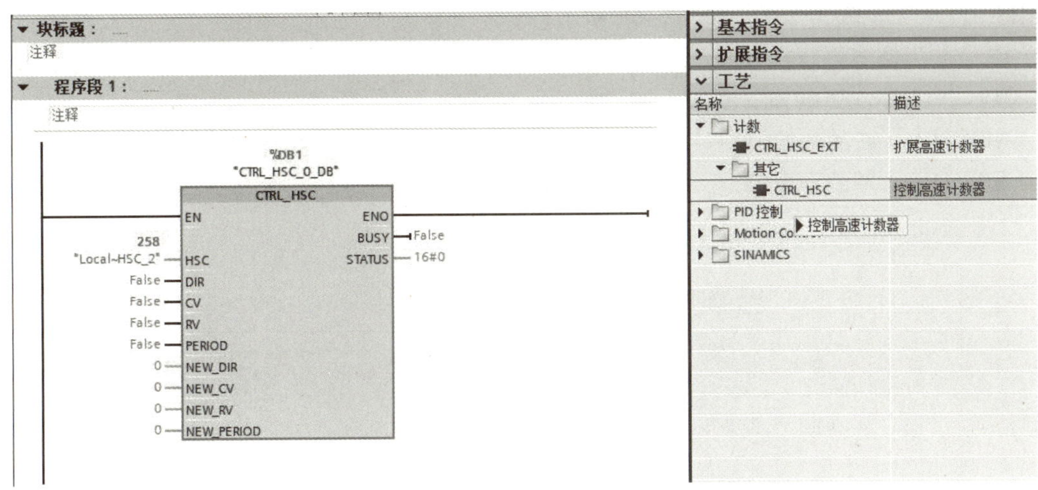

图 6-65　高速计数器指令设置

具体编程如下：

程序段 1：每次进入中断会使 M0.5 的状态发生改变，例如当第一次进中断时 M0.5 置位，当下一次进入时 M0.5 复位，编写程序如图 6-66 所示。

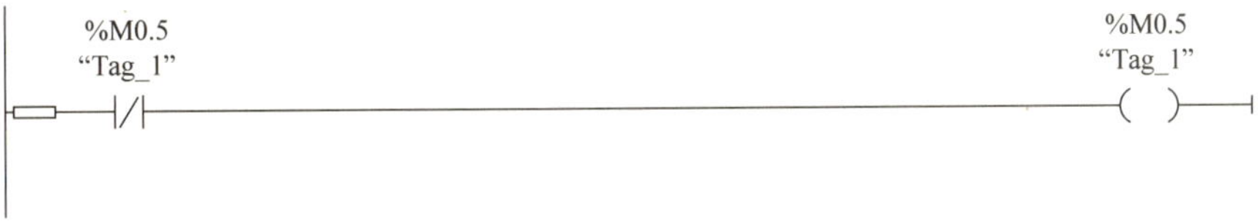

%M0.5
"Tag_1"

%M0.5
"Tag_1"

图 6-66　中断标志位 M0.5 程序编写

程序段 2：第一次中断时，M0.5 置位，将预置值改为 50，当再次进入时，则将预置值改为 25，编写程序如图 6-67 所示。

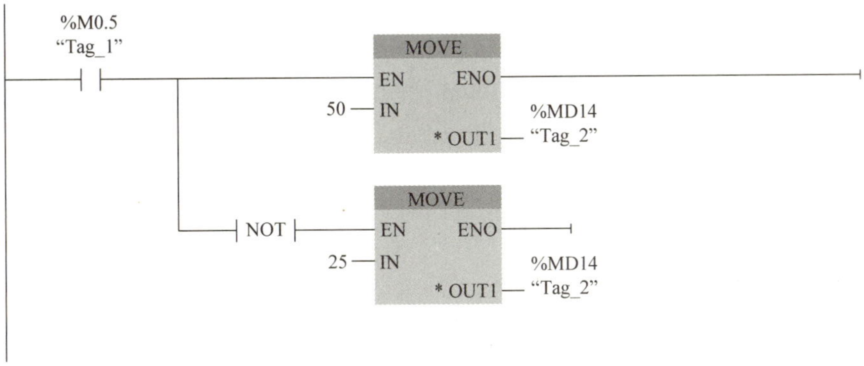

%M0.5
"Tag_1"
MOVE
EN　ENO
50 — IN
* OUT1 — %MD14 "Tag_2"
NOT
MOVE
EN　ENO
25 — IN
* OUT1 — %MD14 "Tag_2"

图 6-67　预置值修改程序编写

程序段 3：

HSC：系统指定的高速计数器硬件识别号，本任务为 258。

注意：应根据 CPU 属性里的硬件标识符设置该值，如硬件标识符为 257，应将指令输入的 HSC 值从 258 改为 257，如图 6-68 所示。

CV：1 为使能更新初值。

RV：1 为使能更新预置值。

NEW_CV：新的初始值。

NEW_RV：新的预置值。

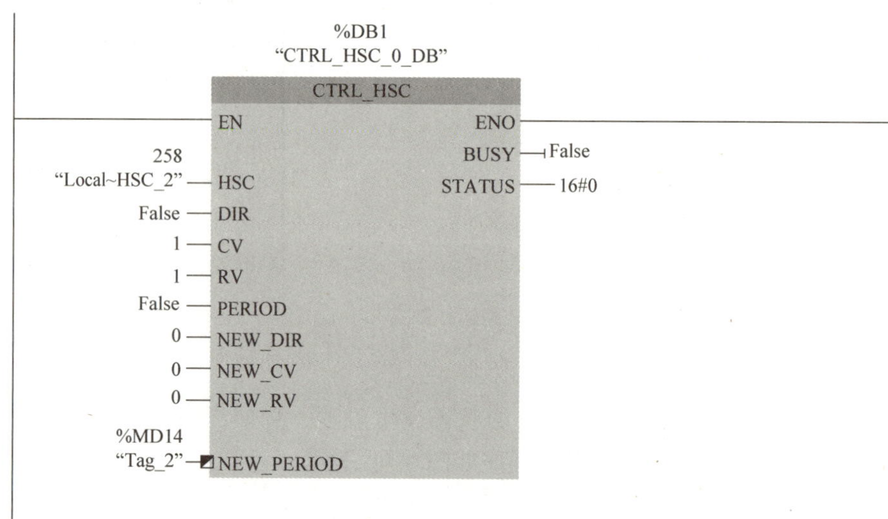

图 6-68　CTRL_HSC 参数设置编写

至此程序编写部分完成，将完成的组态与程序下载到 CPU 后即可执行，当前的计数值可在 ID1004 中读取，关于高速计数器指令块，若不需要修改硬件组态中的参数，可不调用，系统仍然可以计数。

（7）高速脉冲输出指令　S7－1200 高速脉冲输出支持两种输出方式，即 PWM 和 PTO。在不使用工艺对象的情况下，分别使用指令 CTRL_PWM 和 CTRL_PTO 来控制脉冲的输出。目前 S7－1200 PLC 最多有 4 个高速输出通道，可以配置为 PTO 输出方式或者 PWM 输出方式。

1）PTO 脉冲序列输出。脉冲序列输出（Pulse Train Output，PTO），通俗点讲就是 PLC 的输出点发方波脉冲（占空比 50%）信号给伺服驱动器或者步进驱动器来实现运动控制。

PTO 的控制方式是目前为止所有版本的 S7－1200 CPU 都有的控制方式，该控制方式由 CPU 向轴驱动器发送高速脉冲信号（以及方向信号）来控制轴的运行，例如，当 S7－1200 控制伺服电动机运行时便可采用本控制方式，其连接方式如图 6-69 所示。

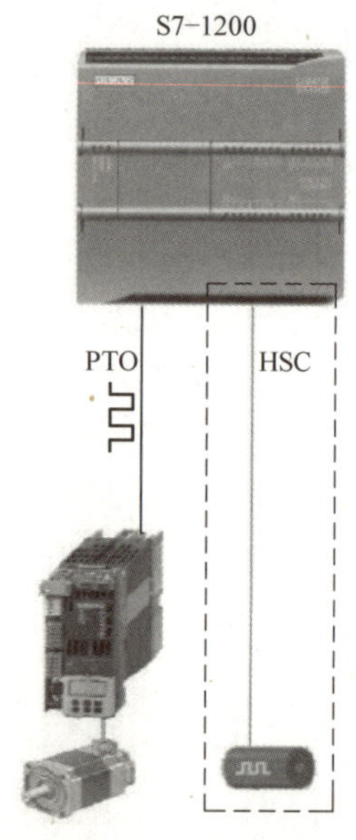

图 6-69　S7－1200 与伺服电动机连接方式

S7－1200 PLC 继电器型 CPU 仅可访问信号板的脉冲发生器输出。

根据 CPU 型号不同，脉冲信号发生器输出 Q0.0 到 Q1.1 可与表 6-17 中频率范围配合使用。

表 6-17 S7-1200 各型号脉冲发生器输出频率范围

CPU	Q0.0	Q0.1	Q0.2	Q0.3	Q0.4	Q0.5	Q0.6	Q0.7	Q1.0	Q1.1
1211（DC/DC/DC）	100kHz	100kHz	100kHz	100kHz	—	—	—	—	—	—
1212（DC/DC/DC）	100kHz	100kHz	100kHz	100kHz	20kHz	20kHz	—	—	—	—
1214（F）（DC/DC/DC）	100kHz	100kHz	100kHz	100kHz	20kHz	20kHz	20kHz	20kHz	20kHz	20kHz
1215（F）（DC/DC/DC）	100kHz	100kHz	100kHz	100kHz	20kHz	20kHz	20kHz	20kHz	20kHz	20kHz
1217（DC/DC/DC）	1MHz	1MHz	1MHz	1MHz	100kHz	100kHz	100kHz	100kHz	100kHz	100kHz

S7-1200 通过调用 CTRL_PTO 指令以指定频率提供 50% 占空比输出的方波，此时，无须使用工艺对象的轴数据块。

2）S7-1200 的 PTO 信号类型。S7-1200 的 PTO 信号类型可以分成 4 种，即 PTO（脉冲 A 和方向 B）、PTO（脉冲上升沿 A 和脉冲下降沿 B）、PTO（A/B 相移）、PTO（A/B 相移-四倍频）。

PTO（脉冲 A 和方向 B）：这种方式是比较常见的“脉冲+方向”方式，其中 A 用来产生高速脉冲串，B 用来控制轴运动的方向，如图 6-70 所示。

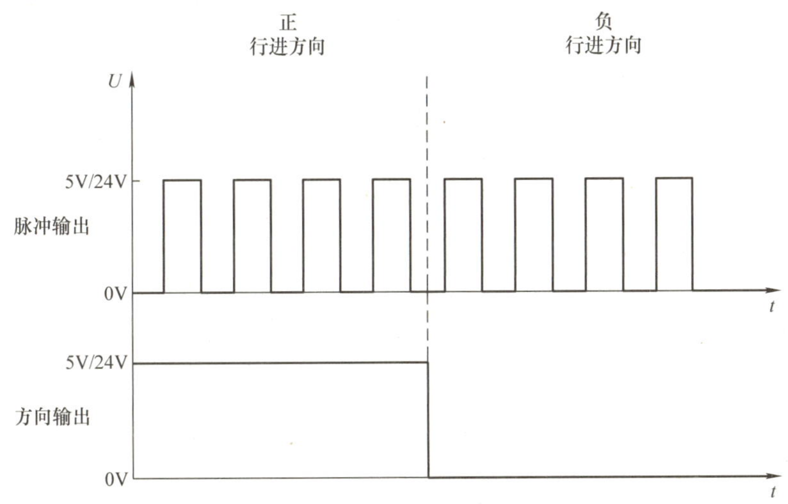

图 6-70 PTO“脉冲+方向”方式控制图

PTO（脉冲上升沿 A 和脉冲下降沿 B）：当 A 产生脉冲串，B 为低电平，则电动机正转；相反，如果 A 为低电平，B 产生脉冲串，则电动机反转，如图 6-71 所示。

PTO（A/B 相移）：也就是常见的 A/B 正交信号，当 A 相超前 B 相 1/4 周期时，电动机正转；相反，当 B 相超前 A 相 1/4 周期时，电动机反转。

PTO（A/B 相移-四倍频）：检测 AB 正交信号两个输出脉冲的上升沿和下降沿。一个脉冲周期有四沿两相（A 和 B）。因此，输出中的脉冲频率会减小到原来的 1/4。

3）硬件组态。进入 CPU“常规”属性，设置“脉冲发生器”，如图 6-72 所示。

启用脉冲发生器：可以设置脉冲发生器名称，也可以不做修改使用软件默认设置值；还

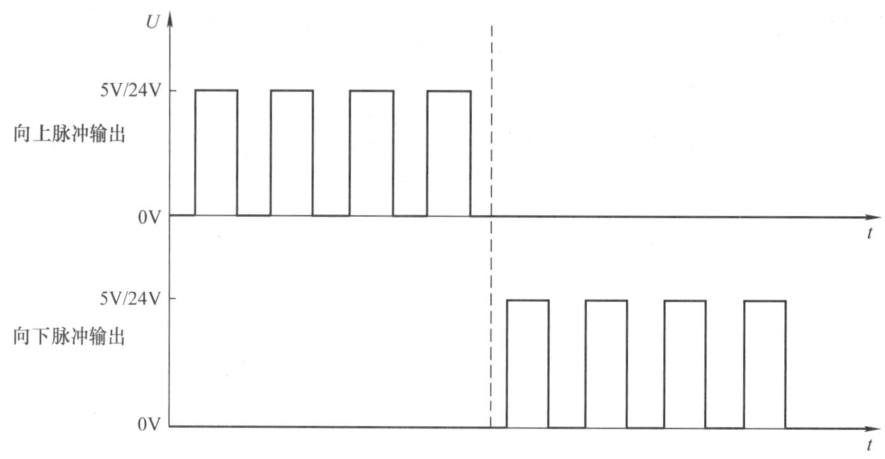

图 6-71　PTO 脉冲上升沿 A 和脉冲下降沿 B 方向控制图

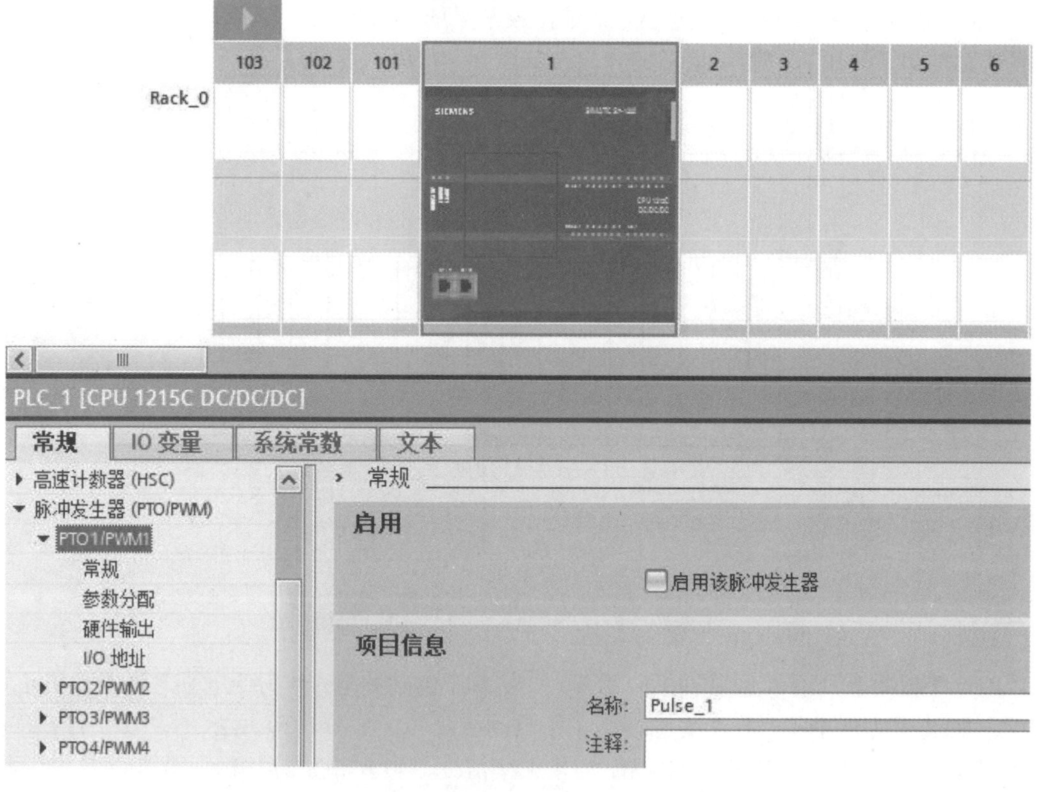

图 6-72　脉冲发生器设置

可以对 PTO 脉冲发生器添加注释说明。

参数分配：组态脉冲参数，如图 6-73 所示，PTO 输出模式仅须定义信号类型。本任务选择“PTO（脉冲 A 和方向 B）”。

DI 14/DQ 10
AI 2/AQ 2
高速计数器 (HSC)
脉冲发生器 (PTO/PWM)
PTO1/PWM1
常规
参数分配
硬件输出
PTO2/PWM2
PTO3/PWM3
PTO4/PWM4
启动
循环

参数分配
脉冲选项
信号类型: PTO（脉冲 A 和方向 B）
时基: 毫秒
脉宽格式: 百分之一
循环时间: 100 ms
初始脉冲宽度: 50 百分之一
允许对循环时间进行运行时修改

图 6-73　组态脉冲参数

硬件输出：根据需要选择 S7 - 1200 PLC 对应的 PTO 硬件输出点。脉冲输出设置为 Q0.0，选择使能启用方向输出，方向输出端子设置为 Q0.1，如图 6-74 所示。

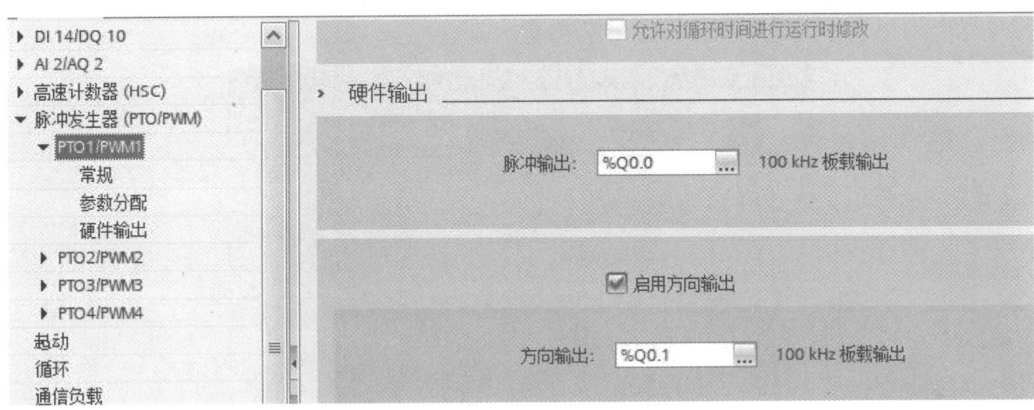

图 6-74　PTO 硬件输出点参数设置

硬件标识符：PTO 通道的硬件标识符是软件自动生成的，不能修改，可以在系统常数里获得对应通道的硬件标识符，如图 6-75 所示。

Local~HSC_3	Hw_Hsc	259	PLC_1
Local~HSC_4	Hw_Hsc	260	PLC_1
Local~HSC_5	Hw_Hsc	261	PLC_1
Local~HSC_6	Hw_Hsc	262	PLC_1
Local~AI_2_AQ_2_1	Hw_SubModule	263	PLC_1
Local~DI_14_DQ_10_1	Hw_SubModule	264	PLC_1
Local~OPC_UA	Hw_SubModule	117	PLC_1
Local~Pulse_1	Hw_Pto	265	PLC_1
Local~Pulse_2	Hw_Pwm	266	PLC_1
Local~Pulse_3	Hw_Pwm	267	PLC_1
Local~Pulse_4	Hw_Pwm	268	PLC_1
Local~PROFINET_接口_1~端口_1	Hw_Interface	65	PLC_1
Local~PROFINET_接口_1~端口_2	Hw_Interface	66	PLC_1

图 6-75　PTO 通道的硬件标识符

4）软件编程。在 Portal 软件中打开程序块，进行 PTO 的编程。在指令选件中的“扩展指令”中的“脉冲”文件夹中可以找到 CTRL_PTO 指令，可以通过双击指令或是拖拽的方式把 CTRL_PTO 指令放到程序编辑区，如图 6-76 所示。

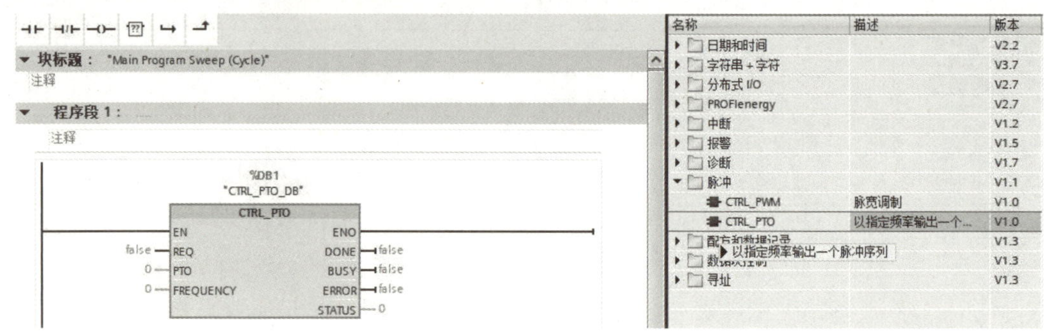

图 6-76　CTRL_PTO 指令

在插入 CTRL_PTO 指令时会提示关联背景数据块，如图 6-77 所示，该数据块的名称和编号可以由用户手动设置，也可以选择系统默认值。

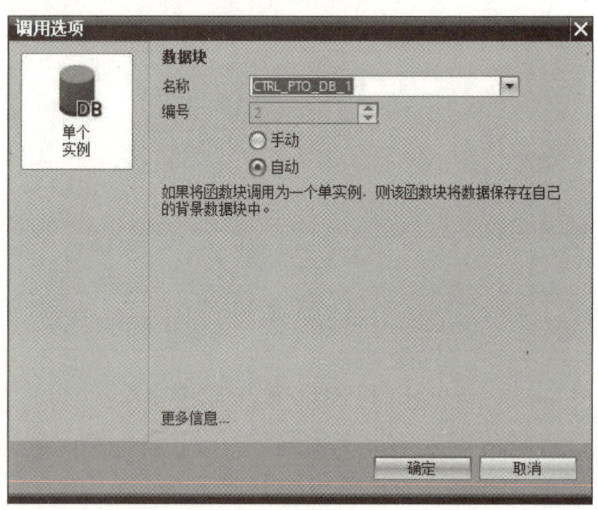

图 6-77　添加 CTRL_PTO 关联背景数据块

配置 CTRL_PTO 指令参数如图 6-78 所示。该指令具体参数说明见表 6-18。

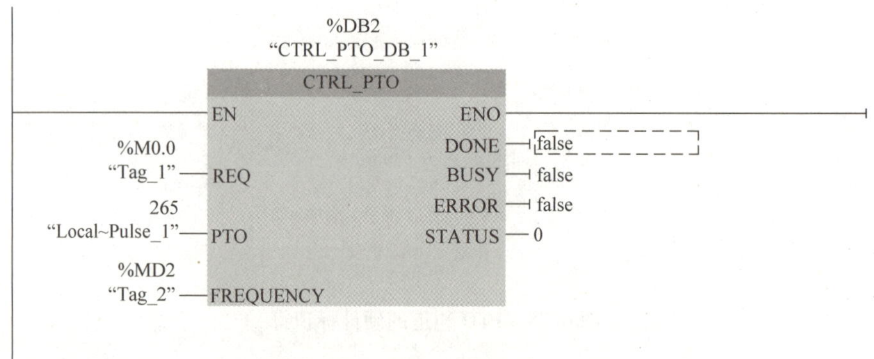

图 6-78　配置 CTRL_PTO 指令参数

表 6-18 CTRL_PTO 参数说明

参数	声明	数据类型	说明
REQ	Input	BOOL	REQ=1：将脉冲发生器的频率设置为 FREQUENCY 的值 REQ=1 和 FREQUENCY=0：禁用脉冲发生器 REQ=0：脉冲发生器无变化
PTO	Input	HW_PTO	脉冲发生器的硬件标识符。该标识符可源自设备视图中脉冲发生器的属性，也可源自系统常量列表
FREQUENCY	Input	UDINT	待输出的脉冲序列频率（单位为 Hz）
DONE	Output	BOOL	状态参数，可具有以下值： 0：作业尚未启动，或仍在执行过程中 1：作业已经成功完成
BUSY	Output	BOOL	处理状态 由于 S7-1200 在执行“CTRL_PTO”指令时启用脉冲发生器，因此 S7-1200 中 BUSY 的值通常为 FALSE
ERROR	Output	BOOL	状态参数 0：无错误 1：指令执行过程中发生错误
STATUS	Output	WORD	该指令的状态

3. PWM 脉冲宽度调制

脉冲宽度调制（Pulse Width Modulation，PWM），简称脉宽调制。PWM 功能提供可变占空比的脉冲输出，时间基准可以设置为 μs 或 ms。脉冲宽度为 0 时，占空比为 0，没有脉冲输出，输出一直为“0”状态。脉冲宽度等于脉冲周期时，占空比为 100%，没有脉冲输出，输出一直为“1”状态。PWM 的高频输出波形经滤波后得到与占空比成正比例的模拟量输出电压，可以用来控制变频器的转速或阀门的开度等物理量。使用 PWM 之前，首先对脉冲发生器组态，具体步骤如下所述。S7-1200 CPU 的 PWM 和 PTO 公用输出端子。

1）PWM 硬件组态。进入 CPU“常规”属性，设置“脉冲发生器”，如图 6-79 所示。

启用脉冲发生器：可以设置脉冲发生器名称，也可以不做修改使用软件默认设置值，还可以对该 PWM 脉冲发生器添加注释说明，如图 6-80 所示。

参数分配：脉冲发生器参数设置，如图 6-81 所示。“参数分配”部分设置 PWM 脉冲的信号类型、初始脉冲宽度等。

时基用来设定 PWM 脉冲周期的时间单位。在 PWM 模式下，时基单位分成：毫秒和微秒，如图 6-82 所示。

脉宽格式用来定义 PWM 脉冲的占空比档次，脉宽格式可以选择百分之一、千分之一、万分之一和 S7 模拟量四种格式。

以其中的“百分之一”举例，表示把 PWM 脉冲周期 100 等分，以 1/100 为单位来表示一个脉冲周期中脉冲的高电平，也可以理解成 1/100 是 PWM 脉冲周期中高电平的分辨率。“千分之一”和“万分之一”相应地把 PWM 的周期进行更小的等分，分辨率更高。

“S7 模拟量格式”表示的是把 PWM 的周期 27648 等分，以 1/27648 为单位来表示一个

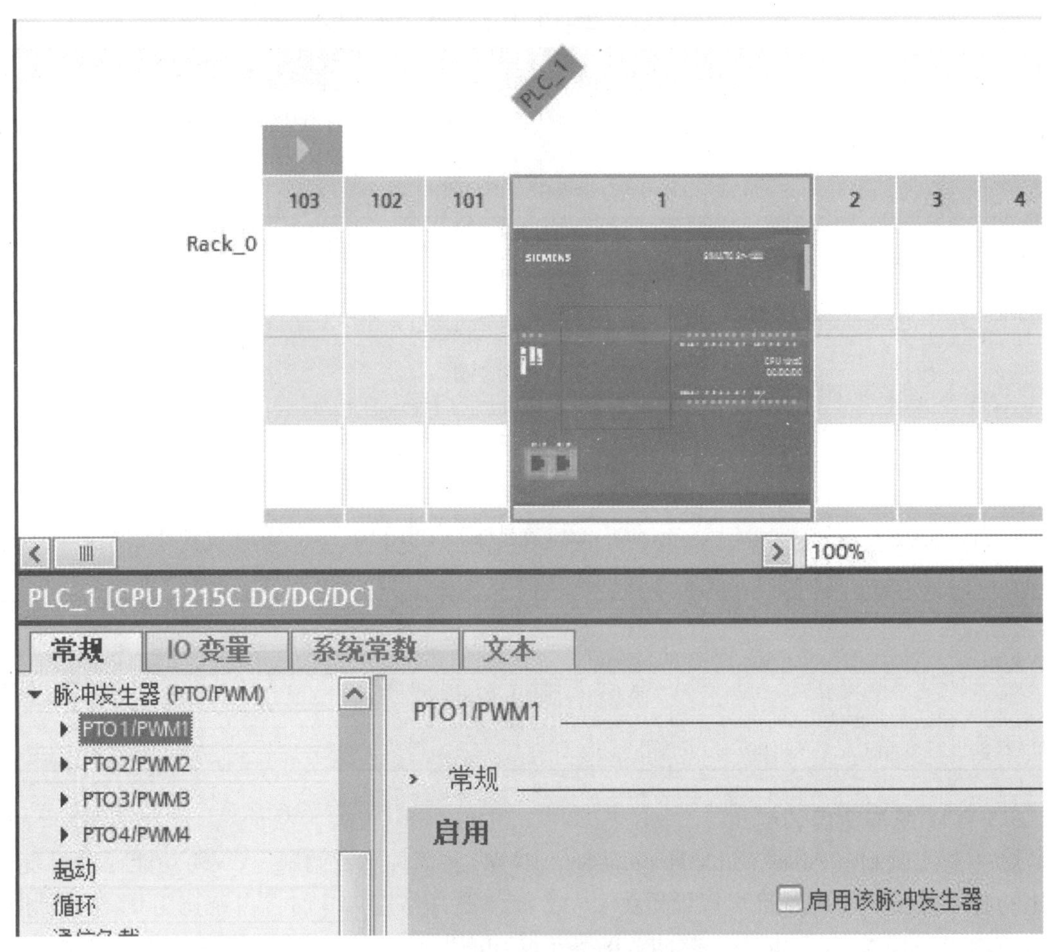

图 6-79　脉冲发生器设置界面

图 6-80　启用脉冲发生器设置界面

脉冲周期中脉冲的高电平。因为 S7 - 1200 PLC 的模拟量量程范围为 0 ~ 27648 或

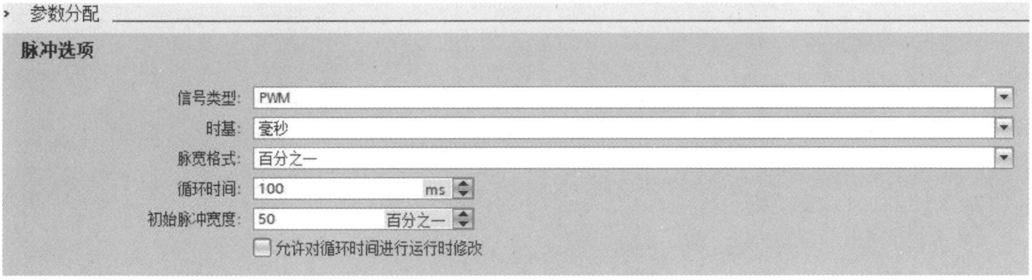

图 6-81　脉冲发生器参数设置

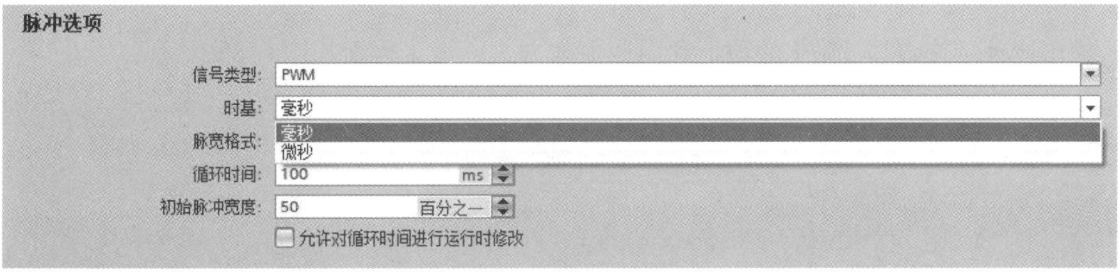

图 6-82　PWM 脉冲周期设置

-27648 ~ 27648。

循环时间（仅适用于 PWM）：表示 PWM 脉冲的周期时间。Portal 软件中对“循环时间”限定的范围值为 1 ~ 16777215。可以通过选中复选框“允许对循环时间进行运行时修改”，在运行时更改循环时间。

初始脉冲宽度（仅适用于 PWM）：表示 PWM 脉冲周期中的高电平的脉冲宽度，可以设定的范围值由“脉宽格式”确定。例如，如果“脉宽格式”选择了“万分之一”，则“初始脉冲宽度”值可以设定的范围值为 0 ~ 10000，同理，如果“脉宽格式”选择了“S7 模拟量格式”，则“初始脉冲宽度”值可以设定的范围值为 0 ~ 27648。可通过使用 I/O 地址中组态的 Q 字地址，在运行系统中更改初始脉冲持续时间值。

允许在运行时更改循环时间（仅适用于 PWM）：如果选择该选项，则 PLC 在 I/O 地址处额外分配 Q 存储器的 4 个字节。用户可在程序处于运行状态时，修改 PWM 信号的循环时间。最终结果如图 6-83 所示。

图 6-83　PWM 脉宽格式设置

硬件输出根据需要选择 S7 - 1200 PLC 上的某个 DO 点作为 PWM 输出，设置界面如图 6-84 所示。

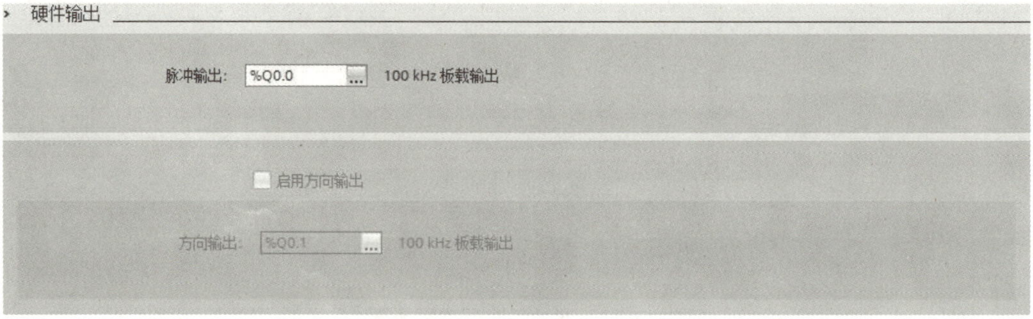

硬件输出

脉冲输出：%Q0.0 100 kHz 板载输出

启用方向输出

方向输出：%Q0.1 100 kHz 板载输出

图 6-84 PWM 输出点设置界面

输出地址用来设置 PWM 的地址和周期更新方式，设置界面如图 6-85 所示。

I/O 地址

输出地址

起始地址：1008 .0

结束地址：1013 .7

组织块：---(自动更新)

过程映像：自动更新

图 6-85 PWM 地址、周期设置界面

起始地址：用来设定 PWM 通道地址。

结束地址：由“起始地址”决定，默认情况下，每个 PWM 通道仅占用一个字的长度，用于输出脉冲的持续时间。如果选中“允许对循环时间进行运行时修改”复选框后，CPU 会分配 6 个输出字节，其中前 2 个字节用于输出“脉冲持续时间”值，后 4 个字节用于输出“循环时间”值。

2）软件编程。在 Portal 软件中打开程序块，进行 PWM 的编程。在指令选件中的“扩展指令”中的“脉冲”文件夹中可以找到“CTRL_PWM”指令。可以通过双击指令或是拖拽的方式把 CTRL_PWM 指令放到程序编辑区，如图 6-86 所示。

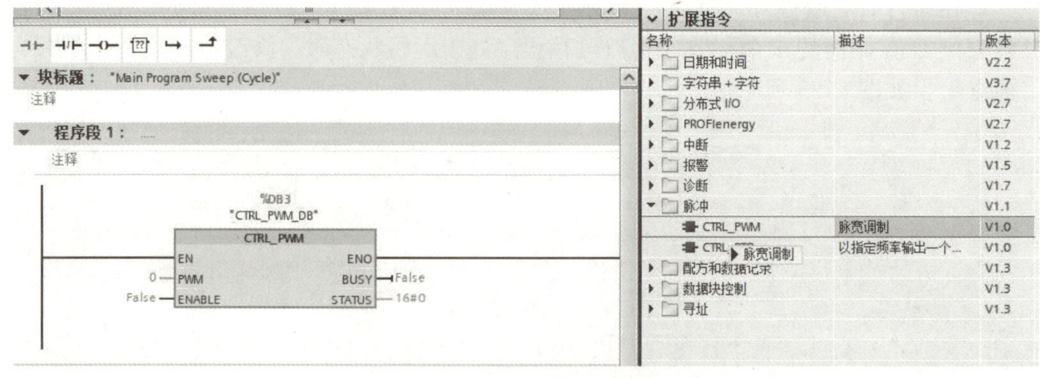

图 6-86 CTRL_PWM 指令

在插入“CTRL_PWM”指令时会提示关联背景数据块，如图 6-87 所示，数据块的“名称”和“编号”可以由用户手动设置，也可以选择系统默认值。

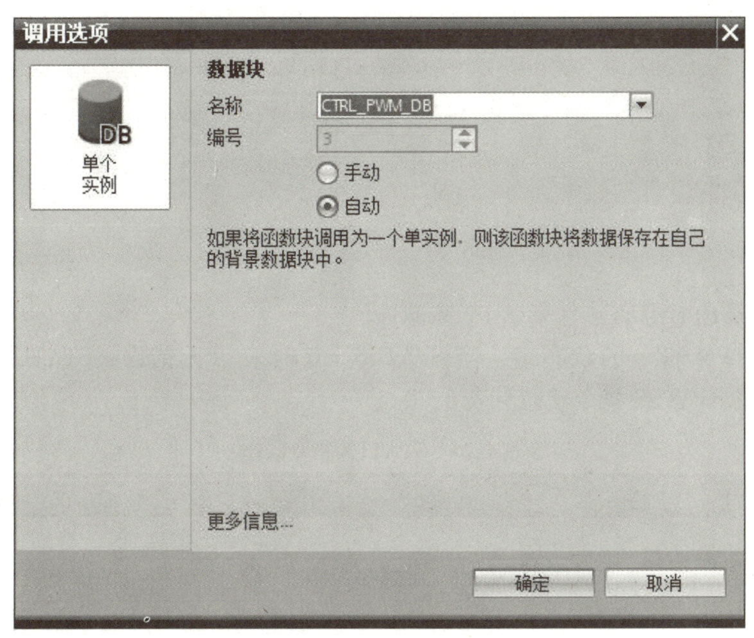

图 6-87　OWM 数据块设置

为 CTRL_PWM 指令设置参数（见图 6-88），其参数说明具体见表 6-19。

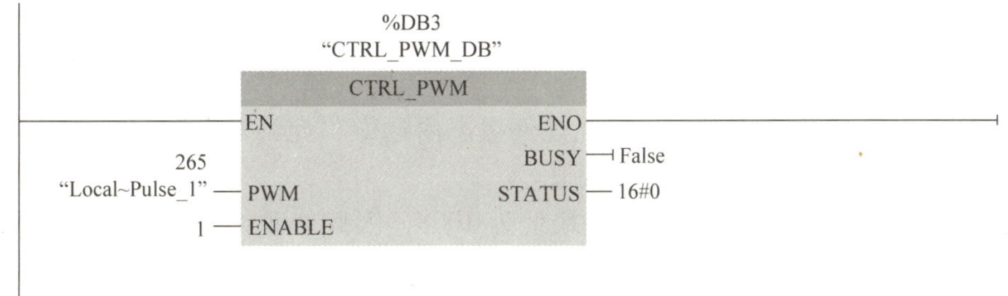

图 6-88　CTRL_PWM 指令设置参数

表 6-19　CTRL_PWM 指令的参数说明

参数	声明	数据类型	存储区	说明
PWM	Input	HW_PWM	I、Q、M、D、L 或常量	脉冲发生器的硬件 ID 该硬件 ID 位于设备视图（Device view）的脉冲发生器属性中。脉冲发生器的硬件 ID 同时位于系统常量中
ENABLE	Input	BOOL	I、Q、M、D、L 或常量	脉冲输出在 ENABLE = TRUE 时启用，而在 ENABLE = FALSE 时禁用
BUSY	Output	BOOL	I、Q、M、D、L	处理状态
STATUS	Output	WORD	I、Q、M、D、L	指令状态（见表 6-20）

PWM：脉冲发生器的硬件 ID 号，就是“硬件标识符”，在上面的例子中硬件标识符为 265。硬件标识符的选择，如图 6-89 所示。

ENABLE：PWM 脉冲的使能端，为 TURE 时 CPU 发送 PWM 脉冲，为 False 时，不发送

Local~HSC_6	Hw_Hsc	262	PLC_1
Local~AI_2_AQ_2_1	Hw_SubModule	263	PLC_1
Local~DI_14_DQ_10_1	Hw_SubModule	264	PLC_1
Local~OPC_UA	Hw_SubModule	117	PLC_1
Local~Pulse_1	Hw_Pwm	265	PLC_1
Local~Pulse_2	Hw_Pwm	266	PLC_1
Local~Pulse_3	Hw_Pwm	267	PLC_1
Local~Pulse_4	Hw_Pwm	268	PLC_1

图 6-89　脉冲发生器硬件标识符

脉冲。

BUSY：标识 CPU 是否正在发送 PWM 脉冲。

STATUS：PWM 指令的状态值，当 STATUS = 0 时表示无错误，STATUS 非 0 时表示 PWM 指令错误。STATUS 指令状态见表 6-20。

表 6-20　STATUS 指令状态

指令状态	说明
0	无错误
80A1	脉冲发生器的硬件 ID 无效
80D0	具有指定硬件 ID 的脉冲发生器未激活。在 CPU 属性的“脉冲发生器（PTO/PWM）”［Pulse generators（PTO/PWM）］中，激活该脉冲发生器

修改 PWM 的脉宽和循环周期：

实时修改 PWM 的脉冲宽度：需要修改 QWx 的数值，“x”就是用户配置 PWM 硬件组态时的“I/O 地址——输出地址”。

实时修改 PWM 的循环周期：首先在硬件组态内选中“允许对循环时间进行运行时修改”复选框，然后修改 QD（x +2）的数值。

本例中，硬件组态的 I/O 输出起始地址为 1008，因此修改 QW1008 即可以修改输出 PWM 的脉冲宽度，修改 QD10 即可以修改输出 PWM 的脉冲循环时间。

任务实施

任务分析：裁切机输送带在起动时，低速起步，运行到中段时（编码器发出 5000 脉冲时），输送带快速运行，在接近工位（裁切刀）时，低速运行以保证平稳、并准确停车（编码器发出 20000 脉冲）。根据系统要求，按下停止按钮时，若输送速度是高速运行，则应先低速运行 5s 后，再停车；若为低速运行，则可立即停车。

1）裁切机的 PLC 控制 I/O 分配见表 6-21。

表 6-21　裁切机的 PLC 控制 I/O 分配

输入		输出	
输入继电器	功能	输出继电器	功能
I0. 0	编码器脉冲输入	Q0. 0	电动机运行
I0. 4	起动按钮 SB1	Q0. 1	低速运行
I0. 5	停止按钮 SB2	Q0. 2	高速运行
		Q0. 5	运行指示灯 HL

2）根据控制要求及表 6-21 I/O 分配，裁切机的 PLC 控制系统接线示意图如图 6-90 所示。

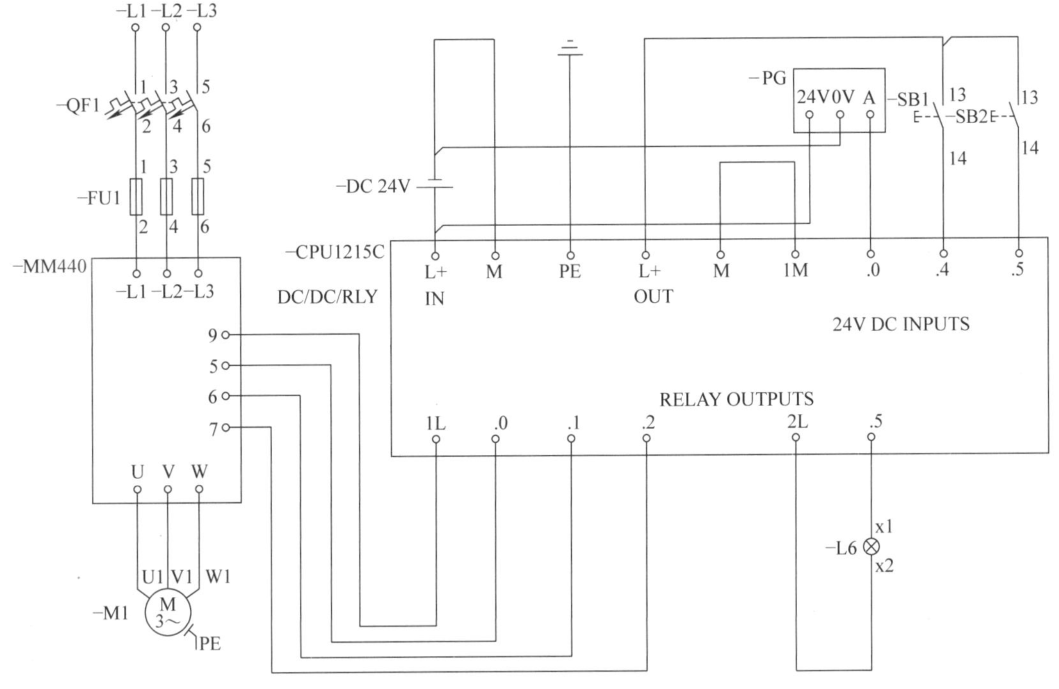

图 6-90　裁切机的 PLC 控制系统接线示意图

3）创建工程项目。双击桌面上的 TIA Portal 编程软件图标打开软件，在 Portal 视图中选择“创建新项目”，输入项目名称“X_CAIQIEJI”，选择项目保存路径，然后单击“创建”按钮创建项目完成。

4）设备组态。组态时设置“HSC1”的工作模式为单相脉冲计数，使用 CPU 的集成输入点 0.0，通过用户程序改变计数方向。设置“HSC1”的初始状态为增计数，初始计数值为 0，初始计数参考值为 5000。出现计数值等于参考值的事件时，调用硬件中断组织块 OB40。

5）编辑变量表。根据 I/O 分配表 6-21，可以编辑裁切机的 PLC 控制系统变量表如图 6-91所示。

默认变量表

	名称	数据类型	地址	保持	从 H...	从 H...	在 H...	注释
1	编码器脉冲输入	Bool	%I0.0	☐	☑	☑	☑	
2	起动按钮	Bool	%I0.4	☐	☑	☑	☑	
3	停止按钮	Bool	%I0.5	☐	☑	☑	☑	
4	电动机运行	Bool	%Q0.0	☐	☑	☑	☑	
5	低速运行	Bool	%Q0.1	☐	☑	☑	☑	
6	高速运行	Bool	%Q0.2	☐	☑	☑	☑	
7	电动机运行指示HL	Bool	%Q0.5	☐	☑	☑	☑	

图 6-91　变量表

6）编写程序。

① 主程序。主程序中主要控制裁切机的起停，如图6-92所示。

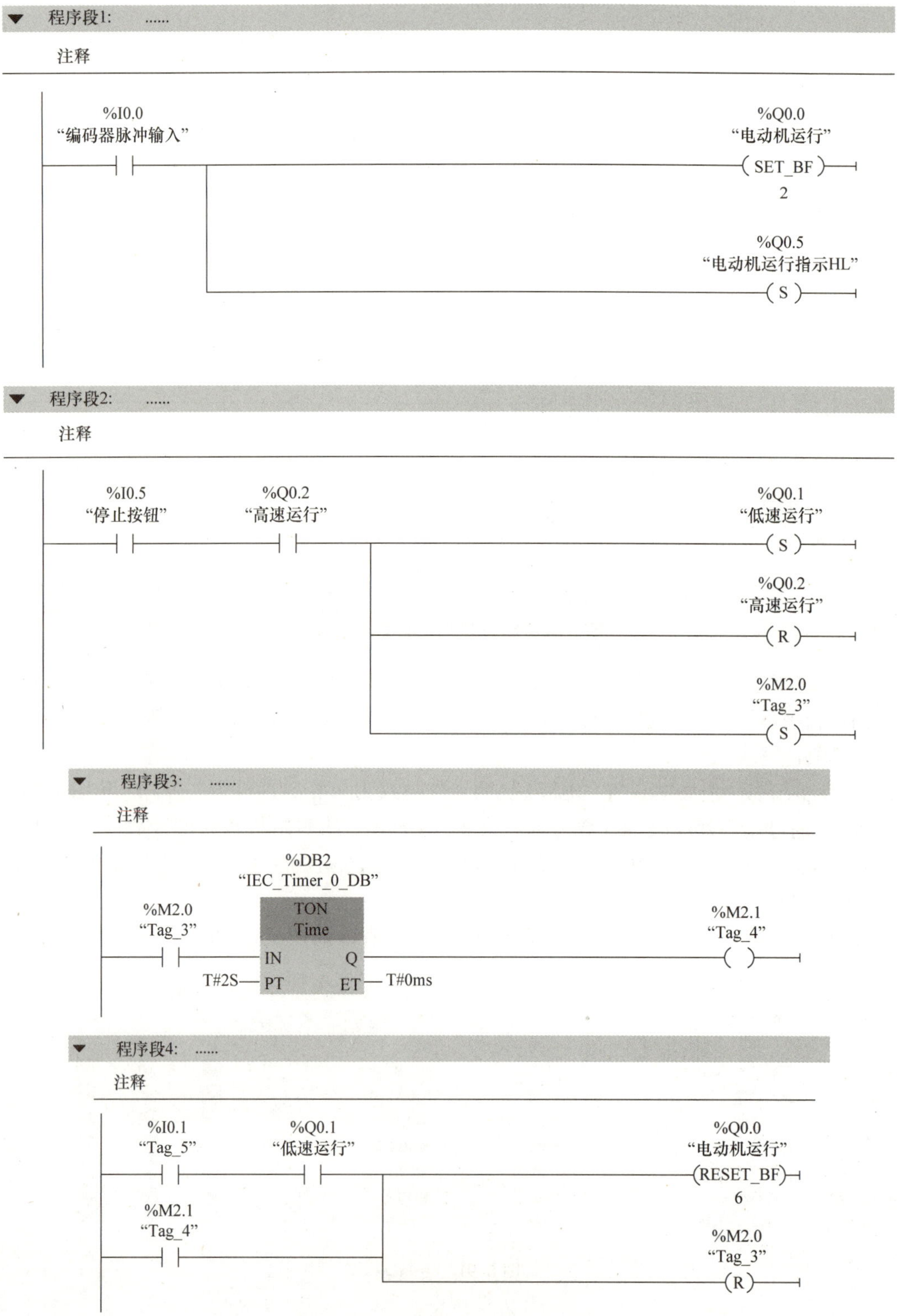

程序段1: ......

注释

%I0.0 "编码器脉冲输入" —| |— SET_BF %Q0.0 "电动机运行" 2; S %Q0.5 "电动机运行指示HL"

程序段2: ......

注释

%I0.5 "停止按钮" —| |— %Q0.2 "高速运行" —| |— S %Q0.1 "低速运行"; R %Q0.2 "高速运行"; S %M2.0 "Tag_3"

程序段3: ......

注释

%M2.0 "Tag_3" —| |— %DB2 "IEC_Timer_0_DB" TON Time IN Q; T#2S— PT ET —T#0ms; ( ) %M2.1 "Tag_4"

程序段4: ......

注释

%I0.1 "Tag_5" —| |— %Q0.1 "低速运行" —| |—; %M2.1 "Tag_4" —| |— (parallel); RESET_BF %Q0.0 "电动机运行" 6; R %M2.0 "Tag_3"

图6-92 控制裁切机的起停程序

② 启动组织块 OB100：将硬件中断标志寄存器清 0，如图 6-93 所示。

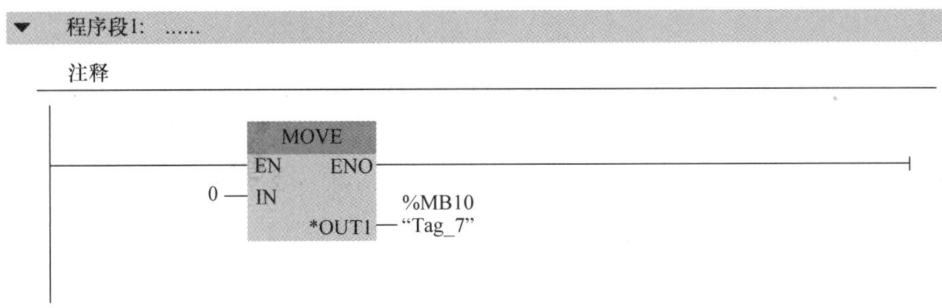

图 6-93　启动组织块程序

③ 硬件中断程序：主要改变电动机的转速以及设置新的中断的参考值，如图 6-94 所示。

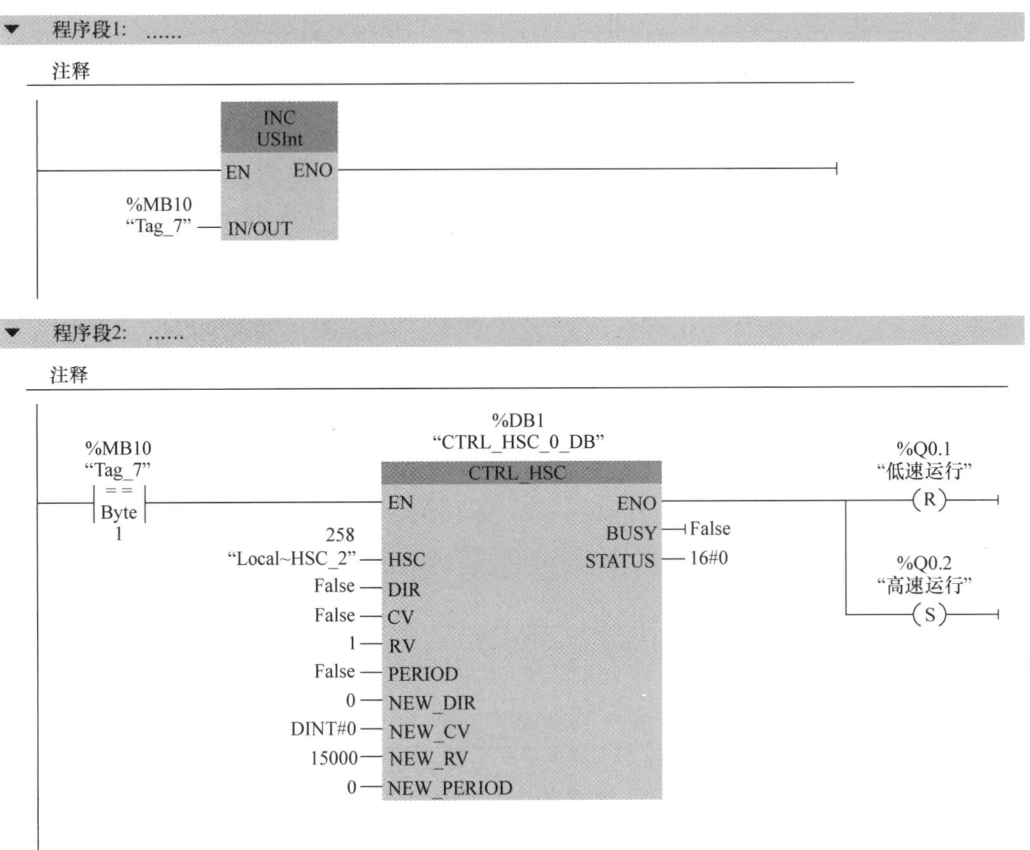

图 6-94　硬件中断程序

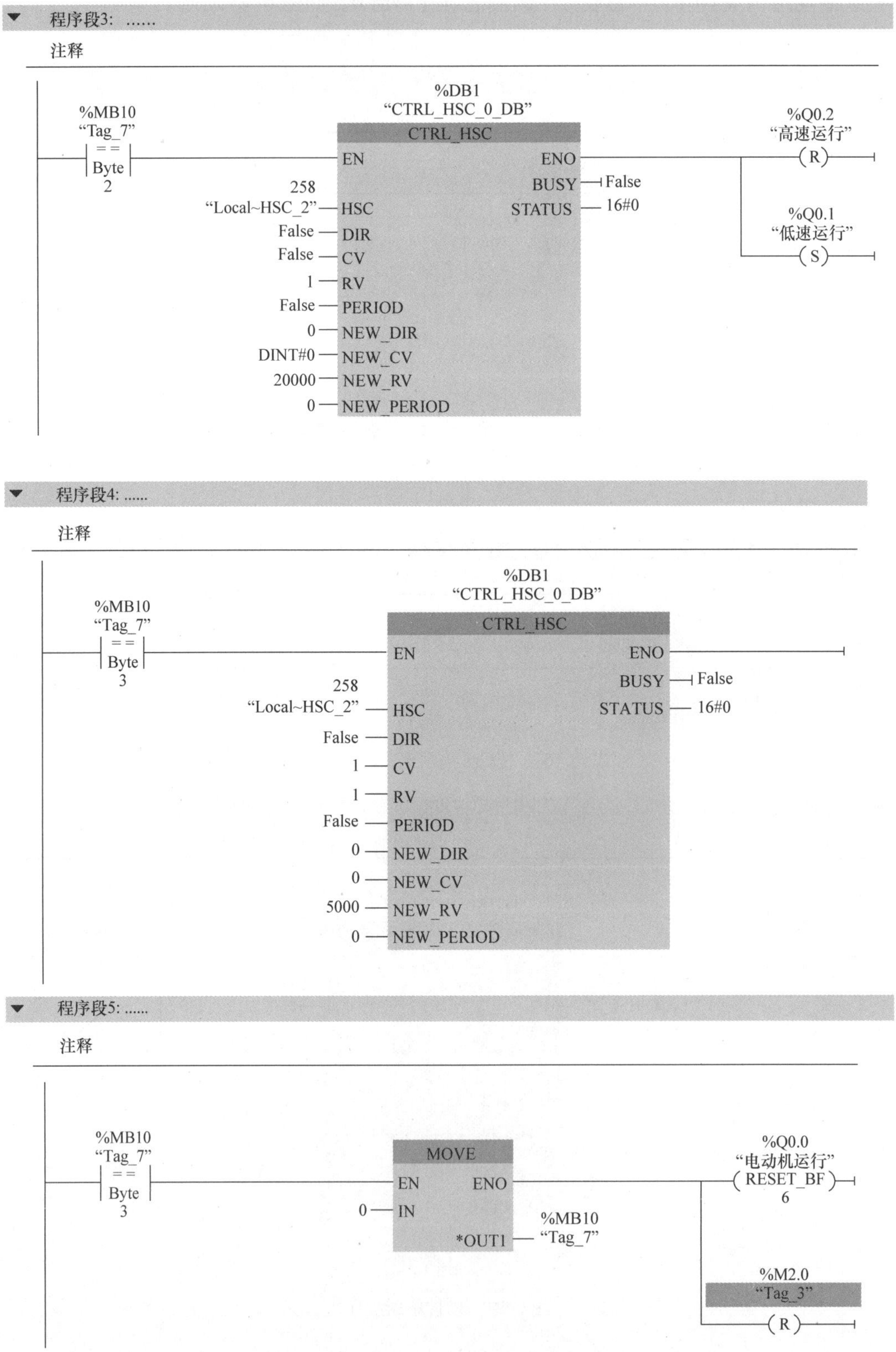

程序段3: ……

注释

%MB10 "Tag_7" == Byte 2
%DB1 "CTRL_HSC_0_DB"
CTRL_HSC
EN ENO
BUSY — False
STATUS — 16#0
258 "Local~HSC_2" — HSC
False — DIR
False — CV
1 — RV
False — PERIOD
0 — NEW_DIR
DINT#0 — NEW_CV
20000 — NEW_RV
0 — NEW_PERIOD
%Q0.2 "高速运行" (R)
%Q0.1 "低速运行" (S)

程序段4: ……

注释

%MB10 "Tag_7" == Byte 3
%DB1 "CTRL_HSC_0_DB"
CTRL_HSC
EN ENO
BUSY — False
STATUS — 16#0
258 "Local~HSC_2" — HSC
False — DIR
1 — CV
1 — RV
False — PERIOD
0 — NEW_DIR
0 — NEW_CV
5000 — NEW_RV
0 — NEW_PERIOD

程序段5: ……

注释

%MB10 "Tag_7" == Byte 3
MOVE
EN ENO
0 — IN
*OUT1 — %MB10 "Tag_7"
%Q0.0 "电动机运行" (RESET_BF) 6
%M2.0 "Tag_3" (R)

图6-94 硬件中断程序（续）

7）调试程序。将调试好的用户程序及设备组态下载到 CPU 中，并连接好电路。按下起动按钮 SB1 后，观察变频电动机运行情况，是否先低速，再高速，再低速运行；若按下停止按钮 SB2，若为高速运行是否切换到低速运行，若为低速运行，是否立即停止运行。若上述调试现象与控制要求一致，则说明本任务实现。

阅读课堂

交通灯：遵守交通规则，引出做人要“敬畏规则，遵守规则”

古人云：“无以规矩，不成方圆”。社会生活要有序运转，必须制定各种行为规则，并通过教育、引导和惩戒，使社会成员自觉遵守规则。

规则是社会生活中基本的行为规范，主要分为法律规范和道德规范。有些道德规范，看起来是生活的小事，但它却是塑造道德人格的基础，所以人的修养要从小事做起。习惯是人生的指南，遵守规则的修养要“落细、落小、落实”，成为生活的习惯，那么遵守规则就会成为个人自觉的行为。有些不遵守规则的小事，也会引发恶果。例如，不遵守交通规则，往往会产生交通事故，危害人的生命健康。小事与大事是可以转化的，道德与法律也是可以转化的。有些遵守规则的事，事关人的道德素质，但在一定的条件下会转化为法律问题。

项目七　机床电气控制系统的PLC改造

生产机械种类繁多，其拖动方式和电气控制电路各不相同，根据实际控制情况的不同，本项目块设置了几个典型实训任务。通过实训进一步培养学生对于典型生产机械设备电气控制电路的分析能力，增强学生对于常用电气设备电气原理图的设计能力，通过对电气设备电路的安装、调试和维护，全面培养学生的综合实践能力。

任务一　C650 型卧式车床的电气安装调试与 PLC 控制改造

学习目标

知识目标

1）掌握 C650 型卧式车床的主要结构和运行形势。

2）掌握 C650 型卧式车床的电气原理图。

3）掌握 C650 型卧式车床常见的电气故障排除方法和电气电路的安装步骤。

技能目标

1）能够完成 C650 型车床的电气电路安装。

2）能够用 PLC 完成 C650 型车床的电气改造。

3）能正确完成 C650 型车床 PLC 接线并填写工作页。

素质目标

1）培养学生精益求精的精神。

2）树立安全意识。

任务描述

卧式车床是应用极为广泛的车削加工车床。在车床上还可以用钻头、扩孔钻、铰刀、丝锥、板牙以及滚花等工具完成车削外圆、内圆、端面螺纹和定型表面等工作，并可通过尾架进行钻孔、铰孔和攻螺纹等切削加工，是机械制造和修配工厂中使用最广的一类车床。

车床通常由一台主电动机拖动，经由机械传动链，实现切削主运动和刀具进给运动的输出，其运动速度由变速齿轮箱通过手柄操作进行切换。刀具的快速移动、冷却泵和液压泵等常采用单独的电动机驱动。不同型号的卧式车床，其主电动机的工作要求不同，因而由不同的控制电路构成。本次实训以 C650 型卧式车床电气控制系统为例，进行控制电路分析，并用西门子 S7－1200 完成 C650 型卧式车床的电气控制系统改造。

知识准备

1. C650 型卧式车床

C650 型卧式车床主要由床身、主轴、刀架、溜板箱和尾座等部分组成，如图 7-1 所示。该车床有两种主要运动：一种是安装在床身主轴箱中的主轴转动，称为主运动；另一种是溜板箱中的溜板带动刀架的直线运动，称为进给运动。刀具安装在刀架上，与滑板一起随溜板箱沿主轴轴线方向实现进给移动，主轴的转动和溜板箱的移动均由主电动机驱动。由于加工的工件比较大，加工时其转动惯量也比较大，需停车时不易立即停止转动，因此必须有停车制动的功能。较好的停车制动是采用电气制动方法。为了加工螺纹等工件，主轴需要正、反转，主轴的转速应随工件的材料、尺寸、工艺要求及刀具的种类不同而变化，所以要求在相当宽的范围内可进行速度调节。在加工过程中，还需提供切削液，并且为减轻工人的劳动强度和节省辅助工作时间，要求带动刀架移动的溜板能够快速移动。

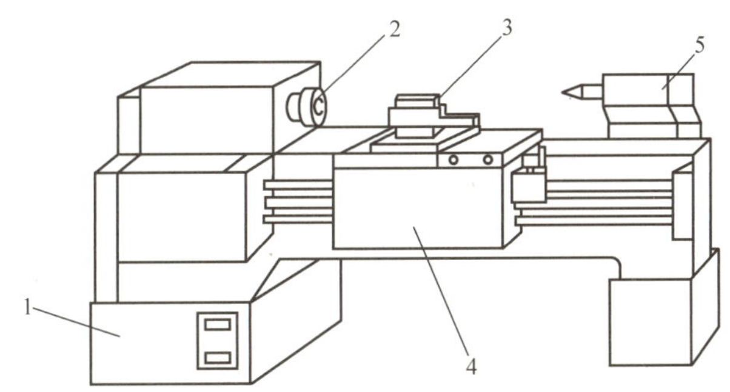

图 7-1　C650 卧式车床结构简图

1—床身　2—主轴　3—刀架　4—溜板箱　5—尾座

2. 机电传动与电气控制要求

根据车床的加工工艺要求，机电传动与电气控制应满足以下要求：

1）为保证主运动与进给运动的严格比例关系，两者采用一台电动机拖动，而且从经济性、可靠性角度出发，主拖动电动机选用笼型异步电动机。

2）为满足调速要求，采用机械变速，主拖动电动机与主轴之间用齿轮箱连接。有的车床采用机电联合调速，即采用多速笼型异步电动机与变速箱联合进行调速。对于重型或超重型车床为实现无级变速，主轴往往采用直流电动机拖动。

3）为车削螺纹，主轴要求能正、反转。

4）主拖动电动机一般采用直接起动。当电动机容量较大时，常采用星—三角形减压起动。

5）车削加工时，刀具与工件都可能产生高温，应设一台冷却泵。冷却泵电动机只需要单向旋转，同时冷却泵电动机应在主拖动电动机起动后起动，当主拖动电动机停止运行后，冷却泵电动机应自行停止。

6）为提到工作效率，减小工人劳动强度，车床刀架快速移动由一台电动机单独拖动。部分小型车床采用手动拖动的形式。

7）应有必要的保护环节。

8）需有安全电压供电的局部照明电路。

3. C650 型卧式车床电气控制电路分析

图 7-2 为 C650 型卧式车床控制电路原理图。

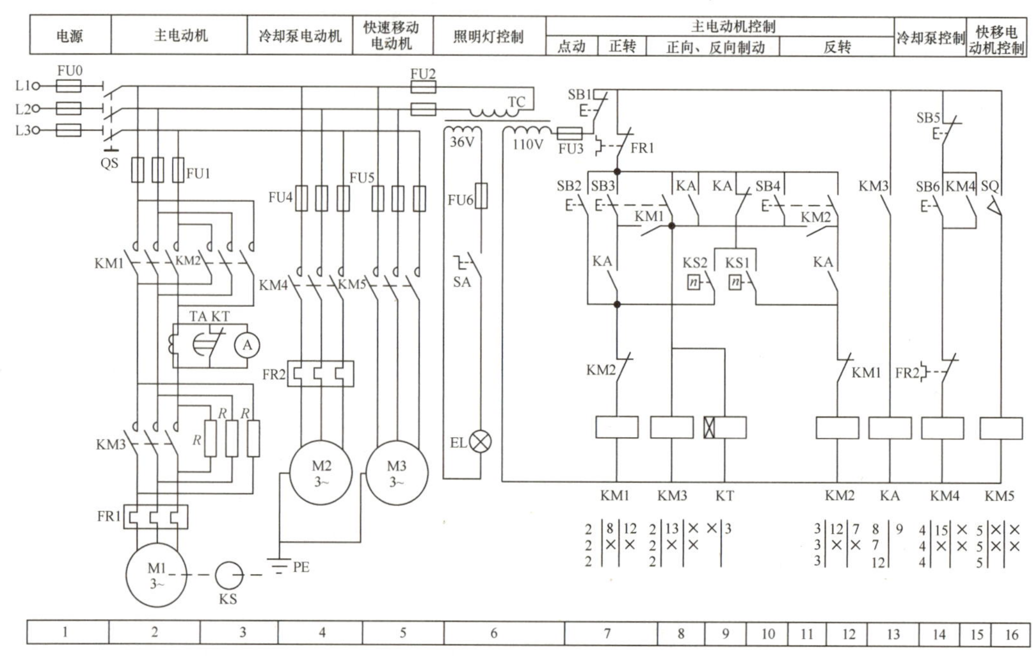

图 7-2　C650 型卧式车床控制电路原理图

车床共有三台电动机：M1 为主电动机，拖动主轴旋转并通过进给机构实现进给运动。M2 为冷却泵电动机，提供切削液。M3 为快速移动电动机，拖动刀架的快速移动。图中使用的各电气元件符号及功能说明见表 7-1。

表 7-1　电气元件符号及功能说明表

符号	名称及用途	符号	名称及用途
M1	主电动机	SB2	主电动机正向点动按钮
M2	冷却泵电动机	SB3	主电动机正向起动按钮
M3	快速移动电动机	SB4	主电动机反向起动按钮
KM1	主电动机正转接触器	SB5	冷却泵电动机停止按钮
KM2	主电动机反转接触器	SB6	冷却泵电动机起动按钮
KM3	短接限流电阻接触器	TC	控制变压器
KM4	冷却泵电动机起动接触器	FU0 ~6	熔断器
KM5	快速移动电动机起动接触器	FR1	主电动机过载保护热继电器
KA	中间继电器	FR2	冷却泵电动机过载保护热继电器
KT	通电延时时间继电器	*R*	限流电阻
SQ	快速移动电动机点动行程开关	EL	照明灯
SA	开关	TA	电流互感器
KS	速度继电器	QS	隔离开关
A	电流表	KS1、2	速度继电器触点
SB1	总停按钮		

(1) 主电路分析　图 7-2 所示的主电路中有三台电动机，隔离开关 QS 将 380V 的三相电源引入。电动机 M1 的电路接线分为三部分：第一部分由正转控制交流接触器 KM1 和反转控制交流接触器 KM2 的两组主触点构成电动机的正、反转接线；第二部分为电流表 A 经电流互感器 TA 接在主电动机 M1 的主电路上以监视电动机绕组工作时的电流变化。为防止电流表被起动电流冲击损坏，利用时间继电器 KT 的延时动断触点，在起动的短时间内将电流表暂时短接掉；第三部分为一串联电阻控制部分，交流接触器 KM3 的主触点控制限流电阻 R 的接入和切除，在进行点动调整时，为防止连续的起动电流造成电动机过载，串入限流电阻 R，保证电路设备正常工作。速度继电器 KS 的速度检测部分与电动机的主轴同轴相连，在停车制动过程中，当主电动机转速低于 KS 的动作值时，其动合触点可将控制电路中反接制动的相应电路切断，完成停车制动。

电动机 M2 由交流接触器 KM4 的主触点控制其主电路的接通和断开，电动机 M3 由交流接触器 KM5 的主触点控制。

为保证主电路的正常运行，主电路中还设置了熔断器的短路保护环节和热继电器的过载保护环节。

(2) 控制电路分析　控制电路可分为主电动机 M1 的控制电路和电动机 M2 及 M3 的控制电路两部分。由于主电动机控制电路比较复杂，因而还可进一步将主电动机控制电路分为正、反转起动、点动和停车制动等局部控制电路，它们的控制电路如图 7-3 所示。下面对各部分控制电路进行分析。

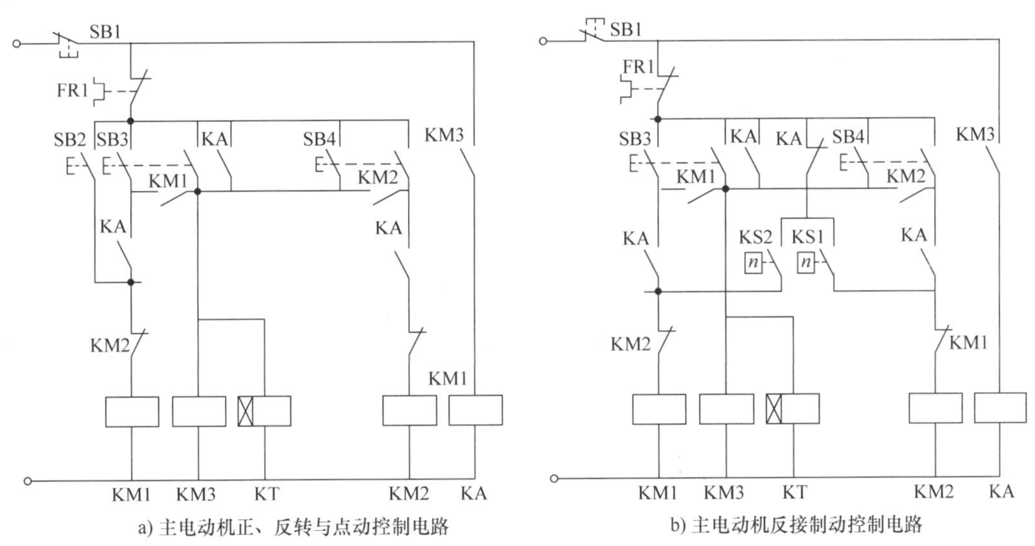

图 7-3　控制主电动机的基本控制电路

1) 主电动机正、反转起动与点动控制。由图 7-3a 可知，当正转起动按钮 SB3 按下时，其两动合触点同时闭合，一动合触点接通交流接触器 KM3 的线圈电路和时间继电器 KT 的线圈电路，时间继电器的动断触点在主电路中短接电流表 A（见图 7-2），以防止电流对电流表的冲击，经延时断开后，电流表接入电路正常工作。KM3 的主触点将主电路中限流电阻短接，其辅助常开触点同时将中间继电器 KA 电路接通，KA 的动断触点将停车制动的基本电路切除，其常开触点与 SB3 的常开触点均在闭合状态，控制主电动机的交流接触器 KM1

的线圈电路得电工作并自锁，其主触点闭合，电动机正向直接起动并结束。KM1 的自锁回路由它常开辅助触点和 KM3 线圈上方的 KA 的动合触点组成自锁回路，来维持 KM1 的通电状态。反向直接起动控制过程与其相同，只是起动按钮为 SB4。

SB2 为主电动机点动控制按钮。按下 SB2 点动按钮，直接接通 KM1 的线圈电路，电动机 M1 正向直接起动，这时 KM3 线圈电路并没有接通，因此其主触点不闭合，限流电阻 R 接入主电路限流，其辅助常开触点不闭合，KA 线圈不能得电工作，从而使 KM1 线圈电路形不成自锁，松开按钮，M1 停转，实现了主电动机串联电阻限流的点动控制。

2）主电动机反接制动控制电路。图 7-3b 所示为主电动机反接制动控制电路。C650 型卧式车床采用反接制动的方式进行停车制动，停车按钮按下后开始制动过程。当电动机转速接近零时，速度继电器的触点打开，结束制动。以原工作状态为正转时进行停车制动过程为例，说明电路的工作过程。当电动机正向转动时，速度继电器 KS 的常开触点 KS2 闭合，制动电路处于准备状态，按下停车按钮 SBl，切断控制电源，KM1、KM3、KA 线圈均失电，此时控制反接制动电路工作与不工作的 KA 动断触点恢复原闭合状态，与 KS2 触点一起，将反向起动交流接触器 KM2 的线圈电路接通，电动机 M1 接入反相序电流，反向起动转矩将平衡正向惯性转动转矩，强迫电动机迅速停车。当电动机速度趋近于零时，速度继电器触点 KS2 复位打开，切断 KM2 的线圈电路，完成正转的反接制动。在反接制动过程中，KM3 失电，所以限流电阻 R 一直起限制反接制动电流的作用。与反转时的反接制动工作过程相似，此时反转状态下，KS2 触点闭合，制动时，接通交流接触器 KM1 的线圈电路，进行反接制动。

另外，接触器 KM3 的辅助触点数量是有限的，故在控制电路中使用了中间继电器 KA，因为 KA 没有主触点，而 KM3 辅助触点又不够，所以用 KM3 的辅助常开触点控制 KA 线圈，这样解决了在主电路中使用主触点，而控制电路辅助触点不够的问题。

3）刀架的快速移动和冷却泵电动机的控制。刀架快速移动是由转动刀架手柄压动位置开关 SQ，接通快速移动电动机 M3 的控制接触器 KM5 的线圈电路，KM5 的主触点闭合，M3 电动机起动运行，经传动系统驱动溜板带动刀架快速移动。

冷却泵电动机 M2 由起动按钮 SB6、停止按钮 SB5 和 KM4 辅助触点组成自锁回路，并控制接触器 KM4 线圈电路的通断，来实现电动机 M2 的控制。

开关 SA 可控制照明灯 EL。EL 的电压为 36V 安全照明电压。

4. 常见故障分析

C50 型卧式车床常见故障及分析见表 7-2。

表 7-2　C50 型卧式车床常见故障分析

常见故障	故障原因分析
漏电断路器不能闭合	1. 未用钥匙将带锁开关 SA2 断开 2. 电气箱门未关好
三台电动机均不能起动	1. 挂轮箱未关好，使位置开关 SQ1 压不上，SQ1 触点不能闭合 2. 控制电路熔断器 FU6 接触不良或熔断 3. 动力配电箱熔断器 FU3 接触不良或熔断 4. 电源无电压

（续）

常见故障	故障原因分析
主电动机不能起动	1. 热继电器已动作过，其动断触点未复位，这时应检查热继电器 FR1 动作原因，可能的原因有：长期过载、热继电器规格选配不当、热继电器整定电流值偏小。消除故障产生的因素后，再按热继电器复位按钮，使热继电器触点复位 2. 接触器 KM1 不吸合，可能是起动按钮内的触点接触不良，使 SB1 不能接通、接触器 KM1 线圈损坏或引出线断路 3. 电动机 M1 损坏
按下主电动机起动按钮 SB1，电动机发出“嗡嗡”声，不能起动	这是电动机断一相造成的，可能原因有：动力配电箱熔断器一相熔断、接触器 KM1 主触点有一对接触不良、电动机三根引出线有一根断路或电动机绕组有一相绕组损坏 发现这一故障时应立即断开电源，否则会烧坏电动机，待排除故障后再重新起动，直到正常工作为止
主电动机起动后，松开起动按钮，电动机停止转动	原因是无自锁，接触器 KM1 自锁用的辅助动合触点接触不良或接线松动
按下停止按钮，主电动机不停转	1. 接触器主触点熔焊或被杂物卡住，也可能有剩磁，使衔铁不能复位，主触点也无法复位 2. 停止按钮动断触点被卡住，不能断开 3. 停止按钮绝缘被击穿
冷却泵电动机不能起动	1. 主电动机未起动 2. 旋转开关 SA 触点不能闭合 3. 熔断器 FU1 熔体熔断 4. 热继电器 FR2 动作，未复位 5. 接触器 KM2 线圈损坏 6. 冷却泵电动机已损坏
快速移动电动机不能起动	1. 停止按钮 SB2 触点不能闭合 2. 电动按钮 SB3 不能闭合 3. 接触器 KM3 线圈断线或损坏 4. 熔断器 FU2 熔体熔断 5. 电动机 M3 损坏
照明灯不亮	1. 灯泡 EL 损坏 2. 照明开关 SA 损坏 3. 熔断器 FU5 熔体熔断 4. 变压器一次、二次绕组烧毁

5. 车床电气电路安装步骤

1）按电气元件明细表配齐电气设备和电气元件，并逐个对其校验。

2）分别将热继电器 FR1、FR2 的整定电流整定到 15.4A 和 0.32A。

3）根据电动机的功率选配主电路的连接导线。

4）根据具体情况，按照安装规程设计电源开关和电气控制箱的安装尺寸及导线管的走向。

5）根据电气控制图给各元器件和连接导线做好编号标记，并给接线板编号。

6）安装控制箱，接线经检查无误后，通入三相电源对其校验。

7）将连接导线穿管后，找出各线端并做标记，明敷安装导线管。引入车床的导线用软管加以保护。

8）安装按钮、行程开关、转换开关和照明灯。

9）安装电动机并接线。

10）安装接地线。

11）测试绝缘电阻。

12）清理安装场地。

13）全面检查接线和安装质量。

14）通电试车并观察电动机的转向是否符合要求。

15）安装传动装置，试车并全面检查各电气元件、线路、电动机及传动装置的工作情况是否正常，否则应立即切断电源进行检查，待调整或修复后方能再次通电试车。

任务实施

1. C650 型卧式车床控制要求

C650 型卧式车床共有 3 台电动机，其对应功能分别如下。

主轴电动机 M1：带动主轴旋转和刀架做进给运动，由于其能完成正、反转运动，则由交流接触器 KM1 和 KM2 控制，同时限制主轴电动机的起动电流，由 KM3 控制限流电阻的接入。其热继电器 FR1 用作过载保护，FU1 用作短路保护。

冷却泵电动机 M2：输送切削液，由交流接触器 KM4 控制。其热继电器 FR2 用作过载保护，FU4 用作短路保护。

刀架快速移动电动机 M3：拖动刀架的快速移动，由交流接触器 KM5 控制，由于刀架移动是短时工作，故用电动控制。它未设过载保护，FU5 用作短路保护。

C650 型卧式车床的辅助控制电路设有照明电路。

2. I/O 分配

根据以上控制要求确定 I/O 的个数，进行 I/O 的分配。本任务需要 11 个输入点，6 个输出点见表 7-3。

3. 设计、绘制接线原理图

根据控制要求分析、设计并绘制 PLC 系统的接线原理图，如图 7-4 所示。

设计要求如下。

1）设计电路原理图时，应充分理解控制要求，做到设计合理、功能完善并符合实际设备的要求。

2）继电器输出型 PLC 控制输出外设时，应考虑输出电压额定值，必要时可增加中间继电器。

3）为了保证控制功能的合理性和可靠性，在输入硬接线时，应将热继电器 FR1 和 FR2 的动合触点作为控制信号接入 PLC 的输入端，而在 PLC 的输出端连接输出外设时，应将热继电器 FR1 和 FR2 的动断触点串接于相应接触器线圈的回路中。

表 7-3　C650 型卧式车床 PLC 控制的 I/O 配置

输入设备			输出设备		
代号	功能	输入继电器	代号	功能	输出继电器
SB1	总停按钮	I0.0	KM1	M1 正转	Q0.0
SB2	M1 点动	I0.1	KM2	M1 反转	Q0.1
SB3	M1 正向起动	I0.2	KM3	M1 减压起动	Q0.2
SB4	M1 反向起动	I0.3	KM4	控制 M2	Q0.3
SB5	停止 M2	I0.4	KM5	控制 M3	Q0.4
SB6	起动 M2	I0.5	KA	控制仪表	Q0.5
KS1	KS 正向触点	I0.6			
KS2	KS 反向触点	I0.7			
SQ	起停 M3	I1.0			
FR1	M1 过载保护	I1.1			
FR2	M2 过载保护	I1.2			

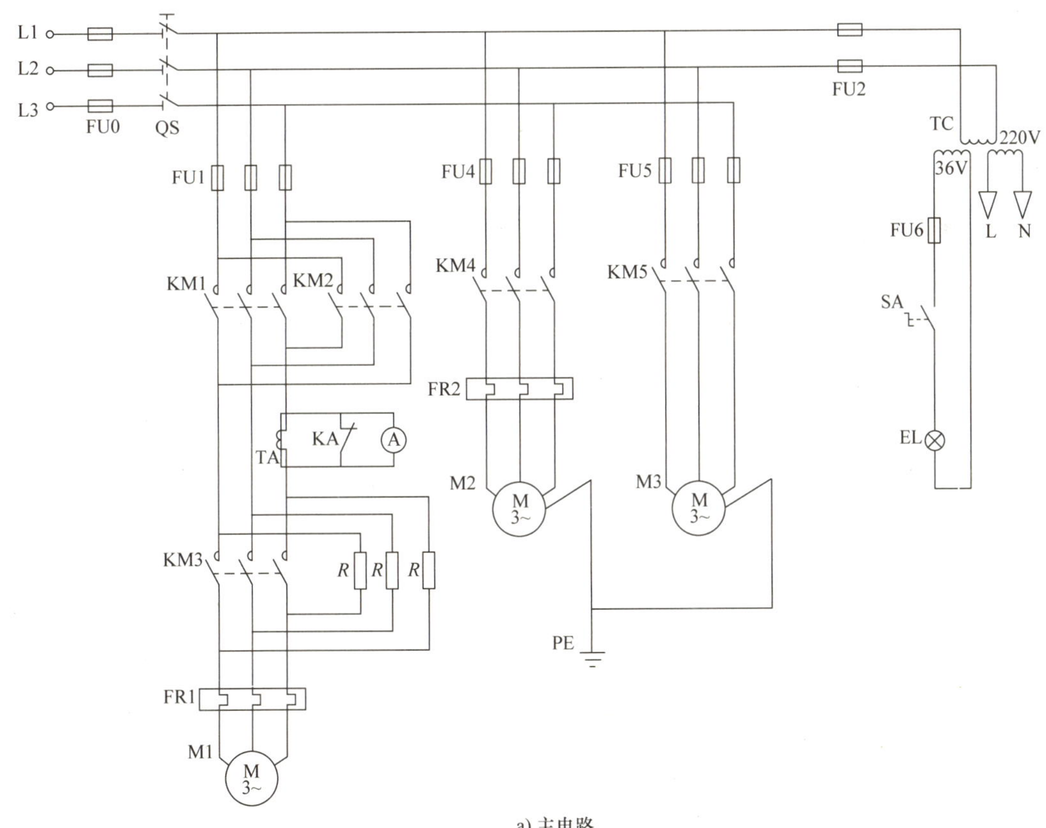

a) 主电路

图 7-4　PLC 系统的接线原理图

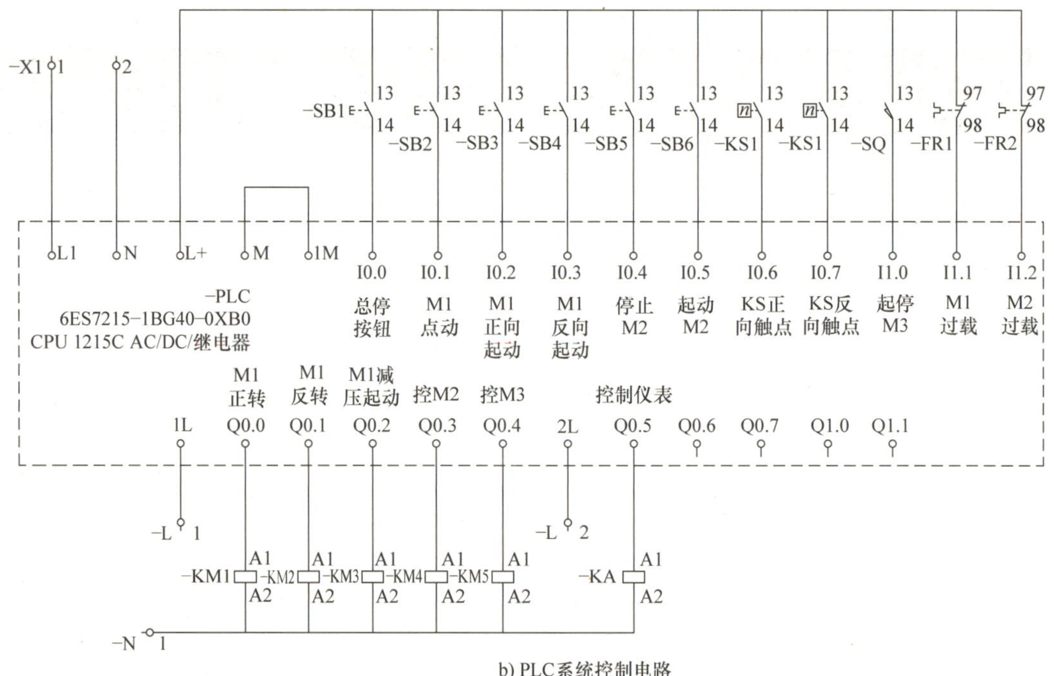

b) PLC系统控制电路

图 7-4 PLC 系统的接线原理图（续）

4. 安装与接线

1）材料准备。根据接线原理图列出需要所有材料的清单，见表 7-4。

表 7-4 安装接线材料清单

序号	分类	名称	型号规格	数量
1	工具	电工工具	—	1 套
2	器材	万用表	MF47 型	1 块
3		PLC	CPU 1215C AC/DC/继电器	1 台
4		计算器	自定	1 台
5		编程软件平台	TIA Portal V14	1 套
6		配电盘	500mm×600mm	1 块
7		导轨	C45	2m
8		断路器	DZ47 -63/2P3A	4 个
9			DZ47 -63/2P6A	1 个
10		交流接触器	CJX1 -32/110V	3 个
11			CJX1 -9/110V	2 个
12		热继电器	JRS1 -09/25 15.4A	1 个
13			JRS1 -09/25 0.32A	1 个
14		按钮	LAY3	6 个
15		钥匙开关	LAY3 -01Y/2	1 个
16		位置开关	JWM6 -11	2 个

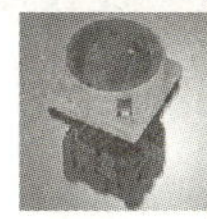

（续）

序号	分类	名称	型号规格	数量
17	器材	端子排	TB-2020	1根（20节）
18		控制变压器	JBK3-100 380/200、110、24、6	1只
19		照明灯	JC11	1盏
20		熔断器	RT14-32 20A，6A	6只
21	耗材	铜塑线	BVR/2.5mm^2	20m
22			BVR/0.5mm^2	30m
23		紧固件	螺钉（型号自定）	若干
24		线槽	25mm×35mm	若干
25		号码管		若干

选择电气元件时，要根据设备的操作任务和操作方式确定所需元器件，并考虑元器件的数量、型号、额定参数和安装要求。选择的同时要检测元器件的质量好坏，PLC 的选型要合理，在满足要求的情况下尽量减小 I/O 点数，以降低硬件成本。

2）具体实施。具体安装与接线时应注意以下几点：

① 应将所有元器件安装在一块配电板上，做到布局合理、安装牢固、符合安装工艺规范。

② 应根据接线原理图接线，做到接线正确、牢固、美观。

③ I/O 线和动力线应分开走线，并保持距离。数字量信号一般选用普通电缆，模拟量信号线和高速信号线应采用屏蔽电缆，并做好接地保护。

④ 安装 PLC 时应远离强干扰源，并可靠地接地，最好和强干扰源的接地装置分开。接地线的截面面积应大于 2mm^2，接地点与 PLC 的距离应小于 50cm。

5. 程序设计

PLC 程序设计要合理，且不改变原来的操作习惯和顺序；同时程序在编制过程中，要保持车床原有的功能不发生改变；程序设计应符合简捷、易读、满足控制等要求。C650 型卧式车床 PLC 控制程序如图 7-5 所示。

6. 程序的输入与调试

熟练操作编程软件，能正确将编译的程序输入 PLC 中，应按照被控制设备的要求进行调试、修改，以达到设计要求的目的。具体程序调试过程中应注意以下几点：

1）通电前应使用万用表检查电路的正确性，确保通电成功。

2）调试程序应先对程序进行模拟调试，应按照系统各种工作要求和方式进行逐一检查，不能遗漏，直到符合控制要求为止。

3）在现场调试中，接入实际的信号和负载时，应充分考虑各种可能的情况，做到认真、仔细、全面地完成现场调试。

4）保证人身和设备的安全。

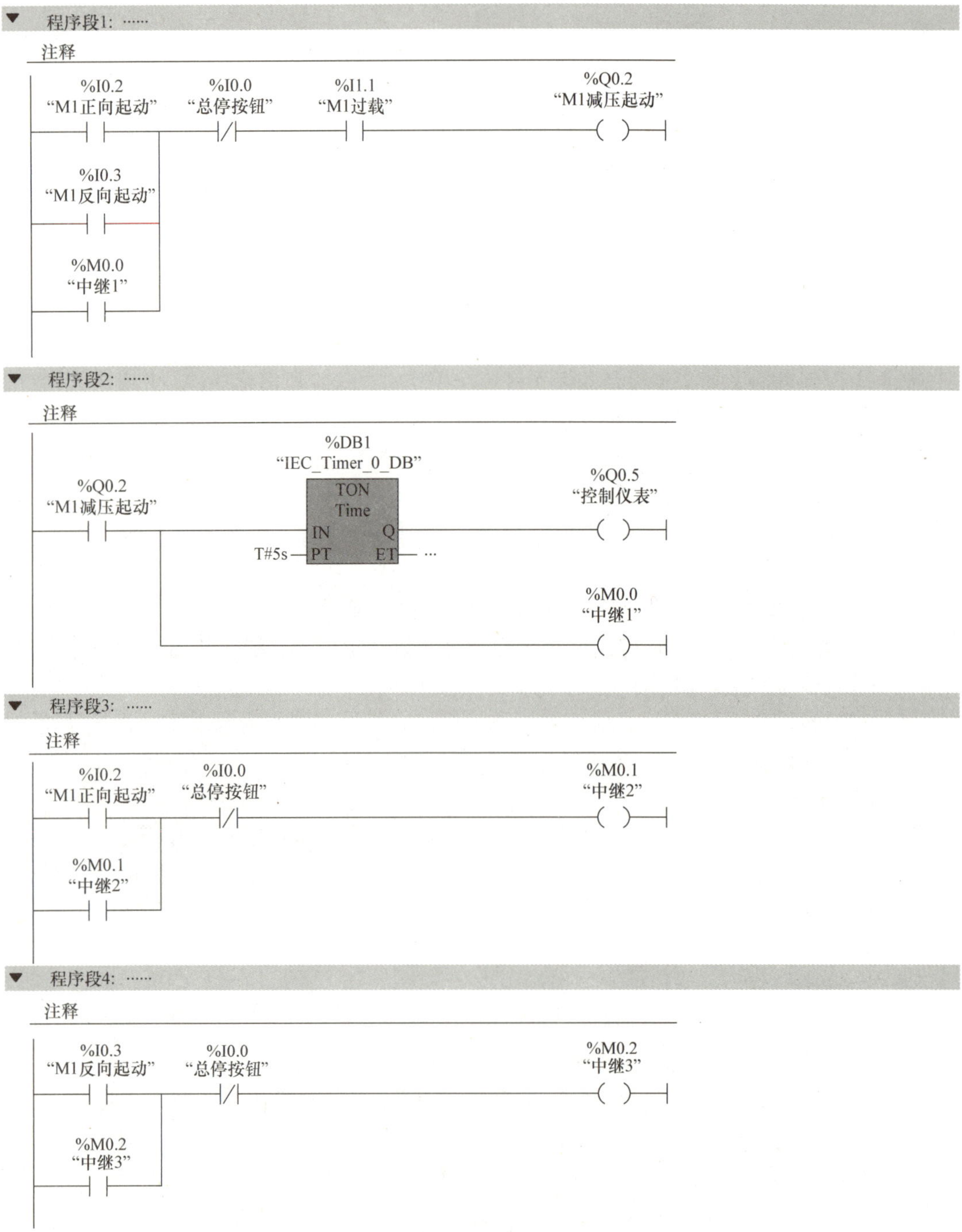

图 7-5　C650 型卧式车床 PLC 控制程序

▼ 程序段5: ……

注释

%M0.0 "中继1"	%M0.1 "中继2"	%I1.1 "M1过载"	%Q0.1 "M1反转"	%Q0.0 "M1正转"
%I0.1 "M1点动"				
%I0.0 "总停按钮"	%I0.7 "KS反向触点"			
%Q0.0 "M1正转"				

▼ 程序段6: ……

注释

%M0.0 "中继1"	%M0.2 "中继3"	%I1.2 "M2过载"	%Q0.0 "M1正转"	%Q0.1 "M1反转"
%I0.0 "总停按钮"	%I0.6 "KS正向触点"			
%Q0.1 "M1反转"				

▼ 程序段7: ……

注释

%I0.5 "起动M2"	%I0.1 "M1点动"	%I1.2 "M2过载"	%Q0.3 "控M2"
%Q0.3 "控M2"			

▼ 程序段8: ……

注释

%I1.0 "起停M3"	%Q0.4 "控M3"

图 7-5 C650 型卧式车床 PLC 控制程序（续）

任务二　YL－335A 自动生产线安装与调试

学习目标

知识目标

1）掌握根据控制要求编译、调试程序的基本方法。

2）掌握 PLC 网络组建的基本方法。

3）掌握步进电动机的驱动方法。

4）掌握变频器应用的基本方法。

5）掌握电气控制电路搭建的基本方法。

技能目标

1）根据 Y335A 控制要求，利用 S7－1200 编译、调试程序。

2）能利用 S7－1200 组建网络完成 Y335A 的网络控制要求。

3）能利用 S7－1200 完成 Y335A 的步进电动机、变频器控制。

4）能根据 Y335A 控制要求，完成设备的电气控制电路的搭建。

素质目标

1）培训职业兴趣。

2）树立安全意识。

3）提高沟通能力与团队协助精神。

4）提高创新能力。

任务描述

本任务是基于 YL－335A 自动生产线实训装置来具体完成的，亚龙 YL－335A 型自动生产线实训考核装备在铝合金导轨式实训台上安装送料、加工、装配、输送、分拣等工作单元，构成一个典型的自动生产线的机械平台，系统各机构采用了气动驱动、变频器驱动和步进电动机位置控制等技术。系统的控制方式采用每一工作单元由一台 PLC 承担其控制任务，各 PLC 之间通过 RS485 串行通信实现互联的分布式控制方式。因此，YL－335A 综合应用了多种技术知识，如气动控制技术、机械技术（机械传动、机械连接等）、传感器应用技术、PLC 控制和组网、步进电动机位置控制和变频器技术等。本任务可以模拟出一个与实际生产情况十分接近的控制过程，使学生得到一个非常接近于实际的教学设备环境，从而缩短了理论教学与实际应用之间的距离。

知识准备

现代化的自动生产设备（自动生产线）的最大特点是它的综合性和系统性，将机械技术、微电子技术、电工电子技术、传感测试技术、接口技术、信息变换技术、网络通信技术等多种技术有机结合，并综合应用到生产设备中；而系统性指的是，生产线的传感检测、传输与处理、控制、执行与驱动等机构在微处理单元的控制下协调有序地工作，有机地融合在

一起。可编程序控制器（PLC）以其高抗干扰能力、高可靠性、高性能价格比且编程简单而广泛地应用在现代化的自动生产设备中，担负着生产线的大脑——微处理单元的角色。因此，培养掌握机电一体化技术、PLC 技术及 PLC 网络技术的技术人才是当务之急。

1. PLC 网络链接

（1）S7－1200 通信概述　S7－1200 可实现 CPU 与编程设备、HMI 和其他 CPU 之间的多种通信。S7－1200 CPU 本体上集成了一个 PROFINET 通信口（CPU1211C－CPU1214C）或者两个 PROFINET 通信口（CPU1215C－CPU1217C），支持以太网和基于 TCP/IP 和 UDP 的通信标准。PROFINET 物理接口是支持 10/100Mbit/s 的 RJ45 口，支持电缆交叉自适应，因此一个标准的或是交叉的以太网线都可以用此接口。使用 PROFINET 通信口可以实现S7－1200 CPU 与编程设备的通信，与 HMI 触摸屏的通信，以及与其他 CPU 之间的通信。

S7－1200 CPU 的 PROFINET 通信口主要支持以下通信协议及服务：

PROFINET IO、S7 通信、TCP、ISO on TCP、UDP、ModbusTCP、HMI 通信、Web 通信、OPCUA 服务器、Email、安全 TCP 等。本书选用 PROFINET 通信。

PROFINET 是开放的、标准的、实时的工业以太网标准。PROFINET 作为基于以太网的自动化标准，它定义了跨厂商的通信、自动化系统和工程组态模式。

借助 PROFINET IO 实现一种允许所有站随时访问网络的交换技术。作为 PROFINET 的一部分，PROFINET IO 是一种用于实现模块化、分布式应用的通信概念。这样，通过多个节点的并行数据传输可更有效地使用网络。PROFINET IO 以交换式以太网全双工操作和 100Mbit/s 带宽为基础。

PROFINET IO 基于 20 年来 PROFIBUS DP 的成功应用经验，并将常用的用户操作与以太网技术中的新概念相结合。

这可确保 PROFIBUS DP 向 PROFINET 环境的平滑移植。

PROFINET 的目标是：①基于工业以太网建立开放式自动化以太网标准；②尽管工业以太网和标准以太网组件可以一起使用，但工业以太网设备更加稳定可靠，因此更适合于工业环境（温度、抗干扰等）；③使用 TCP/IP 和 IT 标准；④实现有实时要求的自动化应用；⑤全集成现场总线系统。

PROFINET IO 分为 IO 控制器、IO 设备和 IO 监视器。

PROFINET IO 控制器指用于对连接的 IO 设备进行寻址的设备。这意味着 IO 控制器将与分配的现场设备交换输入和输出信号。IO 控制器通常是运行自动化程序的控制器。

PROFINET IO 设备指分配给其中一个 IO 控制器（例如，远程 IO、阀终端、变频器和交换机）的分布式现场设备。

PROFINET IO 监控器指用于调试和诊断的编程设备、PC 或 HMI 设备。

S7－1200 CPU 的 PROFINET 接口有两种网络连接方法。

直接连接：当一个 S7－1200 CPU 与一个编程设备，或是 HMI，或是另一个 PLC 通信时，也就是说只有两个通信设备时，实现的是直接通信。直接连接不需要使用交换机，用网线直接连接两个设备即可，如图 7-6a 所示。

网络连接：当多个通信设备进行通信时，也就是说通信设备为两个以上时，实现的是网络连接，如图 7-6b 所示。

多个通信设备的网络连接需要使用以太网交换机来实现。可以使用导轨安装的西门子

CSM1277 的 4 口交换机连接其他 CPU 及 HMI 设备。CSM1277 交换机是即插即用的，使用前不用做任何设置。

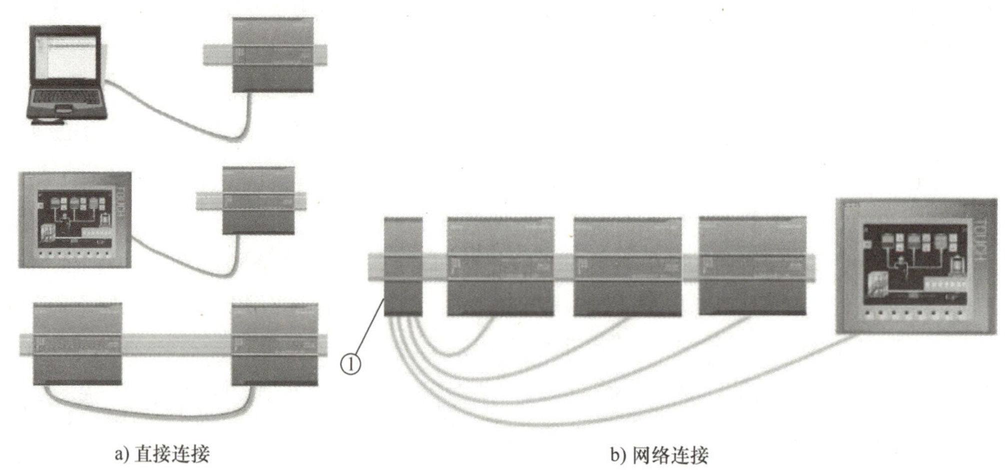

图 7-6　S7－1200 PLC 网络链接

（2）S7－1200 与 S7－1200 之间的 PROFINET IO 通信　CPU 的“I－Device”（智能设备）功能简化了与 IO 控制器的数据交换和 CPU 操作过程（如用作子过程的智能预处理单元）。智能设备可作为 IO 设备连接到上位 IO 控制器中，预处理过程则由智能设备中的用户程序完成。集中式或分布式（PROFINET IO 或 PROFIBUS DP）I/O 中采集的处理器值由用户程序进行预处理，并提供给 IO 控制器。网络架构如图 7-7 所示。

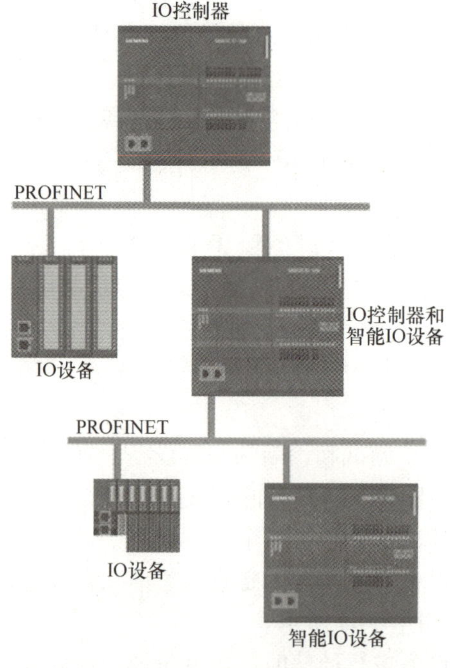

图 7-7　网络架构

（3）S7－1200 与 S7－1200 PROFINET IO 通信设置步骤　硬件设备组成见表 7-5。

表 7-5　通信硬件设备组成

模块	设备类型	设备名称	IP 地址	子网掩码
S7－1217C	IO 控制器	PLC1	192.168.0.1	255.255.255.0
S7－1215C	智能 IO 设备	I－Device	192.168.0.2	255.255.255.0

1）S7－1200 智能设备在相同项目下组态。

步骤 1：创建 TIA Portal 项目并进行接口参数配置。使用 TIA Portal 软件创建一个新项目，进入网络视图添加表 7-5 列出的设备，并进入各个设备“以太网地址”选项（见图 7-8）分别设置子网、IP 地址以及设备名称。

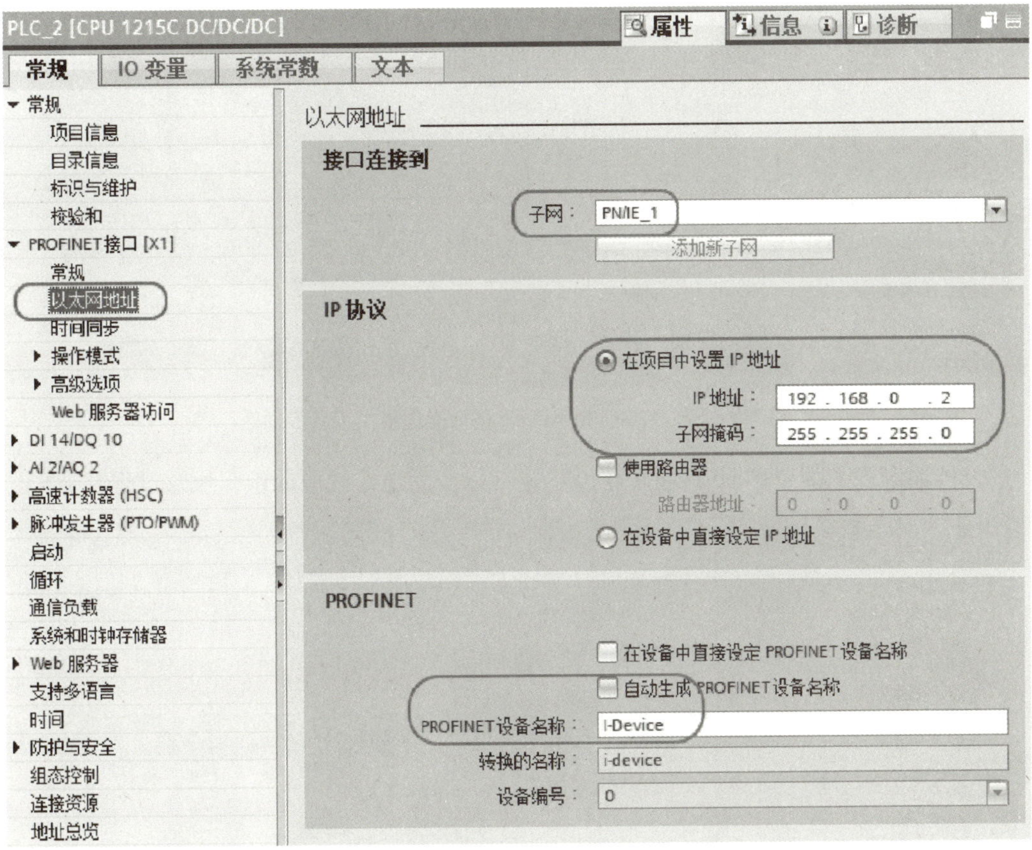

图 7-8　以太网地址配置

步骤 2：操作模式配置。本项目中 1215C 作为智能 IO 设备，需要将其操作模式改为 IO 设备，并且分配给对应 IO 控制器，配置所需的传输区，图 7-9 为 S7－1200 PROFINET 接口操作模式设置界面。

此外，如果选择不激活“PN 接口的参数由上位 IO 控制器进行分配”复选框，可指定是在上位 IO 控制器的项目中设置智能设备的更新时间、看门狗时间、伙伴端口、拓扑等功能。

如果选择激活“PN 接口的参数由上位 IO 控制器进行分配”复选框，可指定是在上位 IO 控制器的项目中设置介质冗余、优先启动、传输速率等接口和端口的几乎所有功能。

需要强调的是，一旦选择激活“PN 接口的参数由上位 IO 控制器进行分配”复选框，则该智能设备将不再可以同时作为IO控制器使用。

智能IO设备还支持优先启动，选择后加快IO设备的启动速度，详情请了解优先启动相关功能。

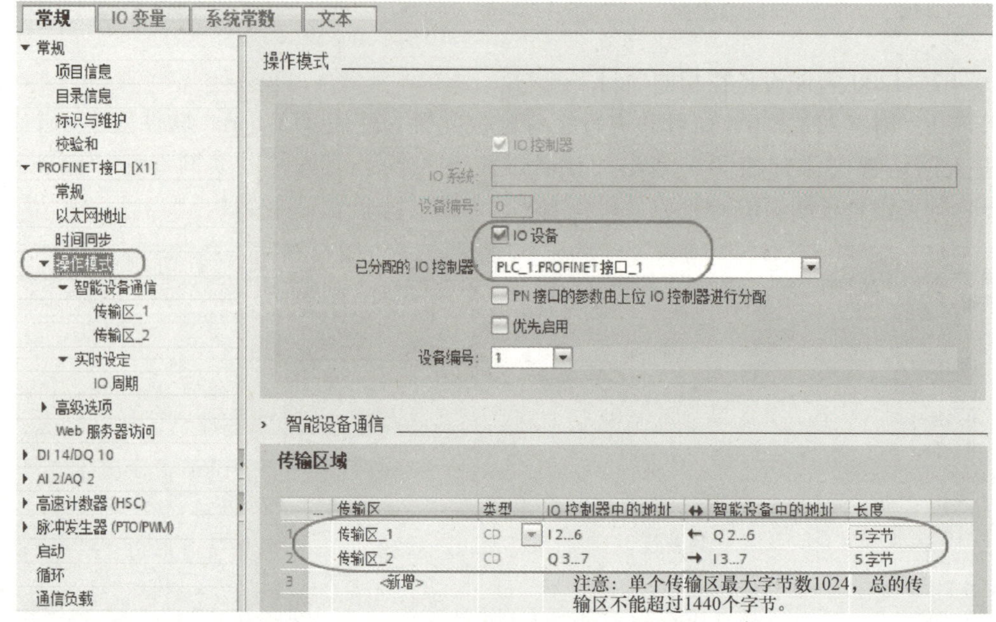

图7-9　S7－1200 PROFINET接口操作模式设置界面

进入传输区视图配置界面（见图7-10）还可以分配地址区所属组织块及过程映像。

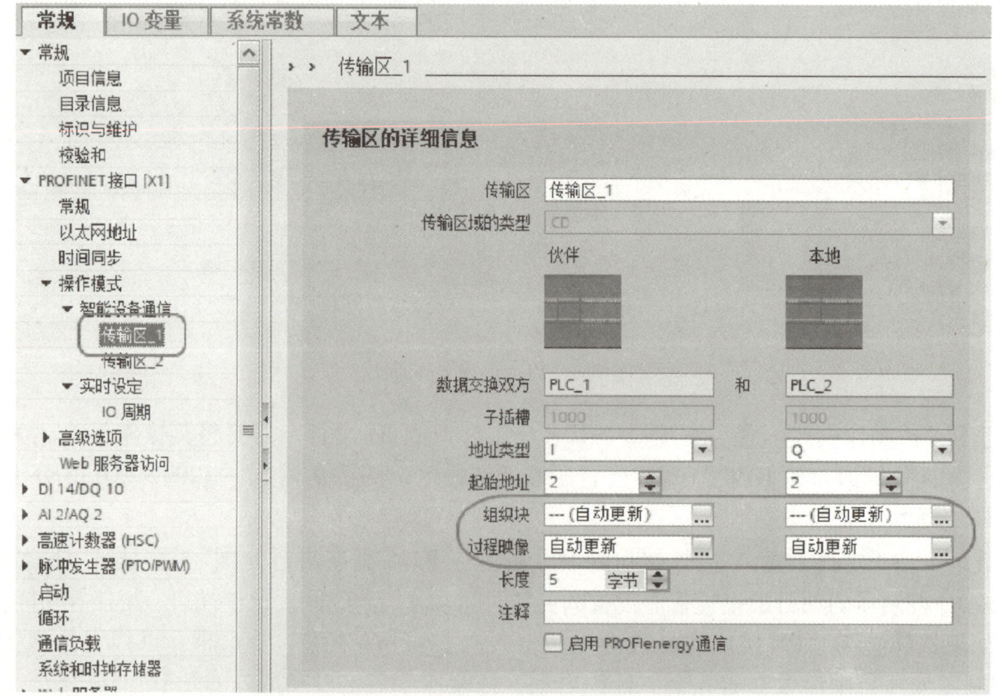

图7-10　传输区视图配置界面

步骤 3：项目编译、下载、测试。分别编译、下载两个 PLC，在监控表中添加传输区数据，给 Q 区赋值，监控发送和接收数据区是否一致，如图 7-11 所示。

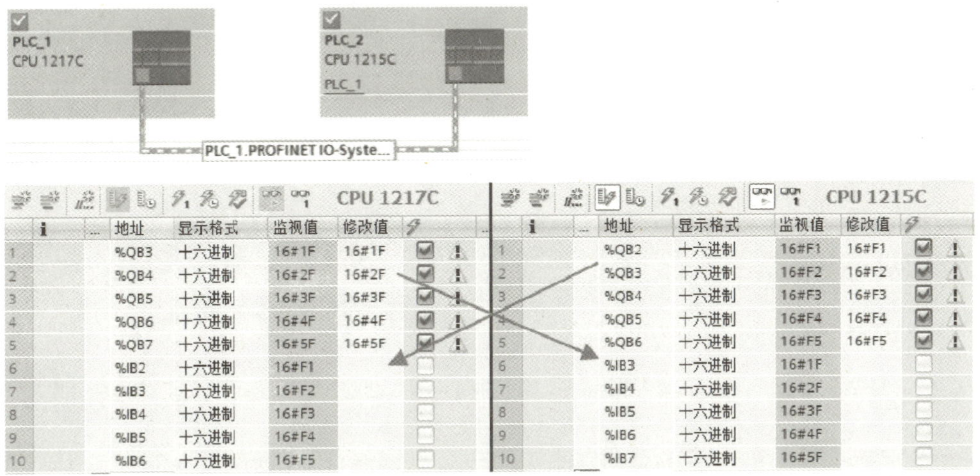

i	地址	显示格式	监视值	修改值
1	%QB3	十六进制	16#1F	16#1F
2	%QB4	十六进制	16#2F	16#2F
3	%QB5	十六进制	16#3F	16#3F
4	%QB6	十六进制	16#4F	16#4F
5	%QB7	十六进制	16#5F	16#5F
6	%IB2	十六进制	16#F1	
7	%IB3	十六进制	16#F2	
8	%IB4	十六进制	16#F3	
9	%IB5	十六进制	16#F4	
10	%IB6	十六进制	16#F5	

i	地址	显示格式	监视值	修改值
1	%QB2	十六进制	16#F1	16#F1
2	%QB3	十六进制	16#F2	16#F2
3	%QB4	十六进制	16#F3	16#F3
4	%QB5	十六进制	16#F4	16#F4
5	%QB6	十六进制	16#F5	16#F5
6	%IB3	十六进制	16#1F	
7	%IB4	十六进制	16#2F	
8	%IB5	十六进制	16#3F	
9	%IB6	十六进制	16#4F	
10	%IB7	十六进制	16#5F	

图 7-11　测试结果

2）S7－1200 智能设备在不同项目下组态。

步骤 1：创建 TIA Portal 项目并进行接口参数配置。

分别创建两个不同项目，一个项目添加 1217C，另一个项目添加 1215C，进入图 7-12 中各个设备“以太网地址”选项配置界面，分别设置子网、IP 地址以及设备名称。

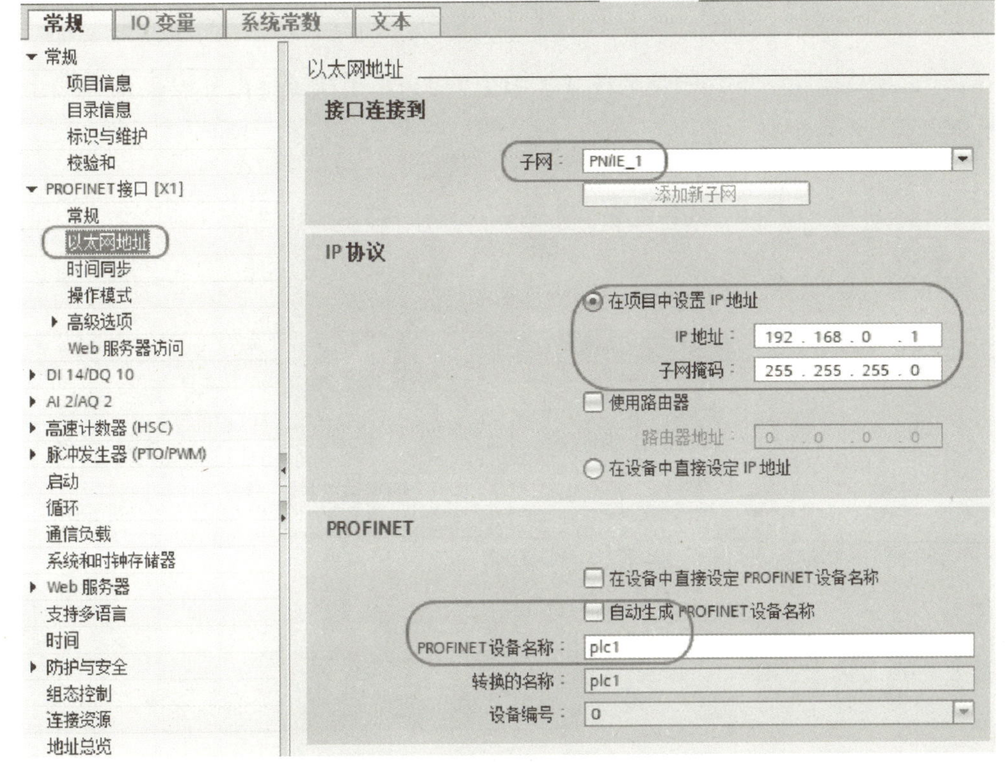

图 7-12　“以太网地址”选项配置界面

步骤2：操作模式配置。本任务中1215C作为智能IO设备，需要将其操作模式改为IO设备，由于控制器未在同一项目，所以选择“未分配”选项，如图7-13所示。

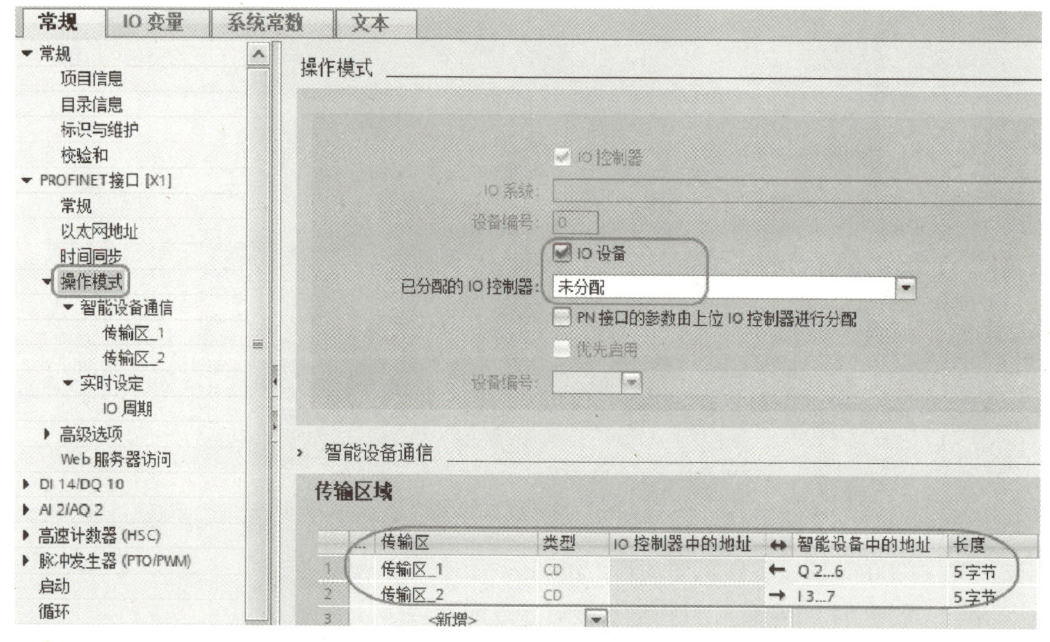

图7-13　1215C PROFINET接口操作模式配置界面

本任务与相同项目下传输区的配置不同的是IO控制器的地址需要在主站项目下才能分配。

步骤3：项目编译后导出GSD文件（见图7-14）。这里注意导出GSD之前需要正确编

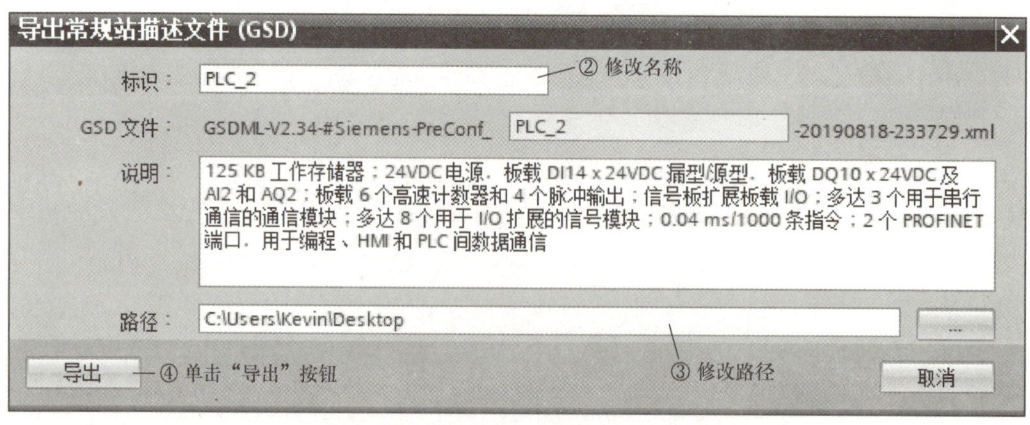

图7-14　导出GSD文件

译项目的硬件配置，不然导出选项是灰色的，无法选择。导出 GSD 文件选项可以由用户设置 GSD 文件名称的标识部分（GSD 文件名称的版本、厂商、日期等部分为默认设置），然后选择存储路径并导出文件。

注意导出的 GSD 文件不要修改文件名称，不然会造成无法导入项目中。

步骤4：导入 GSD 文件。进入主站项目管理 GSD 文件视图，选择存储 GSD 文件源路径，在路径下选择需要安装的文件进行安装，如图 7-15 所示。

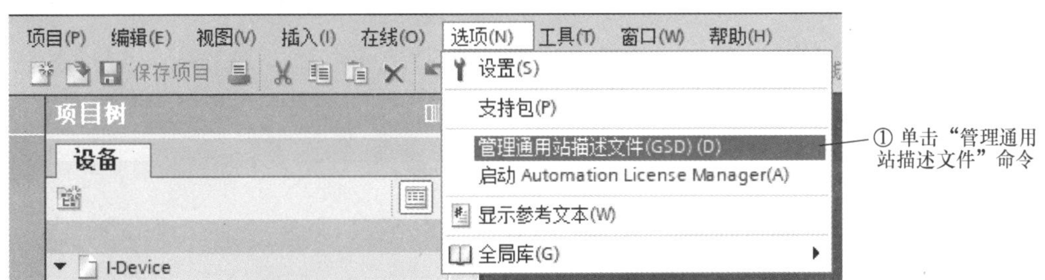

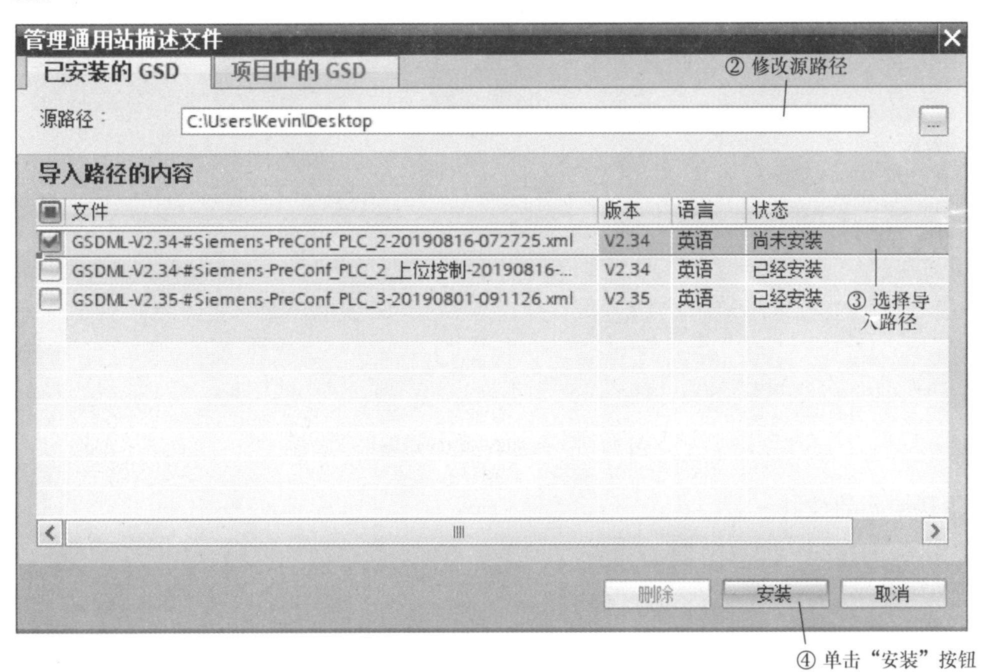

图 7-15 导入 GSD 文件

步骤5：添加智能 IO 设备。进入硬件目录，在其它现场设备列表中找到安装的智能 IO 设备并添加，本项目智能 IO 为 PLC 1200，添加智能 IO（CPU1215），如图 7-16 所示。添加完成后进入以太网地址配置视图，检查智能 IO 设备的设备名称是否与源项目中名称一致（注意一定要保证名称一致），检查无误后分配给控制器，如设备概览视图，分配给控制器后会自动分配地址，也可以手动设置控制器侧传输区地址。

步骤6：项目编译、下载、测试。分别编译下载两个项目中 PLC，在监控表中添加传输区数据，给 Q 区赋值，监控发送和接收数据区是否一致。

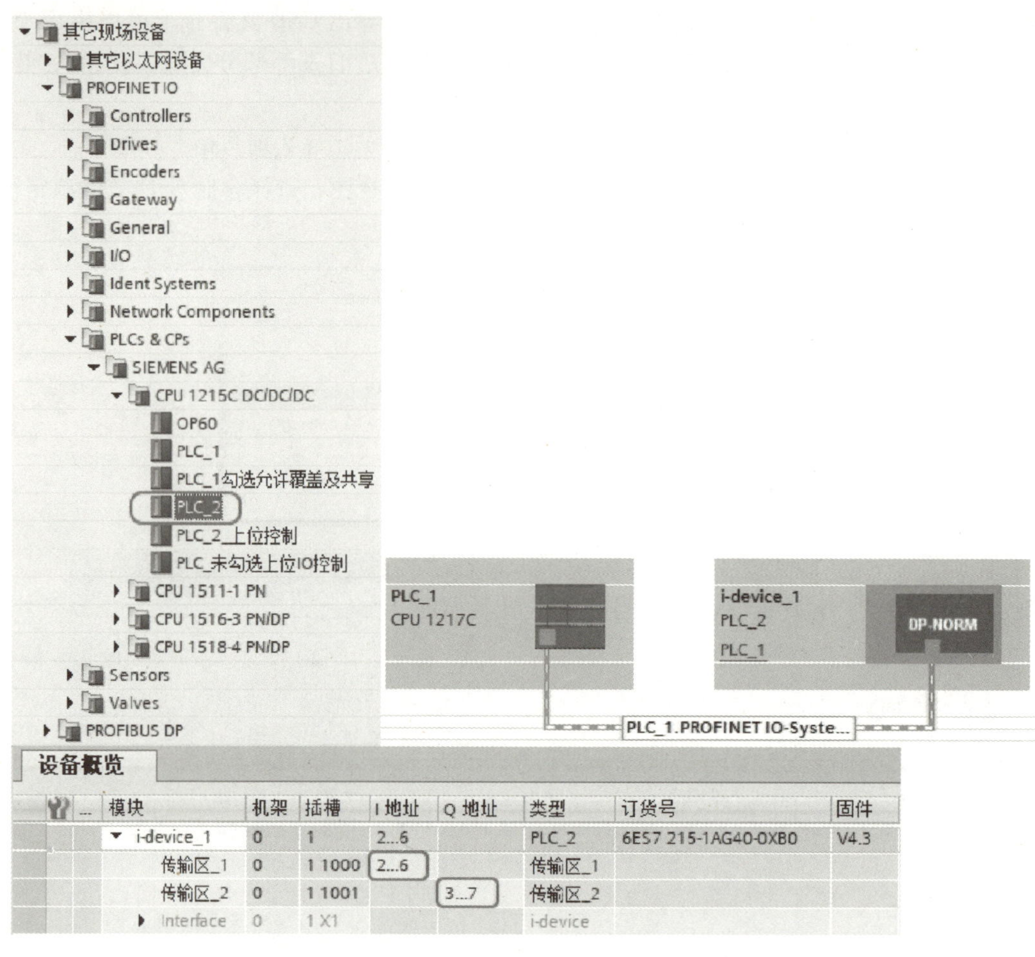

模块	机架	插槽	I 地址	Q 地址	类型	订货号	固件
i-device_1	0	1	2...6		PLC_2	6ES7 215-1AG40-0XB0	V4.3
传输区_1	0	1 1000	2...6		传输区_1		
传输区_2	0	1 1001		3...7	传输区_2		
Interface	0	1 X1			i-device		

图 7-16　添加智能 IO 设备

2. 供料单元的控制

（1）供料单元的功能及结构

1）供料单元功能介绍。供料单元是 YL－335A 中的起始单元，在整个系统中，起着向系统中的其他单元提供原料的作用。具体的功能是：按照需要将放置在料仓中待加工工件（原料）自动地推出到物料台上，以便输送单元的机械手将其抓取，输送到其他单元上。图 7-17所示为供料单元实物的全貌。

2）供料单元结构组成及工作分析。供料单元主要用于储存工件原料，并在需要时将料仓中最下层的工件推出到物料台上，如图 7-17 所示。其主要结构组成为：进料模块和物料台、电磁阀组、接线端口、PLC 模块、急停按钮和起动/停止按钮、走线槽、底板。

该部分的工作过程是：工件垂直叠放在料仓中，推料缸处于料仓的底层并且其活塞杆可从料仓的底部通过。当活塞杆在退回位置时，它与最下层工件处于同一水平位置，而夹紧气缸则与次下层工件处于同一水平位置。在需要将工件推出到物料台上时，首先使夹紧气缸的活塞杆推出，压住次下层工件；然后使推料气缸活塞杆推出，从而把最下层工件推到物料台上。在推料气缸返回并从料仓底部抽出后，再使夹紧气缸返回，松开次下层工件。这样，料仓中的工件在重力的作用下，就自动向下移动一个工件，为下一次推出工件做好准备。为了

使气缸的动作平稳可靠，气缸的作用气口都安装了限出型气缸节流阀。气缸节流阀的作用是调节气缸的动作速度。节流阀上带有气管的快速接头，只要将合适外径的气管往快速接头上一插就可以将管连接好了，使用时十分方便。

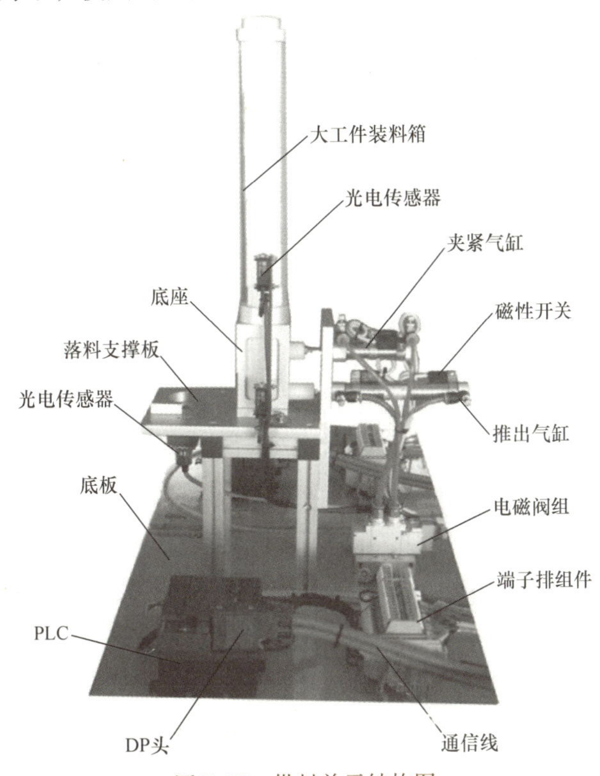

图 7-17　供料单元结构图

气缸两端分别有缩回限位和伸出限位两个极限位置，这两个极限位置都分别装有一个磁感应接近开关，如图 7-18 所示。磁感应接近开关的基本工作原理是：当磁性物质接近传感器时，传感器便会动作，并输出传感器信号。若在气缸的活塞（或活塞杆）上安装上磁性物质，在气缸缸筒外面的两端位置各安装一个磁感应式接近开关，就可以用这两个传感器分别标记气缸运动的两个极限位置。当气缸的活塞杆运动到哪一端，哪一端的磁感应式接近开关就动作并发出电信号。在 PLC 的自动控制中，可以利用该信号判断推料及顶料缸的运动状态或所处的位置，以确定工件是否被推出或气缸是否返回。在传感器上设置有 LED 显示用于显示传感器的信号状态，供调试时使用。传感器动作时，输出信号“1”，LED 亮；传感器不动作时，输出信号“0”，LED 不亮。传感器的安装位置可以调整。

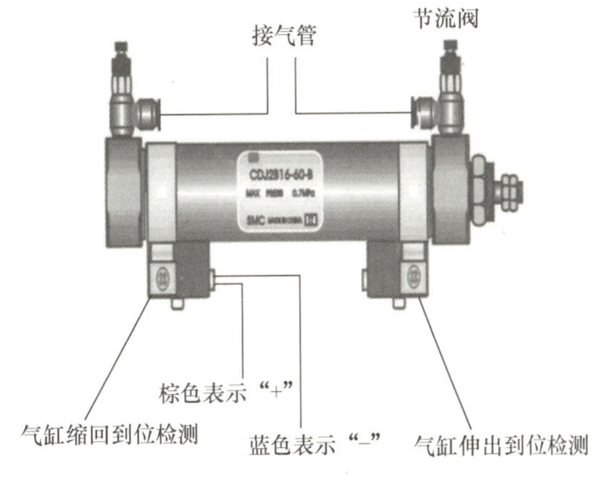

图 7-18　气缸示意图

进料模块料仓的底层和第 4 层工件位置，分别安装一个漫射式光电接近开关。漫射式光电接近开关是利用光照射到被测物体上后反射回来的光线而工作的，由于物体反射的光线为漫射光，故称为漫射式光电接近开关。它的光发射器与光接收器处于同一侧位置，且为一体化结构。在工作时，光发射器始终发射检测光，若接近开关前方一定距离内没有物体，则没有光被反射到接收器，接近开关处于常态而不动作；反之若接近开关的前方一定距离内出现物体，只要反射回来的发光强度足够，则接收器接收到足够的漫射光就会使接近开关动作而改变输出的状态。

由此可见，若进料模块料仓内没有工件，则处于底层和第4层位置的两个漫射式光电接近开关均处于常态；若料仓内仅在底层起有3个工件，则底层处光电接近开关动作而次底层处光电接近开关处于常态，表明工件已经快用完了。这样，料仓中有无储料或储料是否足够，就可用这两个光电接近开关的信号状态反映出来。在控制程序中，就可以利用该信号状态来判断料仓中储料的情况，为实现自动控制奠定了硬件基础。

被推料缸推出的工件将落到物料台上。物料台面开有小孔，物料台下面也设有一个漫射式光电接近开关，工作时向上发出光线，从而透过小孔检测是否有工件存在，以便向系统提供本单元物料台有无工件的信号。在输送单元的控制程序中，就可以利用该信号状态来判断是否需要驱动机械手装置来抓取此工件。

（2）供料单元 PLC 控制

1）I/O 接线图。在供料单元中，传感器信号分别为物料不够检测、物料有无检测、物料台物料检测、挡料到位、挡料复位、顶料到位、顶料复位共7种信号，需占用7个输入点；控制输出为顶料气缸与挡料气缸两个，需要两个输出点。留出1个输入点提供给起/停按钮作本地主令信号，则所需的PLC I/O点数为8点输入、2点输出。PLC的选型为西门子S7－1200型1215C，共14点输入和10点继电器输出，供料单元的I/O接线原理图如图7-19所示。

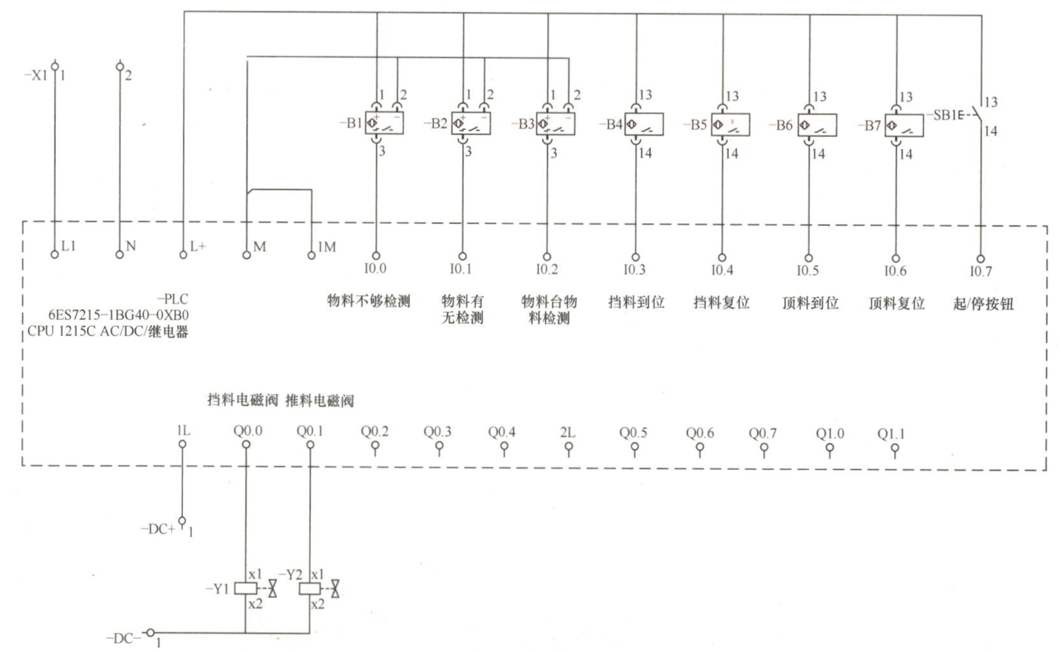

图7-19 供料单元I/O接线原理图

2）网络控制实现。YL－335A 着重考虑采用 PROFINET 通信实现的网络控制方案，各工作站的主令信号均从连接到输送站 PLC 的按钮/指示灯模块发出，通过 PROFINET 通信，实现各站的复位、起动、停止等操作。供料、加工、装配、分拣各单元在运行过程中的状态信号，应通过该单元 PLC 传输区中设定的地址回馈到系统，以实现整个系统的协调运行。以供料单元为例，系统的主令信号，应从该单元 PLC 传输区的 IB3 到 IB7 共 5 个字节读取，而该单元运行过程的状态信号则应写入 QB2 到 QB6 共 5 个字节中，I 区和 Q 区的具体内容取决于系统工艺过程的要求。

3. 加工单元的控制

（1）加工单元的功能与结构　加工单元的功能是把待加工工件从物料台移送到加工区域冲压气缸的正下方；完成对工件的冲压加工，然后把加工好的工件重新送回物料台的过程。图 7-20 所示为加工单元实物。

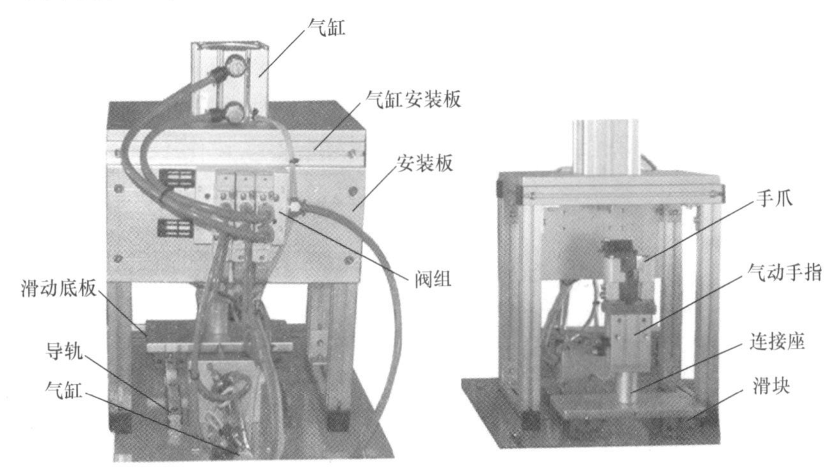

图 7-20　加工单元实物

加工单元主要组成机构为物料台及滑动机构和加工（冲压）机构。

1）物料台及滑动机构。如图 7-21 所示，物料台用于固定被加工工件，并把工件移到加工（冲压）机构正下方进行冲压加工。它主要由配套手爪、气动手指、伸缩气缸活塞杆、滑块、光电传感器等组成。

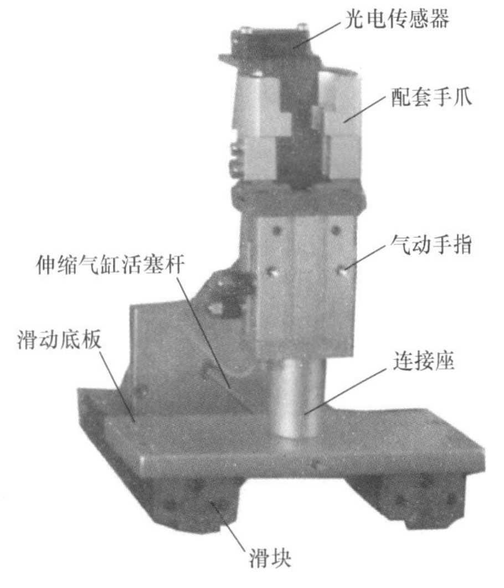

图 7-21　物料台及滑动机构实物

物料台的原始状态是物料台伸缩气缸活塞杆伸出、物料台手爪张开。物料台的工作过程如下：当输送机构把工件送到物料台上，物料检测传感器检测到工件后，PLC 控制程序驱动机械手爪将工件夹紧，物料台滑到加工区域冲压气缸下方，冲压完成后，物料台返回原始状态，手爪张开，并向系统发出加工完成信号，为下一次工件加工做准备。

在物料台上安装一个漫射式光电接近开关。若物料台上没有工件，则漫射式光电接近开关处于常态；若物料台上有工件，则光电接近开关动作，表明物料台上已有工件，需将工件输送到的加工位置进行加工。当光电传感器的输出信号送到加工单元 PLC 的输入端，用以判别物料台上是否有工件需进行加工；当加工过程结束，已加工工件被送回到物料台后，PLC 通过通信网络，把加工完成信号回馈给系统，以协调控制。

2）加工（冲压）机构。加工机构用于对工件进行冲压加工。它主要由冲压气缸、冲头、冲压台等组成。冲压的工作过程为：当工件到达冲压位置时，冲压气缸伸出对工件进行加工，完成加工动作后冲压气缸缩回，为下一次冲压做准备。

冲头对工件进行冲压加工，安装在冲压气缸的活塞杆上。冲压台用于安装冲压气缸，对冲压气缸进行固定。

（2）加工单元的 PLC 控制

1）加工单元 I/O 接线。在加工单元中，传感器信号为物料台物料检测、物料台夹紧检测、物料台伸出到位、物料台缩回到位、加工冲压头上限、加工冲压头下限共 6 种信号，需占用 6 个输入点；控制输出信号为夹紧电磁阀、物料台伸缩电磁阀和加工冲压头电磁阀共 3 种，需要 3 个输出点；留出 2 个点提供给急停按钮和起/停按钮作本地主令信号，则所需的 PLC I/O 点数为 8 点输入、3 点输出。PLC 的选型为西门子 S7－1200 CPU 1215C AC/DC/RLY，共 14 点输入和 10 点继电器输出。加工单元的 I/O 接线原理图如图 7-22 所示。

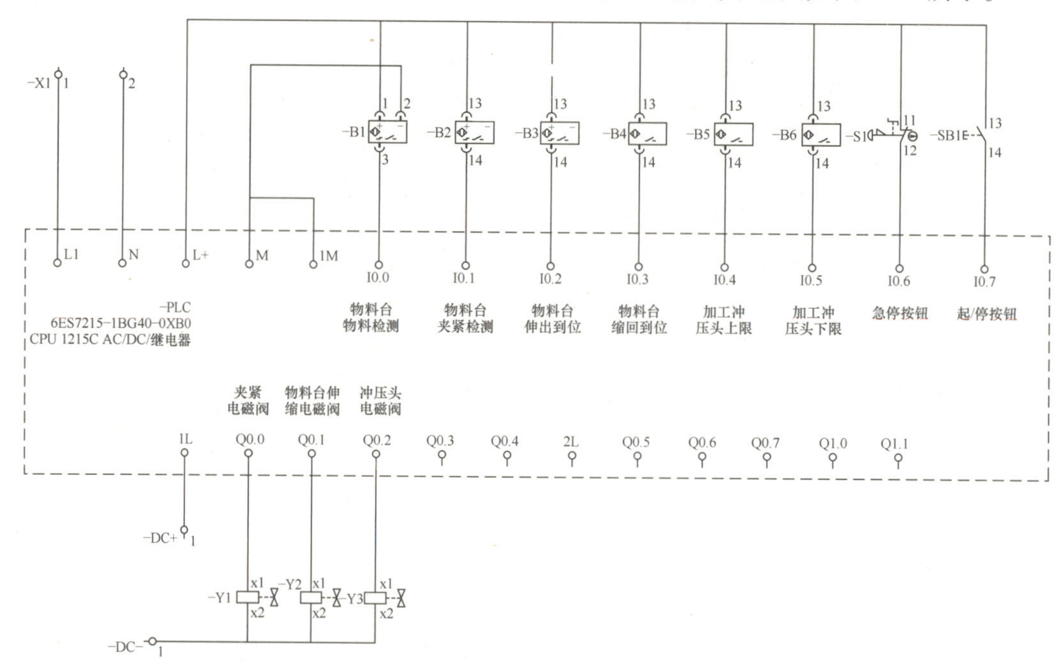

图 7-22　加工单元的 I/O 接线原理图

2）加工单元编程要点。在加工单元中，提供起动/停止按钮和急停按钮各一个作为该单元的主令信号。与供料单元相同，如果需要有起动和停止两种主令信号，只能由软件编程实现。本单元的急停按钮是当本单元出现紧急情况下提供的局部急停信号，一旦发生，本单元所有机构应立即停止运行，直到急停解除为止；同时，急停状态信号应回馈到系统，以便

协调处理。

加工单元的工艺过程也是一个顺序控制：物料台的物料检测传感器检测到工件后，按照手爪夹紧工件→物料台回到加工区域冲压气缸下方→冲压气缸向下伸出冲压工件→完成冲压动作后向上缩回→物料台重新伸出→到位后手爪松开，完成工件加工工序，并向系统发出加工完成信号。学生可按上述工艺要求编写 PLC 程序。这里假设，该单元用本地控制，按一下起/停按钮，单元起动，按上述顺序工作；再按一下起/停按钮，发出停止工作信号，单元在完成本周期的动作后停止工作，即使物料台的物料检测传感器检测到工件，也不再运行。

采用网络控制方式时，该单元工作的主令信号应从 PLC 传输区的 IB3 读取，接收来自输送站的发送信号。工作状态信号（例如加工是否完成，急停是否按下等）则应写入到本站的传输区 QB2。

4. 装配单元的控制

（1）装配单元的功能与结构　装配单元是将该生产线中分散的两个物料进行装配的过程，主要是通过对自身物料仓库的物料按生产需要进行分配，并使用手爪将其装配到来自加工单元的物料中心孔的过程。装配单元总装实物图如图 7-23 所示。

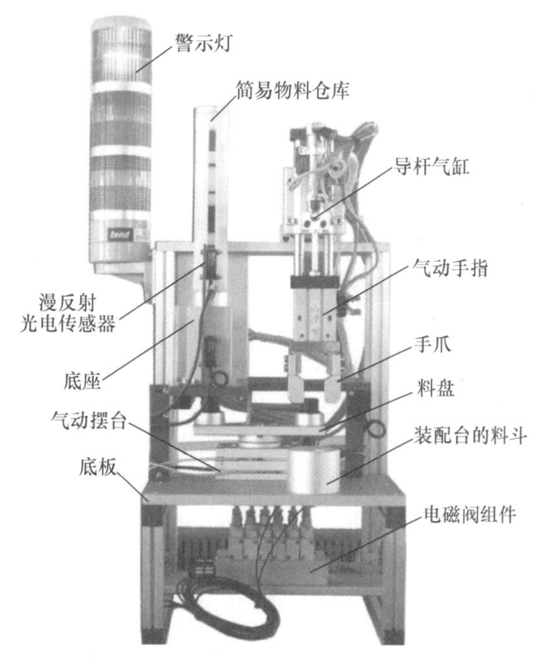

图 7-23　装配单元总装实物图

竖直物料仓库中的物料在重力作用下自动下落，通过两直线气缸的共同作用，分别对底层相邻两物料夹紧与松开，完成对连续下落的物料的分配，被分配的物料按指定的路径落入由气动摆台构成的物料位置转换装置，由摆台完成 180°位置变换后，由前后移动气缸，上下移动气缸，气动手指所组成的机械手夹持后位移，并装配到已定位的半成品工件中。

由于装配单元不仅要完成对分散的物料进行装配的过程，而且配有自身的物料仓库，因此它的结构组成包括：简易物料仓库、物料分配机构、物料位置变换机构、机械手、半成品工件的定位机构、气动系统及其阀组、信号采集及其自动控制系统，以及用于电器连接的端子排组件、整条生产线状态指示的信号灯和用于其他机构安装的铝型材支架及底板、传感器安装支架等其他附件。

1）简易物料仓库。简易物料仓库是由空心塑料圆柱加工而成，它直接插装在物料分配机构的连接孔中，并在顶端放置加强金属环，用以防止空心塑料圆柱的破损。物料竖直放入料仓的空心塑料圆柱内，由于二者之间有一定的间隙，使其能在重力作用下自由下落。

为了能使料仓缺料时即时报警，在料仓的外部安装漫反射光电传感器，并在料仓空心塑料圆柱上安装纵向铣槽，以使漫反射光电传感器的红外光斑能可靠照射到被检测的物料上。

2）物料分配机构。物料分配机构动作过程是由上下安装水平动作的两直线气缸在 PLC 的控制下完成的。当供气压力达到规定气压后，打开气路阀门，此时分配机构底部气缸在单电控电磁阀的作用下，恢复到初始状态，即该气缸活塞杆伸出，因重力下落的物料被阻挡，系统上电并正常运行后，当位置变换机构料盘旁的光电传感器检测到位置变换机构需要物料时，物料分配机构中的上部气缸在电磁阀的作用下活塞杆伸出，将与之对应的物料夹紧，使其不能下落，底部气缸活塞杆缩回，物料掉入位置变换机构的料盘中，底部气缸复位伸出，上部的气缸缩回，物料连续下落，为下一次分料做好准备。在两直线气缸上均装有检测活塞杆伸出与缩回到位的磁性开关，用于动作到位检测，当系统正常工作并检测到活塞磁钢的时候，磁性开关的红色指示灯点亮，并将检测到的信号传送给控制系统的 PLC。物料分配机构的底部装有用于检测有无物料的光电传感器，使控制过程更准确可靠。

3）物料位置变换机构。该机构由气动摆台和料盘构成，气动摆台驱动料盘旋转 180°，并将摆动到位信号通过磁性开关传送给 PLC，在 PLC 的控制下，实现有序，往复循环动作。

4）机械手。机械手是整个装配单元的核心，变换机构有物料的信号传送至 PLC，在半成品工件定位机构传感器检测到该机构有工件的情况下，机械手从初始状态执行装配操作过程。

PLC 驱动与竖直移动气缸相连的电磁换向阀动作，由竖直移动带导杆气缸驱动气动手指向下移动，磁性开关检测到下移到位后，气动手指驱动手爪夹紧物料，并将夹紧信号通过磁性开关传送给 PLC，在 PLC 控制下，竖直移动气缸复位，被夹紧的物料随气动手指一并提起，离开位置变换机构的料盘，提升到最高位后，水平移动气缸在与之对应的换向阀的驱动下，活塞杆伸出，移动到气缸前端位置后，竖直移动气缸再次被驱动下移，移动到最下端位置，气动手指松开，经短暂延时，竖直移动气缸和水平移动气缸缩回，机械手恢复初始状态。

在整个机械手动作过程中，除气动手指松开到位无传感器检测外，其余动作的到位信号检测均采用与气缸配套的磁性开关，将采集到的信号输入 PLC，由 PLC 输出信号驱动电磁阀换向，使由气缸及气动手指组成的机械手按程序自动运行。

5）半成品工件的定位机构。输送单元运送来的半成品工件直接放置在该机构的料斗定位孔中，由定位孔与工件之间的较小的间隙配合实现定位，从而完成准确的装配动作和定位精度。

（2）装配单元的 PLC 控制

1）I/O 接线。装配单元所使用的传感器及电磁阀较多，传感器有物料左检测、物料右检测、物料不足检测、物料无检测、物料台物料检测、顶料到位、顶料复位、挡料状态、落料状态、气缸左旋到位、气缸右旋到位、手爪夹紧检测、手爪下降到位、手爪上升到位、手爪缩回到位、手爪伸出到位、急停按钮、起动/停止按钮共 18 种信号，需要输入 18 点；控制电磁阀有挡料电磁阀、顶料电磁阀、工作台正转、手爪夹紧、手爪上升、手爪伸出，包括红色警示灯、黄色警示灯、绿色警示灯在内共 9 种控制量，需要输出 9 点。PLC 的选型为西门子 S7－1200 型 CPU 1215C AC/DC/RLY 主控单元，扩展 SM 1221 DI 8x24V DC 输入模块，共 22 点输入，10 点继电器输出。装配单元 I/O 接线图如图 7-24 所示。

2）装配单元 PLC 编程要点。装配单元的控制过程均为逻辑控制，编程时不仅要注意网络数据的读取与写入，更要理清输入继电器与输出继电器之间的逻辑关系。让整个装配单元的动作过程稳定可靠，逻辑严谨，与其他单元的配合井然有序，满足该自动生产线的需要。

装配单元上安装的红、黄、绿三色警示灯，是作为整个系统警示用的，它的动作取决于

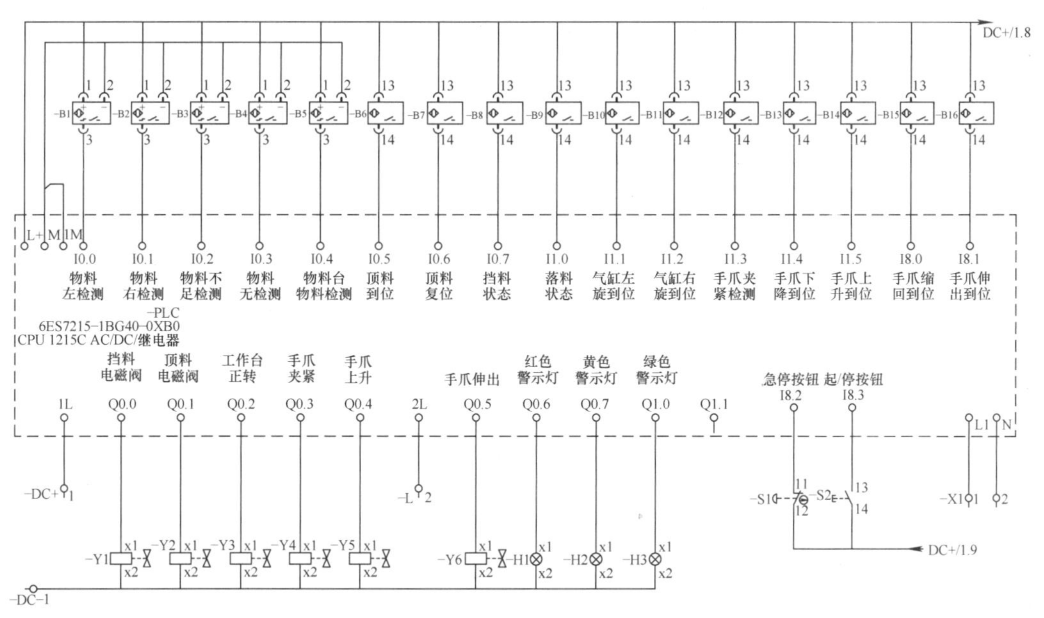

图 7-24　装配单元 I/O 接线图

输送单元发送到网络上的系统状态信号，具体动作方式则由本单元 PLC 程序控制，在编程时应该注意。

5. 分拣单元的控制

（1）分拣单元功能与结构　分拣单元是 YL－335A 中的最末单元，完成对上一单元送来的已加工、装配的工件进行分拣，使不同颜色的工件从不同的滑槽分流。当输送站送来的工件放到传送带上并为入料口光电传感器检测到时，即起动变频器，工件开始送入分拣区进行分拣。图 7-25 所示分拣单元实物图。

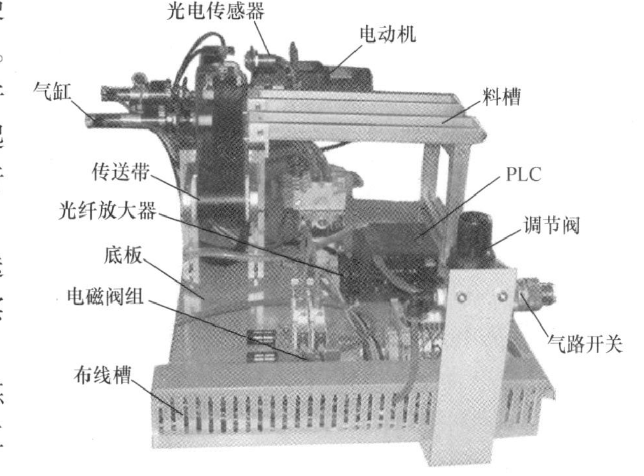

图 7-25　分拣单元实物图

分拣单元的主要机构组成为传送和分拣机构和传动机构。分拣单元实物如图 7-25 所示。

1）传送和分拣机构。传送和分拣机构用以传送已经加工、装配好的工件，由光纤传感器检测并进行分拣。它主要由传送带、入料口、物料滑槽、推料（分拣）气缸、漫射式光电传感器、光纤传感器、磁感应接近开关组成。

传送带是把机械手输送过来加工好的工件进行传输，输送至分拣区。两条物料滑槽分别用于存放加工好的黑色工件和白色工件。

传送和分拣的工作过程为：当输送站送来工件放到传送带上并由入料口漫射式光电传感器检测到时，将信号传输给 PLC，通过 PLC 的程序起动变频器，电动机运转驱动传送带工作，把工件带进分拣区。如果进入分拣区工件为白色，则检测白色物料的光纤传感器动作，通过 PLC 的程序 1 号推料气缸起动，将白色料推到 1 号滑槽里；如果进入分拣区工件为黑色，检测黑色的光纤传感器作为 2 号滑槽推料气缸起动信号，将黑色料推到 2 号槽里。

在每个料槽的对面都装有推料气缸，把分拣出的工件推到对号的料槽中。在两个推料气缸的前极限位置分别装有磁感应接近开关，可根据该信号来判别推料气缸当前所处位置。当推料气缸将物料推出时磁感应接近开关动作输出信号为“1”，反之，输出信号为“0”。为了准确且平稳地把工件从滑槽中间推出，需要仔细地调整两个推料气缸的位置和气缸活塞杆的伸出速度。

在传送带入料口位置装有漫射式光电传感器。用以检测是否有工件到来进行分拣。有工件时，漫射式光电传感器将信号传输给 PLC，用户 PLC 程序输出起动变频器信号，从而驱动三相减速电动机起动，将工件输送至分拣区。

在传送带上方分别装有两个光纤传感器。光纤传感器由光纤检测头、光纤放大器两部分组成，放大器和光纤检测头是分离的两个部分，光纤检测头的尾端部分分成两条光纤，使用时分别插入放大器的两个光纤孔。光纤传感器也是光电传感器的一种，相对于传统电量型传感器（热电偶、热电阻、压阻式、振弦式、磁电式），具有下述优点：抗电磁干扰、可工作于恶劣环境、传输距离远、使用寿命长，此外，由于光纤头具有较小的体积，所以可以安装在空间很小的场所。

光纤式光电接近开关的放大器的灵敏度调节范围较大。当光纤传感器灵敏度调得较小时，对于反射性较差的黑色物体，光电探测器无法接收到反射信号；而反射性较好的白色物体，光电探测器就可以接收到反射信号。反之，若调高光纤传感器灵敏度，则即使对反射性较差的黑色物体，光电探测器也可以接收到反射信号。从而可以通过调节灵敏度判别黑白两种颜色物体，将两种物料区分开，从而完成自动分拣工序。

2）传动机构。分拣单元的传动机构，采用的三相减速电动机，用于拖动传送带从而输送物料。它主要由电动机支架、电动机、联轴器等组成。

三相电动机是传动机构的主要部分。电动机转速的快慢由变频器来控制，作用是驱动传送带从而输送物料。电动机支架用于固定电动机。联轴器把电动机的轴和输送带主动轮的轴连接起来，从而组成一个传动机构。在安装和调整时，要注意电动机的轴和输送带主动轮的轴必须要保持在同一直线上。

（2）分拣单元的 PLC 控制及编程

1）分拣单元 I/O 接线。本单元中，传感器信号为光纤传感器 SC1 与光纤传感器 SC2、物料台物料检测、推杆 1 到位、推杆 2 到位等信号，需占用 5 个输入点，留出 2 个点提供给急停按钮和起/停按钮作本地主令信号，共需 7 点输入；控制输出包括推杆 1 电磁阀、推杆 2 电磁阀、变频器运行/停止、速度 1 选择、速度 2 选择、速度 3 选择共 6 个，其中 4 个输出点提供给变频器使用。PLC 选型为西门子 S7－1200 型 CPU1215C AC/DC/RLY，共 14 点输入和 10 点继电器输出。分拣单元的 I/O 接线原理图如图 7-26 所示。

2）分拣单元 PLC 编程要点。分拣单元的急停按钮是当本单元出现紧急情况下提供的局部急停信号，一旦发生，本单元所有机构应立即停止运行，直到急停解除为止。同时，急停状态信号应回馈到系统，以便协调处理。

现有的 PLC 的输出端子接线中，分配 Q0.5、Q0.6 和 Q0.7 和 Q1.0 给变频器的 2、3、

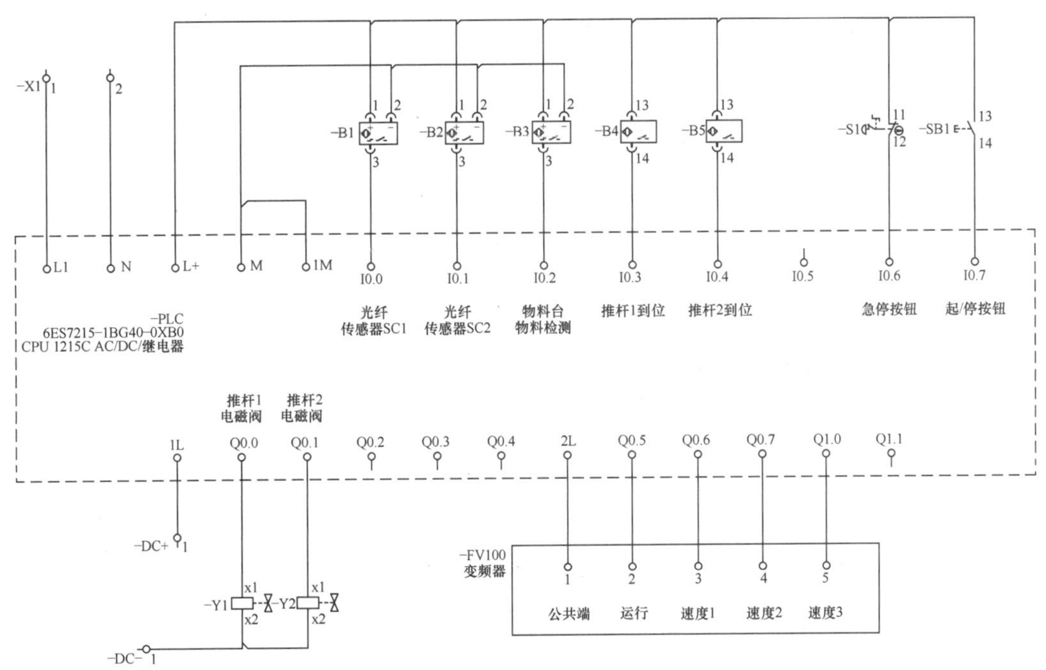

图 7-26　分拣单元 I/O 接线原理图

4、5 控制端子。端子 2 用于变频器的起动和停止，若电动机转速的分级调整，则应调整变频器的 P046～P048 参数，与此同时，应编译相应的 PLC 程序。

分拣单元需要完成在传送带上把不同颜色的工件从不同的滑槽分流的功能。为了使工件能准确地推出，光纤传感器灵敏度的调整、变频器参数（运转频率、斜坡下降时间等）的设置以及软件编程中定时器设定值的设置等，应相互配合。

（3）分拣单元的变频器控制　在分拣单元中三相减速电动机的控制是由变频器完成的。变频器选用松下 VF100－0074 型变频器。该变频器额定电压等级为三相 400V，适用容量为 0.75kW 的电动机。

1）VF100－0074 变频器的电路连接。变频器下面的接线端子，分为上、下两排，下面的是主电路接线端子，上面有两排控制电路端子和一组继电器输出端子，如图 7-27 所示。

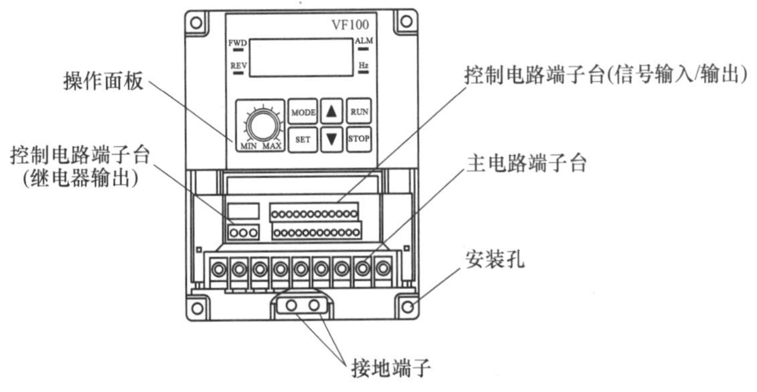

图 7-27　VF100－0074 变频器的接线端子

主电路和控制电路接线图分别如图 7-28 和图 7-29 所示。

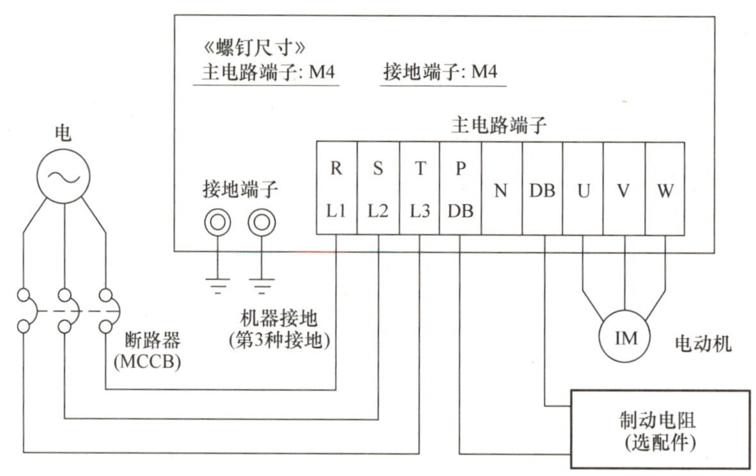

图 7-28　VF100 变频器主电路

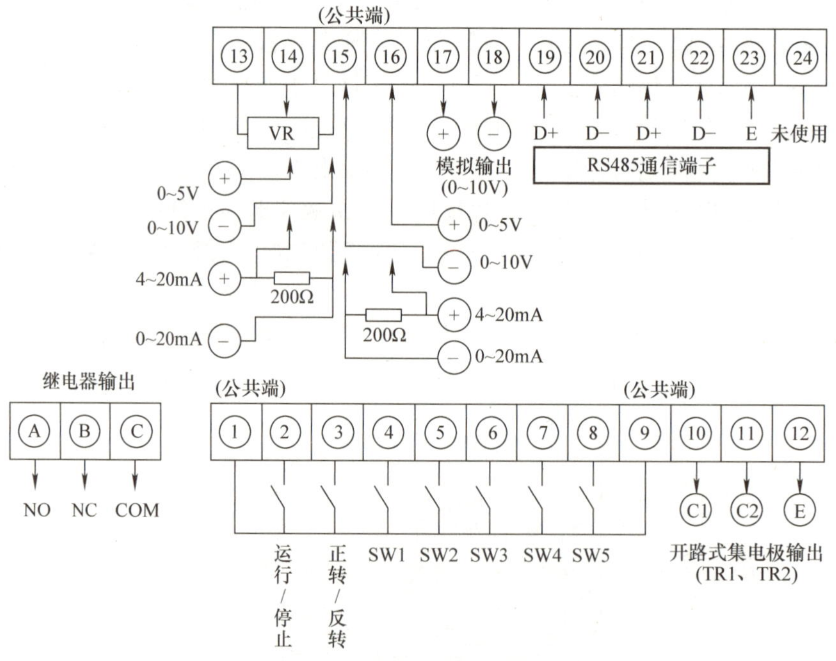

图 7-29　VF100 控制电路接线图

控制端子功能说明见表 7-6。

表 7-6　控制端子功能说明

端子号	端子功能	说明
①	输入信号（②~⑧）的公共端端子	
②	运行/停止，正转运行信号的输入端子	取决于 P003（运行指令选择）
③	正转/反转，反转运行信号的输入端子	取决于 P003（运行指令选择）
④	多功能控制信号 SW1 的输入端子	取决于 P036，P041
⑤	多功能控制信号 SW2 的输入端子	取决于 P037，P041
⑥	多功能控制信号 SW3 的输入端子	取决于 P038，P041
⑦	多功能控制信号 SW4 的输入端子	取决于 P039，P041
⑧	多功能控制信号 SW5 的输入端子	取决于 P040，P041
⑨	输入信号（②~⑧）的公共端端子	
⑩	开路式集电极（TR1）输出端子（C1：集电极）	
⑪	开路式集电极（TR2）输出端子（C2：集电极）	
⑫	开路式集电极输出端子（E：发射极）	
Ⓐ	继电器触点输出端子（NO ：工厂出厂时）	P092
Ⓑ	继电器触点输出端子（NC ：工厂出厂时）	P092
Ⓒ	继电器触点输出端子（COM）	P092

2）VF100－0074 变频器操作面板示意图如图 7-30 所示。

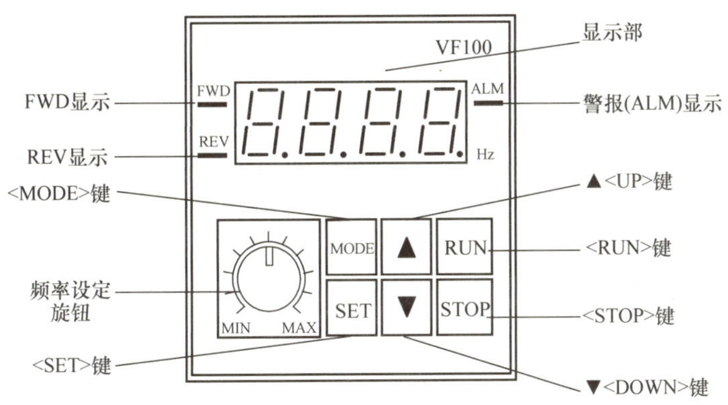

图 7-30　VF100－0074 变频器操作面板示意图

VF100 变频器操作面板各部分功能说明见表 7-7。

表 7-7 VF100 变频器操作面板功能说明

各部分名称	功能概要
显示部	显示输出频率、电流、线性速度、设定频率、通信站号、异常内容、各模式显示、功能设定时的数据
FWD 显示（绿）	显示正转运行（匀速运行中：亮灯；加/减速运行中：闪烁）
REV 显示（绿）	显示反转运行（匀速运行中：亮灯；加/减速运行中：闪烁）
警报（ALM）显示（红）	显示异常警报
<RUN>键	变频器运行键
<STOP>键	变频器运行/停止键
<MODE>键	切换“动作状态显示”“频率设定·监控”“旋转方向设定”“控制状态监控”“自定义”“功能设定”“内置存储器设定”等模式的键，以及将数据显示切换为模式显示时所使用的键
<SET>键	切换模式和数据显示的键以及存储数据时所使用的键 在“动作状态显示”模式下，进行频率和电流显示的切换
▲<UP>键	改变数据、输出频率以及利用操作面板使其正转运行时用于设定正转方向
▼<DOWN>键	改变数据、输出频率以及利用操作面板使其反转运行时，设定反转方向
面板设定旋钮	用操作面板设定运行频率而使用的旋钮

表 7-7 中<MODE>键用来切换 7 种操作模式，分别为：①动作状态显示模式，用于显示输出频率及输出电流；②频率设定模式，可以监控频率的数字设定及频率指令；③旋转方向设定模式，可以监控面板运行所设定的旋转方向和控制状态；④控制状态监控模式，可以监控控制状态和异常内容；⑤自定义模式，可以登录 10 个常用参数，改变和监控数据；⑥功能设定模式，可以改变和监控参考数据，还可以使用参数数据的复制功能；⑦内置存储器设定模式，可以更改显示面板的内置存储器中的设定数据。

3）VF100－0074 变频器的参数设置。变频器的参数设置是通过<MODE>键，<SET>键、<UP>键和<DOWN>键来实现的。

VF100 可通过以下 3 种方法运行：可使用操作面板上的电位器运行；外控操作，即可利用控制电路端子运行；可利用外部机器通过 RS485 发送通信指令来运行。

当变频器参数 P003 =0，P004 =0 或 1 时，就可以利用操作面板来设定频率及利用操作面板来设定正转/反转运行。当 P003 =2、4 或 3、5，P004 = 1 时，可利用控制电路端子运行。YL－335A 中，变频器的运行由 PLC 输出点控制，故采用外控操作。

变频器 VF100 中有 151 个功能参数，可根据负载和运行规格来设定必要的参数。可通过“自定义模式”和“功能设定模式”进行参数设定及监控。

一般情况下，应在停止状态下对各个功能的数据进行改变和设定。但是，对于一部分功能参数，可在运行过程中进行改变。

下面具体将最大输出频率从 50.0Hz 改为 60.0Hz 通过设置参数 P008 的数据从 50.0 改为 60.0 为例，设置方法示意图如图 7-31 所示。

设定以上参数过程中的参数功能见表 7-8。

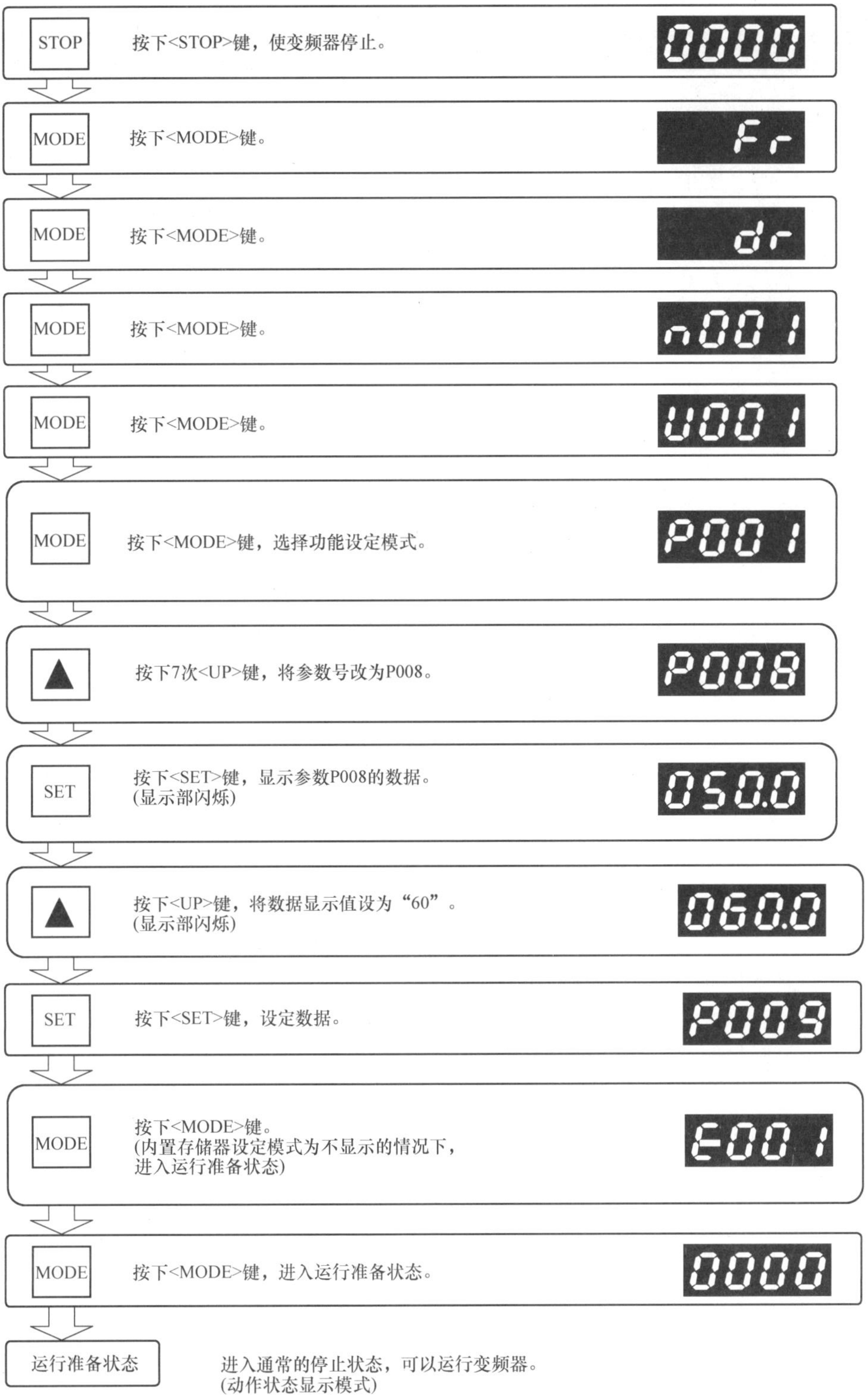

按键	操作	显示
STOP	按下<STOP>键，使变频器停止。	0000
MODE	按下<MODE>键。	Fr
MODE	按下<MODE>键。	dr
MODE	按下<MODE>键。	n001
MODE	按下<MODE>键。	U001
MODE	按下<MODE>键，选择功能设定模式。	P001
▲	按下7次<UP>键，将参数号改为P008。	P008
SET	按下<SET>键，显示参数P008的数据。(显示部闪烁)	050.0
▲	按下<UP>键，将数据显示值设为“60”。(显示部闪烁)	060.0
SET	按下<SET>键，设定数据。	P009
MODE	按下<MODE>键。(内置存储器设定模式为不显示的情况下，进入运行准备状态)	E001
MODE	按下<MODE>键，进入运行准备状态。	0000
运行准备状态	进入通常的停止状态，可以运行变频器。(动作状态显示模式)	

图 7-31　设定频率操作示意图

表 7-8 VF100 参数功能

No.	功能名称	设定范围	单位	初始值
P001	第 1 加速时间	0.1 ~ 3600	s	5.0
P002	第 1 减速时间	0.1 ~ 3600	s	5.0
P003	运行指令选择	0 ~ 7	—	0
P004	频率设定信号	0 ~ 7	—	0
P008	最大输出频率	50.0 ~ 400.0	Hz	50.0
P009	基低频率	45.0 ~ 400.0	Hz	50.0
P036	SW1 功能选择	0 ~ 10	—	0
P037	SW2 功能选择	0 ~ 11	—	0
P045	多段速度选择	0 ~ 6	—	0
P046	第 2 速频率	0.5 ~ 400.0	Hz	5.0
P047	第 3 速频率	0.5 ~ 400.0	Hz	10.0
P048	第 4 速频率	0.5 ~ 400.0	Hz	12.0

表 7-8 中部分参数的说明如下：

P003：运行指令选择，可以用操作面板、外控输入信号或者通信指令来选择运行/停止及正转/反转。其中：

① P003 = 0，指定用操作面板提供运行指令。运行：<RUN>键，停止：<STOP>键；正转/反转：通过“旋转方向设定模式”进行设定（dr 模式）。

② P003 = 1，指定用操作面板提供运行指令。正转运行：<UP + RUN>键，反转运行：<DOWN + RUN>键，停止：<STOP>键。

③ P003 = 2，4：指定用外控方式提供运行指令。当图 7-29 中端子②开关为“ON”时运行，为“OFF”时停止。端子③开关为“ON”时反转，为“OFF”时正转。

④ P003 = 3，5：指定用外控方式提供运行指令。当图 7-29 中端子②开关为“ON”时正转运行，为“OFF”时停止。端子③开关为“ON”时反转运行，为“OFF”时停止。

⑤ P003 = 6，7：使通信传送来的运行指令有效。

P004：频率设定信号，可以用操作面板、外控输入信号或者通信指令来选择频率设定信号。

当 P004 = 0，1 时，指定用操作面板设定频率。其中：0 为电位器设定；1 为数字设定，通过“频率设定模式（Fr）”进行设定。

P036（SW1 功能选择）和 P037（SW2 功能选择），这两个参数都设定为 0，且参数 P045 = 0 时，功能选择为多段速 SW 输入，利用 SW1 和 SW2 状态的 4 种组合，可以提供 4 个频率的有级调速。

6. 输送单元的控制

（1）输送单元功能与结构　输送单元是 YL - 335A 系统中最为重要同时也是承担任务最为繁重的工作单元。该单元主要完成驱动它的抓取机械手装置精确定位到指定单元的物料台，在物料台上抓取工件，把抓取到的工件输送到指定地点然后放下的功能。同时，该单元在 PLC 链接网络系统中担任着主要的角色，它接收来自按钮/指示灯模块的系统主令信号，

读取网络上其他各站的状态信息，加以综合后，向各从站发送控制要求，协调整个系统的工作。

输送单元由抓取机械手装置、步进电动机传动组件、PLC 模块、按钮/指示灯控制模块和接线端子排等部件组成。

1）抓取机械手装置。抓取机械手主要完成元件的放置与抓取动作，是一个三自由度的机械手，装置如图 7-32 所示。

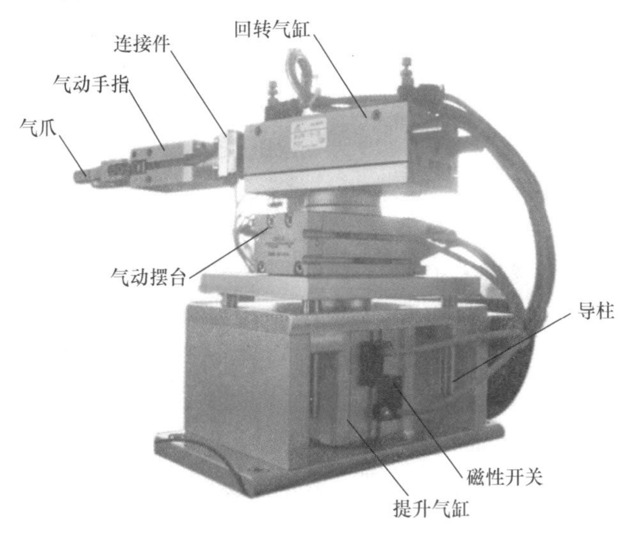

图 7-32　抓取机械手装置

机械手的具体动作主要由气爪、气动手指、气动摆台、提升气缸等组合来完成。气爪由一个二位五通双向电控阀控制，带状态保持功能，用于各个工作站抓物搬运。双向电控阀工作原理类似双稳态触发器即输出状态由输入状态决定，如果输出状态确认，即使无输入状态双向电控阀一样保持被触发前的状态。手爪的伸出和缩回由一个二位五通单向电控阀控制；回转气缸由一个二位五通单向电控阀控制，用于控制手臂正反向 90°旋转，气缸旋转角度可以任意调节范围 0° ~180°，调节通过节流阀下方两个固定缓冲器进行调整；提升气缸由一个二位五通单向电控阀控制，用于整个机械手提升/下降。以上气缸运行速度快慢由进气口节流阀调整进气量进行速度调节。

2）步进电动机传动组件。步进电动机传动组件用以拖动抓取机械手装置做往复直线运动，完成精确定位的功能。左限位保护开关、右限位保护开关，通过组合控制两个继电器的方式实现对电动机的保护，对自动控制过程中由于控制程序的不合理，导致步进电动机的连续动作，从而造成步进电动机或者其他硬件的损坏等现象进行保护。当搬运机构运行过程中碰到左限位保护开关或者右限位保护开关时，开关触点从常开状态变为闭合状态，继电器线圈得电，致使继电器的常闭触点断开，从而在外部切断了步进驱动器的脉冲和方向输出，达到停止步进电动机动作的目的。

3）按钮/指示灯控制模块。该模块放置在抽屉式模块放置架上，模块上安装的所有元器件的引出线均连接到操作面板上的安全插孔，操作面板布置上安装了按钮/开关，指示灯/蜂鸣器和开关稳压电源等三类元器件，具体如下：

急停按钮 1 只，转换开关 2 只，复位按钮黄、绿、红各 1 只，自锁按钮黄、绿、红各 1

只；指示灯/蜂鸣器：24V 指示灯黄、绿、红各2 只，蜂鸣器1 只；开关稳压电源：DC 24V/6A、12V/2A 各一组。

（2）输送单元 PLC 控制与编程

1）PLC 的选型和 I/O 接线。输送单元所需的 I/O 点较多。其中，输入信号包括来自按钮/指示灯模块的按钮、开关等主令信号，单元各构件的传感器信号等；输出信号包括输出到抓取机械手装置各电磁阀的控制信号和输出到步进电动机驱动器的脉冲信号和驱动方向信号；此外尚须考虑在需要时输出信号到按钮/指示灯模块的指示灯、蜂鸣器等，以显示本单元或系统的工作状态。

由于需要输出驱动步进电动机的高速脉冲，PLC 应采用晶体管输出型。

基于上述考虑，选用西门子 S7－1200 型 CPU1215C DC/DC/DC，扩展 SM 1223 DI 16 x 24 VDC，DQ 16 x 24V DC 模块，共 30 点输入，26 点晶体管输出。PLC 模块面板上引出 27 点输入、18 点输出线到面板上的安全插孔处。面板上每一输入插孔旁都设有一个按钮开关，该开关的两根引出线分别连接到 PLC 输入端的公共参考点和相应的输入点，开关板到接通位置时，使该输入点为“ON”，可以用于程序调试。须注意的是，在调试后要把开关置“OFF”位置，以免影响正常程序的运行。

输送单元 PLC 的输入端和输出端接线原理图如图 7-33 所示。输送单元的电气接线与其他单元不同，PLC 与按钮/指示灯/直流电源模块、步进电动机驱动器模块间的接线是通过安全导线插接的，而 PLC 与该单元的传感器、气动电磁阀等的接线则是用安全导线插接到接线端子排上的安全插孔上，再由接线端子排引出的。同样，步进电动机驱动器输出电源线、分拣单元变频器的输出线和控制端子引出线也是经接线端子排引出，此外，其他各工作单元的直流工作电源，也是由按钮/指示灯/直流电源模块提供，经接线端子排引到各单元上。

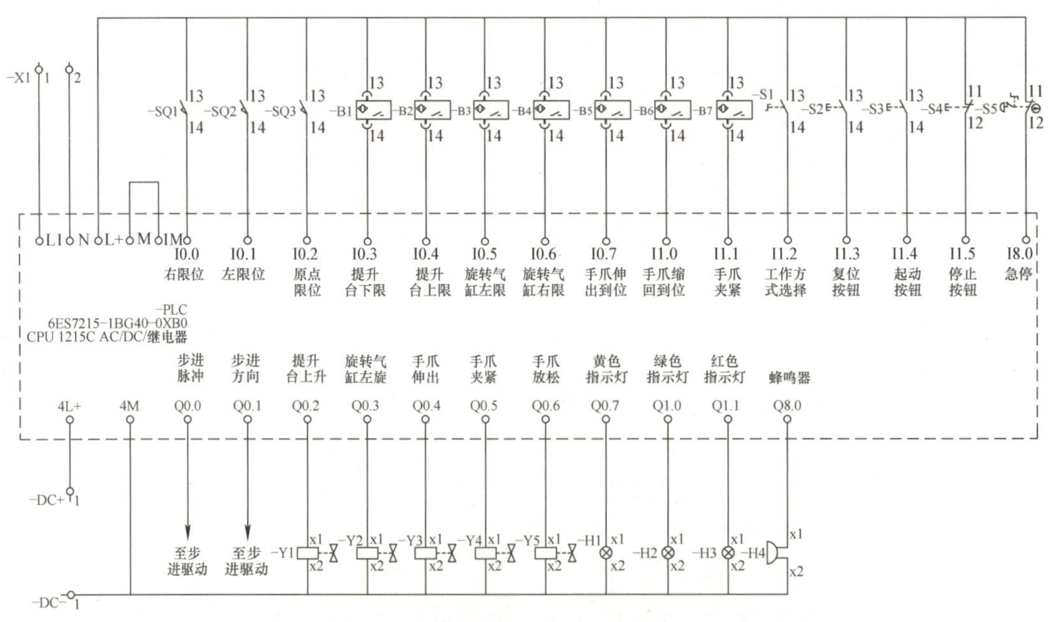

图 7-33　输送单元 PLC 的 IO 接线原理图

2）输送单元的控制要求。输送单元是 YL－335A 系统中最为重要同时也是承担任务最

为繁重的工作单元，可以把该单元所需完成的工作任务归纳为如下三方面：网络控制、抓取机械手装置控制、步进电动机定位控制。其中网络控制是由 MEWNET－W0 协议相对应的 PLC 链接实现的，输送站应向网络发送什么信息，从其他各工作站接收到的信息又应如何处理，需要由具体的工作任务所确定；抓取机械手装置控制部分的动作过程同样也是由具体工作任务来确定的；步进电动机的定位控制是通过 PLC 对步进电动机驱动器发出指令来实现的。

3）输送单元的步进电动机及其驱动器。输送单元所选用的步进电动机是 Kinco 三相步进电动机 3S57Q－04056，与之配套的驱动器为 Kinco 3M458 三相步进电动机驱动器。3S57Q－04056 的步距角为 1.8°，相电流为 5.8A，保持扭矩为 1.0N·m，阻尼扭矩为 0.04N·m，电动机惯量为 0.3kg·cm^2，满足输送单元的机械要求。

Kinco 3M458 三相步进电动机驱动器主要电气参数如下。供电电压：DC 24～40V，输出相电流：3.0～5.8A，控制信号输入电流：6～20mA。该驱动器具有如下特点：采用交流伺服驱动原理，具备交流伺服运转特性，三相正弦电流输出；内部驱动直流电压达 40V，能提供更好的高速性能；具有电动机静态锁紧状态下的自动半流功能，可大大降低电动机的发热；具有最高可达 10000 步/转的细分功能，细分可以通过拨动开关设定；几乎无步进电动机常见的共振和爬行区，输出相电流通过拨动开关设定；控制信号的输入电路采用光耦隔离；采用正弦的电流驱动，使电动机的空载起跳频率达 5kHz（1000 步/转）。

在 Kinco 3M458 驱动器的侧面连接端子中间有一个红色的 8 位 DIP 功能设定开关，可以用来设定驱动器的工作方式和工作参数。图 7-34 为 DIP 开关。

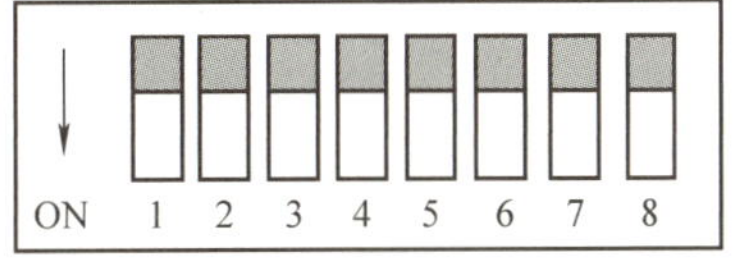

图 7-34　DIP 开关

8 位 DIP 功能设定开关具体功能见表 7-9，DIP 开关细分说明及输出相电流设定见表 7-10和表 7-11。

表 7-9　DIP 开关功能说明

开关序号	ON 功能	OFF 功能
DIP1～DIP3	细分设置用	细分设置用
DIP4	静态电流全流	静态电流半流
DIP5～DIP8	电流设置用	电流设置用

表 7-10　DIP 开关细分说明

DIP1	DIP2	DIP3	细分
ON	ON	ON	400 步/转
ON	ON	OFF	500 步/转
ON	OFF	ON	600 步/转
ON	OFF	OFF	1000 步/转
OFF	ON	ON	2000 步/转
OFF	ON	OFF	4000 步/转
OFF	OFF	ON	5000 步/转
OFF	OFF	OFF	10000 步/转

表 7-11　输出相电流设定

DIP5	DIP6	DIP7	DIP8	输出电流
OFF	OFF	OFF	OFF	3.0A
OFF	OFF	OFF	ON	4.0A
OFF	OFF	ON	ON	4.6A
OFF	ON	ON	ON	5.2A
ON	ON	ON	ON	5.8A

驱动器的典型接线图如图 7-35 所示，YL－335A 中，控制信号输入端使用的是 DC 24V 电压，因此脉冲信号输入端限流电阻 R_1 为 2kΩ。此外，FREE 端也没有使用。

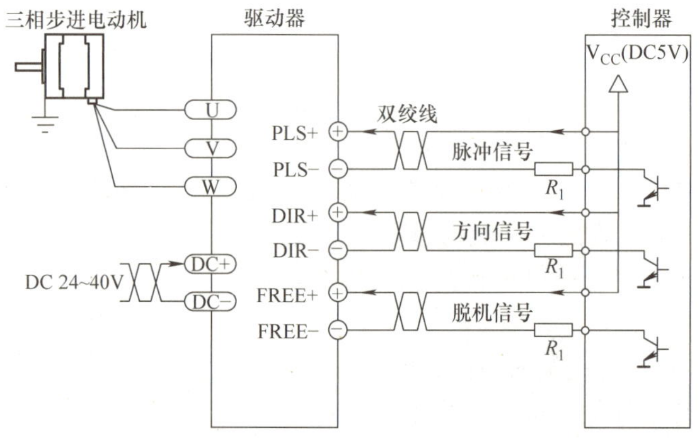

图 7-35　驱动器的典型接线图

YL－335A 为 3M458 驱动器单独提供一个 DC 24V，6A 输出的开关稳压电源，该电源和驱动器一起安装在模块盒中，驱动器的引出线均通过安全插孔与其他设备连接。图 7-36 是 3M458 步进电动机驱动器模块的面板图。

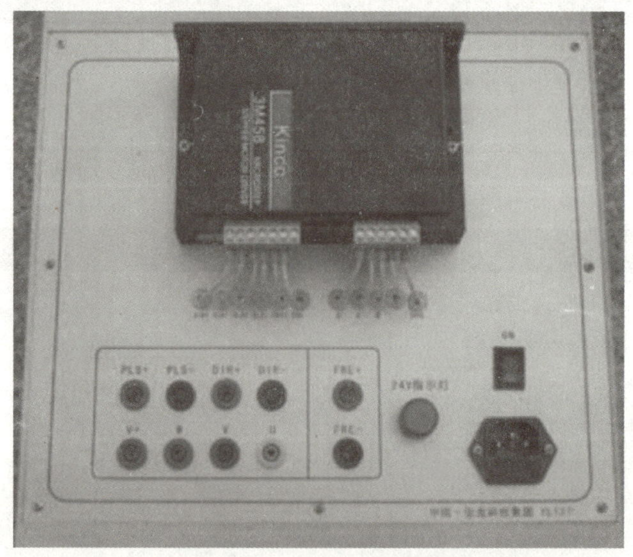

图 7-36　3M458 步进电动机驱动器模块的面板

3S57Q－04056 步进电动机步距角为 1.8°，即在无细分的条件下 200 个脉冲电动机转一圈（通过驱动器设置细分精度最高可以达到 10000 个脉冲电动机转一圈）。

输送站传动采用同步轮和同步带，同步轮齿距为 5mm，共 11 个齿即旋转一周搬运机械手位移 55mm。

系统中为达到较高的控制精度，驱动器细分设置为 10000 步/转（即每步机械手的位移为 0.0055mm），电动机的驱动电流设为 5.2A。

（3）S7－1200 PLC 的脉冲输出功能

1）S7－1200 CPU 的运动控制功能。TIA Portal 结合 S7－1200 CPU 的“运动控制”功能，可帮助用户实现通过脉冲接口控制步进电动机和伺服电动机。在 TIA Portal 中，可以组态“轴”和“命令表”工艺对象。S7－1200 CPU 可以使用这些工艺对象组态用于控制驱动器的脉冲和方向；在用户程序中，通过运动控制指令来完成控制轴、启动驱动器、执行到某个实际位置等运动任务。

2）用于运动控制的硬件组态。图 7-37 为 S7－1200 接线运动控制应用的基本硬件接线方式。

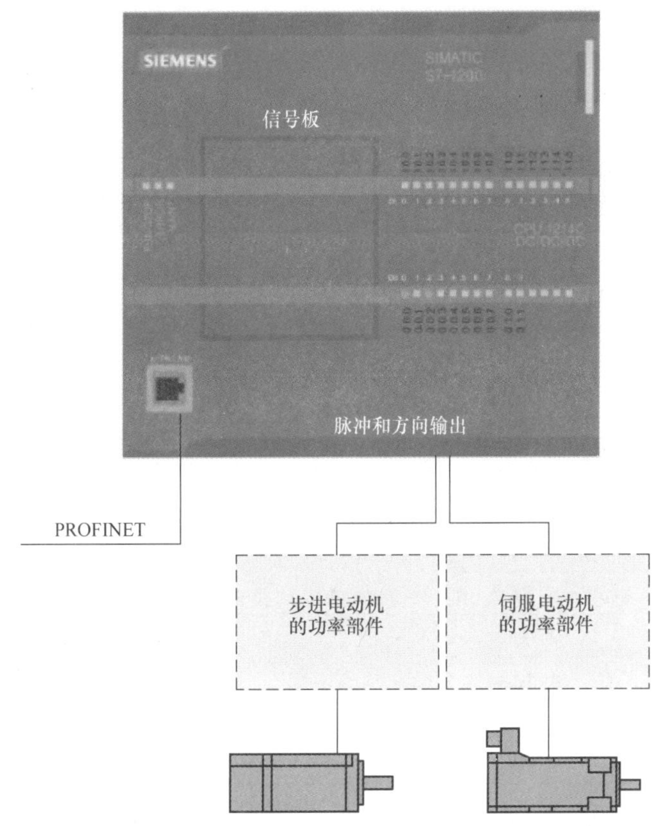

图 7-37　S7－1200 接线运动控制应用的基本硬件接线方式

① S7－1200 CPU。S7－1200 CPU 具备可编程逻辑控制器的功能和通过脉冲接口控制步进电动机和伺服电动机运行的运动控制功能。运动控制功能负责对驱动器进行监控。

DC/DC/DC 型 S7－1200 CPU 上配备有用于直接控制驱动器的板载晶体管型输出。继电器输出型 PLC 需要使用信号板来控制驱动器。

② 信号板。可以使用信号板对 CPU 添加其他类型的输入和输出，如果需要，还可以将数字量输出用作控制驱动器的脉冲和方向输出。

对于具有继电器输出的 CPU 而言，由于继电器不支持所需的通断频率，因此无法通过板载输出来输出脉冲信号。如果要在这些 CPU 中使用 PTO（Pulse Train Output），必须使用具有数字量输出的信号板。

同时使用 DC/DC/DC 型 S7－1200 CPU 和信号板时，可控制驱动器的最大数目为 4 个（对于固态版本为 4.0 而言）。

③ PROFINET。PROFINET 接口用于在 S7－1200 CPU 与编程设备之间建立在线连接。除了 CPU 的在线功能之外，附加的调试和诊断功能也可用于运动控制。

3）运动控制轴的资源。S7－1200 运动控制轴的资源个数是由 S7－1200 PLC 硬件能力决定的，不是由单纯的添加 IO 扩展模块来扩展的。

目前为止，S7－1200 的最大的脉冲轴个数为 4，该值不能扩展，如果客户需要控制多个轴，并且对轴与轴之间的配合动作要求不高的情况下，可以使用多个 S7－1200 CPU，这些 CPU 之间可以通过以太网的方式进行通信。

表 7-12 列出了 S7－1200 各种 CPU 可控制驱动器的最大数量。

表 7-12　S7－1200 轴资源（固件版本 4.0 以上）

S7－1200 型号		CPU 轴总资源数量	CPU 本体上最大轴数量	添加 SB 卡后最大轴数量
CPU 1211C	DC/DC/DC	4	4	4
	DC/DC/RLY		0	4
	AC/DC/RLY		0	4
CPU 1212（F）C	DC/DC/DC	4	4	4
	DC/DC/RLY		0	4
	AC/DC/RLY		0	4
CPU 1214（F）C	DC/DC/DC	4	4	4
	DC/DC/RLY		0	4
	AC/DC/RLY		0	4
CPU 1215（F）C	DC/DC/DC	4	4	4
	DC/DC/RLY		0	4
	AC/DC/RLY		0	4
CPU 1217C	DC/DC/DC	4	4	4

从表 7-12 中可以看出，添加 SB 信号板并不会超过 CPU 的总资源限制数。对于 DC/DC/DC 类型的 CPU 来说，添加信号板可以把 PTO 的功能移到信号板上，CPU 本体上的 DO 点可以空闲出来作为其他功能。而对于 RLY 输出类型的 CPU 来说，如果需要使用 PTO 功能，则必须添加相应型号的 SB 信号板。

以 CPU1215C 为例，其脉冲频率见表 7-13。

表 7-13 CPU1215C 脉冲频率

CPU 1215C DC/DC/DC	Q0.0	Q0.1	Q0.2	Q0.3	Q0.4	Q0.5	Q0.6	Q0.7	Q1.0	Q1.1
固件版本 V4.0 以上	100kHz	100kHz	100kHz	100kHz	20kHz	20kHz	20kHz	20kHz	20kHz	20kHz

注：用户可以灵活定义 PTO 0 ~ PTO 3 这 4 个轴的 DQ 点分配。

4）基本组态配置。以 DC/DC/DC 类型的 S7－1200 为例进行说明。在 Portal 软件中插入 S7－1200 CPU（DC 输出类型），在“设备视图”中配置 PTO。

① 进入 CPU“常规”属性，设置“脉冲发生器”，如图 7-38 所示。

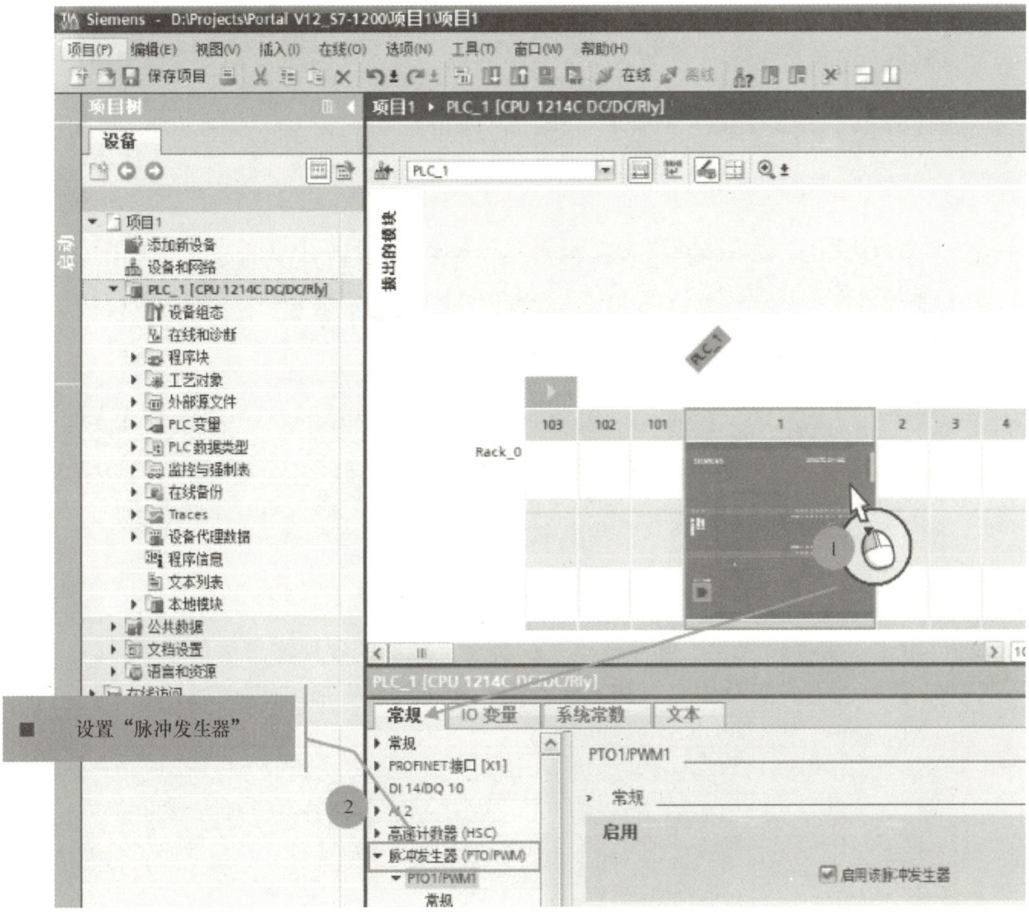

图 7-38 CPU 常规属性设置

② 启用脉冲发生器，如图 7-39 所示，可以给该脉冲发生器起一个名字，也可以不做任何修改采用以 Portal 软件默认名字；可以对该脉冲发生器添加注释。

③ 参数分配，设置脉冲的信号类型（见图 7-40）。

PTO 脉冲输出有四种方式：PTO（脉冲 A 和方向 B）、PTO（正数 A 和倒数 B）、PTO（A/B 相移）、PTO（A/B 相移－四倍频）。其中，PTO（脉冲 A 和方向 B）是比较常见的“脉冲＋方向”方式，其中 A 点用来产生高速脉冲串，B 点用来控制轴运动的方向。

详细介绍见本书项目六中任务四。

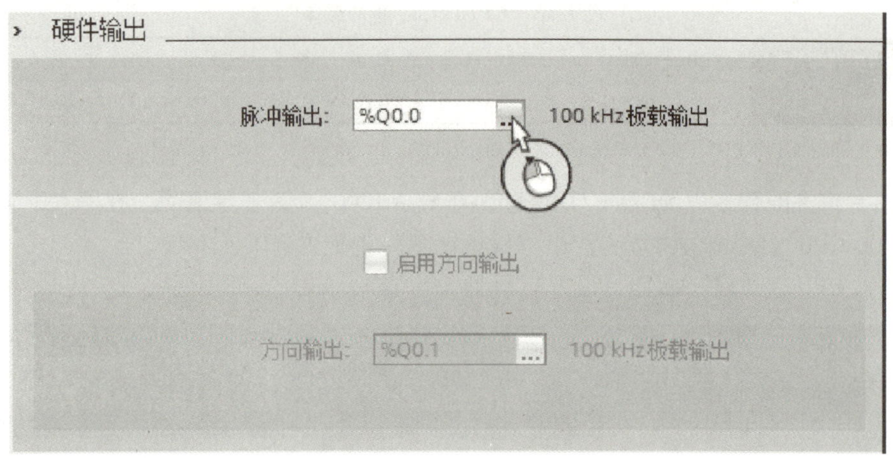

图 7-39　启用脉冲发生器并设置输出端口

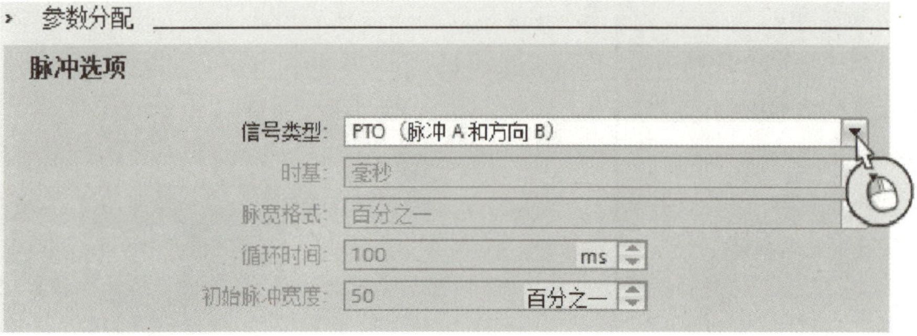

参数分配

脉冲选项

信号类型: PTO（脉冲 A 和方向 B）

时基: 毫秒

脉宽格式: 百分之一

循环时间: 100 ms

初始脉冲宽度: 50 百分之一

图 7-40　设置脉冲类型

④硬件输出，根据步骤③“脉冲选项”的类型，脉冲的硬件输出也相应不同。图 7-41 为控制方式选为脉冲 A 和方向 B 的情况下的硬件输出的配置：

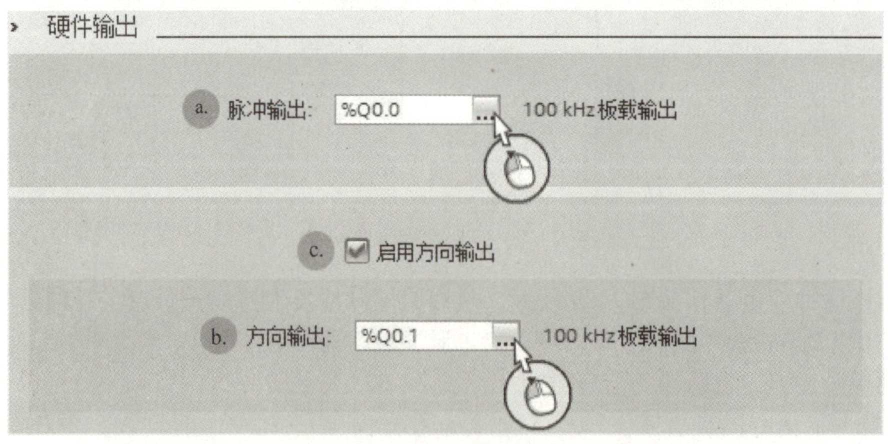

图 7-41　S7－1200 控制方式选为脉冲 A 和方向 B 的硬件输出配置

a. 为“脉冲输出”点，可以根据实际硬件分配情况改成其他 Q 点；b. 为“方向输出”点，也可以根据实际需要修改成其他 Q 点；c. 可以取消方向输出，修改后该控制方式变成

了单脉冲（没有方向控制）。

5）添加工艺对象。无论是开环控制还是闭环控制方式，每一个轴都需要添加一个轴“工艺对象”，通过图 7-42 的步骤来添加轴工艺对象。

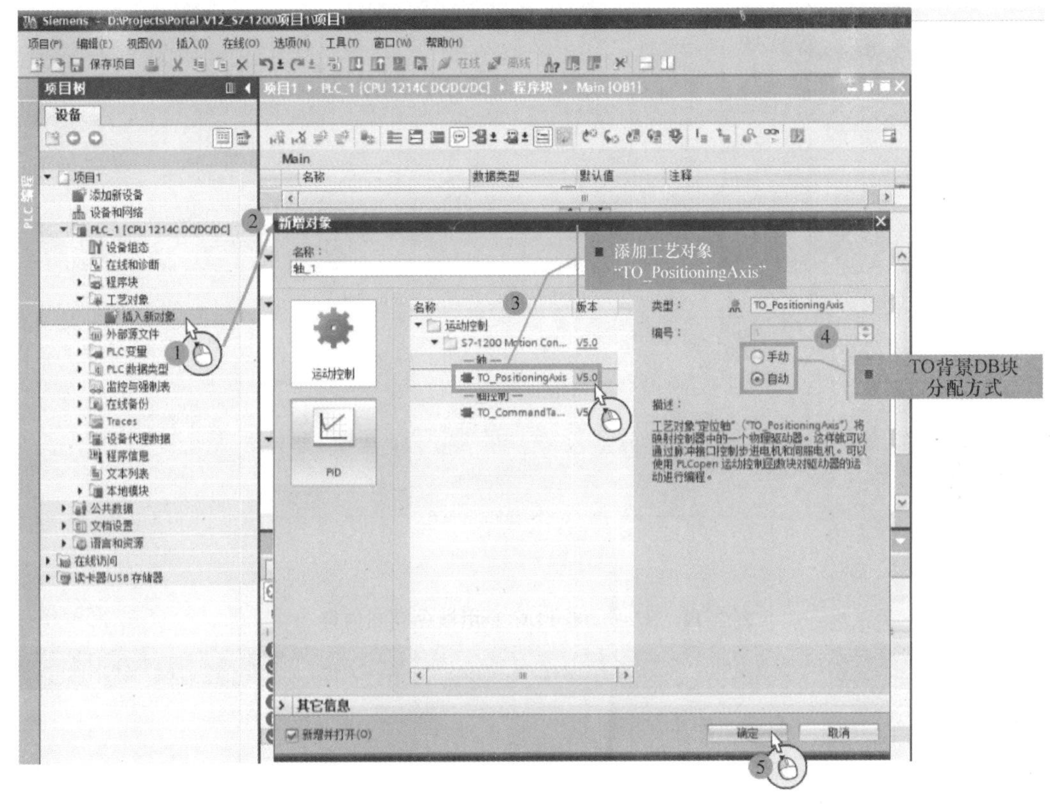

图 7-42　添加一个轴“工艺对象”

轴工艺对象有两个：TO_PositioningAxis 和 TO_CommandTable。每个轴都至少需要插入一个工艺对象。

图 7-43 所示，①表示每个轴添加了工艺对象之后，都会有三个选项：组态、调试和诊断。其中，“组态”用来设置轴的参数，包括“基本参数”和“扩展参数”，如图中②所示。③每个参数界面都有状态标记，提示用户轴参数设置状态：

参数配置正确，为系统默认配置，用户未做修改；

参数配置正确，不是系统默认配置，用户做过修改；

参数配置没有完成或是有错误；

参数组态正确，但是有报警，比如只组态了一侧的限位开关。

6）S7－1200 运动控制指令。脉冲输出功能概述：晶体管输出（Tr 型）的 S7－1200 PLC 主机（例如本工作单元所选用的 CPU1215C DC/DC/DC），支持频率可达到 100kHz 的脉冲输出功能。

脉冲输出功能是通过与电动机驱动器（步进电动机、伺服电动机等）进行组合使用，实现定位控制。控制的内容是利用专用指令进行梯形控制/原点复位/JOG 运行等，见表 7-14 。

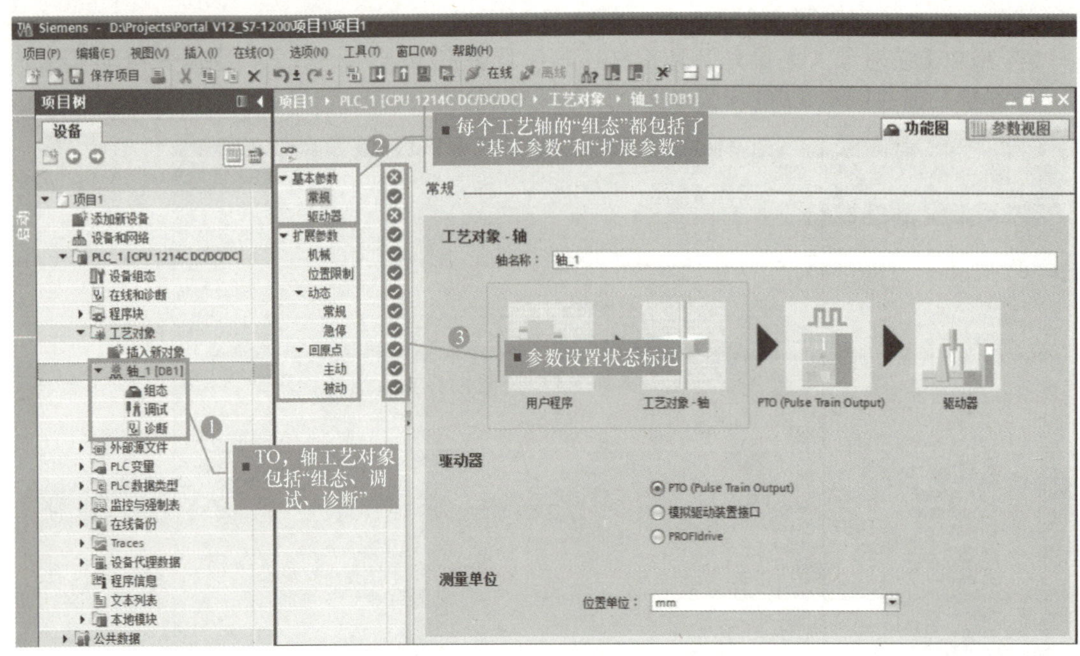

图 7-43　组态轴

表 7-14　S7－1200 PLC 专用指令控制内容

控制内容	专用指令	说明
启用轴	MC_Power	使能轴或禁用轴
确认故障	MC_Reset	使用 MC_Reset 指令前，必须已将需要确认的未决组态错误的原因消除
回原点	MC_Home	使轴归位，设置参考点，用来将轴坐标与实际的物理驱动器位置进行匹配
暂停轴	MC_Halt	使用 MC_Halt 指令可停止所有运动并将轴切换到停止状态
绝对位置指令	MC_MoveAbsolute	使轴以某一速度进行绝对位置定位
相对距离指令	MC_MoveRelative	使轴以某一速度在轴当前位置的基础上移动一个相对距离
以预定义速度移动轴	MC_MoveVelocity	使用 MC_MoveVelocity 指令以指定的速度持续移动轴
点动指令	MC_MoveJog	在点动模式下以指定的速度连续移动轴
按运动顺序运行轴命令	MC_CommandTable	针对电动机控制轴执行一系列单个运动，这些运动可组合成一个运动序列
更改轴的动态设置	MC_ChangeDynamic	更改运动控制轴的动态设置，包括：更改加速时间（加速度）值、更改减速时间（减速度）值、更改急停减速时间（急停减速度）值、更改平滑时间（冲击）值
写入工艺对象的参数	MC_WriteParam	使用 MC_WriteParam 指令可写入公共参数（例如，加速度值和用户 DB 值）
读取工艺对象的参数	MC_ReadParam	使用 MC_ReadParam 指令可读取选定数量的参数，以指示轴输入过程中定义的轴的当前位置、速度等

关于运动控制指令说明如下。

① 打开 OB1 块，在 Portal 软件右侧“指令”中的“工艺”文件夹中找到“运动控制”指令文件夹，展开“S7－1200 Motion Control”文件夹可以看到所有的 S7－1200 运动控制指令。可以使用拖拽或是双击的方式在程序段中插入运动指令，如图 7-44 所示。以 MC_Power 指令为例，用拖拽方式说明如何添加 Motion Control 指令。

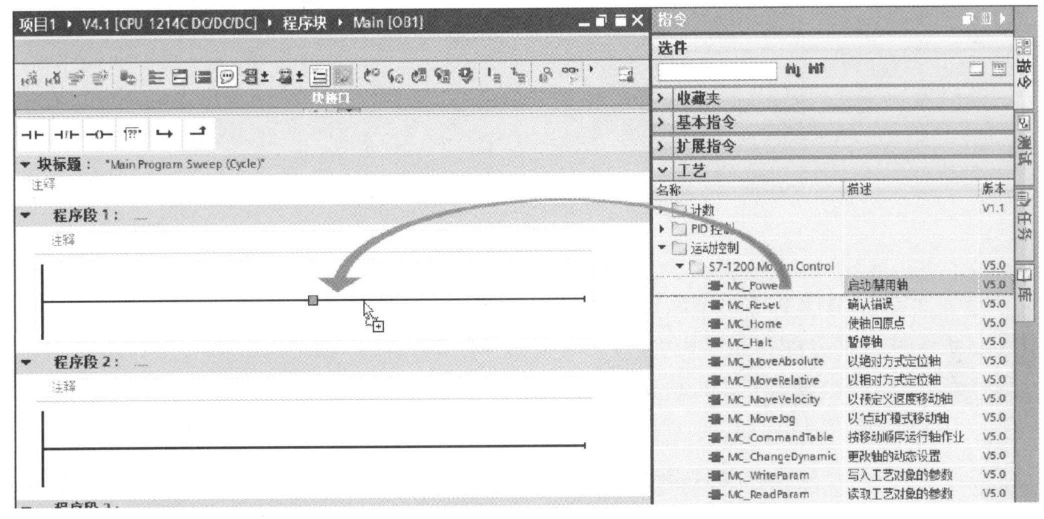

图 7-44　插入运动控制指令

Motion Control 指令插入到程序中时需要背景数据块，如图 7-45 所示，可以选择手动或是自动生成 DB 块的编号。

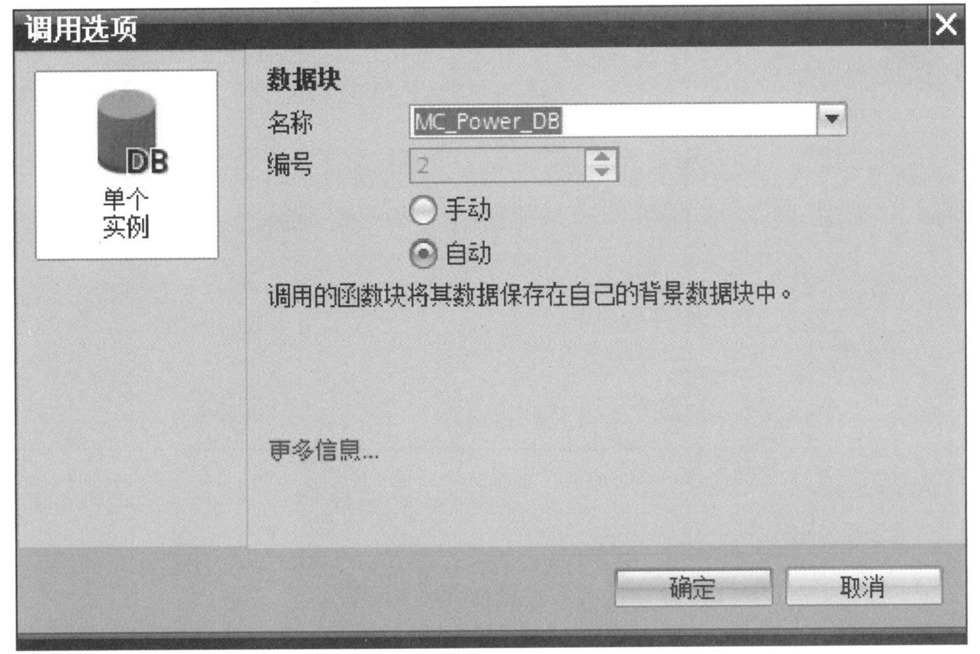

图 7-45　生成背景 DB 块

添加好背景 DB 后的 MC_Power 指令，如图 7-46 所示。

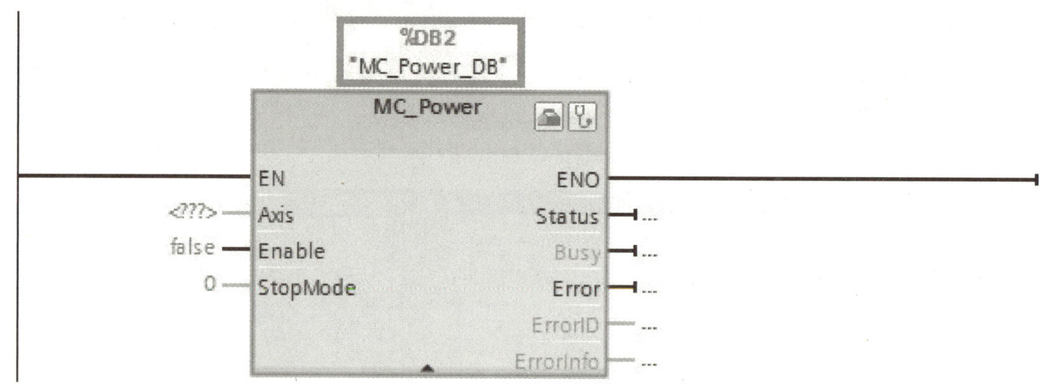

图 7-46　MC_Power 指令

注意：运动控制指令之间不能使用相同的背景 DB，最方便的操作方式就是在插入指令时让 Portal 软件自动分配背景 DB 块。

② 运动控制指令的背景 DB 块在“项目树”→“程序块”→“系统块”→“程序资源”中找到。用户在调试时可以直接监控该 DB 块中的数值，如图 7-47 所示。

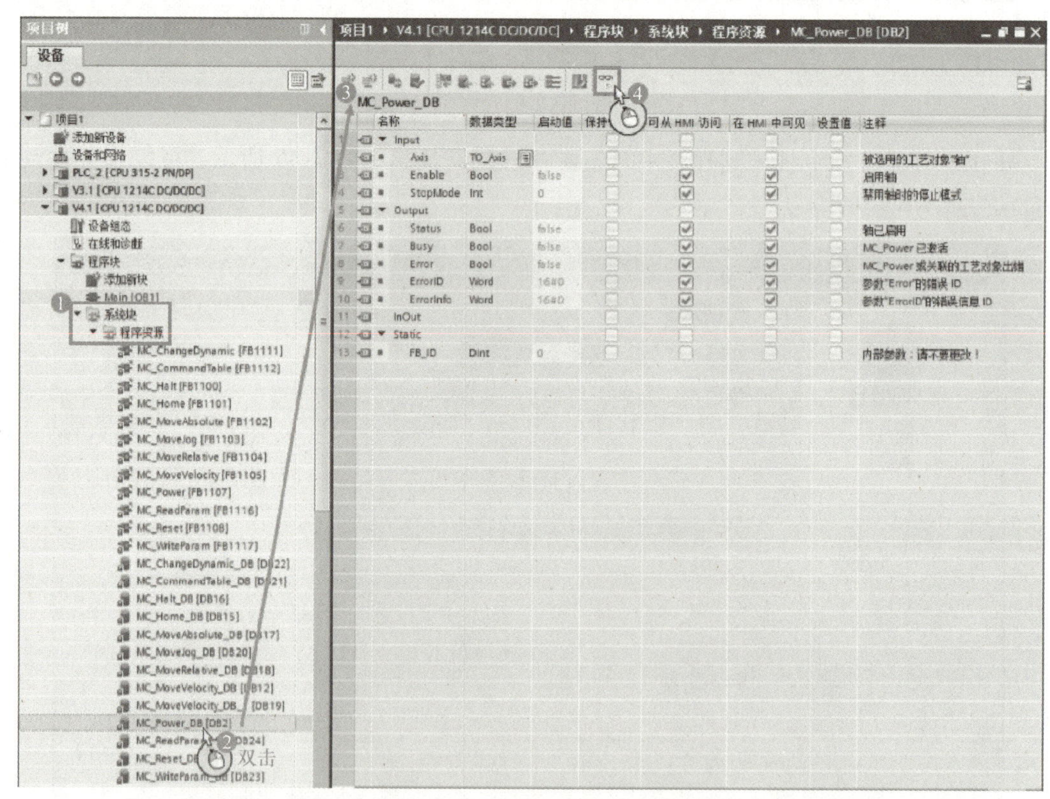

图 7-47　监控 DB 块中的数据

③ 每个轴的工艺对象都有一个背景 DB 块，用户可以通过图 7-48 的方式打开这个背景 DB 块。

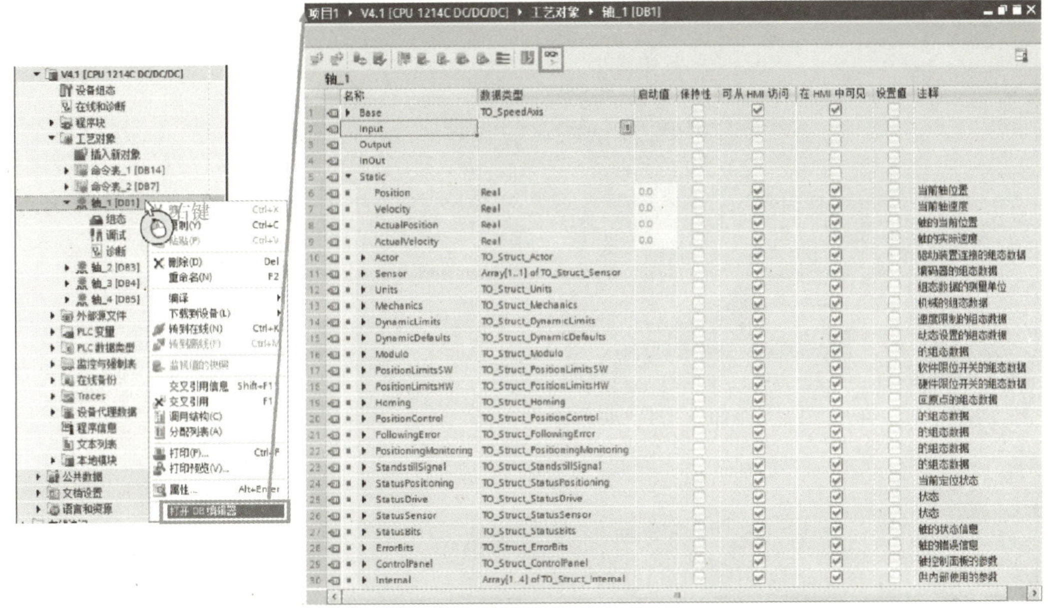

图 7-48　打开背景 DB 块

此时就可以对 DB 块中的数值进行监控或是读写。

以实时读取“轴_1”的当前位置为例，如图 7-49 所示，轴_1 的 DB 块号为 DB1，用户可以在 OB1 调用 MOVE 指令，在 MOVE 指令的 IN 端输入：DB1. Position，则 Portal 软件会自动把 DB1. Position 更新成：“轴_1”. Position。用户可以在人机界面上实时显示该轴的实际位置。

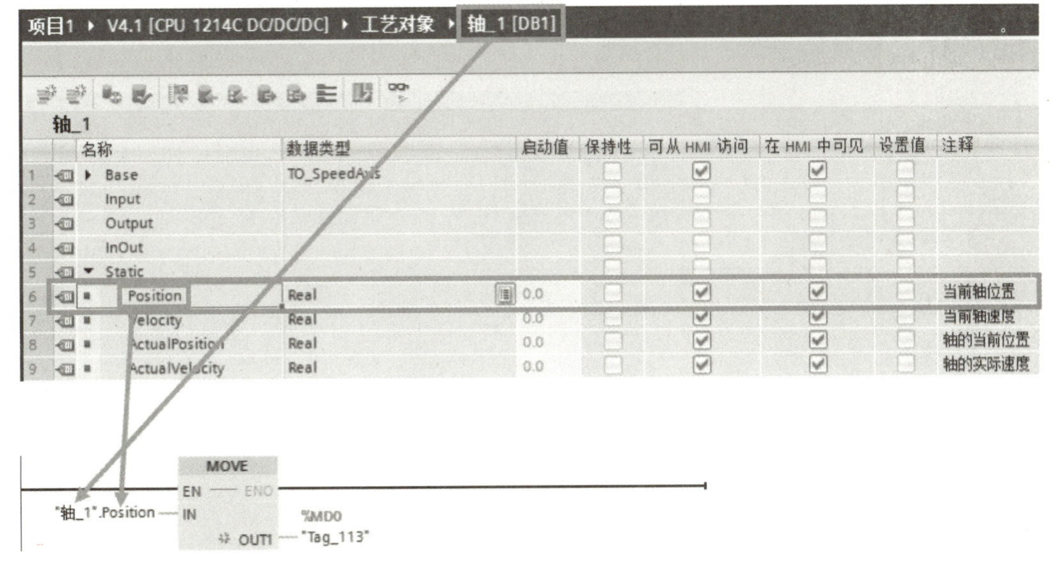

图 7-49　读取“轴_1”的当前位置

④ 每个 Motion Control 指令下方都有一个黑色三角，如图 7-50 所示，展开后可以显示该指令的所有输入/输出引脚。展开后的指令引脚有的是灰色的，表示该引脚是不经常用到的

指令引脚。

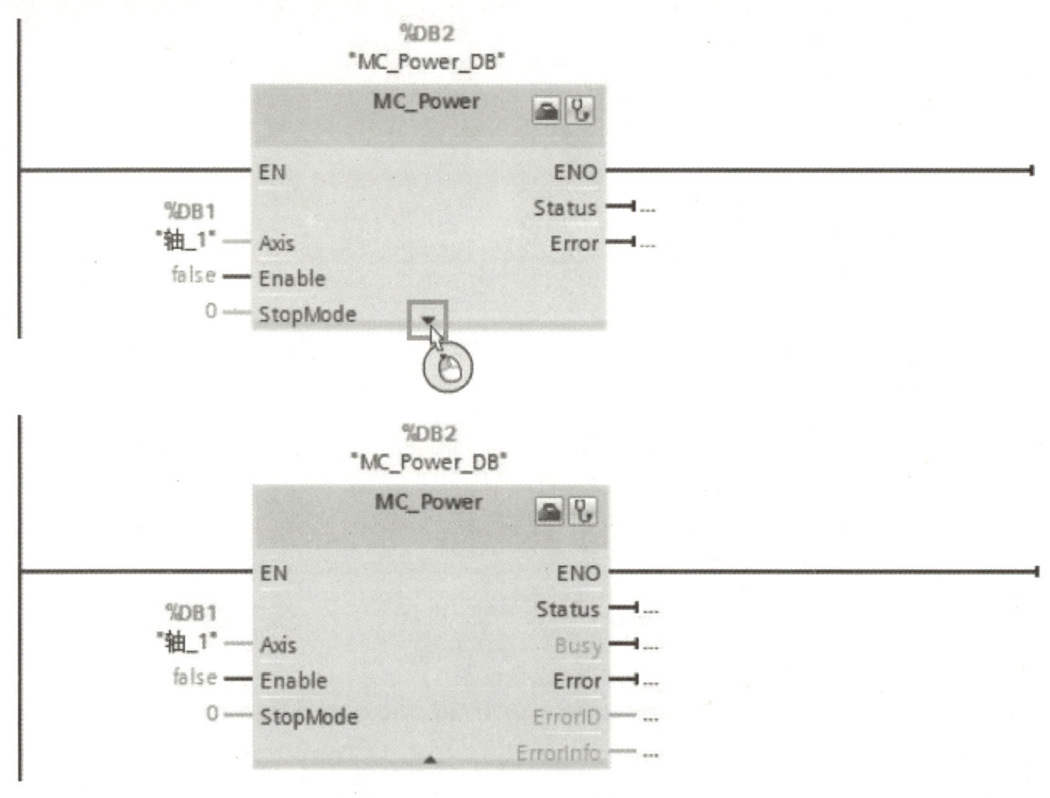

图 7-50　展开指令引脚

⑤ 指令右上角有两个快捷按钮，如图 7-51 所示，可以快速切换到轴的工艺对象参数配置界面和轴的诊断界面。

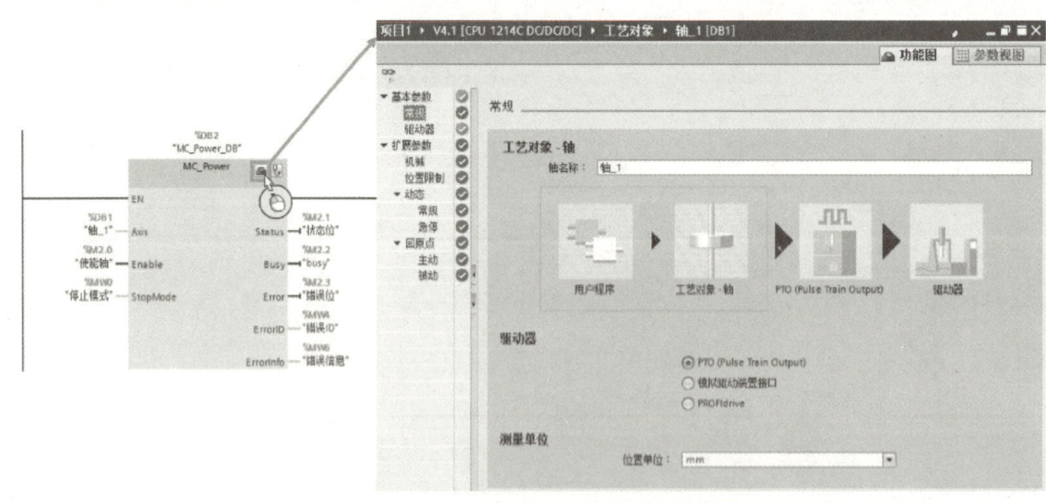

图 7-51　切换到轴的工艺对象参数配置界面

图 7-52 是快速切换到诊断界面。

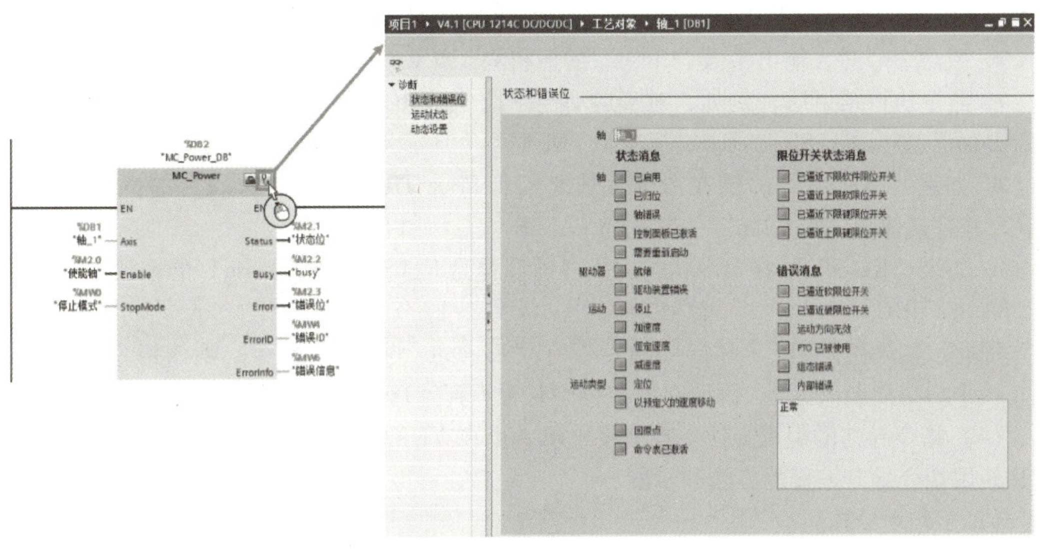

图 7-52　快速切换到诊断界面

⑥ 有部分 S7－1200 运动控制指令有一个“Execute”触发引脚，该引脚需要用上升沿触发。上升沿可以有两种方式：

a. 使用上升沿指令 ┤P├。

b. 使用常开点指令，但是该点的实际应用中使其成为一个上升沿信号，例如用户通过触摸屏的按钮来操作控制，该按钮的有效动作为上升沿触发。

⑦ 运动控制指令输入端“Execute”和输出端“Done”和“Busy”之间的关系如图 7-53所示。

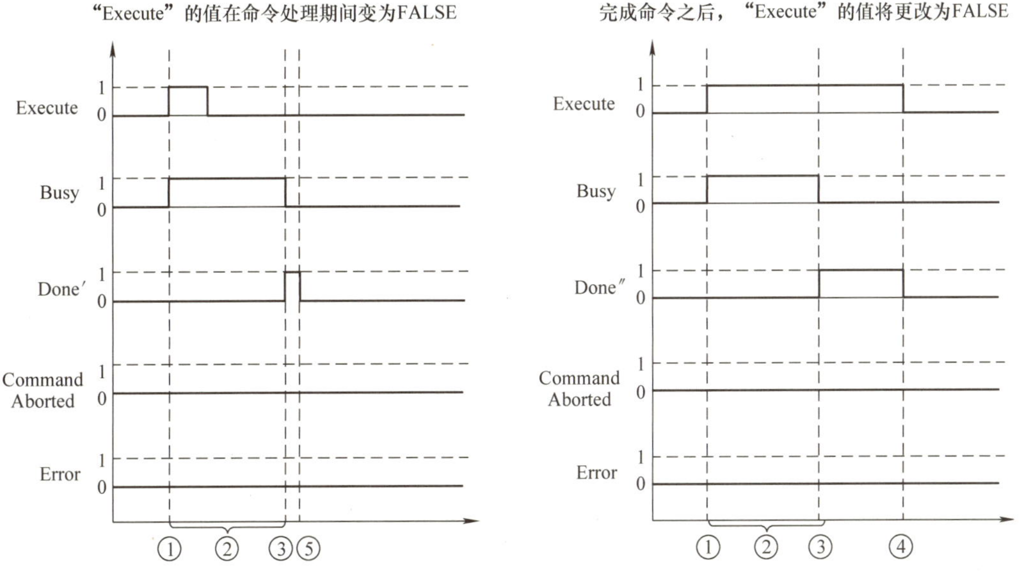

图 7-53　输入端“Execute”和输出端“Done”和“Busy”之间的关系

a. 输入参数“Execute”出现上升沿时启动命令。根据编程情况，“Execute”在命令的执行过程中仍然可能复位为值 FALSE，或者保持为值 TURE，直到命令执行完成为止。

b. 激活命令时，输出参数“Busy”的值将为 TRUE。

c. 命令执行结束后（例如，对于运动控制指令“MC_Home”：回原点已成功），输出参数“Busy”变为 FALSE，“Done′”变为 TRUE。

d. 如果“Execute”的值在命令完成之前保持为 TRUE，则“Done”的值也将保持为 TRUE 并且其值随“Execute”一起变为 FALSE。

e. 如果“Execute”在命令执行完成之前设置为 FALSE，则“Done”的值仅在一个执行周期内为 TRUE。

因此，如果用户用 | P | 指令触发带有“Execute”引脚的指令，则该指令的“Done”只在一个扫描周期内为 1，因此在监控程序时看不到“Done”位为 1。

（4）指令导向的编程方法　本节将给出一个在 YL－335A 上实现的简单工作任务例子，阐述使用指令导向编程的方法和步骤。

1）工作现场描述。

① 输送单元中步进电动机传动组件有关数据为：a. 步进电动机每转一圈，机械手装置移动 55mm；b. 步进电动机驱动器的细分设置为 10000 步/转。

② YL－335A 上各站点间距离及其对应的脉冲量见表 7-15。

表 7-15　自动生产线各站点间距及对应脉冲量

序号	站点名	站点距离	脉冲量
1	原点→供料站	11mm	2000
2	供料站→加工站	470mm	85600
3	加工站→装配站	286mm	52000
4	装配站→分拣站	235mm	42700

③ 上电前，机械手装置位于原点左侧某位置。（注：若机械手装置位于原点右侧，须在断电情况下，用手动移到左侧）。

④ 上电后，要求自动执行机械手装置返回原点的复位操作，返回速度为 110mm/s。复位操作完成以前，不能起动系统。

⑤ 复位操作完成以后，按下起动按钮，系统起动。步进电动机驱动机械手装置以 330mm/s 的速度移动到装配站物料台中心点，停止 2s 后，以 330mm/s 的速度返回，到达加工站物料台中心点，改为以 220mm/s 的速度返回到原点，工作周期结束。

2）工作任务分析。

① 返回原点的速度为 110mm/s，可求得最高频率为 20kHz。同理，求得前向和返回第一段脉冲输出的最高频率为 60kHz。

② 初始速度按最高速 1% 考虑。

③ 根据输送单元 PLC 的接线原理图，用通道 0 作脉冲输出，输出采用 Pulse/Sign，正转 OFF/反转 ON 的方式。前向和返回第一段动作模式采用相对值控制，返回原点采用原点复位型 I，且不使用偏差计数清除信号。

任务实施

本任务主要完成 YL－335A 实训平台中各站点工作任务的程序编写，控制站点 5 输送单元中机械手从供料单元抓取工件，到加工单元完成 1 次冲压工作后，机械手抓取工件，到装配单元中完成装配工作，最后机械手抓取装配完成的工件到分拣单元完成分拣入库工作。系统中供料单元、加工单元、装配单元、分拣单元以及机械手运输单元 5 个站点的工作全部由 PLC 程序控制，并且站点动作之间的协调工作由 PLC 网络完成。

1. 系统手动工作模式测试

系统的工作模式分为自动运行和手动工作模式，手动工作模式仅限于分拣站的测试。两种工作模式由输送站的按钮/指示灯模块中选择开关切换。要从自动运行模式切换到手动工作模式，仅限当前工作周期完成后切换有效。

在手动工作模式下，操作人员需在分拣站侧首先把该站急停按钮按下，然后用该站的起动/停止按钮操作，单步执行指定的测试项目（测试时传送带上工件用人工放下）。急停按钮复位后，表示测试结束。要从分拣测试模式切换到自动运行模式，须待急停按钮复位且分拣站传送带上没有工件才有效。

测试项目的内容见表 7-16。

表 7-16　分拣测试项目内容

项目序号	项目内容
1	变频器运行频率测试：空载下按低速（10Hz）、中速（25Hz）、高速（35Hz）顺序，各运行 5s 后结束
2	白色工件分拣测试：在传送带入料口放下白色工件，高速（35Hz）运行下，在滑槽 1 中间准确停止，由推杆 1 推到滑槽 1 中
3	黑色工件分拣测试：在传送带入料口放下黑色工件，高速（35Hz）运行下，在滑槽 2 中间准确停止，由推杆 2 推到滑槽 2 中

注：必须在前一项测试结束后，才能按下起动/停止按钮，进入下一项操作。

2. 系统正常的自动运行模式测试

（1）系统复位及起动　系统在通电后，首先自动执行复位操作，使输送站机械手装置回到原点位置。这时，绿色警示灯以 1Hz 的频率闪烁。输送站机械手装置回到原点位置后，复位完成。如果供料站和装配站的料仓均有工件，则绿色警示灯常亮，表示允许起动系统。按下起动按钮，系统起动，绿色和黄色警示灯均常亮。

（2）供料站的运行　系统起动后，若供料站的物料台上没有工件，则应把工件推到物料台上，并向系统发出物料台上有工件信号。若供料站的料仓内没有工件或工件不足，则向系统发出报警或预警信号。物料台上的工件被输送站机械手装置取出后，若系统起动信号仍然为 ON，则进行下一次推出工件操作。供料站各部件的具体工作顺序，请自行设计，但应保证推料过程的可靠性。

（3）输送站运行 1　当工件被推到供料站物料台后，输送站抓取机械手装置应执行抓取供料站工件的操作。抓取工件的具体操作顺序，请自行设计。

抓取动作完成后，步进电动机驱动机械手装置移动到加工站物料台的正前方，然后把工件放到加工站物料台上。其动作顺序请自行设计。

（4）加工站运行　加工站物料台的物料检测传感器检测到工件后，执行把待加工工件从物料台移送到加工区域冲压气缸的正下方；完成对工件的冲压加工，然后把加工好的工件重新送回物料台的工件加工工序。操作结束，向系统发出加工完成信号。

（5）输送站运行2　系统接收到加工完成信号后，输送站机械手装置应执行抓取已加工工件的操作。抓取动作完成后，步进电动机驱动机械手装置移动到装配站物料台的正前方。然后把工件放到装配站物料台上。其动作顺序请自行设计。

（6）装配站运行　装配站物料台的传感器检测到工件到来后，应首先执行把该站料仓的小圆柱工件转移到装配机械手装置下方的操作，然后由装配机械手装置执行把小圆柱工件装入大工件中的操作。装入动作完成后，向系统发出装配完成信号。装配动作顺序请自行设计。

如果装配站的料仓或料槽内没有小圆柱工件或工件不足，应向系统发出报警或预警信号。

（7）输送站运行3　系统接收到装配完成信号后，输送站机械手装置应执行抓取已装配的工件对的操作，然后该机械手装置逆时针旋转90°，步进电动机驱动机械手装置从装配站向分拣站运送工件对，到达分拣站传送带上方入料口后把工件对放下，然后执行返回原点的操作。返回到原点的操作顺序，请自行设计。

（8）分拣站运行　输送站机械手装置放下工件、缩回到位后，分拣站的变频器即起动，驱动传动电动机以频率为35Hz的速度，把工件带入分拣区。如果工件对上的小圆柱工件为白色，则该工件对到达1号滑槽中间，传送带停止，工件对被推到1号槽中；如果为黑色，则该工件对到达2号滑槽中间，传送带停止，工件对被推到2号槽中。当分拣气缸活塞杆推出工件对并返回后，应向系统发出分拣完成信号。如果是报废工件，则该工件到达2号光纤传感器时，传动电动机改为低速运行，运行频率为10Hz。把工件带到传送带末端，工件跌落末端的废品收集箱后，变频器停止运行，并向系统发出分拣完成信号。

3. 异常工作状态测试

（1）工件供给状态的信号警示　如果发生来自供料站或装配站的“工件不足够”的预报警信号或“工件没有”的报警信号，则系统动作如下：

1）如果发生“工件不足够”的预报警信号警示灯中红色灯以1Hz的频率闪烁，绿色和黄色灯保持常亮。系统继续工作。

2）如果发生“工件没有”的报警信号，警示灯中红色灯以亮1s，灭0.5s的方式闪烁；黄色灯熄灭，绿色灯保持常亮。

若“工件没有”的报警信号来自供料站，且供料站物料台上已推出工件，系统继续运行，直至完成该工作周期尚未完成的工作。当该工作周期工作结束，系统将停止工作，除非“工件没有”的报警信号消失，系统不能再起动。

若“工件没有”的报警信号来自装配站，且装配站回转台上已落下小圆柱工件，系统继续运行，直至完成该工作周期尚未完成的工作。当该工作周期工作结束，系统将停止工作，除非“工件没有”的报警信号消失，系统不能再起动。

（2）急停与复位　系统工作过程中按下输送站的急停按钮，则系统立即全线停车。在急停复位后，应从急停前的断点开始继续运行。但下述两种情况例外：

1）若急停按钮按下时，工件正在加工站上进行冲压加工，则该工件将报废。急停复位后，不再进行加工，并应推出到物料台，由输送站机械手装置抓取直接送往分拣站，再由传送带送往末端的废品收集箱。

2）若急停按钮按下时，输送站机械手装置正在向某一目标点移动，则急停复位后输送站机械手装置应首先返回原点位置，然后再向原目标点运动。

阅读课堂

团结协助

每年秋天大雁都会从寒冷的北半球飞往温暖的南半球，可是由北往南的路程有两万多公里，一路上大雁们会遭遇到各种各样的困难。其他的候鸟很少能像大雁一样胜利飞回目的地。为什么大雁能够如此成功地飞越千山万水呢？

事实上，单独的一只大雁是很难飞回南半球的。大雁是通过集体行动来克服困难实现的。大雁在天空飞翔时，处在领头位置的大雁会承担很大的气流阻力，在后面位置的大雁按照“人”字形排列，可以大大减少气流的阻力，节省体力。过一段时间后，领头的大雁会排到后面，由另一只大雁接替它带头领飞。这样，大雁们通过交替领飞来节省体力，共同飞向目的地。在晚间休息的时候，大雁们则轮流放哨，共同得到一个安全的休息时间。这个故事启示我们：大雁是通过团队精神来克服自然界的困难的。

自动化生产线装调是高职职业技能比赛中一个重要的项目，尽管有时比赛的设备可能不同，但比赛过程中，团队成员间相互协作、相互配合的紧密程度却总是团队获得优异成绩的一个关键因素。

其实，在我们生活、工作中，许多情况下，要想取得好成绩，团队协作的力量总是很重要的。团队协作的本质是共同奉献。这种共同奉献需要一个切实可行、具有挑战意义且让成员能够为之信服的目标。只有这样，才能激发团队的工作动力和奉献精神。在一个团队里面，只有大家不断地发挥自己的长处优点，不断吸取其他成员的长处优点，遇到问题都及时交流，才能让团队的力量发挥得淋漓尽致。

工作页

YL－335A 自动生产线安装与调试

一、目的与要求

目的：①通过训练熟悉常用指令的功能和编程方法；②根据控制要求掌握编制、调试程序的基本方法；③掌握 PLC 网络组建、步进电动机驱动、变频器控制的基本方法。

要求：①程序编写流程要与设备实际运行情况相一致，符合实际生产设备的具体要求；②接线要节约导线材料，爱护器材工具；③应保持工位整洁，做到工完场净；④注意安全操作，通电试车应在教师指导下进行，保证人身及设备安全。

二、任务材料准备

名称	型号或规格	数量	名称	型号或规格	数量

三、任务实施

四、任务总结或体会

五、任务完成评价与成绩

指导教师签名：　　　　　　　　年　　月　　日

附录

常用电气元件图形符号与文字符号

序号	名称	图形符号	文字符号
1	普通三相刀开关	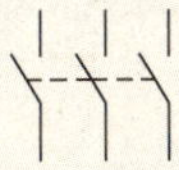	QK
2	三相隔离开关	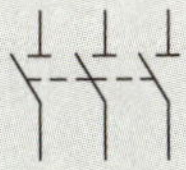	QS
3	三相负荷开关	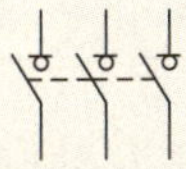	QL
4	三相断路器	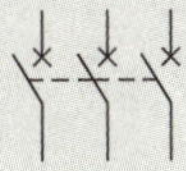	QF
5	三相熔断式刀开关	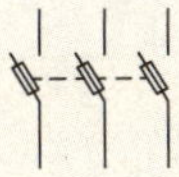	QFS
6	接触器动合主触点		KM
7	接触器动断主触点		KM
8	接触器动合辅助触点		KM
9	接触器动断辅助触点		KM
10	中间继电器动合触点		KA
11	中间继电器动断触点		KA

（续）

序号	名称	图形符号	文字符号
12	热继电器动合触点	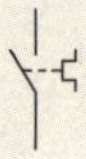	FR
13	热继电器动断触点	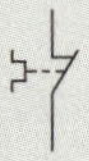	FR
14	熔断器	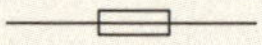	FU
15	急停按钮	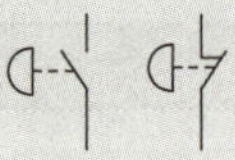	SB
16	按钮动合触点（起动按钮）	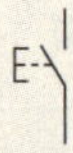	SB
17	按钮动断触点（停止按钮）		SB
18	（得电）延时闭合的动合触点		KT
19	（得电）延时断开的动合触点		KT
20	（断电）延时断电的动断触点		KT
21	（断电）延时闭合的动断触点		KT
22	行程开关动合触点		SQ
23	行程开关动断触点		SQ
24	无自复位转换开关		SA
25	接近开关动合触点		SQ
26	接近开关动断触点	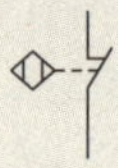	SQ

APPENDIX

（续）

序号	名称	图形符号	文字符号
27	压力开关动合触点		SP
28	压力开关动断触点		SP
29	液位开关动合触点		SV
30	液位开关动断触点		SV
31	一般接触器线圈		KM
32	缓慢吸合继电器线圈		KT
33	缓慢释放继电器线圈		KT
34	机械保持继电器的线圈		KL
35	热断电器的驱动器件		FR
36	电磁阀	M	YV
37	电动阀	M	YM
38	电磁离合器		YC
39	电磁制动阀		YB
40	三相笼型异步电动机	M 3~	M3 ~

（续）

序号	名称	图形符号	文字符号	
41	三相绕线型异步电动机		M3 ~	
42	电铃		HA	
43	蜂鸣器		HA	
44	报警器		HA	
45	指示灯（信号灯）		HL	红色 - HR 绿色 - HG 黄色 - HY 蓝色 - HB 白色 - HW
46	闪光型信号灯		HL	
47	具有动合触点钥匙操作的按钮开关		SB	
48	电压表	V	PV	
49	电流表	A	PA	
50	电度表（瓦时计）	Wh	PJ	
51	单相插座	1P	XS	1P：单相插座 3P：三相插座 1C：单相暗敷 3C：三相暗敷 1EX：单相防爆 3EX：三相防爆 1EN：单相密闭 3EN：三相密闭
52	单相带保护接点电源插座	1P	XS	
53	三相插座	3P	XS	
54	带接地插孔的三相插座（三相四孔插座）	3P	XS	

（续）

序号	名称	图形符号	文字符号
55	电抗器		L
56	电流互感器		TA
57	电压互感器		TV
58	带指示灯的按钮		
59	空气加热器		

序号	名称	图形符号		文字符号
		就地安装式	集中盘装式	
60	流量变送器	FT *		FT（＊为位号）
61	液位变送器	LT *		LT（＊为位号）
62	压力变送器	PT *		PT（＊为位号）
63	温度变送器	TT *		TT（＊为位号）
64	电流变送器	IT *		IT（＊为位号）
65	电压变送器	XT *		XT（＊为位号）
66	电能变送器	ET *		ET（＊为位号）
67	压力表	PI *	PI *	PI（＊为位号）
68	压力表（带报警）	PIA *	PIA *	PIA（＊为位号）
69	热电阻、热电偶	TE *		TE（＊为位号）
70	温度表	TI *	TI *	TI（＊为位号）

（续）

序号	名称	图形符号		文字符号
		就地安装式	集中盘装式	
71	温度表（带报警）	TIA *	TIA *	TIA（＊为位号）
72	流量积算仪表（带调节 C、报警 A）		FQCA *	FQCA（＊为位号）
73	压力信号配电器位号			PX＊（＊为位号）
74	温度信号配电器位号			TX＊（＊为位号）
75	流量信号配电器位号			FX＊（＊为位号）
76	电动执行机构配电器位号			HX＊（＊为位号）
77	流量测量元件	FE *		FE（＊为位号）
78	温度传感元件			
79	压力传感元件			
80	流量传感元件			
81	湿度传感元件			
82	液位传感元件			
83	功率因数表	$\cos\varphi$		$\cos\varphi$
84	无功功率表	var		var

参考文献

[1] 李向东. 机床电气控制与 PLC [M]. 北京：机械工业出版社，2015.

[2] 廖常初. S7－1200 PLC 编程及应用 [M]. 3 版. 北京：机械工业出版社，2017.

[3] 刘华波，马艳，何文雪，等. 西门子 S7－1200 PLC 编程与应用 [M]. 2 版. 北京：机械工业出版社，2020.

[4] 侍寿永. 西门子 S7－1200 PLC 编程及应用教程 [M]. 北京：机械工业出版社，2018.

[5] 沈治. PLC 编程与应用：S7－1200 [M]. 北京：高等教育出版社，2010.

[6] 吴繁红. 西门子 S7－1200 PLC 应用技术项目教程 [M]. 北京：电子工业出版社，2017.

[7] 段礼才，黄文钰，徐善海. 西门子 S7－1200 PLC 编程及使用指南 [M]. 北京：机械工业出版社，2018.

[8] 赵化启，徐斌山，崔继仁. 零点起飞学西门子 S7－1200 PLC 编程 [M]. 北京：清华大学出版社，2019.

[9] 高文娟，张天洪，陈立香. 西门子 S7－1200 PLC 应用技能实训 [M]. 北京：中国电力出版社，2019.

[10] 西门子（中国）有限公司自动化与驱动集团. SIMATIC S7－1200 可编程控制器系统手册 [Z]. 2019.